한 권으로 끝내는
지구과학

ⓒ 비지블 잉크 프레스, 2014

초판 1쇄 인쇄일 2014년 4월 7일
초판 1쇄 발행일 2014년 4월 11일

지은이 패트리샤 반스-스바니 · 토마스 E. 스바니
옮긴이 곽영직
펴낸이 김지영 **펴낸곳** 작은책방
편 집 김현주
제작 · 관리 김동영

출판등록 2001년 7월 3일 제2005-000022호
주소 121-895 서울시 마포구 어울마당로 5길 25-10 유카리스티아빌딩 3층
(구. 서교동 400-16 3층)
전화 (02)2648-7224 **팩스** (02)2654-7696

ISBN 978-89-5979-332-7 (13450)

- 책값은 뒤표지에 있습니다.
- 잘못된 책은 교환해 드립니다.
- Gbrain은 작은책방의 교양 전문 브랜드입니다.

한 권으로
끝내는

지구
과학

패트리샤 반스-스바니 · 토마스 E. 스바니 지음 곽영직 옮김

Gbrain

Contents

3부작 영화 〈반지의 제왕〉 덕분에 관람객들은 외계처럼 변화무쌍하고 환상적인 '중간계'라는 경치를 감상할 수 있었다. 반지의 제왕은 위대한 이야기꾼인 작가 톨킨[J. R. R. Tolkien]과 감독 피터 잭슨[Peter Jackson]이 만들어낸 상상의 산물이지만, 영화를 위해 선정된 지형들은 실제로 존재하는 장소들이다. 이 영화 속에서 전율이 느껴지는 판타지 세상은 지구를 끊임없이 변화시키는 파괴적인 두 힘인 화산과 판구조론이 만들어낸 뉴질랜드에 있다. 이것은 지구과학이 영화를 매력적으로 만든 한 예라고 할 수 있다.

사실 지구과학은 놀라운 지형 그 이상이다. 지구과학은 암석, 광물, 화석, 물리 화학적 과정, 순환, 그리고 지구의 물리적 특징과 지형에 관한 모든 것이다. 지질학은 모든 사람의 뒷마당과 발밑에 있으며 우리는 지구과학으로 둘러싸여 있다. 지구과학은 어떻게 우리 주변 환경이 만들어졌는지를 설명하고 지구와 우주의 역사를 설명한다. 이 책은 우리 뒷마당에서 우주에 이르기까지 과학에 대한 매우 흥미로운 1,100개의 질문에 답을 제시한다. 수백 장의 사진과 그림이 실려 있는 《한 권으로 끝내는 지구과학》은 우리를 지구 여행에 참여시킬 것이다. 이 책에는 미세한 결정의 형성에서부터 섬, 산맥, 대륙, 그리고 지구를 형성한 거대하고 장구한 과정에 이르기까지 다양한 주제가 실려 있으며, 공룡 화석의 신비를 풀기 위해 과거로 돌아갈 수도 있고, 인공 보석이 어떻게 만들어지고, 빙하학자들이 엄청난 양의 빙붕이 지구 온난화에 미치는 영향에 왜 초조해하는지를 배울 수 있는 최첨단 과학 전선으로 이동할 수도 있다. 그 과정에서 다음 세대 과학자들을 위해 새로운 길을 개척한 지질학자들에 대해서도 알게 될 것이다. 그들이 신비스런 동굴 탐험, 지구에 풍부한 광물의 탐사, 지진, 화산, 쓰나미를 정확하게 예측하여 어떻게 피해를 줄이려고 노력했는지에 대해서도 알게 될 것이다.

마지막 장에서는 취미나 직업으로 지구과학을 시작하는 방법을 알려줄 것이고, 용어 해설은 충적선상지나 애추사면과 같은 용어가 무엇을 의미하는지 알려줄 것이다.

우리는 과학자와 작가로서의 경험을 십분 발휘해 지질학적으로 희귀한 곳의 현장조사와 연구를 했고, 과학자들과 인터뷰를 했으며, 많은 암석을 수집했다. 또 남극 횡단 산맥을 넘었고, 알프스를 등반했으며, 대양들을 여행하고, 뉴질랜드와 그 밖의 장소에서 지각판의 이동으로 인한 융기를 목격했다. 우리는 그랜드 캐니언, 운석 구덩이, 캐스케이드 레인지의 화산들을 비롯하여 지질학적으로 흥미로운 거의 모든 장소를 방문했다. 또한 수없이 많은 휴화산을 탐험했으며, 여러 번의 캘리포니아 지진을 경험했다.

이 책은 우리가 여행하면서 발견한 것들을 정리하고 지구에 관한 가장 흥미로운 주제에 대한 수백 개의 기초적인 질문에 답한 것이다. 자, 이제 편히 앉아서 암석 망치와 돋보기를 들고 지구를 감상해보자.

감사의 말

우리는 미국지질조사국, 국립과학재단, 미국지구물리학 연합, 여러 대학의 지질학과들과 지구를 더 잘 이해할 수 있도록 오랜 시간 야외에서 자료를 수집한 지질학자들에게 감사의 말을 전하고 싶다. 또한 인내심을 가지고 프로젝트 관리, 훌륭한 편집, 감각적인 디자인을 해준 케빈 힐, 프로젝트를 관리하고 감독한 크리스타 게이너와 프로젝트를 허가해준 마티 코너에게 감사한다. 다나 바네스 교수와 찾아보기를 만든 래리 베이커, 편집인 크리스토퍼 스캐니언, 영상 책임자 로버트 후프만, 표지 및 내부 디자이너 메리 클레어 크르제빈스키, 그리고 식자를 책임진 그래픽스 그룹의 제이크 디 비타에게도 깊은 감사를 드린다. 그리고 우리 저자들의 에이전트인 아그네스 번바움에게도 그동안의 도움과 우정에 대해 특별한 감사의 마음을 전하고 싶다.

지질학 개요

지구 공부하기

지질학이란 무엇인가?

한마디로 지질학 ^{Geology}은 지구에 대해 연구하는 학문 분야이다. 다른 많은 과학 용어와 마찬가지로 '지질학'이라는 말도 고대 그리스어에서 유래했다. 지질학이라는 영어 단어 geology의 geo는 고대 그리스어에서 '지구'를 의미한다. 영어에서 geo는 지구 또는 들판이라는 뜻의 접두어로 지리학 ^{geography}, 측지학 ^{geodesy}, 지구과학 ^{geophysics} 등에도 사용되고 있다. 또 geology의 ology는 '토론'이라는 의미를 가지고 있으며 '~에 대한 연구'라고 번역할 수 있는 그리스어 logos에서 유래했다.

지질학은 얼마나 오래된 과학인가?

오늘날 우리가 알고 있는 지질학은 비교적 새로운 과학이라고 할 수 있지만 지구에서 일어나는 다양한 현상에 관한 세심한 관측은 고대 그리스 시대부터 시작되었다. 지구에 대한 고대 그리스의 초기 개념 중 일부는 후세에도 전해졌다. 예를 들면 고대 그리스의 역사학자 헤로도토스^{Herodotus}(B.C.E. 484~B.C.E. 425)는 나일 강 삼각주의 형성 과정을 설명했는데, 나일 강의 범람으로 인한 퇴적물이 나일 강 계곡의 토양을 비옥하게 하는 데 중요한 역할을 했으며 또한 현재 일어나고 있는 지질학적 과정이 과거에 일어난 지질학적 변화를 설명하는 데 충분하다고 주장했다. 이것은 초기 형태의 동일과정설이라고 할 수 있다(동일과정설의 자세한 내용은 아래 참조).

그러나 현대과학의 입장에서 보면 고대 그리스인들이 했던 대부분의 '지질학적' 관측은 지나치게 비현실적이다. 예를 들면 알렉산더 대왕의 가정교사이기도 했던 유명한 철학자 아리스토텔레스^{Aristotle}(B.C.E. 384~B.C.E. 322)는 지하 불로 생성된 열이 화산에서 분출되는 것이며, 이 불은 동굴을 통해 이동하는 공기가 마찰에 의해 가열되어 만들어진다고 설명했다.

지질학에는 어떤 분야가 있는가?

지질학은 고생물학에서 광물학에 이르기까지 매우 광범위한 분야를 다루는 학문이다. 지구와 지구 너머에 있는 넓은 세상에서는 다양한 일들이 일어나고 있기 때문에 그것을 다루는 지질학이 다양한 분야에 걸쳐 있다는 것은 어쩌면 당연한 일이다. 다음은 지질학의 일부 중요한 분야에 대한 간단한 설명이다.

경제지질학^{economic geology} 금속을 얻기 위한 암석 이용과 채광, 거래 방법 등을 연구한다. 다시 말해 경제지질학자들은 천연자원을 탐사하고 개발하는 일을 한다.

환경지질학^{evironmental geology} 강의 흐름이 결정되는 과정과 홍수 사이의 관계 등 지질학적 변화가 환경에 미치는 영향을 연구한다. 반대로 오염이나 개발과 같은 환경 문제에 의해 지질학이 어떻게 영향을 받는지도 연구한다.

지구화학^{geochemstry} 암석이나 광물의 화학적 조성을 연구한다. 지구화학자는 광물의 내부 구조를 이해하는 데 이러한 지식을 이용한다.

지형학^{geomorphology} 강이 어떻게 형성되고 발생하는지와 같이 지구의 지형이 변해가는 과정을 연구한다.

지구물리학^{geophysics} 지구 내부 구조에 대한 설명을 포함하여 지진이나 지구 자기장의 영향과 같은 지구에서 일어나는 물리적 변화를 연구한다.

빙하지질학^{glacial geology} 빙상과 빙하가 어떻게 서로 영향을 주고받는지, 그 지역의 다른 지질학적 요소에 영향을 미치는지를 연구한다.

수리학^{hydrology} 카르스트 지형의 지하수 흐름 또는 오염물질이 지하에서 어떻게 흐르고 지질학에 어떤 영향을 미치는지와 같이 물의 역할에 대해 연구한다.

호수지질학^{limnology} 고대의 호수와 현대 호수에 대해 연구한다.

해양지질학^{marine geology} 해양저나 해변에서 긴 시간에 걸쳐 일어나는 지질학적 변화를 연구한다.

고생물학^{paleontology} 화석 형태로 발견되는 고대 생명체에 대해 연구하는 분야로 무척추동물, 척추동물, 식물, 공룡에 대한 연구가 포함된다.

석유지질학^{petroleum geology} 석유가 어떻게 형성되고 발견되며 이용되는지를 연구한다.

행성학^{planetology} 태양계의 행성과 위성이 형성되는 과정과 지구와 비교한 특성에 대해 연구한다.

화산학^{volcanology} 화산의 형성 과정과 화산분출의 영향에 대해 연구한다.

지층누중의 법칙은 무엇인가?

지질학에는 진정한 의미의 법칙이 없다. 다시 말해 지질학과 관련된 대부분의 과정, 사건, 그리고 다양한 현상을 설명하는 법칙은 모든 상황에 똑같이 적용되지 않는다. 그러나 많은 지질학자들은 대부분의 경우에 적용되는 법칙이 있다고 생각한다. 그중 하나가 지층누중의 법칙^{law of superposition}이다. 이 법칙에 의하면 아래에 있는 지층은 오래된 것이고 위에 있는 지층은 상대적으로 최근에 형성된 지층이다. 물론 이것이 항상 옳은 것은 아니다. 특히 조산작용으로 암석층이 접힌 경우에는 오래된 지층이 젊은 지층 위에 있을 수도 있다.

지질학에서 횡절관계는 무엇을 의미하는가?

횡절관계^{cross-cutting relationship}는 밑에서 올라온 마그마의 관입으로 잘린 암석층이 마그마보다 오래된 암석이라는 뜻이다. 이것은 지질학을 실용적으로 적용하는 경우에 사용되는 말로 특히 단층이나 암상, 암맥에 대해서 토론할 때 쓰인다.

지질학의 역사

동일과정설은 무엇인가?

동일과정설^{uniormitarianism}은 현재 일어나고 있는 지질학적 과정과 자연법칙이 과거의 지질학적 변화를 설명하는 데 충분하다는 학설이다. 이 원리는 '현재는 과거를 알 수 있는 열쇠다'라는 말로 잘 표현된다. 이 개념은 1788년경에 스코틀랜드 지질학자 제임스 허튼^{James Hutton}(1726~1797)이 처음 공식적으로 제안했다. 그 후 1830년에 영국의 지질학자 찰스 라이엘^{Charles Lyell}(1779~1875)이 이 학설을 동일과정설이라고 이름 붙였다.

수성설^{neptunism}, 천변지이설^{catastrophism}, 화성설^{plutonism}은 무엇인가?

지질학의 영웅시대라고 할 수 있는 18세기 말 지질학에는 지구 표면의 지형이 생성되어지는 과정을 설명하는 세 가지 주요 이론이 있었다. 당시의 저명한 지질학자들은 지표면의 지형을 설명하는 세 이론 중 하나를 지지했다. 다음은 이 이론들에 대한 설명이다.

수성설^{neptunism} 수성설은 19세기 말에 널리 받아들여졌던 이론으로 독일의 아브라함 베르너^{Abraham Werner} 등 당시 저명한 지질학자들의 지지를 받았다. 이 이론에서는 지구 표면이 한때 모두 바다였으며, 현무암이나 화강암을 비롯하여 오늘날 볼 수 있는 지각을 구성하는 암석은 바닷물에서 석출되어 형성되었다고 설명한다.

천변지이설^{catastrophism} 이 이론에서는 대부분의 지질학적 요소가 지진, 홍수, 운석 충돌, 화산활동과 같은 갑작스럽고 격렬한 파괴적인 사건에 의해 만들어졌다고 설명한다. 오늘날 대부분의 지질학자들은 지구 표면이 서서히 진행되는 자연 과정에 의해 형성되었으며 때때로 특정한 파괴적 사건이 개입했다고 믿고 있다.

화성설^{plutonism} 스코틀랜드 지질학자 제임스 허튼은 화성설의 열렬한 지지자였다. 화성설 지지자에는 화산설을 받아들이는 학자들도 포함된다. 이 이론에서는 암석이 바다에서의 퇴적이나 화산처럼 지하에서 일어나는 과정에 의해 형성되었다고 설명한다. 그리고 지구 표면의 지형은 산을 밀어 올리는 마그마의 열에 의해서도 만들어질 수 있다고 주장했다. 또한 지구가 녹아 있는 상태의 물질이 굳어서 만들어진 것이라고 설명했다. 허튼은 이 이론을 그가 출판한 《지구의 이론》을 통해 제안했다.

대륙이 이동한다고 최초로 주장한 사람은 누구인가?

독일의 과학자 알프레드 베게너^{Alfred Wegener}(1880~1930)가 대륙 이동설의 제안자라고 인정받고 있지만 그 전에 미국의 지질학자 리차드 오웬^{Richard Owen}(1810~1897)도 대륙이 오랜 세월에 걸쳐 이동한다고 주장했다. 하지만 오웬이 이 이론을 설명한 《지구 지질학의 열쇠》라는 제목의 수필집은 1912년에 알프레드 베게너가 그의 이론을 출판할 때까지 수십 년 동안 잊혀져 있었다(알프레드 베게너에 대한 자세한 내용은 '지구의 층들'을 참조).

유명한 지질학자들

게오르기우스 아그리콜라는 누구인가?

게오르그 바우어로도 알려진 게오르기우스 아그리콜라^{Georgius Agricola}(1494~
1555)는 많은 사람들이 '광물학의 아버지'라고 하는 독일의 과학자이다. 아그리콜라
는 원래 고문헌이나 고대 언어를 연구하는 학자였는데 독일 요아힙스탈 부근에 있던
그 당시 유럽에서 가장 큰 광산 지역에서 일하게 된 것이 계기가 되어 2세기 후 현대
지질학 발전의 기초가 된 지질학에 관한 7권의 책을 저술했다. 그의 업적은 채광과
제련에 관련하여 당시 알려져 있던 모든 사실들을 정리하고, 경도나 색깔 등의 관측
가능한 성질을 기준으로 광물을 분류하는 방법을 제안한 것이었다.

니콜라우스 스테노는 지질학에 어떤 공헌을 했나?

닐스 스텐센이라고도 불렸던 니콜라우스 스테노^{Nicolas Steno}(1638~1686)는 덴마크
의 지질학자이자 해부학자였다. 1669년 그는 지중해에 있는 몰타 섬에서 행운의 상
징으로 팔리고 있던 '혀 암석'이 실제로는 화석화된 상어의 이빨이라는 것을 밝혀냈
다. 또한 스테노의 법칙이라고도 하는 지층누중의 법칙을 개발했다. 이 이론은 밑에
있는 암석층이 위에 있는 암석층보다 오래전에 형성되었다는 내용이다.

그 밖에도 스테노는 두 가지 원리를 더 제안했다. 하나는 암석층이 처음에는 수평
하게 형성되었다는 원리로 수평의 법칙이라고도 불린다. 다른 하나는 암석의 일부만
지표에 드러나 있는 것은 침식작용이나 지진과 같은 작용으로 설명할 수 있다는 원리
로, 숨겨진 층리의 법칙이라고도 불린다. 이 원리들은 모두 오늘날에도 받아들여지고
있다. 사람들은 스테노를 '현대 지질학의 아버지'라고 생각하지만 지질학의 아버지라
는 칭호는 제임스 허튼을 비롯한 많은 다른 초기 지질학자들에게도 붙여진다.

아브라함 고트로브 베르너는 누구인가?

아브라함 베르너 Abraham Gottlob Werner (1750~1817)는 독일의 지질학자로 외부적인 특징을 기준으로 최초로 광물을 체계적으로 분류했다. 그는 수성설의 지지자였다.

영국에 대한 지질학적 조사를 시작한 사람은 누구인가?

영국 지질학자 헨리 토마스 드라베슈 Sir Henry Thomas de la Beche (1796~1855)는 1835년 지질조사 책임자로 임명되어 공식적으로 영국에 대한 지질학적 조사를 실시했다. 그는 영국, 프랑스, 스위스, 자메이카에 대한 지질학적 연구로 국제적으로도 널리 알려졌다.

제임스 허튼은 지질학에 어떤 공헌을 했나?

제임스 허튼은 스코틀랜드의 자연 철학자였지만 지질학에 훨씬 더 많은 공헌을 해 '현대 지질학의 아버지'로 인정받고 있다. 허튼은 화성설의 열렬한 지지자로 지구가 6000년보다 오래되었다고 주장했으며, 변성암을 만들어내는 지하의 열은 수면 아래에 만들어진 퇴적층에서 암석이 형성되는 과정에서도 중요한 역할을 한다고 설명했다. 또한 오늘날 일어나고 있는 것과 똑같은 작용이 과거에 지구 표면 지형을 만들었다고 주장하는 동일과정설이 담긴 《지구에 대한 이론》의 저자이다.

제임스 허튼의 이론을 확장한 유명한 지질학자는 누구인가?

영국의 지질학자 찰스 라이엘 Charles Lyell (1779~1875)은 《지질학의 원리》라는 책에서 제임스 허튼의 이론을 발전시켰다. 그는 지질학을 지구의 조성, 역사, 구조, 과정에 대한 연구라고 설명했다. 라이엘은 지질학적 지형은 오랜 시간에 걸친 침식과 형성 과정을 통해 만

찰스 라이엘은 지구의 지질학적 구조를 만들어 낸 화학적 조성, 구조, 과정에 대한 연구의 선구자이다. ⓒ 의회 도서관

들어진다고 주장했으며 '동일과정설'이라는 용어를 처음 사용했다.

세즈윅과 머치손의 이름은 왜 항상 함께 거론될까?

아담 세즈윅^{adam Sedgwick}(1785~1873)과 로데릭 임페이 머치손^{Sir Roderick Impey Murchison}(1792~1871)은 암석층의 이해에 대한 공동 연구로 함께 거론되는 경우가 많다. 세즈윅은 웨일즈의 캄브리아기 지층을 연구한 영국의 지질학자로 전 세계 캄브리아기 암석층의 표준을 제공했다. 머치손은 아마추어 지질학자로 시작하여 1838년에 《실루리아기 암석층》을 출판한 스코틀랜드의 지질학자이다. 1년 후에 머치손과 세즈윅은 함께 영국 남서 지방의 데본기 암석층을 밝혀냈고 이는 전 세계 데본기 암석층의 표준이 되었다.

누가 최초로 미국의 간단한 지질학 지도를 출판했는가?

최초의 미국 지질학 지도는 스코틀랜드 출신 상인인 윌리엄 매클루어^{William Maclure}(1763~1840)가 출판했다. 1796년 미국 시민이 된 그는 후에 《미국의 지질학적 관찰(1809)》을 출판했는데 이 책에는 미국 지질학 지도가 포함되어 있었다.

영국 지질학의 창시자는 누구인가?

운하 건설을 위한 조사를 했던 윌리엄 스미스^{William Smith}(1769~1839)를 영국 지질학의 창시자라고 할 수 있다. 그는 운하 일에 종사하면서 관찰한 내용을 세밀하게 기록하여 1815년에 최초의 지질학적 지도인 《브리튼과 웨일즈의 지층에 대한 개요》를 출판했다. 이로 인해 허튼, 스테노와 함께 스미스도 종종 '현대 지질학의 아버지'라고 불린다.

존 플레이페어는 누구인가?

스코틀랜드의 지질학자 존 플레이페어^{John Playfair}(1748~1819)는 강이나 계곡이 하천의 침식작용으로 형성되었다고 제안했는데, 이것은 오늘날 널리 받아들여지고 있다. 당시 대부분의 지질학자들은 갑작스런 땅의 융기작용에 의해 계곡이 만들어졌고 강은 훨씬 후에 흐르기 시작했다고 주장했다.

제임스 홀은 누구인가?

스코틀랜드 지질학자 제임스 홀^{Sir James Hall}(1761~1832)은 최초로 실험을 통해 지질학을 연구한 사람이다. 예를 들면 그는 실험을 통해 용암이 식는 속도에 따라 어떻게 다른 종류의 암석이 형성되는지를 보여주었다. 제임스 허튼과 존 플레이페어의 친구이기도 했던 홀의 암석에 대한 연구는 관입 암석의 형성에 관한 허튼의 견해를 공고히 했다.

제임스 홀은 지질학에 어떤 공헌을 했나?

제임스 홀^{James Hall}(1811~1898)은 미국 지질학자로 조산작용에 대한 이론을 제안한 사람들 중 한 명이다. 홀은 미국 전역의 후기 석탄기 이전의 모든 화석 기록을 최초로 수집하여 정리했다. 그는 당시 미국 무척추동물 고생물학의 일인자로 널리 알려졌었다.

루이 아가시는 지구에 여러 번의 빙하기가 있었다고 처음으로 주장한 지질학자이다. ⓒ 의회 도서관

루이 아가시는 누구인가?

루이 아가시로 널리 알려져 있는 쟝 루이 로돌프 아가시^{Jean Louis Rodolphe Agassiz}(1807~1873)는 스위스 출신의 지

질학자이자 고생물학자로, 1837년 스위스자연과학협회에서 행한 유명한 연설을 통해 빙하와 빙상이 북반구의 대부분을 뒤덮었던 시기인 빙하기라는 개념을 처음 제안했다. 이 '빙하기'는 카를 쉼퍼^{Karl Schimper}(1803~1867)가 1년 전에 사용했던 용어를 아가시가 인용한 것이다. 후에 아가시는 미국으로 이주하였으며, 죽을 때까지 지질학과 고생물학 분야에서 지배적인 영향력을 행사했다. 재미있는 점은 아가시가 자연선택에 의한 진화를 주장한 다윈의 진화론에 반대한 과학자들 중 한 사람이라는 것이다.

제임스 드와이트 데이나는 지질학에 어떤 공헌을 했는가?

제임스 드와이트 데이나^{James Dwight Dana}(1813~1895)는 오늘날에도 광물학 분야에서 가장 훌륭한 책으로 인정받고 있는 《데이나의 광물학 편람》을 출판한 미국의 광물학자이다. 1862년에 처음 출판된 이 책은 데이나가 출판한 지질학 표준 참고도서 중 하나이다. 이 책에는 지구상에 알려진 모든 광물과 금속에 대한 정보뿐만 아니라 이들의 화학식과 특징, 용도, 광물과 관계된 그 밖의 유용한 정보들이 실려 있다.

클라렌스 에드워드 듀튼은 누구인가?

클라렌스 에드워드 듀튼^{Clarence Edward Dutton}(1841~1912)은 빙하와 빙상의 후퇴로 땅이 어떻게 상승하는지를 설명하는 지각평형이론을 제안한 미국의 지질학자이다. 또한 애리조나에 있는 그랜드 캐니언의 신생대 3기의 역사를 연구하여 이 시기의 그랜드 캐니언 지역에 형성된 암석층에 대한 자세한 내용을 1882년에 출판한 《그랜드 캐니언 지역의 3기 역사》에 실었다.

윌리엄 길버트는 왜 유명할까?

영국의 물리학자이자 엘리자베스 1세와 제임스 1세의 주치의이기도 했던 윌리엄 길버트$^{William\ Gilbert}$(1544~1603)는 자기학 분야의 발전에 크게 공헌했다. 그의 실험 연구는 자기적 성질을 가지고 있는 로드스톤에 대한 것이었다. 또한 지구는 남극과 북극을 가지고 있는 거대한 자석이라고 제안했다.

그로브 칼 길버트는 누구인가?

그로브 칼 길버트$^{Grove\ Karl\ Gilbert}$(1843~1918)는 20세기 지질학 발전의 기초를 확립한 미국 지질학자 겸 지형학자였다. 〈흐르는 물에 의한 물질의 운반(1914)〉을 비롯한 그의 논문들은 강의 발달 과정에 대한 이론 발전에 크게 공헌했다. 그는 빙하작용과 달의 크레이터 형성에 관한 이론을 제안하기도 했고, 과학 철학의 발전에도 공헌했다.

토마스 체임벌린은 누구인가?

토마스 체임벌린^{Thomas Chrowder Chamberlin}(1843~1928)은 빙하에 관심을 가진 미국 지질학자였다. 그는 여러 번의 빙하기를 제안한 사람으로 바람에 실려와 만들어진 실트 퇴적물인 황토의 기원을 설명하기도 했고, 그린란드에서 화석을 발견하여 이 지역이 과거에 따뜻한 온대 기후였다는 것도 밝혀냈다. 또한 일반적으로 받아들여지는 성운 기체 구름 이론과 반대되는 미행성 이론을 이용하여 지구의 형성과 성장 과정을 설명했다.

매튜 폰테인 모리는 누구인가?

매튜 폰테인 모리^{Matthew Fontaine Maury}(1806~1873)는 현대 해양학에 관한 첫 번째 교과서인 《바다와 바다 기상학의 물리적 지리학(1855)》를 출판한 미국의 해양학자이다. 그는 또한 해류와 무역풍에 대한 정보를 제공하여 여러 항로에서의 항해 시간을 단축시키는 데 도움을 주었다.

존 웨슬리 파웰은 1869년에 이루어진 99일 동안의 콜로라도 강 탐험으로 명성을 얻었다. 이 사진은 1800년대 후반의 모습이다.

존 웨슬리 파웰은 왜 지질학에서 중요한가?

존 웨슬리 파웰^{John Wesley Powell}(1834~1902)은 미국 남북전쟁에서 팔을 잃었지만 최초로 그랜드 캐니언을 탐사한 미국의 지질학자, 군인, 행정가였다. 그는 콜로라도 캐니언을 소개하고, 미국지질학 조사를 이끌었다.

바실리 바실리예비치 도쿠차예프는 누구인가?

바실리 바실리예비치라고도 불리는 바실리 바실리예비치 도쿠차예프[Vasily Vasilievich Dokuchaev](1846~1903)는 많은 과학자들이 현대 토양 과학의 창시자라고 생각하는 러시아의 지리학자이다. 그는 기후, 식생, 모암, 지형이 오랜 시간에 걸쳐 상호작용하면서 토양이 만들어진다고 생각했다. 또한 토양이 대(帶)를 형성한다고 제안했지만 성대성 토양에 대한 개념은 더 발전되지 않았다.

지질학 연구로 널리 알려진 아버지와 아들은 누구인가?

알브레히트와 월터 펭크 부자는 유럽 지질학에 크게 공헌한 독일 지질학자이다. 알브레히트 펭크[Albrecht Penck](1858~1945)는 알프스의 빙하에 대한 연구의 선구자로 빙상이 네 번 전진하고 후퇴했다는 증거를 찾아냈다. 월터 펭크[Walther Penck](1888~1923)는 요절했지만 지층을 깎아내는 강과 융기 사이의 균형을 바탕으로 지형이 형성된다는 이론을 제안했다.

미국 최초의 여성 지질학자는 누구인가?

플로렌스 배스컴[Florence Bascom](1862~1945)은 지질학 분야에서 두 번째로 박사학위를 받은 미국 여성이지만, 많은 지질학자들은 배스컴을 미국 최초의 여성 지질학자라고 생각하고 있다. 1888년 미시간 대학에서 최초로 지질학 박사 학위를 받은 사람은 메리 홈즈였지만 배스컴이 지질학에서 수 많은 '첫 번째'를 이루었기 때문이다. 배스컴은 미국지질조사국에서 일한(1896) 첫 번째 여성이었고, 워싱턴지질학회에 논문을 제출한(1901) 첫 번째 여성이었으며, 미국지질학회 평의원으로 선출된(1924) 최초의 여성이었고, GSA의 임원이 된 최초의 여성이었다. 또한 《미국 과학계의 남성과 여성(1906)》의 초판에 별 네 개를 받은 지질학자이기도 했다. 이는 동료들이 그녀를 미국의 100명의 지도적인 지질학자 중 한 사람으로 인정했다는 의미였다. 배스컴은 브린모어 칼리지에 지질학과를 설립했다. 그녀의 관심 분야는 결정학, 광물학, 암석학이었다.

로버트 엘머 호튼은 누구인가?

로버트 엘머 호튼Robert Elmer Horton(1875~1945)은 지형을 정량적으로 기술하는 방법을 처음으로 개발한 미국의 공학자, 수리학자, 지형학자였다. 그는 자신의 이름을 따서 빗물이 표면을 흘러가는 현상을 설명하는 호튼의 표면유수 모델을 제안하기도 했다.

20세기 최고의 암석학자는 누구인가?

많은 과학자들이 20세기 최고의 암석학자로 노먼 보웬Norman Levi Bowen(1887~1956)을 꼽는다. 그는 암석을 구성하는 광물의 상태도를 개발하여 과학자들에게 특정한 암석이 어떻게 형성되는지에 대한 정보를 제공했다. 이 보웬의 반응 계열은 그의 이름을 따서 붙인 이름이다.

지형학 분야를 크게 발전시킨 사람은 누구인가?

지형학의 권위자였던 윌리엄 모리스 데이비스William Morris Davis(1859~1934)는 미국의 지질학자이자 지리학자이자 기상학자였다. 지형학에 대한 그의 논문은 이 분야의 발전에 크게 공헌했다. 그가 제시한 가장 영향력 있는 개념은 '침식의 순환' 이론이었다. 이 이론을 보면 데이비스가 찰스 다윈의 진화론에 크게 영향을 받았다는 것을 알 수 있다. 1883년에 발표한 논문에서 데이비스는 다음과 같이 설명했다. '각각의 강 유역에 있던 많은 하천들이 하나의 수로로 통합되고 이 하나의 수로만 살아남게 된다. 이는 자연 선택의 좋은 예이다.' 그의 연구와 이론으로 인해 그는 종종 '지형학의 창시자' 또는 '지리학의 아버지'라고 불린다. 일부 과학자들은 두 학문이 똑같지는 않더라도 매우 유사하다고 생각한다. 그는 내셔널 지오그래픽 소사이어티를 창립하기도 했다.

베노 구텐베르크는 누구인가?

베노 구텐베르크$^{Beno\ Gutenberg}$(1889~1960)는 20세기의 뛰어난 관측 지진학자였다. 그는 지진파 기록을 분석하여 고체 상태의 지구와 대기의 구조에 대한 여러 가지 발견에 공헌했다. 또한 지구 핵의 정확한 위치를 발견하고 핵의 탄성을 밝혀냈다. 지진학에 대한 다양한 공헌 외에도 구텐베르크는 맨틀과 외핵 사이에 있는 층을 발견했는데, 이 층은 현재 그의 이름을 따서 부르고 있다(지구 층들에 대한 더 자세한 내용은 '지구의 층들' 참조).

프레스톤 클라우드는 지질학에 어떤 공헌을 했는가?

프레스톤 클라우드$^{Preston\ Ercelle\ Cloud\ Jr.}$(1912~1991)는 여러 과학 분야와 과학이 아닌 분야에서 다양한 전설을 남긴 생물지질학자이자 고생물학자이자 인문주의자였다. 그는 대기, 해양, 지각의 발달 과정에 대한 이해에 크게 공헌한 역사적인 지질학자였으며 생명의 진화에 대한 이해에도 공헌했다. 그는 오염이 증가하고 오염과 관련된 움직임들이 지구에 큰 영향을 미치는 환경에서 인류가 계속 진화할 수 있을지에 대해서 염려했다.

지구 측정하기

지구의 모습

지구에는 왜 계절의 변화가 생길까?

사람들의 생각과 달리 계절의 변화는 태양과 거리가 달라지기 때문이 아니다. 계절의 변화는 지구의 자전축이 공전면에 수직하지 않고 $23.5°$ 만큼 기울어져 있기 때문이다. 자전축이 기울어져 있기 때문에 지구가 태양 주위를 공전할 때 태양 빛을 수직으로 받는 지역이 달라지는 것이다. 다음은 지구 북반구의 계절에 대한 설명이다.

여름 지구 자전축의 북극이 태양 방향을 향해 기울어져 있는 동안에는 북반구가 여름이다. 이 기간 동안 북극은 하루 24시간 태양 빛을 받는 반면 남극은 전혀 태양 빛을 받지 못한다. 북반구에서 여름의 첫째 날인 하지는 태양이 북회귀선이라고도 하는 북위 $23.5°$를 수직으로 비추는 날이다. 이것은 대략 6월 21일이나 22일로 일 년 중 가장 많은 태양 빛을 받는 날이다(역자 주: 우리나라에서는 하지를 여름이 시작하는 날로 보지 않고 여름의 한가운데로 본다. 여름이 시작되는 입하는 5월 5일이나 6일이다).

가을 북반구에서 가을의 첫째 날은 9월 22일이나 23일로 추분이라고 한다. 이 날에는 태양이 적도 바로 위에 있고 낮의 길이와 밤의 길이가 같다. 이 날 북극에서는 6개월 만에 '해가 지고', 남극에서는 6개월 만에 '해가 뜬다'(역자 주: 우리나라에서는 추분을 가을이 시작하는 날로 보지 않고 가을의 한가운데로 본다. 가을이 시작되는 입추는 8월 5일이나 6일이다).

겨울 12월 21일이나 22일이 북반구에서 겨울이 시작되는 날로 동지라고 한다. 겨울에 남극은 하루 24시간 태양 빛을 받지만 북극은 전혀 태양 빛을 받지 못한다. 북반구의 동짓날 태양은 남회귀선인 남위 $23.5°$를 수직으로 비춘다. 이 날 북반구에서는 낮의 길이가 가장 짧다(역자 주: 우리나라에서는 동지를 겨울이 시작하는 날로 보지 않고 겨울의 한가운데로 본다. 겨울이 시작되는 입동은 11월 5일이나 6일이다).

봄 가을과 마찬가지로 북반구의 봄에는 태양이 적도 지방을 수직으로 비추는 시기이다. 춘분은 3월 21일이나 22일인데 밤과 낮의 길이가 같다. 이 날 북극에서는 '해가 지고' 남극에서는 '해가 뜬다'(역자 주: 우리나라에서는 춘분을 봄이 시작하는 날로 보지 않고 봄의 한가운데로 본다. 봄이 시작되는 입춘은 2월 5일이나 6일이다).

근일점과 원일점은 무엇인가?

지구는 완전한 원 궤도를 따라 태양을 공전하지 않고, 타원 궤도를 따라 돈다. 이 때문에 지구 궤도에는 태양으로부터 가장 가까운 점과 가장 먼 점이 있다. 지구 궤도 중 태양에 가장 가까운 점을 근일점[perihelion], 가장 멀리 있는 점을 원일점[aphelion]이라고 한다. 근일점은 태양으로부터 약 1억 4750만㎞ 떨어진 곳에 있고, 지구는 매년 1월 3일경에 이 지점을 통과한다. 원일점은 태양으로부터 1억 5260만㎞ 떨어진 점에 있고 지구는 매년 7월 4일경에 이 점을 통과한다.

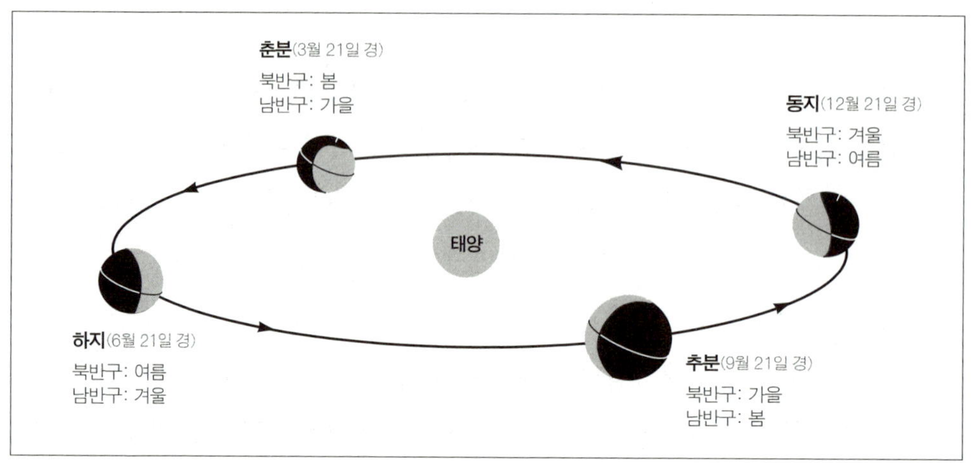

지구의 자전축이 23.5° 기울어져 있기 때문에 우리는 다양한 기후를 경험하게 된다. 기후의 변화는 태양과 지구의 상대적 위치, 지구 표면에서의 위도에 따라 달라진다.

반알렌대는 무엇인가?

미국의 최초 인공위성인 익스플로러 1호가 1958년에 가이거 계수기를 이용하여 강한 내부 전리층을 발견하기 전까지 반알렌대Van Allen radiation belts의 존재는 알려져 있지 않았다. 1958년 후반에 발사된 파이어니어 3호는 달에 도달하는 임무는 완수하지 못했지만 38시간 6분 동안 지구 궤도를 비행하면서 외부 반알렌대를 측정하는 데 성공했다.

인공위성들의 관측 자료를 분석하여 이 전리층의 존재를 처음으로 밝혀낸 아이오와 대학의 제임스 반 알렌James Van Allen의 이름을 따서 반알렌대라고 명명되었다. 이온화된 기체로 이루어진 이 전리층은 지구의 적도 상공을 두 개의 도넛 형태로 둘러싸고 있다. 반알렌대는 태양으로부터 불어온 태양풍의 빠른 하전 입자들이 지구 자기장에 잡혀서 만들어진다. 외층은 지상 19,000 ~ 41,000㎞에 형성되어 있고, 내층은 지상 7,600 ~ 13,000㎞에 형성되어 있다. 그리고 비슷한 전리층이 태양계의 다른 행성에서도 발견되었다.

그러나 외층과 내층이 지구를 둘러싸고 있는 전리층의 전부는 아니다. 1990년에 탐사위성 CRRES(Combined Release and Radiation Effects Satellite)는 반알렌대의 내층과 외층 사이에서 세 번째 전리층을 발견했다. 그리고 과학자들은 내층과 외층 사이에 또 다른 전리층이 주기적으로 형성된다는 것을 알아냈다. 예를 들면 1998년 5월 8일에 일련의 대규모 태양 폭발이 있었고 이에 따라 새로운 전리층이 형성되었다. 그러나 태양 활동이 잠잠해지자 점차 이 전리층은 사라졌다.

1월 3일이 지구가 태양에 가장 가까이 다가가는 날이라면 왜 그렇게 추울까?

이런 질문을 하는 사람은 틀림없이 북반구에 살고 있는 사람이다. 왜냐하면 1월 3일에 남반구는 따뜻하기 때문이다! 근일점에서 태양으로부터 받는 평균 에너지는 원일점에서보다 7% 증가하지만 반대로 지구의 평균 온도는 2.3℃ 낮아진다.

왜 태양에서 멀리 있을 때가 더 따뜻할까? 그것은 지구 표면에 대륙과 해양이 골고루 분포되어 있지 않기 때문이다. 북반구에는 대륙이 많이 분포하고 남반구에는 바다가 많다. 지구가 원일점을 통과하는 7월에는 북반구가 태양을 향하고 있기 때문에 태양 빛은 바다보다 가열되기 쉬운 대륙을 수직으로 비춘다. 지구가 근일점을 통과하는 1월에는 태양이 가열하기 어려운 바다를 수직으로 비추기 때문에, 지구가 태양과 가까워져도 지구의 평균 온도는 낮아진다.

그러나 지구가 원일점에 있을 때 북반구가 따뜻해지는 데에는 또 다른 이유가 있다. 북반구와 남반구에서의 여름의 길이가 다르기 때문이다. 케플러의 행성 운동법칙 중 두 번째 법칙에 의하면 행성은 태양에서 멀리 있는 원일점에 있을 때 가까이 있는 근일점에 있을 때보다 공전 속도가 느려진다. 따라서 북반구의 여름은 남반구의 여름보다 2일 내지 3일이 더 길다. 다시 말해 태양이 북반구를 수직으로 비추는 시간이 남반구를 수직으로 비추는 시간보다 길다. 따라서 북반구의 여름은 남반구의 여름보다 더 많은 태양 빛을 받는다.

숫자로 본 지구

지구는 얼마나 빠른 속도로 태양을 돌고 있는가?

지구는 약 29.8$^{km}/_s$의 속력으로 태양 주위를 돌고 있다. 이 숫자는 지구의 공전 궤도의 둘레를 한 바퀴 도는 데 걸리는 시간인 1년으로 나누어서 얻은 값이다. 지구 공전 궤도의 둘레는 9억 4000만km이고, 한 바퀴 도는 데 걸리는 시간은 365.25일, 즉 8,766시간이므로 9억 4000만km를 8,766시간으로 나누면 107,215$^{km}/_h$ 또는 30$^{km}/_s$의 속력을 얻을 수 있다. 다시 말해 우리가 책을 읽고 있는 이 순간에도 지구는 30$^{km}/_s$의 속력으로 우주 공간을 달리고 있다.

지구는 태양계의 어디에 위치해 있는가?

지구는 태양에서 세 번째 위치하는 행성이고, 태양계에서 다섯 번째로 큰 행성이며 밀도가 가장 높다. 지구는 그 이름이 로마나 그리스 신화에서 유래되지 않은 유일한 행성으로 고대 영국과 게르만 이름에서 유래했다(지구와 태양계에 대한 더 자세한 내용은 '지질학과 태양계' 부분 참조).

지구는 자전축 주위를 얼마나 빠르게 회전하고 있는가?

당신이 적도 위에 서 있다면 24시간 동안 4만 75km를 움직이는 셈인데, 속력을 구해보면 1,670$^{km}/_h$ 정도가 된다. 지금 살고 있는 곳이 얼마나 빠르게 움직이고 있는지 알고 싶다면 먼저 위도를 알아야 한다. 위도의 코사인 값에 1,670$^{km}/_h$를 곱하면 살고 있는 지점에서 지구 자전에 의한 속력을 알 수 있다. 예를 들면 로스앤젤레스의 위도는 북위 34°이므로 로스앤젤레스에 살고 있는 사람은 1,670$^{km}/_h$ × cos 34 = 1,384$^{km}/_h$의 속력으로 달리고 있으며, 위도가 북위 41°인 뉴욕에 살고 있는 사람은 1,670$^{km}/_h$ × cos 41 = 1,260$^{km}/_h$의 속력으로 지구의 자전축 주위를 돌고 있다. 즉 위도가 낮아질수록 자전에 의한 속력이 빨라진다는 것을 알 수 있다. 적도에 가까워질수록 자전축에서 멀어져 더 먼 거리를 달려야 하기 때문이다.

더 정확한 값을 알기 위해서 과학자들은 태양을 기준으로 하는 자전주기가 아니라 별들을 기준으로 하는 자전주기, 즉 항성일을 사용하여 계산하고 있다. 지구의 항성일은 약 23시간 56분 0.409053초이다. 항성일이 24시간이 아닌 것은 지구가 한 바퀴 자전하는 동안에 태양 주위를 공전하기 때문이다. 따라서 다시 태양을 향하기 위해서는 약 4분을 더 돌아야 한다. 극지방에서는 자전에 의한 움직임이 거의 없다. 극은 자전축 위에 위치해 있기 때문에 기껏해야 시간당 몇 ㎝씩 움직일 것이다. 북극과 남극 위에서는 제자리에서 하루에 한 바퀴(360°)씩, 즉 한 시간당 15°씩 돌면서 약간씩 흔들릴 것이다.

지구는 항상 오늘날의 속도로 자전했을까?

아니다. 지구는 형성된 이래 다양한 속도로 자전했다. 단세포 생물이 유일한 생명체였던 9억 년 전에는 하루의 길이가 18시간이었고 일 년의 길이는 481일이었던 것으로 추정된다. 하지만 지구와 달의 중력에 의한 상호작용 때문에 시간이 갈수록 느려졌다. 지구와 달의 상호작용은 지구의 자전주기를 100년마다 0.0015초씩 길어지게 만들고 있으며, 달을 매년 몇 ㎝씩 더 움직이도록 한다. 이 때문에 일각에서는 수십억 년 후에는 달의 공전주기가 현재의 27.3일에서 47일로 바뀔 것으로 예측하고 있다.

지구 둘레는 얼마나 될까?

적도에서 측정한 지구의 둘레는 40,075.16㎞이다. 지구는 자전으로 인해 적도 지방이 약간 부풀어 있기 때문에 극지방의 둘레는 적도보다 작은 약 40,008㎞이다.

지구에 관한 중요한 통계수치에는 어떤 것들이 있는가?

다음 목록은 지구와 관련된 중요한 몇몇 통계 자료들이다(주의: 이 숫자들은 가장 근접한 근삿값들이다).

지름 12,753㎞

질량 6.5×10^{21}t$(5.972 \times 10^{24}$kg$)$

부피 1083.16 × 109㎦

밀도 5.515㎏/㎥

표면 중력 9.78㎧

적도에서의 탈출 속력 11.18㎞/s

지구 대기는 어떤 원소들로 이루어져 있나?

지구 대기는 약 77%의 질소와 21%의 산소, 소량의 아르곤, 이산화탄소, 수증기, 그 밖의 다른 화합물과 원소들로 이루어졌다. 지구 대기에 반응성이 매우 강한 기체인 자유 산소가 있다는 것은 흥미 있는 일이다. 대부분의 환경에서 자유 산소는 다른 원소들과 쉽게 결합한다. 그러나 지구 대기 중의 산소는 생물학적 과정을 통해 만들어진다. 따라서 지구에 생명체가 없다면 대기 중에 자유 산소도 없을 것이다.

지구가 형성되었을 때 대기는 80% 이상의 많은 이산화탄소를 포함하고 있었지만 25억 년 동안 20~30%로 줄어들었을 것으로 보고 있다. 그동안 이산화탄소는 석회암을 형성했고 적은 양은 바닷물에 녹아들었으며, 생명체 특히 식물이 소비했다. 오늘날에는 대륙의 이동, 대기와 해양 사이의 기체의 교환, 식물의 광합성 작용이나 호흡 등의 생물학적 반응이 복잡한 이산화탄소의 흐름에 영향을 주어 평형을 유지시키고 있다.

대기 중의 이산화탄소는 왜 중요한가?

우리는 모두 대기 중에 포함되어 있는 이산화탄소에 감사해야 한다. 이산화탄소는 온실효과를 통해 지구 표면의 온도를 유지시키는 기체이다. 이산화탄소는 메테인 같은 소량의 다른 온실기체와 함께 지구를 둘러싸고 있는 '온실의 유리' 같은 역할을 하여 지구의 온도를 높게 유지한다. 또 약간의 열을 흡수하여 지표면 부근에 저장하기 때문에 표면의 평균 온도를 높인다. 실제로 온실효과가 없다면 바다가 얼어붙어 우리가 알고 있는 생명체들은 존재할 수 없을 것이다.

현재 과학자들은 산업과 교통, 다른 반응들을 통해 인류가 대기에 투입한 이산화탄소가 지구 표면 온도를 파괴적으로 바꿀 수 있느냐 하는 문제에 대해 토론을 벌이고 있다. 또 많은 과학자들이 1750년대에 시작된 산업화 이후 사람들이 대기로 방출한 이산화탄소의 영향이 이미 나타나고 있다고 믿고 있다. 사람들이 대기로 방출하는 이산화탄소의 양은 이 기간 동안 25% 이상 증가했다. 1800년대 이후 지구 표면의 평균 온도는 적어도 1℃ 높아진 것으로 보인다. 그러나 자연적인 원인에 의한 증가를 비롯하여 얼마나 많은 양의 이산화탄소가 증가해야 파괴적인 변화가 나타날 것인지에 대해서는 아무도 모른다.

위도와 경도는 지질학자들에게 왜 중요할까?

지구상에서 위치를 나타내기 위해 지질학자들을 비롯한 대부분의 과학자들은 위도^{latitude}와 경도^{longtude}를 이용한다. 이 좌표 체계는 과학자들뿐만 아니라 항해사나 군인 등 다양한 전문가들이 이용하고 있다. 이 체계는 지질학자들이 특정한 암석의 정확한 위치를 기록하였다가 다시 찾아갈 수 있도록 하기 위해 사용되었다.

지구본을 자세히 살펴보면 위도

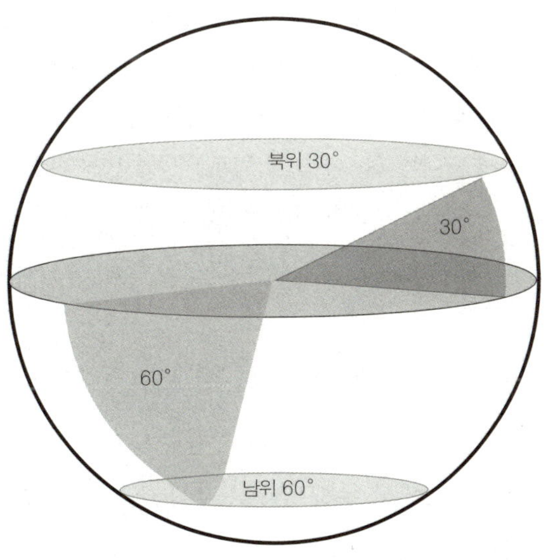

특정 지역의 위도는 적도면과 지구 중심에서 그 지역을 연결하는 선이 이루는 각도에 의해 결정된다.

선이 적도와 평행하게 지구를 둘러싸고 있는 것을 알 수 있다. 위도선의 길이는 위치에 따라 다르다. 가장 긴 위도선은 위도가 0°인 적도이고, 가장 짧은 것은 한 점으로 나타나는 극에서의(북극은 북위 90°, 남극은 남위 90°) 위도선이다. 북반구에서는 적도에서 북쪽으로 갈수록 위도가 증가하고 남반구에서는 적도에서 남쪽으로 갈수록 증가한다.

경위선 또는 자오선은 극과 극을 연결하는 선들로 지구를 오렌지처럼 여러 부분으로 나누며, 모든 자오선은 적도를 수직으로 통과한다. 서반구에서는 영국 그리니치에서 서쪽으로 갈수록 경도가 증가하고, 동반구에서는 그리니치에서 동쪽으로 갈수록 경도가 증가한다. 또 자오선 위의 모든 점들은 동시에 정오가 된다(주의: 자오선을 좀 더 불규칙하게 나누어진 시간대 분할선과 혼동해서는 안 된다).

영국의 그리니치를 지나는 자오선을 본초자오선이라고 하는 이유는?

영국의 그리니치를 지나는 자오선을 본초자오선prime merdian으로 정한 것은 역사적 이유에서였다. 과거에 영국 왕립 천문대를 지나는 자오선을 그 당시의 천문학자들이 경도 0°로 정했다. 런던 동쪽에 위치했던 이 천문대는 현재 박물관이 되었으며 유명 관광지이기도 하다. 사람들은 박물관 마당에 그어진 '본초자오선' 표시를 중심으로 늘어서 연주하는 밴드를 보기 위해 이곳을 방문하며, 이곳에서는 한 걸음만 내디뎌도 지구의 서반구에서 동반구로 넘어갈 수 있다.

a.m.과 p.m.이라는 약자는 어디에서 유래했는가?

오전과 오후를 구별하는 약자인 'a.m.'과 'p.m.'은 원래 경도를 나타내는 자오선 meridian에서 유래했다. 'meridian'은 '중앙'을 나타내는 그리스어 medius가 변형된 meri에서 유래했다. 그리고 dien은 '날'을 뜻한다. meridian은 하루의 중간, 즉 정오를 뜻해, 정오의 전 시간은 'ante meridian', 오후는 'post meridian'이라고 했다. 그리고 이 말을 줄여 'a.m.'과 'p.m.'으로 나타내게 되었다. 정오의 태양은 'passing meridian'으로 표현했다.

a.m.과 p.m.을 대문자로 써야 하는지 소문자로 써야 하는지에 대해서는 합의가 이루어지지 않았다. 숫자와 함께 사용하면 대문자로 쓰든 소문자로 쓰든 오전 오후를 나타내는 것으로 통용되고 있다.

지구의 지질학적 특징을 나타내는 중요한 통계로는 무엇이 있는가?

지구의 지질학적 통계에는 가장 길고, 가장 높고, 가장 큰 것을 나타내는 많은 흥미 있는 특징들이 포함된다.

가장 긴 강 나일 강이 세계에서 가장 긴 강으로 총 길이는 6,598㎞이다.

가장 큰 담수호 슈피리어 호가 세계에서 가장 큰 담수호로 면적은 82,103㎢이다.

육지에서 가장 높은 지점 지구 표면에서 가장 높은 지점은 에베레스트 산이다. 에베레스트 산의 높이는 해수면으로부터 8,850m이다.

가장 높은 폭포 베네수엘라에 있는 엔젤 폭포가 세계에서 가장 높은 폭포이다. 이 폭포의 높이는 979m이다. 또한 끊어지지 않고 똑바로 떨어지는 물의 높이도 가장 높은 807m나 된다.

바다에서 가장 깊은 곳 바다에서 가장 깊은 곳은 태평양에 있는 마리아나 해구로 깊이는 11,033m이다.

육지에서 가장 낮은 곳 육지에서 가장 낮은 곳은 사해의 해변으로 해수면보다 400m나 낮다.

가장 큰 섬 넓이가 2,175,590㎢인 그린란드가 세계에서 가장 큰 섬이다.

가장 넓은 사막 아프리카의 사하라 사막이 세계에서 가장 넓은 사막이다. 이 사막의 넓이는 9,065,000㎢나 된다.

지구상에서 기록된 가장 높은 온도와 가장 낮은 온도는 얼마인가?

지구상에서 기록된 가장 높은 온도는 리비아의 아지지야에서 1922년에 관측된 것으로 58℃이다. 지구상에서 기록된 가장 낮은 온도는 1983년 남극의 보스톡 기지에서 관측된 −89.22℃이다.

지구의 온도는 얼마나 많이 변하는가?

지구 표면의 온도는 가장 추운 남극의 빙원에서 가장 더운 사하라 사막에 이르기까지 크게 차이가 난다. 연평균 기온이 가장 높은 곳은 에티오피아의 달롤 지역으로 평균 온도가 34.4℃이다. 시베리아 동부에 있는 4,000명이 거주하는 인디기르카 강변의 오이미야콘은 항상 사람이 거주하는 곳 중에서 가장 추운 곳으로, 세계에서 가장 낮은 온도가 매년 여기에서 관측된다. 평균 온도는 −51℃이고 때로는 −68℃까지 내려가기도 한다.

지구 내부는 깊이에 따라 온도가 다르지만 지표면 15m 아래에서는 온도가 11℃ 정도로 일정하게 유지된다. 세계 곳곳에 흩어져 있는 동굴에서 이것을 실제로 체험할 수 있다. 프랑스 파리천문대의 지하 23m 아래에 위치한 방은 1718년 이래 관측한 1℃ 이상 온도가 변하지 않고 있다. 지구에서 가장 뜨거운 곳은 지구 내부에 있다. 고체 상태인 내핵의 온도는 6,470℃에 이른다.

지질학과 관련된 중요한 온도 통계는 무엇이며 이들은 다른 평균적인 온도와 어떻게 다른가?

온도는 지구상에서 가장 다양한 물리량 중 하나이다. 아래에 제시된 통계 숫자는 그것을 잘 나타낸다. 모든 온도는 근삿값이다.

물질이나 지역	온도(℃)
번개	29,727
고체 상태의 지구 내핵	6,470
백열전구	2,727
화산의 용암	1,227
물이 끓는 온도	100
올드 페이스풀 열수공 물의 평균 온도	95.6
올드 페이스풀 열수공 수증기의 평균 온도	177
아이슬란드 온천수의 온도	75
인체의 평균 온도	37
마리아나 해구의 평균 수온	1~4
남극 겨울의 평균 온도	−78
북극 겨울의 평균 온도	−34
에베레스트 산 정상의 평균 온도	−73
우주의 평균 온도	−270.4

지구의 평균 밀도는 얼마인가?

지구의 평균 밀도는 약 $5.52\,g/cm^3$ 이다. g/cm^3 은 밀도를 측정할 때 사용하는 단위이다. 물의 밀도는 $1\,g/cm^3$ 이며 지각을 이루는 암석의 평균 밀도는 $2.7\,g/cm^3$ 이다. 대부분 감람암으로 이루어졌을 것으로 추정되는 맨틀 상층부의 밀도는 $3.4\,g/cm^3$ 이다. 많은 과학자들은 지구 핵의 밀도는 매우 높을 것이라고 믿고 있다. 지구의 핵이 대부분 무거운 철로 이루어졌을 것이라고 생각하는 이유는 이 때문이다.

지구의 밀도를 처음으로 측정한 사람은 누구인가?

1798년 영국의 물리학자 헨리 캐번디시Henry Cavendish(1731~1810)가 지구의 밀도를 처음으로 계산했다. 그가 얻은 관측 자료는 매우 정밀했지만 계산에 오차가 있었기 때문에 지구의 평균 밀도를 $5.45\,g/cm^3$ 이라고 했다. 아마도 숫자 하나를 잘못 썼던 것으로 보인다. 오늘날 인정되는 지구의 평균 밀도는 $5.518\,g/cm^3$ 이다.

사람들이 흔히 생각하는 것과는 달리 지구의 밀도를 알아내는 데 사용된 유명한

물은 지구 표면의 70% 이상을 덮고 있다. 지구에 있는 물의 97%가 평균 깊이가 3,798m인 바다에 있다.

'캐번디시의 실험장치'는 '지진학의 아버지'로도 알려져 있던 지질학자 존 미첼^{Rev.} ^{John Michell}이 설계했다. 미첼이 사망한 지 5년 후에 캐번디시는 원래의 것보다 좀 더 작은 측정 기구를 다시 만들었다. 매달려 있는 금속 막대에 납으로 만든 두 개의 공을 고정하여 금속 구를 가까이 댈 때 금속 막대를 지지하는 은 줄이 꼬이는 정도를 측정했다. 이렇게 해서 질량에 작용하는 중력의 크기를 정밀하게 측정할 수 있었다. 이 결과를 이용하면 지구의 질량을 알 수 있고, 따라서 지구의 밀도를 결정할 수 있다.

바다의 평균 온도는 얼마인가?

바다의 온도는 깊이와 위도에 따라 다르지만 과학자들은 87%의 바닷물의 평균 온도가 4.4℃ 이하일 것으로 추정한다. 그러나 그 차이는 크다. 예를 들면 얕은 페르시아 만의 수온은 40℃나 된다. 적도 지방의 평균 수온은 약 29.4℃이다. 가장 추운 북극해와 남극 바다는 일 년 내내 차가운 얼음으로 덮여 있어 대류를 통해 차가운 물을 공급한다. 그곳의 수온은 0~4.4℃ 정도이다.

우주에서 보는 바다는 왜 푸른색일까?

하늘이 파란색으로 보이는 것과 같은 이유로 우주에서 보면 바다도 푸른색으로 보인다. 바닷물은 푸른색 이외의 빛은 흡수하고 푸른색 빛은 반사한다. 바닷물이 작은 유기물을 포함하고 있으면 색깔은 짙은 푸른색이 된다. 하지만 해양 식물이 있다면 더 많은 푸른빛을 흡수하고 더 많은 녹색 빛을 반사한다. 따라서 바다의 색깔이 변한다. 예를 들어 대서양에 허리케인이 발생하면 바닷물의 푸른색이 떠다니는 식물 염료의 노란색과 섞여 녹색이 된다. 이것은 푸른색 페인트와 노란색 페인트가 섞여 녹색 페인트가 되는 것과 같은 원리이다.

과학자들은 이러한 관측 결과를 해양 식물의 양과 해양의 생산성, 해로운 조류의 이상 증식, 다른 종류의 오염에 대한 자료를 수집하는 데 이용하고 있다. 대규모의 조류 증식은 다른 생물 특히 해변에 서식하는 생물에게 해롭다. NASA에서 운영하고 있는 탐사위성인 SeaWIFS(sea-viewing wide field-ofview sensor)는 해양 전체의 생물 광학적 성질, 즉 생명체에 의해 만들어지는 해양의 색깔 변화를 관측하는 인공위성이다. 이 인공위성은 해양의 생산성과 같은 다른 정보를 수집할 뿐만 아니라 해로운 조류의 이상증식과 다른 생물학적 활동에 대한 연구도 진행하고 있다.

지구의 바다에는 얼마나 많은 물이 존재할까?

지구에 존재하는 물의 97.2%는 바다에 있다. 나머지는 극지방이나 높은 산의 얼음이나 빙하, 대기에 포함되어 있는 구름이나 눈과 비, 호수에 있다(지구의 물 분포에 대한 자세한 정보는 '지질학과 물' 부분 참조). 바다에 있는 물의 양을 비교하는 또 다른 방법은 부피를 재보는 것이다. 지구상의 모든 바다를 합하면 전체 부피는 약 14억 km^3 인데, 극지방과 빙하의 얼음이 녹거나 어는 것에 따라 달라진다. 바닷물의 전체 질량은 1.45×10^{18} t 으로 지구 질량의 0.022%이다.

해양의 평균 깊이는 얼마나 될까?

해양의 평균 깊이는 3,798m이다. 이것은 해발 평균 840m인 육지 높이의 5배나 된다. 다음은 각 대양의 평균 깊이이다.

태평양 4,188m[*]

인도양 3,872m

대서양 3,735m

북극해 1,038m

[*] 태평양에는 지구 표면에서 가장 깊은 곳으로 알려진 대부분의 해구가 있다. 가장 깊은 해구는 마리아나 해구로 깊이는 11,033m이다. 높이가 8,850m로 지구상에서 가장 높은 에베레스트 산을 이 해구에 빠트린다면 이 산의 정상은 해수면 1.5㎞ 아래에 있을 것이다.

지구의 둘레를 최초로 측정한 사람은 누구인가?

그리스 알렉산드리아의 지리학자였던 에라스토테네스 Eratosthenes(B.C.E. 273?~B.C.E. 193?)가 기원전 225년경에 최초로 지구 둘레를 측정했다. 그의 측정 결과는 1% 정도의 오차가 있었을 뿐이다. 에라스토테네스는 지구가 구형이라는 것과 태양이 달보다 적어도 20배 멀리 있다는(실제로는 400배 멀리 있다) 것을 알고 있었다. 따라서 그는 태양 빛이 지구 표면에 평행하게 도달해야 한다고 생각했다.

하짓날 정오에 태양은 시에네를 수직으로 비추지만 시에네보다 북쪽에 있는 알렉산드리아는 7° 각도로 비춘다. 두 도시 사이의 거리는 4,900스타디아(1스타디아는 0.16㎞)이므로 에라스토테네스는 다음과 같은 방법으로 지구의 둘레를 계산했다. 360°(지구의 둘레에 해당하는 각도)를 7°(두 도시 사이의 각거리)로 나눈 다음 여기에 두 도시 사이의 거리인 4900스타디아를 곱해 25만 2,000스타디아라는 값을 얻었다. 이것은 4만 320㎞에 해당하는 값이었다.

그의 계산 결과는 정확한 것은 아니었지만 현재 우리가 알고 있는 값인 4만 30㎞에 매우 근접한 것이었다. 에라스토테네스의 천재성은 여기에서 끝나지 않았다. 그는 최초로 세계지도 위에 위도나 경도와 비슷한 선을 그려 넣어 지구상에서의 위치를 나타내는 데 사용했다.

시간 추적하기

초기에는 지구의 나이가 얼마나 된다고 생각했나?

1644년 존 라이트풋John Lightfoot(1602~1675)은 성서에 기록된 내용을 바탕으로 지구의 나이를 계산했다. 그는 지구가 기원전 3928년 9월 17일 오전 9시에 시작되었다고 결론지었다. 얼마 후 아일랜드 아마프의 대주교였던 제임스 어셔James Ussher(1580~1655)가 계보학과 성서에 등장하는 인물들의 나이를 계산하여 지구가 기원전 4004년 10월 23일에 시작되었다고 주장했다. 지구의 나이를 다른 방법으로 계산하기 시작한 것은 1800년대 후반부터였다. 프랑스의 자연학자 쟝 밥티스트 라마르크Jean-Baptiste Lamarck(1744~1829)는 이유를 설명하지는 못했지만 지구가 이전 사람들이 주장했던 것보다 훨씬 오래되었다고 믿었다.

19세기의 많은 과학자들은 암석층에서 발견되는 동물의 화석들이 6000년 전에 살았던 동물로는 만들어질 수 없다는 것을 알고 있었다. 그러나 그 당시 알 수 있었던 암석의 나이는 상대적인 연대뿐이었다. 이 방법에서는 표면 아래 얼마나 깊이 있느냐를 가지고 암석의 연대를 추정했다. 일부 암석의 나이가 1억 년이 넘는다는 사실은 프랑스의 물리학자 앙투안 베크렐Antoine Becquerel(1852~1908)이 방사선을 발견한 이후인 20세기가 되어서야 밝혀졌다. 과학자들은 암석에 들어 있는 방사성 동위원소를 이용하여 암석의 절대적인 나이를 정밀하게 계산할 수 있게 되었고, 따라서 지구의 나이도 좀 더 정확하게 추정할 수 있게 되었다(상대적, 절대적 연대측정 방법에 대해서는 '화석과 암석' 부분 참조).

지구의 나이는 얼마나 될까?

우주에서 날아온 운석, 아폴로 우주선이 가져온 월석, 지구 궤도를 돌고 있는 인공위성과 같은 원격 측정장치들이 태양계를 이루는 행성들에 대해 수집한 자료 덕분에 과학자들은 지구의 나이를 계산할 수 있었다. 과학자들은 지구를 포함한 태양계의 행성들이 45억 4000년 전에서 45억 8000만 년 전 사이에 형성되었고, 지구의 나이는 45억 5000만 년에서 45억 6000만 년 사이로 보고 있다(지구 나이에 대한 자세한 정보는 '우주 안의 지구' 부분 참조).

지구 나이를 측정하는 데 다른 천체의 자료를 이용하는 이유는 간단하다. 지구상에서는 지각판의 이동으로 가장 오래된 암석들이 파괴되었기 때문이다. 또 초기에 형성된 원시 암석이 남아 있다고 해도 아직 발견되지 않았다. 그래서 지구와 동시에 형성되었을 것으로 생각되는 다른 천체의 암석을 분석하는 것이다.

현재까지 지구에서 발견된 가장 오래된 암석은?

과학자들은 모든 대륙에서 35억 년 전에 형성된 암석을 발견했다. 그러나 현재까지 발견된 암석 중에서 가장 오래된 암석은 캐나다 북서부에 있는 그레이트 슬레이브 호에서 발견된 아카스타 편마암으로 나이는 40억 3000만 년이나 된다. 그 밖에도 그린란드 서부에서 발견된, 37억 년 전에서 38억 년 전 사이에 형성된 이수아 수프라크루스탈 암석, 미네소타 강 계곡과 미시간 북부에서 발견된, 35억 년 전에서 37억 년 전 사이에 형성된 암석들, 스와질란드에서 발견된, 34억 년 전에서 35억 년 전 사이에 형성된 암석들, 오스트레일리아 서부에서 발견된, 34억 년 전에서 36억 년 전 사이에 형성된 암석들이 있다. 이 오래된 암석들은 용암이나 얕은 물에서의 퇴적 과정을 통해 형성되었다. 이는 이들이 원시 암석이 아니라 지구가 만들어지고 훨씬 후에 형성되었음을 의미한다.

지구에서 발견되는 가장 오래된 광물은 젊은 퇴적암 층에서 발견된 작은 지르콘 단결정이다. 오스트레일리아 서부에서 발견된 이 결정은 43억 년 전에 형성된 것으로 보이지만 이 결정의 근원은 아직 발견되지 않았다.

지질학적 시대는 어떻게 나누는가?

지질학적 시대는 기본적으로 지질학적 연대 단위를 이용하여 구분한다. 아래 목록에는 긴 것에서부터 짧은 단위의 순서로 설명되어 있다.

누대^{eon} 이언이라고도 하는 누대는 지질학적 연대 구분에서 가장 긴 시간 단위이다. 누대에는 은생누대와 현생누대가 있다.

대^{era} 지질학의 역사에서 가장 긴 대는 선캄브리아대이다. 이 이름은 '고생물 이전'이라는 뜻으로 생명체의 화석이 거의 발견되지 않는 시기이다. 따라서 사람들이 지질시대에 대해서 이야기할 때는 주로 지구에 생명체가 풍부해진 시기인 현생누대에 대해 이야기한다. 현생누대는 고생대, 중생대, 신생대로 나뉜다.

기^{period} 각 대는 다시 기로 나눈다. 대부분의 기 이름은 그 기의 존재가 처음 확인된 지역의 이름이나 축적된 물질의 라틴 이름 또는 부근에 살았던 고대 부족의 명칭을 따서 명명되었다.

세^{epoch} 일부 기는 더 작은 시간 단위로 나뉜다. 예를 들어 신생대 3기는 팔레오세와 에오세, 올리고세, 미오세, 플리오세로 나뉜다.

절^{age} 세는 다시 수천 년 단위의 절로 나뉘는데, 일반적인 지질학적 시대 구분에는 자주 사용되지 않는다. 여기서 말하는 절^{age}은 지질학적 시대를 통속적으로 일컫는 시대^{age}와는 다른 의미이다. 예를 들면 '공룡시대'는 중생대를 통속적으로 지칭하는 말이다.

크론^{Chron} 크론은 절보다도 짧은 시간 단위로, 지질학적 시대 구분에는 잘 사용되지 않고 특정 지역의 암석을 구분할 때 주로 사용한다.

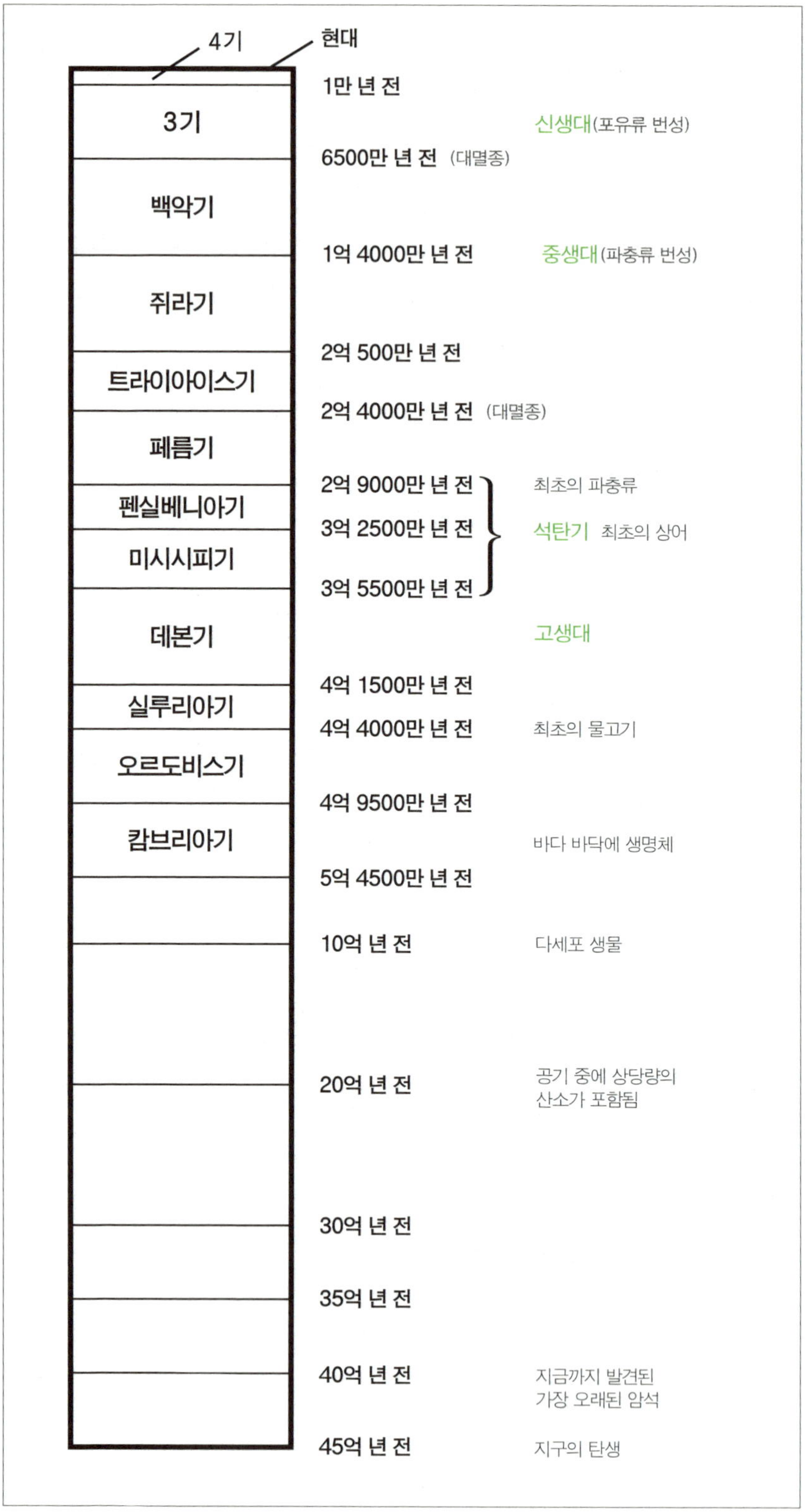

지질학적 시간 스케일(시간은 근삿값이다).

선캄브리아내는 무엇인가?

대부분의 자료에서는 선캄브리아대precambrian를 대로 나타내지만 어떤 자료에서는 '선캄브리아기'라는 표현을 쓰기도 한다. 다른 부분의 지질학적 시대 구분에서와 마찬가지로 여기에도 의견의 일치가 이루어지지 않고 있는 것이다.

대부분의 자료는 선캄브리아대를 여러 개의 시간 단위로 세분하는 데 동의한다. 일부 학자들은 선캄브리아대를 다시 아직 암석 기록이 발견되지 않은 시대인 태고대, 소수의 생명체 증거들만 발견되는 시기로 지구 환경이 현재와 비슷해진 시기인 시생대, 다세포 생물의 화석이 발견되고 지구 환경이 현재와 더욱 비슷해진 시기인 원생대로 나눈다. 일부 과학자들은 선캄브리아대를 시생대와 원생대로만 나누기도 한다.

그러나 한 가지 면에서는 의견의 일치를 보고 있다. 선캄브리아대가 45억 6000만 년 전에서 5억 4500만 년 전까지 계속되어 지구 역사의 80%를 차지하고 있다. 이 시기에 지구의 형성, 생명의 출현, 최초 지각판의 이동, 진핵세포의 형성, 대기 중 산소량의 증가 등의 지질학적으로 가장 중요한 사건들이 일어났다. 또 선캄브리아대가 끝나기 직전에 식물과 동물로 진화하는 최초의 다세포 생물이 출현했다.

지질시대는 어떻게 구분될까?

최초의 지질시대 구분은 전 지구적인 조산작용이 있었다는 증거라고 할 수 있는 암석층의 자연적인 단절을 바탕으로 이루어졌다. 그러나 과학자들은 조산작용이 지구 전체에 영향을 미친 것이 아니라 대부분의 경우 특정 기간 동안 하나의 대륙 또는 대륙의 일부에 제한적으로 영향을 미쳤다는 것을 알게 되었다.

오늘날에는 지질시대를 지질학적 사건 및 생명체와 관련된 사건을 중심으로 구분한다. 예를 들면 트라이아스기가 시작되는 시기인 페름기 말에는 지구에 대규모 파괴적인 사건이 발생하여 육지와 물에 사는 생명체의 90%가 멸종되었다. 이 사건은 고생대와 중생대의 경계가 되기도 한다. 세와 같은 더 작은 지질시대는 주로 생명체나 지구 표면의 작은 변화를 기준으로 구분한다. 예를 들면 신생대 4기의 플라이스토세와 홀로세는 1만 년 전에 있었던 빙하기가 끝나는 시점을 중심으로 구분된다.

지질시대의 명칭은 어떻게 정할까?

대부분의 문서에는 암석층에서 발견된 화석의 이름을 바탕으로 대의 이름을 붙였다. 선캄브리아대라는 이름은 '캄브리아 이전'이라는 뜻이다. 고생대는 '고대 생명체'를 의미하며, 중생대는 '중간 생명체'라는 뜻이고, 신생대는 '현대 생명체'라는 의미이다. 누대와 대의 영어 이름에 'zoic'이라는 어미가 붙어 있는 것은 시대 구분이 생명체를 기준으로 구분되었기 때문이다. 예를 들면 고생대를 의미하는 paleozoic에서 'paleo'는 고대, 'zoic'은 생명체라는 의미를 가지고 있다. 따라서 paleozoic은 '고대 생명체'를 의미한다.

더 작은 단위의 지질시대명은 암석이 발견된 장소나 그 지역에 살았던 고대인들의 이름을 따서 지어졌다. 예를 들면 캄브리아기는 웨일즈의 로마 이름인 캄브리아에서 유래했다. 이 시기의 사암과 이판암이 웨일즈 북쪽 지방에서 발견되었기 때문이다. 오르도비스기는 이 시기의 암석이 최초로 발견되어 연구된 웨일즈 북서부에 살았던 고대 켈트족의 이름인 오르도비스에서 유래했다. 데본기는 영국의 데본셔에서 처음 연구되었다.

모든 사람들이 지질학적 시대를 같은 이름으로 부를까?

아니다. 국가나 연구자들에 따라 지질학적 시대 구분이 다르다. 따라서 지질학적 시대 구분과 이름을 정하는 일은 매우 어렵다. 특히 기와 세, 절의 이름을 정하기가 어렵다. 지질시대명은 지역의 지리학적, 지질학적, 고생물학적인 연관성을 고려해 붙여지기 때문이다.

지질학적 연대순 외에 어떤 방법으로 암석층을 구분할까?

과학자들은 지질학적 연대에 따라서 뿐만 아니라 각 지질시대에 형성된 암석의 형태를 나타내는 암석층의 연대층서나 특정한 암석 단위인 암석층서에 따라 구분한다.

연대층서 단위^{Chronostratigraphic units} 연대층서 단위는 다음과 같이 나누어진다. 대층은 특정한 대의 대표적인 암석을, 시스템은 특정한 기의 암석을 나타내며, 시리즈는 특정한 세의 암석을, 스테이지는 특정한 절의 암석을 나타내고, 존이나 크로노존은 특정한 크론의 암석을 나타낸다. 캄브리아기의 화석은 캄브리아 시스템의 암상에서 발견된다. 지질학적 연대는 시간 단위이기 때문에 지질학자들은 종종 각 지질시대를 초기, 중기, 말기, 그리고 이들을 결합한 형태로 나눈다. 그러나 연대층서 단위는 특정한 시기의 지질학적 퇴적 순서를 나타내기 때문에 하층, 중간층, 상층으로 구분한다. 예를 들면 초기 캄브리아기의 암석은 캄브리아 시스템의 하층을 이루고 있다.

암석층서 단위^{Lithostratigraphic units} 암석층서 단위는 누층군^{supergroup}, 층군 ^{group}, 층^{formation}, 층원^{member}으로 구분한다. 층원은 같은 특징을 가진 암석층이 1:25,000 (이 지도 위의 1cm는 실제로는 250m를 나타낸다) 지도에 나타낼 수 있을 정도로 분포하는 것을 말한다. 층은 도시나 고대 암석층에서 발견되는 화석의 이름을 따서 명명되며, 과학자들이 암석층에 대한 정보를 교환하는 데 가장 편리하다. 예를 들면 세계에서 가장 유명한 암석층 중에는 공룡의 화석을 다량 포함하고 있는 콜로라도의 모리슨 지층, 유명한 버제스 셰일 화석을 포함하고 있는 캐나다의 스티븐 지층이 있다.

> ### 지질학적 시대 구분의 경계는 왜 계속 바뀔까?
>
> 현대 지질학적 시대 구분도 매년 조금씩 바뀌고 있다. 중요한 지질학적 시대 구분은 19세기 말 이후 그대로 사용하고 있지만 화석이나 암석의 연대측정에 사용되는 방사성 동위원소 연대측정법의 사용으로 연대가 더 정밀하게 결정되고 있다. 그리고 더 많은 화석과 암석이 발견됨에 따라 더 정확한 자료가 수집되었기 때문에 지질시대의 경계가 계속 변하고 있다. 예를 들면 대부분의 자료는 고생대가 5억 7000만 년 전에 시작되었다고 하지만 일부 자료에는 6억 년 전이라고 나타나 있다. 좀 더 정밀한 연대측정과 더 많은 증거를 수집한 과학자들은 현재 고생대는 5억 4500만 년 전에 시작되었다고 믿고 있다. 미래에도 이런 숫자들이 계속 변할 것인지는 시간이 지나야만 알 수 있다.

야외로 나가자

지형도란 무엇인가?

'지형도면'이라고도 불리는 지형도^{topographic map}는 지구 표면의 형태를 나타내는 지도이다. 지형도는 특수한 기호와 선을 이용하여 3차원의 지표면 형태를 2차원의 평면에 나타낸 것이다. 지형도는 지질학자들이 야외에서 많이 사용하는 것으로 기본적으로 지표면의 형태, 흥미 있는 암석의 분포, 지형에 관한 정보를 얻을 수 있다.

지형도에서 등고선은 무엇인가?

지형도에서 가장 중요한 것은 등고선^{contour line}이다. 간격이 다른 갈색의 선으로 나타내는 등고선은 고도가 같은 점들을 연결한 선이다. 땅을 특정한 해발 고도의 수평면으로 잘라낸 등고선은 지형의 모양을 잘 나타낸다. 다섯 번째 등고선마다 굵은 선으로 표시되는 계곡선 덕분에 사용자들은 고도를 쉽게 읽을 수 있다. 등고선의 간격이 좁은 부분은 경사가 급한 지역이고, 넓은 부분은 경사가 완만한 지역을 나타낸다.

등고선의 간격은 등고선 사이의 거리를 나타내며 이웃해 있는 등고선 사이의 고도차이는 지형도에 따라 다르지만 한 지형도에서는 같다. 모든 지형도는 등고선 사이의 고도 차이를 다르게 설정하기 때문이다. 예를 들면 상대적으로 평평한 지역은 등고선 간격이 3m나 그 이하일 수 있다. 다시 말해 인접해 있는 두 등고선의 고도차는 3m 이하지만 산이 많은 곳에서는 두 등고선의 고도차가 30m 이상일 수도 있다.

지도 위의 등고선에 적용되는 중요한 규칙은 무엇인가?

등고선에는 몇 가지 중요한 규칙이 있다. 우선 등고선은 다른 등고선과 교차해서는 안 된다. 매우 드문 경우이지만 경사가 90°인 절벽에서는 여러 등고선이 한 점에서 만난다. 등고선의 간격은 급한 경사지나(간격이 좁은 경우) 넓은 평원을(간격이 넓은 경우) 나타낸다. 언덕은 여러 개의 닫힌 등고선을 밀집된 형태로 나타낸다. 움푹 들어간 지형도 같은 형태의 등고선이며, 닫힌 등고선 아래로 경사진 곳에 표시한다. 등고선은 절대로 갈라져서는 안 된다. 또 하천이나 강을 지나는 경우에는 V형태로 표현된다.

등심선은 무엇인가?

등심선^{bathymetric contour}은 대개 만이나 대양저 같은 해양 지형의 깊이, 모양, 경사를 나타낸다는 것을 제외하면 일반적인 등고선과 비슷하다. 등심선은 주로 검은색이나 푸른색으로 그리는데 지도의 축척에 따라 다양한 간격을 m로 표시한다. 등심선은 해안이나 내륙의 물의 깊이를 나타내는 지도(해도)와 혼동해서는 안 된다. 이런 지도에서는 깊이를 나타내는 선은 대개 푸른색으로 그려지고 수로나 수심에 대한 자료가 첨가되어 있다.

지형도의 축척은 어떻게 결정할까?

어떤 축척^{scale}을 사용하든 관계없이 지형도의 축적은 지도 위에서의 거리가 실제 두 지점 사이의 수평거리(고도 차이가 아니라)를 나타낸다. 도로나 고속도로 지도와 마찬가지로 축척은 지도의 사용 목적에 따라 많이 다를 수 있다.

그러나 지형도의 축척은 지도의 거리를 쉽게 해석할 수 있다는 점이 다르다. 지형도는 얼마나 자세한 정보를 필요로 하느냐에 따라 축척이 크게 다를 수 있다. 지형도의 축척은 비율로 나타낸다. 예를 들면 축척이 1 : 25,000인 지도에서 1㎝는 실제로는 25,000㎝를 나타낸다. 축척은 지도 상의 거리와 실제 거리의 비례이기 때문에 어떤 단위를 사용해도 동일하다. 같은 지도 위에서 1m는 실제로는 2만 5,000m를 나타낸다. 다른 단위를 사용하기 원하는 사람을 위해서 대부분의 지형도에는 범례에 그래프로 나타내진 축척을 표시해 놓고 있다.

지형학적 측면도는 무엇인가?

지형학적 측면도^{topographic profile}는 일부 지구 표면의 옆면이나 단면을 나타내는 데 사용된다. 지형도에 단면을 알고 싶어 하는 지역을 선정하여 지형학적 측면도를 만들 수 있다. 점 A에서 B로 선을 그리고, 이 선을 따라 종이 띠를 놓은 다음 종이 위에 등고선, 언덕, 골짜기 등을 표시하고 동시에 각 지점의 고도를 표시한다. 다음에는 모눈종이를 가져와 수직선 위로 측지선에서 가장 낮은 지점부터 가장 높은 점까지의 고도를 그린다. 등고선의 간격이 표시된 종이를 수평 축을 따라 놓는다. 그런 다음 적당한 높이로 각각의 지형을 아래에서 위로 나타낸다. 마지막으로 모든 등고선을 연결하면 지형지도에는 한 지역의 측면도가 만들어진다.

지질도는 무엇인가?

지질도geology map는 지형도의 한 형태이다. 그러나 지질도의 경우에는 지구 표면에 노출된 퇴적물이나 암석의 종류가 등고선과 함께 나타나 있다. 지질도 위에 표시되는 정보에는 암석의 종류에서부터 암석층의 방향이나 연대, 중요한 지질학적 지형까지 다양하다.

지질도는 누가 사용할까? 야외에서 연구하는 대부분의 지질학자들이 지질도를 이용한다. 예를 들어 암석학자들은 광석이나 물 또는 석유와 같은 경제적인 자원의 위치를 결정하기 위해 지형학자들은 지진, 홍수, 산사태 같은 위험 지역을 파악하기 위해 지질도를 사용한다. 때로 지질도 위에 제공된 지질학적 단면도는 지하에 있는 암석 같은 것을 알아내는 데에 도움이 된다.

지질학자들은 야외에서 스트라이크와 딥을 어떻게 사용할까?

스트라이크strike와 딥dip은 야구 용어가 아니라 지질학자들이 야외에서 암석층이 특정 방향으로 얼마나 기울어져 있는지를 밝히는 데 사용되는 용어이다. 두 가지 모두 지질학자들이 노출된 암석층과 지질학적 지형도를 작성할 때 필요하다. 딥은 암석이나 암석층이 수평선과 이루는 각이다. 딥은 주로 경사계를 이용하여 측정한다. 경사계는 암석의 딥과 나란히 배열되는 직선 형태의 가장자리를 가지고 있으며 추가 각도를 재는 데 사용된다. 이와 반대로 스트라이크는 암석층 위에 그어진 수평선이다. 암석층을 물에 담갔을 때 암석층 위에 생기는 수면을 나타내는 선이 스트라이크에 해당된다. 지질학자들은 나침반을 이용하여 스트라이크를 측정한다.

지형도에서 발견되는 공통 기호에는 어떤 것들이 있는가?

지형도에는 여기에서 일일이 거론할 수 없을 정도로 다양한 기호가 사용된다. 다음 표에 지형도에서 공통적으로 사용되는 기호가 나타나 있다.

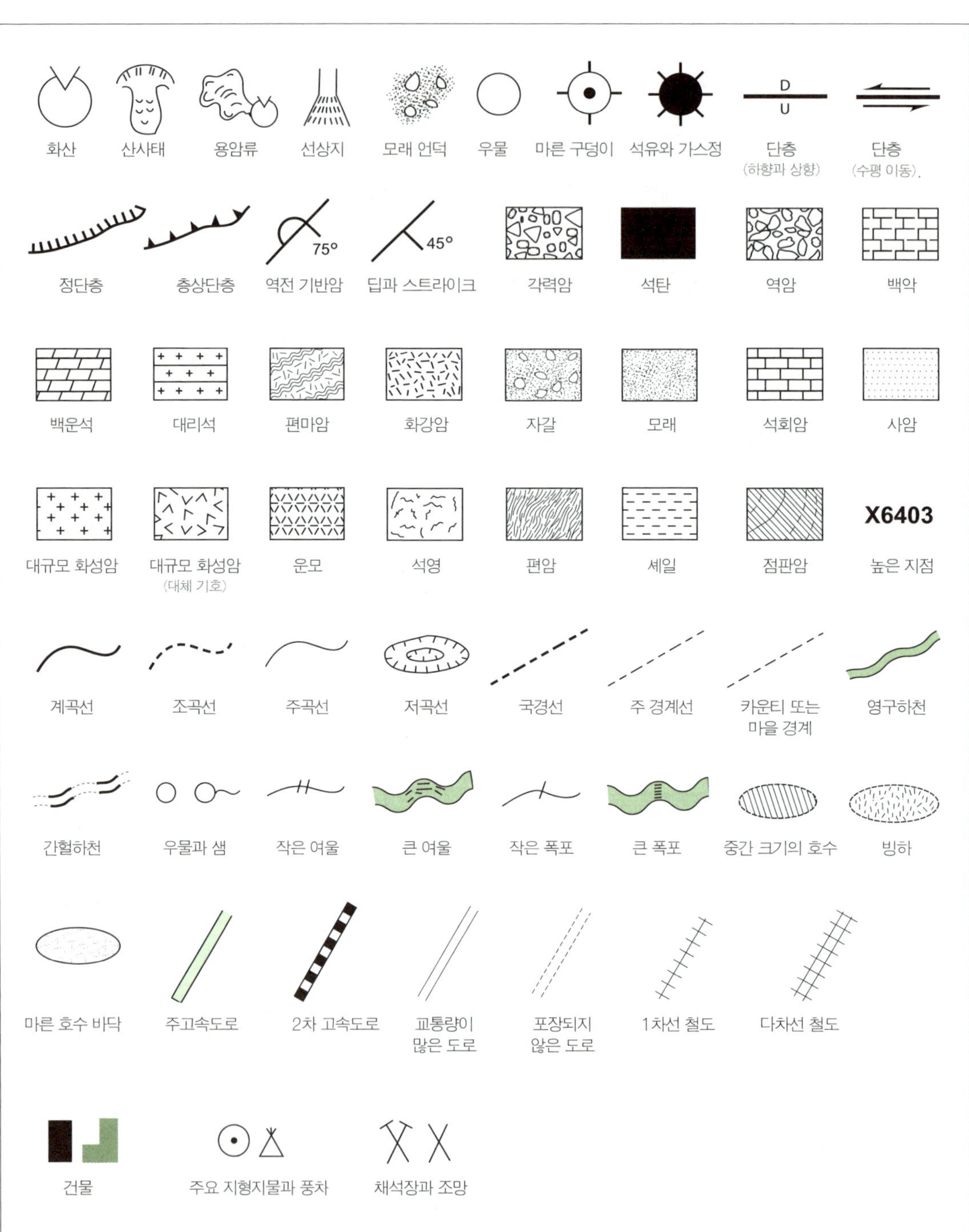

지형도에서 사용하는 공통 기호들

우주에서의 지구

지구와 우주

우주에서 지구의 위치는?

우주의 크기와 비교하면 지구는 작은 티끌에 불과하다. 큰 곳에서부터 살펴보면 지구는 우주의 이론적인 '가장자리'에서 150억에서 200억 광년 떨어져 있으며, 우리은하의 국부 나선 팔이라고도 하는 오리온 나선 팔에 위치해 있는 태양계의 세 번째 행성이다. 태양은 우리은하의 중심으로부터 약 2만 4000광년 떨어져 있다. 1광년은 9조 4600억㎞이다. 우리은하의 일부인 지구는 은하의 바깥쪽을 향해, 다시 말해 우주의 바깥쪽을 향해 가속되고 있다. 지구를 비롯한 태양계의 다른 천체들은 225㎞/s의 속력으로 은하 중심을 돌고 있다.

지구는 태양을 한 번 공전하는 데 1년이 걸린다. 지구 공전 궤도 상 태양에서 가장 먼 원일점에서는 지구의 속도가 느려지고 가장 가까운 근일점에서는 빨라진다. 지구와 다른 행성들은 태양을 공전하면서 은하면 앞뒤로 진동한다. 은하와 태양계의 운동으로 지구의 공전 궤도가 영구적인 나선 모양이 되기 때문에 지구는 우주 공간의 같은 지점을 다시 지나가지 않는다.

빅뱅 이론은 무엇인가?

우주가 형성되는 과정을 설명하는 이론은 많다. 그중에서 가장 널리 받아들여지는 것이 빅뱅 이론$^{\text{big bang theory}}$으로, 약 137억 년 전에 빅뱅이라고 불리는 갑작스런 팽창으로 우주가 시작되었다고 설명하고 있다. 물론 모든 과학자들이 과거 특정한 시점에 있었던 빅뱅과 같은 사건에 의해 우주가 시작되었다고 믿는 것은 아니며 우주는 시작과 끝이 없이 그냥 존재한다고 믿는 사람들도 있다. 그중 한 사람이었던 프레드 호일$^{\text{Fred Hoyle}}$이 경멸의 뜻으로 빅뱅이라고 핀잔한 것이 현재는 우주의 시작을 설명하는 가장 널리 받아들여지는 이론이 되었다.

빅뱅 이전에는 우주의 한 점에 모든 것이 모여 있었다. 빅뱅에 의해 물질, 에너지, 그리고 공간과 시간이 창조되었다. 양자 이론에 의하면 빅뱅 후 10^{-43}초가 지날 때까지는 자연에 존재하는 기본적인 힘들인 중력, 전자기력, 약한상호작용, 강한상호작용이 하나의 '초힘'으로 결합되어 있었다. 그 후 쿼크라는 소립자와 광자, 양전자, 중성미자가 형성되기 시작했다. 모든 입자들은 자신의 반입자들과 함께 만들어졌다. 입자와 반입자가 만들어질 때 반입자보다 입자가 조금 더 많이 만들어졌다. 우주가 팽창함에 따라 온도가 내려가자 더 이상 입자와 반입자가 만들어지지 않게 되었고, 이미 만들어진 입자와 반입자들은 충돌하여 소멸했다. 소멸하고 남은 입자들이 오늘날 우리가 보는 우주를 만들었다.

공간을 달리고 있는 지구에게는 아무런 위험이 없는걸까?

공간을 달리고 있는 지구에게도 위험은 있다. 그러나 '우주를 떠도는 물체'와 충돌할 가능성은 아주 적다. 태양계가 우주 공간을 이동하는 동안 두꺼운 먼지구름이나 다른 별 가까이를 지나가게 되면 중력에 의해 지구를 포함한 태양계 행성들의 궤도가 바뀔 수 있다. 위험은 지구 가까이에도 도사리고 있다. 이런 위험들 중에는 과거에 지구 표면에 충돌한 적이 있었으며 앞으로도 충돌할 가능성이 있는 소행성과 혜성이 있다(소행성과 혜성에 대한 자세한 내용은 아래 참조).

그리고 태양의 코로나질량유출^{CMEs}에도 위험은 있다. 태양 표면에서는 종종 갑작스럽고 폭발적인 분출이 일어나 큰 에너지를 가진 입자들을 지구로 날려 보낸다. 질량유출의 세기가 충분히 강하면 입자들이 지구의 대기를 가열시키고 팽창시켜 궤도를 돌고 있는 인공위성과 지상의 전파 통신에 영향을 줄 수 있다. 심한 경우에는 통신에 지장을 줄 뿐만 아니라 전기 공급에도 차질을 초래할 수 있다. 실제로 강한 CMEs가 나침반에 영향을 미쳤다는 보고도 있다. 이것은 지구 역사에 있었던 자기장 반전과는 다른 효과이다.

태양계의 형성

태양계는 어떻게 형성되었는가?

약 46억 년 전에 먼지, 기체, 그리고 여러 가지 우주 부스러기들이 우리은하의 나선팔을 따라 모여 있었다. 우주에서 일어난 초신성 폭발과 같은 거대한 사건을 통해 우주에 뿌려진 이 물질들은 서서히 뭉쳐서 하나의 별과 그 주변을 도는 행성들을 형성했다. 여기에는 우리가 살고 있는 지구도 포함되어 있었다. 태양계 형성 과정에 관한 이론은 많지만 성운설이 가장 널리 알려져 있다. 다음은 성운설을 단계별로 설명한 것이다.

1. 태양계를 형성한 성운이 어떤 원인에 의해 동요되어 스스로의 중력에 의해 붕괴하기 시작한다.
2. 성운이 붕괴하면서 중심부의 온도와 압력이 높아져 먼지가 증발한다. 이런 과정이 10만 년 정도 계속된다. 이것은 지질학적으로 볼 때 매우 짧은 기간이

다. 이런 과정을 통해 태양의 전신인 원시별이 만들어진다. 성운에 있는 기체
가 이 원시별에 질량을 보탠다. 다시 말해 '강착원반'이라고 하는, 중심을 돌
고 있는 기체 원반의 질량이 증가한다.

3. 이 시점에 원시별에서 멀리 있는 기체는 식기 시작한다. 과학자들은 스스로의
중력에 의해 압축되는 기체가 충분히 식으면 작은 먼지 입자로 응축되는 것
으로 보고 있다. 45억 5000만 년에서 45억 6000만 년 전에 금속이 응축되
고, 44억 년에서 45억 5000만 년 전에 암석이 형성되었다.

4. 먼지 입자들은 서로 충돌하면서 결합하여 더 큰 물체가 되었다. 이런 물체들
이 충분히 커지면 중력으로 더 많은 먼지와 우주 부스러기를 끌어 모아 더욱
커진다. 이 초기 물체들의 크기는 원시별로부터의 거리에 따라 달라진다. 중
심에서 가까우면 작고, 먼 곳에서는 큰 물체가 형성된다. 원시별로부터의 거
리에 따라 이런 과정이 수백만 년에서 약 2000만 년까지 계속되면 미행성이
형성된다.

5. 성운이 식고 약 100만 년 후에 원시 태양이 강력한 태양풍을 방출하여 태양
계에 남아 있는 모든 기체를 날려 보낸다. 크기가 작은 태양계의 내행성들 대
부분이 대기를 잃고 암석과 얼음만 남는다. 이 물체들은 태양을 돌면서 서로
충돌을 계속하여 점점 커진다. 1000만 년에서 1억 년 정도 지난 다음에 지
구를 비롯한 승리자들이 남아 새로운 태양을 도는 태양계를 형성한다.

태양계를 형성한 성운이 어떻게 동요되었을까?

초기에 성운이 왜 수축을 시작하여 태양과 행성들을 형성하게 되었는지를 설명하
는 많은 이론들이 있다. 가장 간단한 이론은 먼지와 기체로 이루어진 성운에서 밀도
가 높은 부분이 자신의 중력 때문에 붕괴되기 시작했다는 이론이다. 어떤 이론은 태
양계를 형성한 성운 가까이 지나간 다른 별 때문에 성운이 동요되어 붕괴하기 시작
했다고 설명한다. 또 다른 이론은 가까이에서 폭발한 초신성의 충격파나 성운 근처를

지나간 커다란 먼지 구름의 중력작용에 의해 태양계를 형성한 성운이 동요되었다고 설명한다.

우주의 나이는 얼마나 될까?

우주의 정확한 나이를 아는 사람은 아무도 없다. 그러나 과학자들은 NASA에서 운용하고 있는 인공위성들이 수집한 자료를 분석하면 우주 나이에 대한 가장 근접한 답을 얻을 수 있을 것이라고 믿고 있다. 2003년 과학자들은 WMAP 탐사위성이 빅뱅의 잔광인 우주 마이크로파 배경복사를 측정하여 얻은 자료를 분석하였다. 그 결과 우주를 존재하게 한 빅뱅이 1%의 오차 구간 안에서 약 137억 년 전에 있었다는 결론을 얻었다. 그들은 또한 첫 번째 별은 빅뱅이 일어난 지 약 2억 년 후에 형성되었다는 것을 밝혀내기도 했다. 이것은 그동안 생각했던 것보다 훨씬 빠른 시기이다.

모든 태양계는 우리 태양계와 같은 방법으로 형성될까?

다른 별을 돌고 있는 행성계의 형성 과정은 태양계가 형성되는 과정을 설명하는 이론과 비슷할 것이라고 생각했다. 그러나 다른 별을 돌고 있는 수많은 외계 행성들이 발견된 후에 이 이론에 대한 의문이 제기되었다. 다른 별을 돌고 있는 100여 개가 넘는 것으로 알려진 대부분의 외계 행성들은 이심률이 큰 타원 궤도를 돌고 있다. 목성보다 훨씬 큰 행성이 믿을 수 없을 정도로 모항성과 매우 가까운 곳에서 궤도를 돌고 있는 경우도 있었다. 이러한 발견은 큰 행성이 작은 행성들보다 먼 곳에서 만들어졌지만 중력에 의해 원시별의 원반 중심으로 끌려 오게 되었다는 행성이주이론을 비롯한 새로운 이론을 개발하도록 했다.

이론과 실제가 일치하지 않는 것은 다른 태양계와 다를지도 모르는 우리 태양계 때문에 갖게 된 편견이나 성운설의 오류 때문일지도 모른다. 따라서 외계 행성들에 대한 더 많은 연구를 통해 우리 태양계의 형성 과정을 밝혀낼 수 있을 것이다.

그러나 우리 태양계가 우주의 괴짜는 아닐 것이다. 2002년에 천문학자들은 크기와 나이가 우리 태양과 비슷한 게자리 55번 별을 돌고 있는 행성을 발견했다. 새롭게 발견된 이 행성은 목성의 질량과 비슷하며, 공전 궤도도 목성의 공전 궤도와 비슷했다.

지구가 감마선 폭발 부근을 지나간다면 어떤 일이 일어날까?

감마선 폭발은 빅뱅 이후 우주에서 가장 밝고 강력한 폭발이라고 생각되고 있다. 과학자들은 수백 광년 거리에서 감마선 폭발이 일어난다면 지구에 재앙을 가져오게 될 것이라고 예측하고 있다. 먼저 이 폭발은 대기를 가열하여 하늘이 며칠 동안 엄청나게 밝을 것이다. 그리고 오존층이 파괴되면서 스모그가 발생되어 지구는 어두어지고 온도는 크게 내려갈 것이다. 감마선 폭발로 인해 다른 모든 종류의 에너지가 큰 우주선^{cosmic ray}과 함께 올 것이기 때문에 인간을 포함한 지구의 모든 생명체들이 큰 피해를 입을 것이다.

지구는 태양계 안에서 어디에 위치하는가?

지구는 수성과 금성 다음인 세 번째로 태양의 둘레를 돌고 있다. 지구는 태양계 행성들이 태양의 둘레를 도는 황도면에서 365.26일을 주기로 공전하고 있다.

다른 별들도 행성을 가지고 있다는 증거가 있는가?

있다. 과학자들은 우리 태양계가 우주에서 외로운 존재가 아니라는 증거를 찾아냈다. 이 외계 행성계의 발견은 지상 망원경을 이용하여 20년 동안 태양계 가까이 있는 1200개의 태양과 비슷한 별을 관찰한 결과 이루어졌다. 천문학자들이 망원경을 통해 실제로 행성을 본 것은 아니다. 과학자들은 행성과의 중력에 의한 상호작용으로 조금씩 흔들리는 별의 운동을 관찰하여 별 주위를 돌고 있는 행성의 존재를 확인했다.

초기의 지각

지각은 얼마나 오래전에 굳어졌을까?

지구의 나이를 물어보면 대부분의 과학자들은 45억 5000만 년에서 45억 6000만 년 사이라고 대답한다. 이것은 지구와 태양계 행성들의 나이이기도 하다.

그러나 지각이 형성된 것은 훨씬 후의 일이다(지구의 현재 지각에 대한 더 자세한 내용은 '지구의 층들' 참조). 약 45억 5000만 년에서 45억 6000만 년 전에 행성들이 공전 궤도 위에 남아 있던 물질들을 빠르게 쓸어 모았다. 이런 일이 모두 끝나기까지는 약 10억 년이 걸렸다. 이 시기를 태고대^{Hadean Period}라고 하는데, 그것은 뜨거운 지하세계 때문이다. 지구 표면은 우주에서 날아온 물체들의 충돌로 가열되어 끓고 있었으며 여기저기 상처가 나 있었다. 커다란 소행성은 충돌한 지역을 증발시켜 플라스마 폭발을 일으켰고, 이 플라스마가 전 지구를 감쌌다. 용융 상태의 마그마가 아직 형성되지 않은 지각을 쉽게 뚫고 나올 수 있어 화산분출도 빈번했을 것이다. 지구에서 발견된 가장 오래된 암석을 분석한 결과, 지구 표면이 굳어져 '지각'이라고 할 수 있게 된 것은 우주에서 날아온 물체의 충돌이 잦아든 약 38억 년 전이다.

지구의 나이를 처음으로 계산한 사람은 누구인가?

18세기와 19세기의 많은 과학자들이 지구의 나이를 계산하려고 시도했다. 예를 들면 1779년에 프랑스의 자연학자 조르주루이 르클레르 뷔퐁^{Comte de Georges Louis Leclerc Buffon}(1707~1788)은 지구의 나이가 7만 5000년이라고 제안했다. 이것은 성서에 근거하여 지구의 나이가 6000년이라던 당시의 일반적인 생각과는 다른 것이었다. 영국의 물리학자로 윌리엄 톰슨이라는 이름으로도 널리 알려진 켈빈^{Lord Kelvin, William Thomson}(1824~1907)은 지구의 온도를 근거로 지구의 나이가 1억 년이라고 주장했다. 그러나 두 이론은 모두 옳지 않은 것으로 밝혀졌다.

물리학자이자 화학자였던 버트람 볼트우드^{Bertram Boltwood}(1870~1927)는 1907년

'푸른 대리석'이라는 이름으로 잘 알려진 이 사진은 1972년 12월 7일 발사된 아폴로 17호에서 찍은 것이다. 지구에서 발사된 지 몇 시간 후에 우주선이 지구 및 태양과 나란히 정렬했을 때 지구의 완전한 모습을 찍을 수 있는 기회를 포착한 우주비행사들이 최초로 완전한 지구의 모습을 찍었다. ⓒ NASA

에 새로운 방사성 동위원소 연대측정법을 개발했다. 그는 새로운 방법을 이용하여 일부 광물의 나이가 41억 년이라는 것을 밝혀냈다. 나중에 이 광물의 정확한 나이는 2억 6500만 년이라는 것이 밝혀졌지만 그의 방법 덕분에 더 나은 방사성 동위원소 연대측정법의 개발이 가능했다. 오늘날 방사성 동위원소를 이용하여 지구의 암석을 분석하고 월석이나 운석을 분석한 결과와 비교한 과학자들은 지구의 나이가 45억 5000만 년에서 45억 6000만 년 사이라고 결론지었다.

마지막 대충돌의 시기는 언제였나?

마지막 대충돌^{heavy bombardment}은 거대한 물체들이 지구, 달, 수성, 금성에 충돌한 38억 년 전에서 40억 년 전 사이에 있었다. 이런 대규모 충돌의 증거는 달이나 수성에서 많이 발견된다. 어두운 대기층이 충돌의 흔적들을 침식시켰기 때문에 금성에는 충돌 증거가 많이 남아 있지 않다. 지구에서는 바람과 물, 얼음의 침식작용과 오랜 시간에 걸친 대륙의 이동이 대충돌의 시기에 있었던 충돌의 흔적을 모두 지워버렸다. 현재 지구에 남아 있는 충돌 크레이터들은 훨씬 후에 있었던 충돌로 만들어진 것이다.

마지막 대충돌 이후 지구에는 소행성이나 혜성이 충돌한 적이 있는가?

있다. 충돌의 흔적이 남극 대륙을 제외한 모든 대륙에서 발견된다. 최근에 과학자들은 지구에서 150개 이상의 충돌 크레이터를 발견했다. 알려진 충돌 크레이터의 대부분은 지표면에서 발견되었지만 일부는 지하나 해저에서 발견되었다. 물과 바람의 침식과 퇴적물의 퇴적으로 지구에 충돌했던 운석의 정확한 수는 알 수 없다(충돌 크레이터에 대한 더 자세한 내용은 '지질학과 태양계' 참조).

지구와 태양

우리 태양은 보통 별일까?

그렇다. 태양은 보통 별로 분류된다. 태양의 온도는 리겔과 같은 청백색 별들보다 훨씬 낮고, 적색 별인 안타레스보다 훨씬 높다. 태양은 우리은하를 이루고 있는 1000억 개가 넘는 별들 중 하나이다. 태양은 태양계 질량의 99.85%를 가지고 있고 지름은 139만 2,000㎞이다.

> ### 지각의 두께는 얼마나 될까?
>
> 지각의 두께는 일정하지 않다. 해양 아래에서 지각의 두께는 5~11㎞ 정도이고, 대륙 아래에서는 19~64㎞ 정도이다(지각을 포함한 지구 구조에 대한 더 자세한 내용은 '지구의 층들을 통해' 참조).

태양은 우주 공간을 얼마나 빠른 속도로 달리고 있을까?

태양과 태양계는 3차원 공간을 달리고 있기 때문에 동시에 여러 방향으로 움직이고 있다. 예를 들면 태양은 헤라클레스자리의 람다별 방향으로 20㎞/s, 즉 7만 2,000㎞/h의 속력으로 달리는 동시에 은하 중심을 225㎞/s의 속력으로 돌고 있다. 태양은 또한 우리은하면의 위쪽으로도 7㎞/s의 속력으로 이동하고 있다. 현재 태양은 은하면 위쪽으로 50광년 떨어진 지점에 있다. 그러나 과학자들은 은하의 중력작용으로 태양의 탈출이 1400만 년 내에 저지될 것으로 믿고 있다. 결국 태양은 은하면으로 다시 돌아오게 될 것이고, 얼마 동안 아래쪽으로 이동하게 될 것이다. 태양의 이런 왕복 운동은 태양이 사라질 때까지 계속될 것이다.

우리은하의 중심에서 태양까지의 거리는 얼마나 될까?

태양은 우리은하의 중심에서 2만 6000광년 떨어져 있는 오리온 팔의 안쪽 가장 자리에 위치해 있다. 태양과 태양계가 은하 중심을 한 바퀴 도는 데는 2억 2500만 년 이 걸린다. 이 기간을 우주년 또는 은하년이라고 한다. 태양이 은하 중심을 한 바퀴 도 는 동안에 태양은 15만 광년의 거리를 이동한다. 태양계가 형성된 이후 태양은 은하 중심을 20번 정도 돌았다.

빛은 지구에 도달하는 데 얼마나 걸릴까?

태양은 우주의 다른 별에 비해 수백만 배나 지구에 가까이 있지만 지구에서 태양까지 의 평균거리는 1억 4970만 ㎞나 된다. 빛은 30만 ㎞/s 의 속력으로 달리기 때문에 빛 이 태양에서 지구까지 도달하는 데에는 약 8분 20초 정도가 걸린다. 가장 가까이 있는 별인 켄타우루스자리의 프록시마에서 빛이 우리에게 도달하는 데 4년 정도가 걸리고, 가장 멀리 있는 별의 빛이 우리에게 도달하는 데는 수십억 년이 걸리는 것과 비교하면 태양까지의 거리는 아주 가깝다고 할 수 있다. 우리가 보는 별은 사실 빛이 출발했을 때 의 별이기 때문에 실제로는 과거의 우주를 보고 있는 셈이다.

태양은 어떻게 에너지를 방출할까?

다른 별에서와 마찬가지로 태양에서도 중력에 의해 물질이 중심으로 압축된다. 엄 청나게 높은 온도와 압력이 수소 원자핵이 결합하여 안정한 헬륨 원자핵으로 바뀌는 핵융합 반응을 촉발시킨다. 헬륨 원자핵의 질량은 결합된 수소 원자핵들의 질량보다 작다. 이 여분의 질량이 에너지로 변환되어 감마선의 형태로 방출된다. 태양의 일생은 100억 년 정도로 추정된다. 현재 태양의 나이는 약 45억 년이다. 이 기간 동안 태양은 매초 400만t의 질량을 에너지로 전환시켰다. 과학자들은 태양 연료가 결국 고갈되겠지만 그렇게 되기까지는 50억 년에서 60억 년이 더 걸릴 것이라고 믿고 있다.

태양은 지구에 어떤 영향을 줄까?

지구는 태양이 방출하는 에너지의 0.002%만 받지만 지구상에 살고 있는 모든 생명체들은 태양에서 오는 열과 빛을 이용해서 살아가고 있다. 태양으로부터 받는 적은 양의 에너지만으로도 적도 지방에서 일어나는 대기의 대류 작용을 비롯한 기후 체계가 작동하는 데 충분하다. 간혹 태양이 계절의 변화에도 관여하는 것으로 아는 사람도 있지만 봄, 여름, 가을, 겨울의 계절 변화가 일어나는 이유는 지구의 자전축이 기울어져 있기 때문이다.

태양의 영향은 이 밖에도 많다. 예를 들면 지구 자기장은 태양에서 날아온 입자들의 영향을 받는다. 이 고에너지 입자들은 160만km/h의 속력으로 날아온다. 지구 자기장은 지구에 도달한 이 입자들의 경로를 바꾸어 자기권이라는 보호막을 만든다. 이런 입자들의 흐름은 북극과 남극에서 오로라라는 아름다운 커튼을 만든다. 태양은 종종 코로나질량유출이라는 거대한 자기 폭풍을 일으켜 저궤도에서 지구를 돌고 있는 인공위성에 위험을 초래하고, 전력 공급에 차질을 빚게 하며, 모든 종류의 전파 통신에 영향을 미친다.

일부 과학자들은 태양이 방출하는 에너지의 변화가 지구 기후에도 영향을 주고 있다고 생각한다. 어떤 과학자들은 지구에 있었던 여러 번의 빙하기가 태양이 방출하는 에너지의 변화에 의한 것이라고 주장하기도 한다. 그러나 이것은 아

지구에서 160만km 떨어진 곳에서 태양을 돌고 있는, NASA에서 발사한 태양 관측 위성 SOHO. © NASA

직 확실하게 결론이 얻어진 것은 아니다.

일식과 월식은 왜 일어날까?

태양, 지구, 달은 태양계의 황도면이라는 동일한 평면에 있기 때문에 지구와 달의 그림자가 다른 천체를 가리게 되어 일식이나 월식이 일어난다. 일식이나 월식은 매달 일어나는 것이 아니라 달이 지구의 그림자를 통과하거나 달이 지구와 태양 사이에 놓일 때만 일어난다. 다음은 지구에서 관찰할 수 있는 다양한 식들에 대한 설명이다.

개기일식total solar eclipse 개기일식은 그믐달이 지구와 태양 사이에 있을 때 일어난다. 달의 가장 어두운 본그림자가 태양 빛을 차단하는 지구상의 경로를 '개기일식 경로'라고 한다. 달의 둥근 그림자의 지름은 270㎞를 넘지 않는다.

금환일식anual solar eclipse 금환일식은 달이 지구에서 멀리 떨어져 있어 태양 빛을 완전히 차단하지 못할 때 일어난다. 이 경우에는 달그림자 주위에 밝은 고리가 보인다.

부분일식partial solar eclipse 부분일식은 달그림자 가장자리에 조금 밝은 반그림자 부분이 나타난다. 부분일식에서는 태양의 일부만 달그림자에 가려진다.

개기월식total lunar eclipse 개기월식은 보름달일 때 달이 지구의 본그림자를 지나가게 되면 발생한다. 달이 지구 그림자 안에 완전히 들어가는 개기월식의 중간 단계에서도 달은 완전히 사라지지 않고 어두운 구릿빛으로 보인다. 지구 대기에 의해 빛의 일부가 산란되어 달을 비추기 때문이다. 이것을 지구광이라고 한다.

2009년 7월 22일 촬영한 부분일식 사진

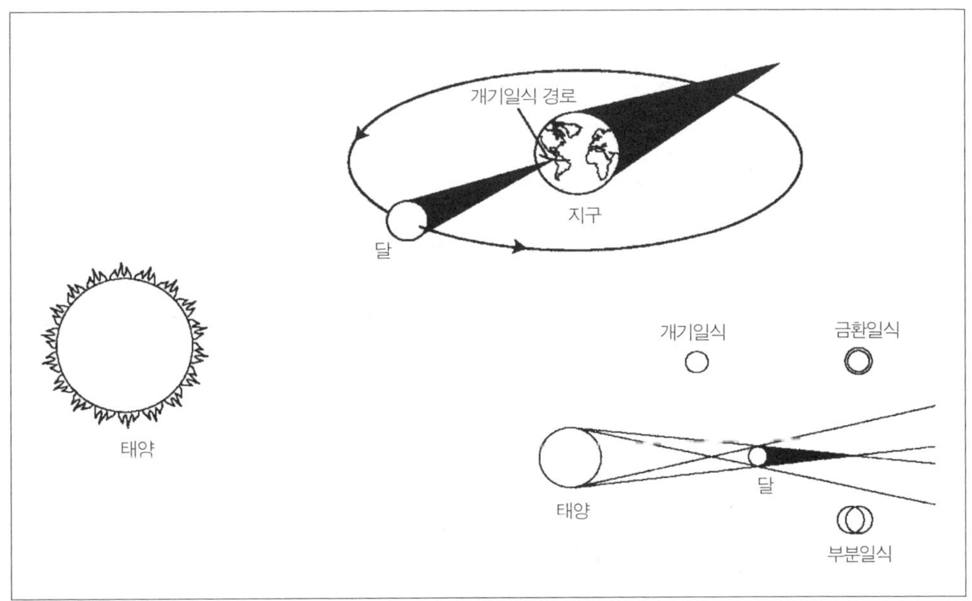

일식은 어떻게 일어날까?

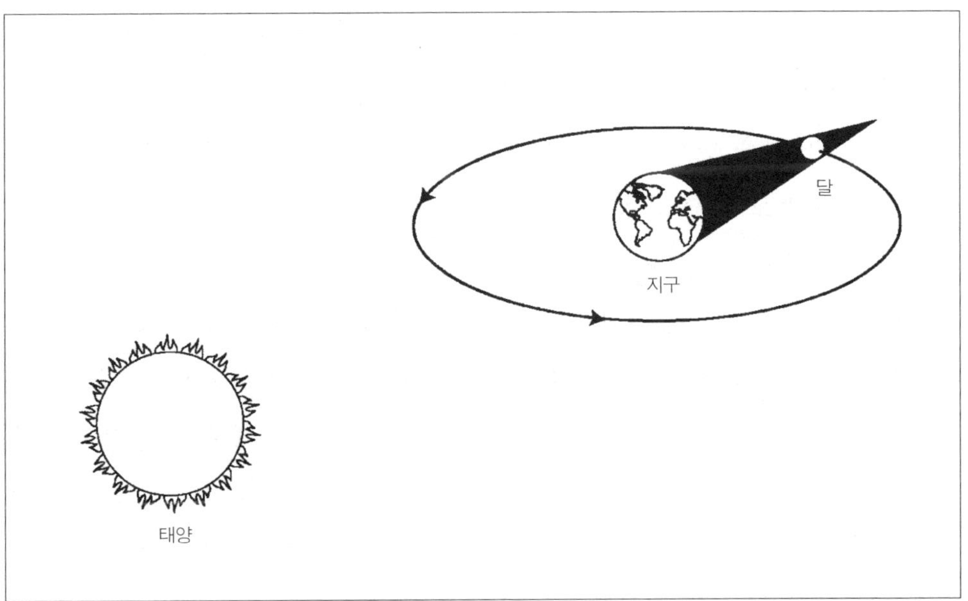

월식은 어떻게 일어날까?

부분월식 partial lunar eclipse 부분월식은 달이 지구의 반그림자 부분을 통과할 때 일어난다. 부분월식이 일어나고 있는 동안에는 달이 어둡게 보인다.

달의 지형으로 인해 생기는 개기일식의 특징은?

달이 지구와 태양 사이에 오게 되어 개기일식이 일어나는 동안에 진주 목걸이처럼 보이는 밝은 고리가 보일 때가 있다. '베일리의 진주 목걸이'라고도 하는 이 고리는 달 가장자리의 산과 크레이터 언덕들 사이를 빛이 통과하면서 만들어진 것이다.

어머니 지구, 딸 달

우리가 달 표면에서 볼 수 있는 사람 형상 Man in the Moon 은 어떻게 만들어졌나?

수세기 동안 달을 관찰해 온 사람들은 달의 표면이 사람의 얼굴이나 토끼의 모습을 닮았다고 생각했다. 달 표면의 이런 모습은 햇빛과 달의 지형적 특성으로 인해 어둡게 보이는 지역이 만들어낸 것이다. 이탈리아의 천문학자 갈릴레이가 바다라고 불렀던 달에서 크게 보이는 어두운 부분과 밝게 보이는 고지대는 화학적으로나 광물학적으로 다른 암석으로 이루어졌다.

바다라고 부르는 부분은 실제로는 35억 년 전에 대규모 화산분출로 형성된 어두운 화산암인 현무암 지대이다. 충돌 크레이터가 상대적으로 적게 분포해 있는 어두운 바다는 달 표면의 16%를 차지하고 있다. 이런 지역은 대부분 오래전에 형성된 충돌 분지 안에 분포되어 있으며, 지구를 향하고 있는 부분에 집중되어 있다. 상대적으로 밝고 많은 크레이터가 분포하고 있는 고지대는 테라라고 한다. 고지대의 크레이터와 분지는 운석의 충돌로 형성되었으며 40억 년 전에 형성된 것으로 추정된다. 크레이터가 많이 분포해 있는 지역이 오래된 지역이라고 볼 수 있으므로 크레이터가 많은 고지대가 화산암으로 이루어진 바다보다 더 오래된 지형이다.

달의 구성 성분은 지구의 구성 성분과 비슷할까?

그렇다. 달의 구성 성분은 지구의 구성 성분과 비슷하다. 그러나 지구 전체가 아니라 맨틀의 성분과 비슷하다(맨틀에 대해서는 '지구의 층들' 참조). 유인 탐사선이었던 아폴로 우주선 덕분에 과학자들은 400kg의 월석과 토양을 분석할 수 있었다. 자료에 따라서는 과학자들이 분석한 암석의 양이 381~382kg의 다양한 값으로 나타나 있다. 아래 표에는 월석의 주요 성분이 나타나 있다.

달 표면의 밝고 어두운 지역이 생기는 것은 부분적으로는 빛과 그림자 때문이지만 두 지역이 화학적으로나 광물학적으로 다른 암석으로 이루어진 것도 지구에서 볼 때 어두운 지역과 밝은 지역이 생기는 중요한 이유이다.

화학 조성	구성비율(%)
이산화규소	43
산화철	16
산화알루미늄	13
산화칼슘	12
산화마그네슘	8
이산화티타늄	7
다른 원소	1

달에도 대기가 있을까?

없다. 적어도 지구의 대기와 비슷한 '대기'는 없다. 달 표면 바로 위의 공간이 완전한 진공은 아니지만 달의 대기 밀도는 지구 대기 밀도의 10^{-15}배이다. 1970년대의 유인 탐사선이었던 아폴로 17호가 수집한 자료에 의하면 달 표면에 아르곤과 헬륨 원자들이 있다. 그리고 1988년까지 지구에서 관측한 자료에 따르면 소듐(=나트륨)과 포타슘(=칼륨) 이온도 검출되었다.

두꺼운 대기층을 가지고 있는 많은 행성들의 경우에는 전리층 바깥쪽에서 우주 공간과 연결되는 희박한 대기층인 외기권이 수 ㎞나 펼쳐져 있다. 예를 들면 지구의 외기권은 지상 480㎞에서 시작되어 우주로 이어진다. 달의 경우에는 외기권이 달 표면 바로 위에서 시작된다.

달은 지구와 같은 대기를 가지고 있지 않지만 달에도 흥미로운 증거들이 있다. 달을 방문했던 두 탐사선인 클레멘타인과 루나 프로스펙터의 관측에 의하면 달의 남극과 북극에 있는 깊은 크레이터 안에 물이 얼어 있는 얼음이 존재할 가능성이 있다. 이 얼음은 영원히 빛이 들지 않는 크레이터 안에서 검출되었다.

달의 층들도 지구의 층들과 유사할까?

아니다. 달의 내부는 지구의 내부와 많이 다르다(지구 내부에 대한 자세한 내용은 '지구의 층들' 참조). 지구가 얇은 지각, 이동하는 맨틀, 액체 상태의 외핵, 고체 상태의 내핵으로 이루어진 것과 달리 달은 전체가 거의 완전히 고체이다. 단지 달의 핵 부근의 적은 양의 물질만 높은 온도로 인해 녹아 있는 용암 상태일 것으로 보인다. 실제로 달은 두꺼운 금속 핵과 밀도가 높은 화성암으로 이루어진 고체 상태의 맨틀, 그 위에 지구의 지각보다 두꺼운 현무암과 회장석, 반려암으로 이루어진 지각이 있다. 월석에는 회장석이라고 하는 사장석 형태의 장석이 풍부하기 때문에 월석을 종종 회장석이라고도 한다. 달 표면 전체를 덮고 있는 것은 우주에서 날아온 물체들의 충돌이나 태양 복사선의 작용으로 만들어진 전토층이다.

월진은 지진과 유사할까?

그렇다. 월진^{Moonquake}은 지구의 지진처럼 강력하지는 않지만 작은 규모의 지진과 비슷하다. 달 표면에 달의 흔들림을 측정할 수 있는 관측 장비를 설치해 놓고 온 아폴로 달 탐사 프로젝트 덕분에 과학자들은 월진에 대해 자세하게 알게 되었다. 과학자들은 지구에서도 달의 경사면을 따라 전토층이 흘러내리는 것을 관측했는데 그것은 달에도 산사태가 있다는 증명이었다.

해마다 약 3,000회 정도의 월진이 관측되는데 그중 상당수가 한 시간 이상 달의 표면이 흔들렸다. 월진의 대부분은 매우 약해서 달 표면에 서 있다고 해도 흔들림을 감지할 수 없을 정도이디. 일진은 달이 지구에 근접하여 지구가 달의 지각을 가장 강하게 끌어당길 때 더 많이 관측된다. 작은 월진들의 일부는 달 표면에 운석이 충돌해서 발생했을 것으로 추정된다.

달의 형성에 관한 초기의 이론에는 어떤 것들이 있었나?

달은 사람의 눈으로 잘 관찰할 수 있기 때문에 오랫동안 많은 사람들이 달의 기원에 관해 생각했다. 그중에는 외계에서 만들어진 달이 지구의 중력에 잡혀 지구 주위를 돌게 되었다는 포획설도 있었다. 또 달이 지구처럼 작은 우주 먼지들이 모여서 지구가 형성될 때 함께 형성되었다는 이론도 있었다.

달이 지구에서 떨어져 나갔다고 주장하는 사람들도 있었는데, 이 이론에서는 달을 형성한 물질이 떨어져 나간 자리가 태평양이라고 설명했다. 100여 년 전 조지 다윈^{George H. Darwin}은 이것이 어떻게 일어났는지를 설명하는 메커니즘을 제안했다. 그는 지구의 빠른 자전이 물질을 우주로 날려보내 달을 형성했다고 믿었다.

달의 기원에 대한 현대 이론은?

최근 과학자들은 달의 기원에 관한 새로운 이론을 제안했다. 이 이론에서는 지구 형성 초기에 화성 크기의 거대한 천체가 지구에 충돌하여 지구의 맨틀 일부를 공중으로 날려 보내 달이 형성되었다고 설명한다. 물질을 공중으로 날려 보낸 거대한 충돌로 지구를 도는 물질의 원반이 만들어졌다. 지구의 중력이 이 물질을 궤도 위에 잡아두어, 충돌에 의한 열로 녹아 있던 물질들이 운동량에 의해 회전하면서 응집되어 달을 형성했다. 실제로 아폴로 우주인들이 지구로 가져온 월석은 지구 맨틀과 같은 특성을 가지고 있다. 그것은 지구 깊은 곳에 있던 암석을 공중으로 날려 보낸 큰 사건이 있었다는 것을 의미한다.

왜 지구와 달을 이중행성이라고 할까?

과학자들은 종종 지구와 달을 이중행성이라고 부른다. 지구에서 달까지의 평균 거리는 384,403km로 가까운 편이고, 달의 지름은 3,476km이고 지구의 지름은 12,756.3km이다. 그러나 이중행성이라고 하는 이유는 달의 공전주기와 자전주기가 27일 7시간 43분으로 똑같기 때문이다. 때문에 동기화된 회전을 만들어내 달의 한쪽 면만이 항상 지구 방향을 향한다.

지구와 달은 유일한 이중행성이 아니다. 명왕성과 명왕성의 위성인 샤론도 동기화된 궤도 운동을 한다.

지구에서 본 달의 위상 변화는 왜 일어날까?

달의 위상 변화는 달이 지구 주위를 돌기 때문이다. 달은 지구와 마찬가지로 태양빛을 받아 반사한다. 따라서 지구의 관측자는 햇빛이 달을 비추는 지역만 볼 수 있다. 달이 지구를 돌면 햇빛이 비추는 지역이 달라져 다양한 위상이 나타나게 된다. 나타나는 순서대로 본 달의 위상은 다음과 같다.

달 전체를 볼 수 있는 보름달; 상현달; 달의 반만 볼 수 있는 반달; 초승달; 달을 전혀 볼 수 없는 그믐달, 달의 다른 반쪽을 볼 수 있는 반달; 하현달; 그리고 다시 보름달.

달이 지구를 공전하는 데는 27.32일이 걸리지만 달의 위상이 한 바퀴 변하는 데는

29.5일 걸린다. 이것은 달이 지구 주위를 공전하고 있는 동안 지구도 매일 1°씩 태양 주위를 공전하고 있기 때문이다. 따라서 달이 한 바퀴 돌아도 달에서 볼 때는 태양이 하늘의 같은 위치에 오지 않는다. 27.32일 동안 지구가 27°를 돌아가기 때문에 하루에 13°씩 도는 달은 2일을 더 돌아야 태양이 같은 자리에 온다.

지구는 또 다른 달을 가지고 있는가?

　　일부 과학자들은 지구가 우리가 보고 있는 달보다 훨씬 작은 또 다른 '달'을 가지고 있다고 주상한다. 1986년에 발견된 크루이트네 Cruithne 라는 이 두 번째 달은 소행성 3753 또는 1986 TO라고도 알려져 있다. 이 천체는 지구와 달의 중력이 동시에 작용하여 불규칙적인 말굽 모양의 궤도를 따라 지구 둘레를 돌고 있다. 너비가 5㎞ 정도인 크루이트네가 지구에 가장 가깝게 접근할 때의 거리는 지구에서 달까지 거리의 40배 정도 된다. 이것은 0.1천문단위에 해당된다. 1천문단위는 지구에서 태양까지의 평균 거리인 1억 4970만㎞이다. 그러나 현재는 0.3천문단위보다 가까이 접근하지 않고 있다. 하지만 크루이트네는 지구와 중력으로 묶여 있지 않기 때문에 달이라고 할 수 없다. 루나라고도 불리는 우리의 달은 중력에 의해 지구에 묶여 있기 때문에 달이라고 할 수 있다. 그러나 크루이트네는 지구와 1 : 1 공명관계에 있다. 많은 학자들이 크루이트네를 지구의 달이라고 주장하는 것은 이 때문이다. 다시 말해 크루이트네와 지구는 같은 속도로 태양을 돌고 있다. 해왕성과 명왕성은 3 : 2 공명관계에 있는데 이는 해왕성이 태양을 세 번 도는 동안에 명왕성은 태양을 두 번 돈다는 뜻이다.

달은 지구에 영향을 미치는가?

　　그렇다. 달은 지구에 여러 가지로 영향을 미치고 있다. 특히 지구의 바다에서 일어나는 조석현상의 원인을 제공한다(조석현상과 달에 대한 자세한 내용은 '지질학과 해양' 참조).

달에 착륙했던 우주비행사들은 누구인가?

1969년 7월 20일 닐 암스트롱^{Neil Armstrong}이 최초로 달을 밟았다. 암스트롱의 뒤를 따라 에드윈 '버즈' 올드린^{Edwin 'Buzz' Aldrin}이 달착륙선의 사다리를 타고 내려와 달 위에 섰다. 그 뒤를 이어 달에 착륙한 우주 비행사들은 아폴로 12호의 피트 콘라드와 앨런 빈, 아폴로 14호의 에드가 미첼과 앨런 쉐퍼드, 아폴로 15호의 데이빗 스콧과 제임스 어윈, 아폴로 16호의 찰스 듀크와 존 영, 그리고 아폴로 17호의 유진 서난과 달에 간 최초의 지질학자였던 해리슨 슈미트였다. 아폴로 13호는 사고로 도중에 지구로 돌아와야 했기 때문에 달에 착륙하지 못했다. 1972년 12월 14일 아폴로 17호가 달을 떠난 이후에는 아무도 달 위를 걷지 못했다.

우주 비행사들은 달 위에서 무엇을 보았을까? 그들은 부서진 암석과 자갈, 먼지 등 달의 전토층을 비롯하여 지질학적으로 관심이 큰 물체들과 충돌 크레이터를 보았다. 달에는 관측을 방해하는 공기가 없기 때문에 훨씬 더 별을 잘 관측할 수 있다. 우주 비행사들은 지구 중력의 6분의 1밖에 안 되는 중력의 차이를 경험했다. 즉 지구에서 66kg인 사람의 몸무게가 달에서는 11kg이었다.

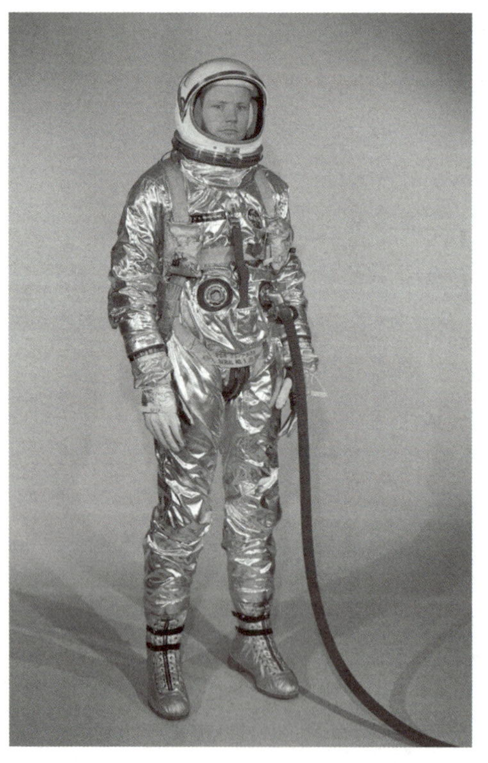

1964년 우주인 닐 암스트롱이 플로리다 주 케이프 커내버럴에서 훈련을 받으면서 제미니 6호의 비행을 준비 중이다. ⓒ NASA

또 다른 달이 존재할까?

천문학자들은 아직도 지구 주위에서 또 다른 자연적인 위성을 찾고 있지만 하늘을 조사하는 데에는 시간이 걸린다. 그들은 다른 물체를 위성으로 착각하는 실수를 저지르기도 했다. 예를 들면 2002년 9월에 아마추어 천문학자가 지구의 세 번째 위성처럼 보이는 물체를 발견했다. J002E3이라는 이름이 붙여진 이 신비스러운 물체는 50일 주기로 지구를 돌고 있는 것으로 밝혀졌다. 과학자들은 이 이상한 위성을 좀 더 자세하게 관찰해 사실을 밝혀냈다. 물체가 반사하는 빛을 측정한 연구자들은 이 빛이 전형적인 소행성 표면에서 반사된 것이 아니라 흰색의 산화티타늄^{TiO} 페인트로 칠해져 있는 물체에 의해 반사된 빛이라는 것을 알아냈다. 현재 과학자들은 이것이 버려진 로켓 추진 장치라고 생각하는데, 아마도 표면 전체를 산화티타늄 페인트로 칠한 아폴로 새턴 S-IVB의 윗부분에서 떨어져 나온 것으로 추정된다.

지구와 우주 잔해물

지구는 유성체, 유성, 운석과 접촉하고 있을까?

그렇다. 지구는 다른 행성들과 마찬가지로 조그만 우주 잔해물들과 접촉한다. 유성체는 모래알에서 사람의 주먹 크기까지 다양한 크기의 우주 암석 조각이다. 유성체는 보통 지구와 만나 지구 대기권으로 들어와 떨어지면서 지상 80~100㎞ 높이에서 타버린다. 유성체가 타면서 지나갈 때 내는 밝은 불빛을 유성이라고 한다. '유성우'는 혜성에서 떨어져 나온 우주 잔해물이 지구를 통과할 때 나타난다. 이때는 지구 대기권으로 들어오는 입자의 수가 많아져 말 그대로 유성 '소나기'가 내린다.

대부분이 타버린 유성은 유성진이 된다. 약 100t의 먼지가 매일 지구에 떨어지는데, 해마다 4만 t에 가까운 먼지가 떨어지는 셈이다. 그러나 잔해물이 크면 두꺼운 대기층을 통과해 땅에 떨어지게 된다. 이렇게 땅에 떨어진 암석을 운석이라고 한다. 대부분의 운석은 소행성대에서 오지만 달이나 화성에서 오는 운석도 소량 존재한다.

과학자들은 특정 운석이 어떤 행성에서 왔는지 어떻게 알 수 있는 것일까?

과학자들은 화성이나 금성 같은 행성이나 베스타 같은 소행성의 일반적인 조성을 알고 있기 때문에 지구에서 발견된 운석의 성분을 분석하여 운석이 온 곳을 추정할 수 있다. 예를 들면 흔히 발견되지는 않지만 일부 운석은 화성에서 온 것으로 추정된다. 1976년 화성에 착륙한 바이킹 화성 착륙 탐사선의 분석 자료를 통해 화성에 대해 많은 것이 알려져 있다(이 탐사선이 화성의 대기를 조사했기 때문에 과학자들은 화성 대기의 조성을 알고 있다). 따라서 이런 기체를 포함하고 있는 운석은 화성에서 온 것이라고 추정할 수 있다.

지구에 떨어지는 운석의 종류는?

지구에 떨어지는 주요 운석의 종류는 다음과 같다.

콘드라이트^{chondrite} 콘드라이트는 지구에 떨어지는 운석 중에 가장 많은 부분을 차지하는 운석이다. 암석으로 이루어져 있으며 물질이 녹아서 만들어진 지름 1㎜ 정도의 구형 알갱이인 구상체를 포함하고 있다. 태양계에서 가장 오래된 물질인 콘드라이트는 매우 드문 완화휘석 콘드라이트, 일반적인 콘드라이트, 탄소를 포함하고 있는 희귀한 탄소질 콘드라이트 등 몇 종류로 나눌 수 있다.

아콘드라이트^{achondrite} 아콘드라이트는 구상체를 포함하고 있지 않은 석질운석이다. 아콘드라이트는 두 번째로 큰 소행성인 베스타에서 온 것, 화성에서 온 것, 달에서 온 것 등으로 구분한다.

석철운석^{stony-iron} 석철운석은 철과 니켈의 합금과 비금속 물질인 실리케이트가 혼합된 운석이다. 석철운석은 팰러사이트와 메소시데라이트로 분류된다.

철운석^{iron} 철운석은 철과 니켈의 합금으로 이루어진 운석이다. 철운석은 화학

유성이 소나기가 되어 지나가고 있는 모습을 촬영했다.

성분에 따라 헥사헤드라이트와 옥타헤드라이트 등 여러 종류로 나뉜다.

지구에 떨어진 가장 큰 운석은?

현재까지 발견된 가장 큰 운석은 아프리카 나미비아의 그루트폰테인 부근에서 발견된 호바 운석이다. 1920년에 J. 브리츠가 발견한 이 운석은 8만 년 전에 지구에 떨어진 운석이다. 형성된 시기는 2억~4억 년 전으로 추정되며, 무게는 60t이고 너비와 길이는 각각 2.95m와 2.84m, 두께는 75~122㎝이다. 이 운석은 철 82.4%, 니켈 16.4%, 코발트 0.76%와 그 밖의 소량 원소들로 이루어져 있다.

떨어지는 운석에 맞은 사람도 있는가?

대부분의 경우 그것을 증명하기는 힘들지만 많은 사람들이 떨어지는 운석에 맞았다고 주장했다. 그러나 이런 일이 일어날 확률은 10억분의 1 정도이다. 어떤 과학자가 말했듯이 로또에 당첨될 확률이 훨씬 더 크다. 아래에 운석에 맞았다고 주장하는 몇 가지 예를 소개한다.

1. 1954년 11월 30일 앨라배마 실라코가에 사는 가정주부 앤 호지스가 낮잠을 자고 있을 때 1.4kg의 운석이 지붕을 뚫고 내려와 라디오에 튕긴 다음 그녀의 엉덩이를 쳐 축구공 크기의 상처를 남겼다.

2. 1994년 6월 21일 호세 마틴과 그의 아내 비센타 코스가 자동차를 타고 스페인 가타페를 지날 때 1.4kg의 운석이 자동차의 운전석 앞유리에 충돌하여 대시보드를 망가트리고 운전대를 휘어 놓았으며 호세의 오른손 약지를 부러뜨렸다. 그런 다음 부부의 머리 사이를 날아 뒷좌석에 내려앉았다.

3. 2002년 8월 하순 영국 노샐러톤에서 온 소녀가 아침에 자동차를 타려고 했을 때 하늘에서 용암같이 생긴 돌이 발에 떨어졌다고 주장했지만 확인되지 않았다.

다른 두 경우는 운석이 한 마을을 특별히 좋아했던 것 같다. 1971년 코네티컷의 웨더스필드에 272g의 운석이 지붕으로 떨어졌다. 다음 날 아침 주민들이 천장에 붙어 있는 운석을 찾아냈다. 그리고 1982년 이 마을의 건너편 다른 집에도 운석이 지붕을 뚫고 떨어졌다. 우주에서 온 이 돌은 거실에 떨어진 후 식당으로 튀어 식탁 아래 멈췄다. 텔레비전을 보고 있던 집주인은 크게 놀랐다.

또 다른 운석 충돌 사건 역시 놀랍다. 1992년 10월 9일 피크스킬 운석이 대기권을 통과하면

지구근접소행성 랑데부NEAR 탐사선이 25분 동안 지나가면서 찍은 소행성 마틸데의 사진. 이 소행성은 전체가 '크레이터'로 덮여 있는데 그중 한 크레이터는 워싱턴 D.C.와 외곽 일부를 포함한 정도의 크기이다. ⓒNASA

서 부서졌고 이는 16명의 독립 동영상 촬영자들에 의해 기록되었다. 이 중 한 조각이 뉴욕 피크스킬 외곽에 세워둔 낡은 쉐보레 자동차에 충돌했다. 다행히 아무도 타고 있지 않았는데, 자동차 주인이 소리를 듣고 달려와 차 밑에서 아직도 따뜻한 12kg짜리 운석을 발견했다. 그러나 이것은 큰 손해가 아니었다. 자동차 주인은 운석에 파손된 낡은 자동차를 수만 달러에 수집가에게 팔 수 있었다.

지구에서 발견된 행성간 먼지가 있는가?

그렇다. 지름이 0.001㎝ 정도인 행성간 먼지 입자가 지구상에서 발견되었다. 이 먼지를 분석하는 것은 쉬운 일이 아니다. 이 입자들은 지구의 모든 곳에 내리지만 다른 재나 그을음, 그리고 인공적이거나 자연적인 반응들에 의해 만들어진 지구의 먼지와 구별하기는 어렵다. 우주 먼지를 더 잘 알아내기 위해서 과학자들은 대기 상층부인 성층권까지 올려보낸 기상관측용 풍선이나 비행기를 이용하여 입자들을 채집한다.

과학자들은 이 먼지의 기원에 대해 아직도 토론을 벌이고 있다. 운석이나 혜성이 기원일 가능성이 가장 크지만 몇 년 동안 비행기를 이용한 관측은 이 먼지가 실제로 '우주 먼지'라는 주장을 강력하게 지지하고 있다. 이 먼지의 화학적 조성은 태양풍의 주요 성분인 헬륨을 많이 포함하고 있어 이들이 외계에서 만들어졌다는 추정을 하게 한다.

생명을 위한 적당한 장소

태양계 내에서 지구의 위치는 생명체의 발생에 어떻게 도움을 주었나?

지구상 생명체의 존재 가능성 여부는 태양과의 거리에 의해 결정되는 것으로 추측된다. 과학자들은 지구가 금성의 궤도 바깥쪽에서 화성의 궤도 안쪽까지인 '서식 가능 지역'에 위치한 것이 지구에 생명체가 존재할 수 있는 가장 중요한 요인으로 보고 있다.

그리고 또 다른 조력자가 있었다. 천체물리학자들은 목성의 위치와 중력이 초기 지구에 생명체가 뿌리를 내리고 번성할 수 있도록 보호막 역할을 했다고 생각한다. 거대한 목성이 큰 소행성이나 혜성의 궤도를 변경시켜 내행성계로 들어오지 못하게 했기 때문에 생명체가 살아가기에 적당한 '서식 가능 지역'에 운석과 혜성의 충돌이 상대적으로 적게 일어났다.

지구상에 나타난 최초의 생명체는?

최초의 생명체는 35억 년 전에서 28억 년 전 사이에 원핵생물의 형태로 나타났다. 단세포 생물을 고대 암석에서 찾아내기는 거의 불가능하기 때문에 과학자들은 생명체가 처음 출현한 시기를 정확하게 밝혀내지 못하고 있다. 세균을 비롯한 이 가장 원시적인 미생물들은 오늘날에도 존재한다. 이 미생물들은 핵과 막으로 둘러싸인 내부 구조가 없는 세포를 가지고 있다. 핵과 막으로 둘러싸인 세포 소기관을 가지고 있는 진핵세포 생명체는 약 15억 년 전에 등장했다. 시간이 흐르면서 이 세포들은 다세포 생물로 발전했다(지구의 초기 생명체에 대한 자세한 내용은 '화석과 암석' 부분 참조).

태양 에너지가 없다면 어떤 형태의 생명체가 존재할 수 있을까?

지구상에는 햇빛이 없어도, 심지어 열기가 없이도 살아갈 수 있는 다양한 생명체들이 있다. 이 생명체들이 지구의 그러한 조건에서 살아남았다면, 비슷한 환경을 가지고 있는 태양계의 다른 곳에도 존재할 것이라고 주장하는 과학자들도 있다. 다음은 생명체를 포함하고 있거나 생명체가 존재할 가능성이 있는 햇빛이 없는 환경의 예들이다.

동굴cave 동굴은 생명체가 없을 것 같지만 사실상 다양한 생명체가 서식하는 장소이다. 동굴에 서식하는 동물은 박쥐나 너구리처럼 동굴 밖에서 안으로 들어온 내객성 또는 외래동굴성 생물, 동굴도롱뇽붙이나 장님거미처럼 동굴의 안과 밖에서 모두 살아갈 수 있는 호동굴성 생물, 그리고 장님 노래기나 장님도롱뇽처럼 전 생애를 빛이 없는 동굴 속에서 살아가는 진동굴성 생물, 이렇게 세 종류로 분류할 수 있다. 대부분의 진동굴성 동물에게는 시력과 색소가 없다. 식물의 경우에는 진균과 곰팡이 일부를 제외하고 동굴 입구에 이끼와 양치식물이 낮게 서식한다. 박테리아는 보통 물길을 따라 동굴 안으로 들어가는데, 편형동물이나 단각류처럼 더 큰 수생동물의 먹이가 된다. 그리고 이 편형동물이나 단각류는 도롱뇽이나 가재처럼 더 큰 동물의 먹이가 된다.

열수분출공geothermal vent 1970년대 후반에 햇빛으로부터 멀리 떨어져 있고 뜨거운 용암이 해저 지반의 틈으로 올라오는 심해에 있는 열수분출공 부근에 서식하고 있는 생명체를 발견했다. 이곳에 서식하는 생명체들에는 커다란 조개에서부터 긴 관벌레와 분출공 부근에서 발견된 세균이 포함된다. 이 세균들은 화학물질을 먹이로 바꾸는 화학합성을 하는 생명체들로 황화수소가 다량 포함된 뜨거운 물이 나오는 열수분출공 부근에서 살아가고 있다.

운석meteorite 지금까지 과학자들은 운석에서 탄소를 발견하기는 했지만 생명체의 흔적을 찾아내지는 못했다(화성 운석에 생명체 존재 가능성에 대해서는 아래 참조). 운석에 생명체가 존재하고 우리가 그것을 발견하기 위해서는 운석이 지구로 진입할 때의 높은 온도와 지구의 오염을 견딜 수 있어야 한다. 이것이 운석에서 생명체를 발견하기가 어려운 이유일 것이다.

온천^{hot spring} 온천에는 햇빛이 없어도 살 수 있는 미생물이 서식한다. 이 미생물들은 다양한 흔적을 남기기 때문에 미생물 자체를 발견하지는 못하더라도 이들의 존재를 알 수 있다. 예를 들면 슬라임이라고 하는 미생물 생체막은 거의 모든 미생물이 만들어내는 생물 흔적이다. 슬라임은 풍화작용을 잘 견딜 뿐만 아니라 실리카에 의해 잘 보존된다.

얼음 밑 호수^{under-ice lake} 생명체가 존재할 것이라고 생각하기에는 놀라운 장소 중 하나가 남극의 얼음 밑에 있는 호수이다. 남극 대륙을 덮고 있는 빙상의 수천 미터 아래에는 남극점과 러시아의 보스톡 기지 아래에 있는 호수를 포함하여 70여 개의 호수가 있다. 보스톡 호는 크기와 깊이가 5대호 중 하나인 온타리오 호와 비슷하며, 얼음 아래 있는 호수 중에서 가장 큰 호수이다. 두 번에 걸쳐 얼음에 구멍을 뚫고 진행한 탐사에서 이 호수에 미생물이 존재하는 일부 증거를 찾아냈다. 빙상의 수천 미터 아래에서 살아갈 수 있는 세균이 존재하는 것이다.

지구의 '보편적 조상' 또는 '공통 조상'은 무엇인가?

'보편적 조상' 또는 '공통 조상'이란 지구상에 처음 나타난 생명체를 말한다. 따라서 그런 생명체는 지구 초기의 극한 환경에서 살아남을 수 있어야 했다. 지구 초기에는 대기의 대부분이 이산화탄소였으므로 산소를 필요로 하지 않는 혐기성이어야 했고, 높은 온도에 견딜 수 있어야 했으며, 염분이 많은 조건에 견딜 수 있는 호염성이어야 했을 것이다. 또한 당시에는 다른 생명체가 없었으므로 에너지와 탄소를 무기물에서 얻는 화학무기독립영양생물이어야 했을 것이다.

화학무기독립영양생물은 과장된 상상의 산물이 아니다. 여러 해 동안 과학자들은 육지의 뜨거운 유황온천이나 깊은 해저의 열수분출공과 같은 '극한 환경'에서 그런 생명체를 발견했다. 실제로 온도가 높고, 황과 염이 다량 포함되어 있으며 공기가 없고 햇빛과 산소로부터 완전히 차단된 이런 환경은 초기 지구의 환경과 비슷할 것으로 보인다.

태양계에는 외계 생명체가 존재할까?

현재까지 태양계의 다른 천체에 생명체가 존재한다는 직접적인 증거는 없지만 과학자들은 아직도 그 가능성을 찾고 있다. 예를 들면 목성의 위성 유로파의 표면 아래에 우리가 알고 있는 생명체가 존재하는 데 필수적인 물질인 액체 상태의 물로 이루어진 바다가 있을 것이라는 강력한 증거를 찾아냈다. 유로파의 표면 온도는 −170℃지만 그 아래에 있는 바다에는 생명체에 필요한 기본적인 화학반응을 할 수 있는 충분한 생물학적 영양분이 존재할 것으로 보인다.

이에 대한 이론은 목성으로부터 전하를 띤 입자들이 계속적으로 유로파에 쏟아지고 있고 이 입자들이 생명체의 영양분으로 사용될 수 있는 포름알데히드와 같은 유기 분자나 산화물 분자를 형성했을 것으로 추측한다. 얼음의 두께가 80∼170㎞나 되지만 이 분자들은 얼음에 난 균열을 통해 바다로 내려갈 수 있었을 것이다. 실제로 지구상에서 발견된 작은 히포미크로비움 같은 세균은 포름알데히드를 유일한 탄소 공급원으로 하여 살아갈 수 있다. 그러나 유로파에 이런 작은 생명체가 존재할지도 모른다는 가능성은 아직 이론에 불과하다. 하지만 만약 유로파에서 생명체가 발견된다면 지구가 우주에서 유일하게 생명체가 존재하는 행성이 아니라는 증거가 될 것이다.

화성 운석에서 생명의 증거를 발견했는가?

1994년 남극의 앨런 힐스 부근에서 운석을 찾던 과학자들은 화성 운석으로 보이는 ALH84001 운석을 발견했다. 1996년까지 이 암석을 조사했던 많은 연구자들이 운석에서 생명체의 증거로 보이는 것을 발견했으며 생각보다 더 많은 물이 화성에 존재했었다는 사실과 이 암석의 증거를 감안하여 과학자들은 외계 생명체의 증거를 찾아냈다고 믿었다. 주목할 점은 과학자들이 화성의 세균을 발견했다는 것이 아니라 죽어서 화석이 된 세균과 세균이 만들어낸 것으로 보이는 화합물의 자취를 발견했다는 것이었다. 즉 다세포 생물이나 식물, 동물 또는 작은 초록색 화성인이 아니라 가장 작은 미생물의 화석이었던 것이다.

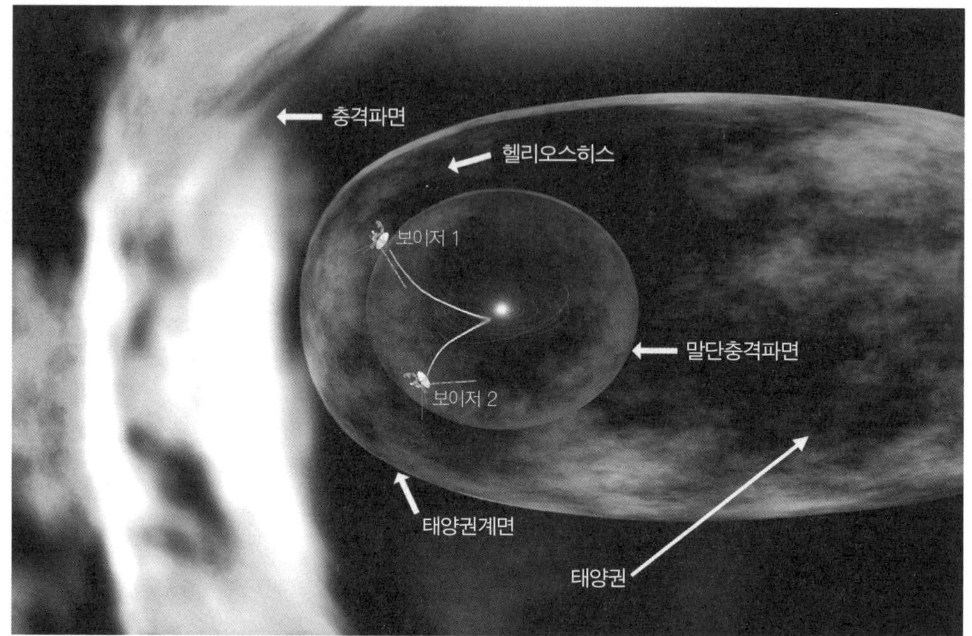

무인 탐사선 보이저 1호와 자매 탐사선 보이저 2호는 지구의 메시지와 사진이 담긴 금으로 만든 레코드판을 가지고 있다. 레코드판의 뒷면에는 메시지를 읽는 방법이 그려져 있다. 보이저 탐사선은 우리은하의 가장 먼 곳의 영상을 보내왔다. ⓒNASA

2002년까지 실시된 45억 년 된 화성 운석에 대한 또 다른 연구는 운석의 25%가 화성에서 살았던 고대 세균이 만들어낸 물질이라는 새로운 증거를 찾아냈다. 첫 번째 주장의 경우와 마찬가지로 과학자들은 다른 화성 운석에서도 그런 것을 발견하기 위해 노력하고 있다. 그러나 이러한 운석이 화성의 원시 생명체의 증거를 가지고 있다는 것을 최종적으로 확인하기까지는 오랜 시간이 걸릴 것이다.

아직까지는 ALH84001이나 다른 운석이 화석화된 세균의 증거라는 주장에 대한 반대 의견을 잠재울 만한 확실한 증거를 찾아내지 못하고 있지만 이것이 화석화된 세균이 아니라는 것도 증명하지 못했다. 이런 논쟁은 멀지 않은 미래에 우리가 직면할지도 모르는 중요한 의문을 제기한다. 암석 속에서 우리가 아는 생명체와 전혀 다른 고대 생명체를 본다고 해도 그것을 어떻게 알아차릴 수 있을까?

이론적으로 외계인이 지구의 존재를 발견할 가능성이 있을까?

만약 외계인이 존재하고 그들이 인류가 보낸 네 대의 우주 탐사선인 파이어니어 10호, 파이어니어 11호, 보이저 1호, 보이저 2호를 발견한다면 우리의 존재를 알게 될 것이다. 이 우주 탐사선에는 외계 우주 여행자들에게 우리가 누구인지와 태양계 안에서 우리의 위치를 알려주는 정보가 들어 있다. 그러나 이것은 오랜 시간이 지난 후의 일일 것이다.

파이어니어 탐사선에는 152㎜ × 229㎜ 크기의 판에 남자와 여자, 그리고 지구의 위치를 나타내는 그림이 그려진 금으로 도금된 알루미늄 판이 있다. 이 탐사선은 현재 어디에 있을까? 파이어니어 11호는 1995년에 지구와 통신이 두절되었지만 과학자들은 현재 사수자리의 북서쪽에 있는 독수리자리를 향해 달려가고 있을 것으로 보고 있다. 이렇게 계속 간다면 400만 년 후에는 이 별자리들 중 한 별 부근을 지나가게 될 것이다. 파이어니어 10호는 68광년 떨어져 있는 황소자리의 붉은 별 알데바란을 향해서 가고 있다. 이 탐사선의 속도와 항로라면 파이어니어 탐사선이 알데바란에 도달하는 데 200만 년이 걸릴 것이다.

파이어니어 탐사선이 우주 미아가 된다고 해도 보이저 1호와 보이저 2호가 있다. 이 탐사선들에는 지구의 메시지와 사진을 담은 금 레코드판이 있다. 레코드의 뒷면에는 메시지를 읽는 방법을 설명한 다이어그램이 기록되어 있다. 현재 보이저 1호가 가장 멀리까지 가 있다. 인간이 만든 우주 탐사선 중 가장 멀리까지 간 것은 파이어니어 10호였지만, 1988년 2월 17일 보이저 1호와 파이어니어 10호까지의 거리는 69.419천문단위로 같아졌다. 1천문단위는 지구와 태양 사이의 평균 거리로 1억 4970만 ㎞이다. 보이저 1호는 계속 파이어니어 10호를 매년 1.016천문단위씩 앞질러 갈 것이다. 따라서 보이저 1호는 다른 탐사선을 추월하여 다른 외계 여행자들에게 먼저 발견될 가능성이 있다.

그렇다. 우주에서 외계 생명체의 존재를 확인하고 싶은 욕망이 크기 때문에 인류는 앞으로도 다른 행성에서 생명체를 찾는 작업을 멈추지 않을 것이다. 이 글을 쓰고 있는 동안에도 여러 대의 우주 탐사선이 태양계 안에서 직간접적인 방법으로 생명체의 증거를 찾는 작업을 하고 있다.

마스 글로벌 서베이어^{Mars Global Surveyor} 이 탐사선은 화성의 지형과 지질을 조사하고 있다. 또한 화성에 한때 바다가 존재했는지와 화성의 기후가 어떻게 변화해왔는지에 대한 자료를 제공할 것이다. 두 가지 모두 과거에 화성에 생명체가 있었는지를 밝혀내는 데 중요한 요소이다.

마스 오딧세이^{Mars Odyssey} 이 탐사선은 화성을 돌면서 생명체가 살았었던 흔적을 찾기 위해 화학적 조성을 조사하고 있다.

카시니^{Cassini} 이 탐사선은 2004년에 토성 궤도에 도달하여 토성과 토성의 위성에 대한 많은 자료를 수집했다. 이 탐사선의 목적은 세 가지이다. 첫 번째는 토성의 대기와 고리, 자기장에 대해 자세히 조사하는 것이고, 두 번째는 토성의 위성들을 자세하게 관측하는 것이며, 세 번째는 토성의 가장 큰 위성인 타이탄의 대기와 표면을 조사하는 것이다. 과학자들은 타이탄의 표면에 대기 상층부에서 광화학반응을 통해 만들어진 액체 탄화수소로 이루어진 호수가 분포해 있을 것으로 보고 있다. 다시 말해 생명체가 존재할 가능성이 있다.

지구의 층들

지구의 내부

지구는 어떤 층들로 이루어졌는가?

지구는 대략 지각, 맨틀, 외핵, 내핵의 네 층으로 나눌 수 있다. 지구를 이루는 각 층은 다음과 같다. 숫자는 두께를 나타내며, 각 층의 깊이는 기준점에 따라 다르다. 따라서 이 숫자들은 근삿값이다.

지각^{crust} 지각은 지구의 가장 바깥층으로 우리가 그 위에서 살고 있기 때문에 가장 익숙한 층이다. 지각은 단단하고 부서지기 쉬운 물질로 이루어져 있으며 맨틀이나 외핵, 내핵에 비해 상대적으로 얇다. 육지와 해양 아래 지각이 다른 특징을 가지고 있기 때문에 지각은 대륙 지각과 해양 지각으로 나누어진다.

맨틀^{mantle} 지각 아랫면과 외핵의 윗면 사이에 있는 맨틀의 평균 두께는 2,900㎞ 정도이고 지구 전체 질량의 68.3%를 차지한다. 상부 맨틀과 하부 맨틀 사이에 전이대가 있다.

외핵 ^outer\ core 액체 상태의 외핵은 지표면 아래 2,885~5,155㎞에 있다. 외핵을 이루는 물질은 온도에 따라 달라지는 밀도로 일어나는 대류의 순환운동에 의해 이동하고 있는 것으로 보인다. 외핵의 대류 운동은 지구 자기장을 만드는 원인이다. 외핵은 지구 전체 질량의 29.3%를 차지한다.

내핵 ^inner\ core 내핵의 크기는 대략 달의 크기와 같다. 내핵은 지표면 아래 5,150~6,370㎞에 있으며 온도는 태양 표면의 온도와 비슷하다. 주로 철과 니켈의 합금으로 이루어져 있는 고체 상태의 내핵은 지구 전체 질량의 1.7%를 차지한다.

부피 상 지각과 맨틀, 핵은 지구의 몇%일까?

핵과 맨틀의 두께는 거의 비슷하지만 핵은 전체 부피의 15% 정도를, 맨틀은 84%를 차지하고 있다. 지각은 1% 정도이다.

지질학자들은 지구를 다른 방법으로 나누기도 하는가?

그렇다. 지질학자들은 지구 내부를 다른 방법으로 구분하기도 한다. 지구를 나누는 다른 방법은 다음과 같다.

암석권 ^lithosphere 암석권을 뜻하는 영어 단어 lithosphere에서 lithos는 그리스어로 '암석'을 뜻한다. 암석권의 평균 두께는 80㎞이며 지각과 맨틀 상층부 일부로 이루어졌다. 일반적으로 암석권은 아래쪽에 있는 용융 상태의 맨틀보다 온도가 낮아 단단하며 탄성이 있다. 해양 지역에서는 암석권이 얇고, 미국 서부의 캐스케이드 지역처럼 화산활동이 활발한 대륙 지역에서는 두껍다. 암석권은 대륙과 해양을 포함하는 이동하는 판들로 나뉘어 있다. 암석권의 판들은 좀 더 부드러운 연약권 위에 '떠서' 이동하고 있다(판 이동에 대한 자세한 내용은 아래 참조).

연약권 ^asthenosphere 맨틀 상층부의 상대적으로 좁은 지역으로 이동하고 있는 부분이다. 연약권은 일반적으로 지표면 아래 72~250㎞에 있으며 높은 온도와 압력으로 인해 뜨거운 반 액체 상태의 물질로 이루어져 유동성이 크다. 연약권을 의미하는 asthenosphere에서 asthenes는 그리스어에서 '약하다'는 뜻이다. 화학적 조성은 맨틀과 유사하다. 해양 지역에서는 연약권의 경계가 대륙 지역에서보다 지표면에 가깝다. 연약권의 윗부분은 대륙과 해양을 포함하고 있는 암석권의 판들이 이동하고 있는 부분이다. 연약권의 존재는 1926년에 이론적으로 제시되었지만 1960년 5월 22일 칠레 지진의 지진파에 대한 조사를 통해서 처음으로 확인되었다.

지구를 조성에 따라 나누는 것과 역학적인 성질에 따라 나누는 것은 어떻게 다른가?

과학자들이 해양 지각과 대륙 지각, 맨틀, 핵에 대하여 이야기할 때는 화학적 조성을 바탕으로 구분한 층들을 말하는 것이다. 그러나 암석권과 연약권은 화학적 조성보다는 역학적 성질을 기준으로 구분한 것이다. 예를 들면 암석권은 단단한 껍질처럼 이동하고 있는 반면에 연약권은 점성이 큰 유체처럼 행동한다.

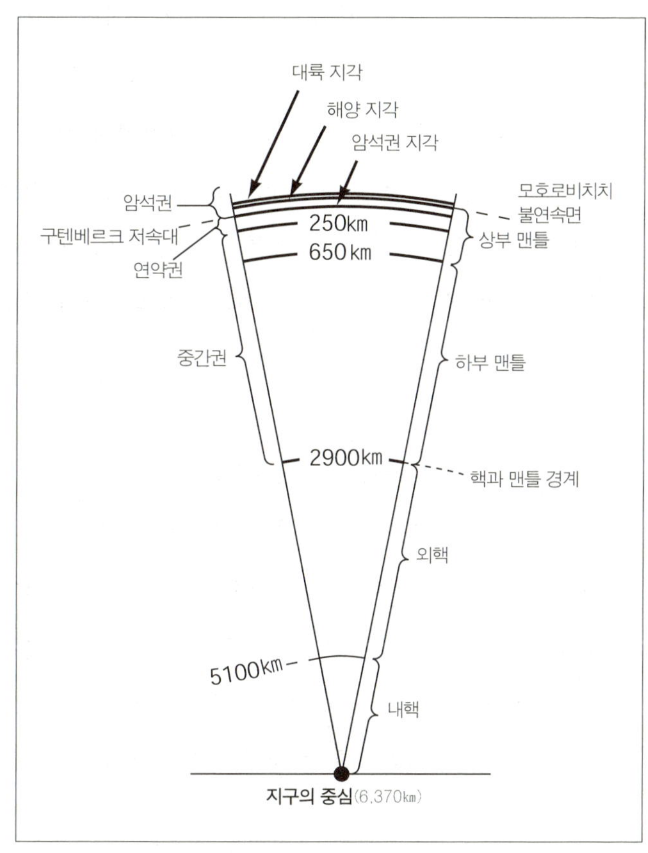

핵, 맨틀, 지각과 그 밖의 부분들을 나타내는 지구의 단면도.

지구 내부에 대해 처음으로 과학적 설명을 한 사람은 누구인가?

B.C. 400년경에 살았던 그리스 철학자 엠페도클레스^{Empedocles}가 지구 내부를 과학적으로 설명한 사람이다. 그는 지구의 내부가 뜨거운 액체로 되어 있다고 생각했다. 실제로 엠페도클레스의 설명은 사실에 가깝다. 현대의 과학자들은 지구 내부가 신화적인 장소가 아니라 암석과 용융 상태의 물질로 이루어져 있다는 것을 알아냈다.

등압 반발이란 무엇인가?

과학자들은 암석권이 지각의 무게 때문에 '휘어질' 수 있다고 생각한다. 예를 들면 거대한 얼음이나 빙하 호수, 산맥 등이 암석권을 연약권 안으로 휘어들어가게 하여 아래층이 밖으로 흘러나오게 할 수 있다. 이러한 침강작용은 부력과 균형을 이루는 지점까지 계속되다가 연약권에 의해 지지된다. 만약 누르고 있는 무게에 변화가 생기면 암석권이 대개 수천 년 정도 되는 지질학적 시간에 걸쳐 다시 올라온다. 이러한 작용을 등압 반발^{isostatic rebound}이라고 한다. 마지막 빙하기에 수 ㎞나 되는 빙하로 덮였던 북반구의 지역에서 그 예를 찾아볼 수 있다. 뉴욕 북부의 애디론댁 산맥 등 많은 지역에서 현재 등압 반발이 진행되고 있다. 이런 지역에서는 작은 규모의 지진이 자주 발생한다.

지구 내부를 연구하는 것이 왜 중요한가?

지구의 내부 구조는 지구의 과거와 현재, 그리고 미래의 지질학적 변화에 많은 영향을 미치기 때문이다. 예를 들면 맨틀과 지각은 판의 이동에 직접적으로 영향을 미쳐 육지와 해양이 어떻게 이동할지를 결정한다. 맨틀에서의 대류작용은 오랜 시간에 걸쳐 판 경계에서 지각을 만들어내고 섭입하는 지각판을 용융하여 다시 재활용하고 있다. 그리고 내핵과 외핵은 지구 자기장의 형성과 직접적인 관계가 있다.

지구의 내부에 대한 지식 부족으로 많은 고대 문화는 지하 세계에 대한 강한 믿음과 미신을 가지고 있었다. 그중 하나가 '마귀' 또는 '사탄'이 지배하는 지옥 또는 하데스에 관한 개념이다. 일부 문화에서는 살아가는 동안 나쁜 일을 한 사람들은 죽은 후에 지옥에서 벌을 받는다고 믿었다. 지구 내부에 대한 신화의 또 다른 예는 유카탄 반도에 살던 마야인들의 믿음이다. 그들은 죽음의 왕 아푸치가 지배하는 얼음처럼 추운 지하세계인 미틀란의 존재를 믿었다. 페루와 칠레가 잉카의 지배를 받는 동안에는 그들 역시 지하에 있는 죽음의 신 수파이를 믿었다. 창조 신 파차카마도 화가 났을 때는 지하세계를 흔들 수 있었다.

고대의 신화와 전설은 지구 내부의 깊은 동굴에 사는 트롤, 고블린, 거인, 엘프, 드래곤의 이야기를 전해준다. 또 다른 고대 문명은 지구 내부에 존재하는 다른 문명에 대해서 이야기한다. 이와 같은 민속적인 이야기들은 쥘 베른^{Jules Verne}(1828~1905)과 같은 위대한 작가들에 의해 공상과학이나 판타지 형태의 재미있는 읽을거리로 재탄생되었다. 그가 쓴 《지구 속 여행^{A Journey to the Center of the Earth}》은 그런 책들 중 하나이다.

지각과 맨틀 그리고 핵

대륙 지각과 해양 지각은 어떻게 다른가?

대륙 지각과 해양 지각은 두께와 화학적 조성이 다르다. 해양 지각의 두께는 5~10km이고 평균 두께는 7km이다. 대륙 지각의 두께는 25~100km이고 평균 두께는 30km이다. 가장 두꺼운 대륙 지각은 대부분 시에라네바다, 알프스, 히말라야 같은 큰 산맥 밑에 있다. 이런 지역의 지각 두께는 100km나 된다.

해양 지각과 대륙 지각은 화학 성분과 밀도에서도 차이가 있다. 해양 지각은 현무암과 비슷한 철이 풍부한 어두운 암석으로 이루어졌으며 실리카와 마그네슘을 많이 포함하고 있다(시마 SIMA 라고도 한다). 다음 층인 맨틀과는 더 많이 함유된 실리카의 양으로 구별된다.

대륙 지각의 조성은 좀 더 복잡하다. 일반적으로 대륙의 암석은 밝은 색이고, 화학적 성분은 대부분의 각섬석에 약간의 수정이 섞인 사장석의 성분과 장석으로 이루어진 섬록암으로, 조성은 섬록암과 같지만 수정이 조금 더 많이 포함되어 있는 화강섬록암의 성분 사이의 조성을 갖는다. 실리카와 알루미늄을 많이 포함하고 있는 이런 광물은 SIAL이라고 나타낸다.

대륙 지각의 조성이 해양 지각의 조성과 크게 다른 점은 실리카를 많이 포함하고 있다는 것이다. 지역에 따라서는 다량의 수정이 함유되어 있기도 하다. 이것은 역학적으로 매우 중요하다. 약간의 물이 존재하는 경우에 수정이 많이 함유된 암석은 지각의 평균 온도와 압력 하에서 유연해지기 때문이다. 대륙 지각과 해양 지각은 밀도도 다르다. 해양 지각의 밀도는 $3^{kg}/_{m^3}$ 이고 대륙 지각의 밀도는 이보다 작은 $2.50^{kg}/_{m^3}$ 이다.

두 지각은 모두 맨틀 위에 얹혀 있기 때문에 한 가지 유사성이 있다. 두 지각의 온도는 모두 700℃에서 0℃ 사이라는 점이다(위에서 언급한 암석들에 대한 자세한 내용은 '암석 가족' 부분 참조).

지각을 구성하고 있는 중요한 광물에는 어떤 것이 있는가?

해양 지각과 대륙 지각의 조성이 다르기는 하지만 전체적으로 포타슘장석 50%와 실리카 12% 정도로 이 두 가지 주요 광물이 가장 많이 분포해 있다(이 광물들에 대한 자세한 내용은 '광물에 대한 모든 것' 부분 참조).

모호로비치치 불연속면은 무엇인가?

지각과 맨틀의 경계면의 존재를 처음 알아낸 크로아티아의 지질학자 안드리야 모호로비치치 Andrija Mohorovičić (1857~1936)를 기념하기 위해 지각과 맨틀의 경계면을 모호로비치치 불연속면^{Mohorovičić discontinuity}이라고 이름 붙였다. 1909년 크로아티아의 지진을 분석한 모호로비치치는 지하 약 54㎞에서 지진파의 속도가 갑자기 변한다는 것을 알아냈다. 그리고 지진파의 속도가 갑자기 변하는 부분이 대륙 지각 아래에 있는 맨틀의 경계면이라는 것이 밝혀졌다. 지진파의 속도가 6㎞/s에서 8㎞/s로 갑자기 변하는 것은 밀도가 작은 지각에서 밀도가 큰 맨틀로 바뀌기 때문이었다.

대부분의 내부 층과 마찬가지로 모호로비치치 불연속면의 깊이도 일정하지 않다. 대륙 아래의 모호면은 지하 약 35㎞에 있지만 전체적으로는 지하 20㎞에서 90㎞ 사이에 위치한다. 해양 아래의 모호면은 평균 해저 7㎞ 아래에 있다.

상부 맨틀과 하부 맨틀이란?

맨틀은 지진파의 속도 변화와 조성의 차이를 이용하여 상부 맨틀과 하부 맨틀로 나눈다. 상부 맨틀은 대륙 지각 아래에서는 지하 20㎞에서 70㎞ 사이에 있고 해양 지각 아래에서는 5㎞에서 시작된다. 상부 맨틀은 지하 약 410㎞에서 하부 맨틀로 전이된다. 이 전이대를 지나면 하부 맨틀이 지하 약 670㎞에서 시작하여 지하 약 2,885㎞까지 계속된다.

과학자들은 맨틀의 표본 수집에 성공했을까?

아니다. 맨틀의 표본을 채취하기 위해서는 물리적으로 맨틀까지 구멍을 뚫어야 하는데 현재의 기술로는 도달할 수 없는 깊이이다. 그러나 과학자들이 그런 시도를 하지 않은 것은 아니다. 1956년에 지각을 뚫어 지각과 맨틀의 경계면인 모호로비치치 불연속면에 도달하려는 모홀 프로젝트가 시도되었다. 이 계획은 지각이 가장 얇은 해저에서 모호면까지 구멍을 뚫으려는 것이었는데, 경비 조달 문제와 다른 과학적인 문제, 공학적인 문제들로 인해 1966년에 중단되었다. 대신 모홀 프로젝트는 심해 굴착 프로젝트와 해양 굴착 프로젝트로 전환되었다. 뚫은 구멍의 깊이가 모호면에 가까이 가기에는 너무 얕은 1,000m에 불과하지만 이 프로젝트로 얻은 자료를 통해 해양 퇴적층과 화산에 대해 많은 것을 이해할 수 있었다.

맨틀에는 많은 불연속면이 존재할까?

관측기술이 발전함에 따라 과학자들은 지구에 대해 더 많은 것을 알게 되었다. 여기에는 맨틀에서 지진파의 속도와 조성이 변하는 경계면인 여러 개의 불연속면을 찾아낸 것도 포함된다. 예를 들면 지진파의 속도가 변하는 헤일즈 불연속면은 지하 60km에서 90km 사이의 상부 맨틀에서 발견되었다. 구텐베르크와 레만 불연속면도 지진파의 속도가 변하는 불연속면이다(이런 경계면에 대한 자세한 내용은 아래 참조). 그 밖에 지하 약 410km, 520km, 670km에도 또 다른 불연속면이 있다. 이 불연속면들은 화학적 조성이 바뀌거나(670km), 지진파의 속도가 달라지는(410km와 520km) 경계면으로 상부 맨틀과 하부 맨틀 사이에서 점차적으로 전이가 일어나는 영역을 나타낸다. 깊이가 깊어지면 압력이 높아져 물질의 결정 구조가 더 단단해지므로 암석의 종류가 바뀐다.

상부 맨틀의 암석이 발견된 적이 있는가?

한때는 지하 깊은 곳에서 발견된 다이아몬드를 포함하고 있는 고대 암석인 킴벌라이트나 램프로아이트가 맨틀 암석의 화학적 성분에 대한 정보를 알려줄 것이라고 생각했다. 그러나 지하 3,581m까지 파내려간 남아프리카의 금광처럼 세계에서 가장 깊은 광산도 맨틀까지 도달하기에는 어림없다는 것을 알게 되었다. 화산이나 열점을 통해 맨틀에서 올라온 용융 상태의 암석이 맨틀의 화학적 조성에 대한 정보를 전해줄 것이라고 생각할 수도 있다. 하지만 마그마는 지표로 올라오면서 다른 광물에 의해 오염되기 때문에 맨틀에 대한 정보가 담긴 좋은 시료라고 할 수 없다.

이제 과학자들은 맨틀에 도달하기 위해 구멍을 뚫을 필요가 없다고 생각한다. 그들은 오피올라이트 벨트에서 오래된 대양 지각과 맨틀에서 분출된 암석을 찾아냈다. 그러한 암석은 지표면에서 해양 암석권의 파편이 가장 많이 흩어져 있는 서부 뉴펀들랜드 만과 오만에서 발견되었다. 스페인에서 히말라야에 이르는 오피올라이트 벨트의 일부분인 오만 연합 아랍에미레이트 오피올라이트 벨트에는 20억 년된 암석이 포함되어 있다. 보니나이트라는 오만 오피올라이트의 암석은 온도가 높은 맨틀과 용융된 지각이 부분적으로 융합하여 형성된 암석으로 보고 있다.

하부 맨틀을 구성하는 주요 광물은?

하부 맨틀에는 세 가지 중요한 광물이 포함되어 있는 것으로 보인다. 약 80%는 화학식이 $(MgFe)SiO_3$인 페로브스카이트이고, 20%는 $(MgFe)O$이며, 소량의 스티쇼바이트와 SiO_2이다. 스티쇼바이트는 러시아의 광물학자 세르기 스티쇼프[Sergei Stishov](1937~)가 1950년대에 처음 합성했고, 1960년대에 애리조나의 메테오 크레이터에서 처음으로 발견된 광물이다. 이것을 바탕으로 일부 과학자들은 페로브스카이트가 지구에 가장 많이 존재하는 광물이라고 주장하고 있지만 아직 증명되지는 않았다.

구텐베르크 불연속면은 무엇인가?

1913년에 독일 지구물리학자 베노 구텐베르크[Beno Gutenberg](1889~1960)가 처음으로 맨틀과 외핵 경계의 대략적인 위치를 발견했다. 이것이 현재 구텐베르크 불연속면[Gutenbrg discontinuity]이라고 불리는 전이 지역이다. 지진파의 속도가 줄어드는 이 영역은 반고체 상태의 맨틀과 용융 상태의 철-니켈 합금으로 된 외핵 사이에 있다. 구텐베르크는 지진의 강도를 측정하는 단위인 리히터 규모를 개발한 찰스 리히터와 함께 지진파에 대한 많은 논문을 발표했다(지진과 지진파에 대한 자세한 내용은 '지진 조사하기' 참조).

지구의 핵은 누가 발견했나?

1906년 지진파의 자료를 이용하여 최초로 지구 내부를 알아낸 올드햄[R. D. Oldham]이 액체 상태인 핵의 존재를 처음으로 상정했다. 1915년에는 베노 구텐베르크가 핵의 반지름에 대한 측정 결과를 발표했다.

누가 고체 상태의 내핵을 발견했는가?

1936년 덴마크의 지진학자 잉게 레만$^{\text{Inge Lehmann}}$(1888~1993)은 'P 프라임(P')'이라는 제목의 논문을 발표해 지구 내핵을 발견했다고 주장했다. 때문에 내핵과 외핵의 경계면을 레만 불연속면이라고 한다. 후일 레만은 상부 맨틀 구조의 권위자가 되었다.

내핵의 크기는 네바다에서 지하 핵실험이 실시되던 1960년대가 되어서야 계산할 수 있었다. 정확한 폭발 위치와 시간을 알 수 있기 때문에 내핵에서 반사되어 돌아온 지진파가 정확하게 내핵의 크기를 결정할 수 있도록 했다. 이 관측 자료에 의하면 내핵의 반지름은 1,216㎞이다. 내핵에서 P파가 외핵보다 빠른 속도로 통과하는 것은 내핵이 고체 상태라는 증거이다. 내핵이 밀도가 높은 철로 이루어졌다는 것은 지구 내부의 밀도가 높은 것에 대한 설명이 된다. 지구 내부는 물보다 13.5배나 밀도가 높다.

외핵은 지구 자기장과 어떤 관계가 있나?

일부 과학자들은 용융 상태의 철로 된 외핵이 지구에 큰 영향을 미치고 있다고 생각한다. 지오다이너모로 작용하여 자기장을 만들어낸다는 것이다. 다른 과학자들은 내핵과 외핵의 흐름 속도의 차이를 지적한다. 그들은 이러한 흐름의 차이가 지구 자기장을 설명할 수 있는 자기 유체 다이나모를 만들어낸다고 주장한다.

어떤 이론이 옳든 지구 규모의 이런 다이나모는 전동 모터가 자기장을 만들어내는 것과 같은 방법으로 북극과 남극을 가진 거대한 막대자석처럼 작용하여 자기장을 만들어낸다. 전자기학의 기본적인 이론이 여기에 잘 적용된다. 철은 고체나 액체 상태에서 전기를 잘 흐르게 한다. 전류가 흐르면 전류와 수직한 방향으로 자기장이 만들어진다.

용융 상태의 외핵은 대류작용을 통해 열을 방출하고, 이 대류 작용이 전류를 발생시킨다. 주로 이동하는 액체의 회전 효과로 인해 지구 자전축 주위에 자기장이 만들어진다. 따라서 눈에 보이지 않는 자기력선이 한 극에서 나와 공간에서 곡선을 그린 다음 반대편 극으로 들어간다. 곡선 모양의 자기력선은 태양에서 날아온 전하를 띤 입자들과 상호작용하여 눈물 방울 모양의 자기권을 형성한다.

고자기 측정 기록은 이 자기장이 적어도 30억 년 동안 존재했다는 것을 나타낸다. 과학자들은 지구 내부 깊은 곳에서 핵의 상호작용과 같은 메커니즘이 없다면 자기장은 2만 년 정도만 존재할 수 있다는 것을 알고 있다. 지구 내부의 온도가 영구적으로 자성을 유지하기에는 너무 높기 때문이다. 그리고 자기장이 없다면 인간을 비롯한 모든 생명체는 엄청난 파괴력을 가진 위험한 태양 복사선에 노출될 것이다.

지구 자기장의 방향이 반대로 바뀐 적이 있는가?

그렇다. 고대 암석을 분석한 자료를 이용하여 과학자들은 지구 자기장의 북극과 남극이 여러 번 뒤바뀌었다는 것을 알아냈다. 북극이 남극으로 바뀌는 자기장 반전은 수천 년에 걸쳐 완성되는 것으로 보인다. 한 번 반전이 일어난 다음에 안정 기간은 약 20만 년 정도 지속되는 것으로 보인다. 아직 아무도 자기장 반전이 왜 일어나는지 이해하지 못하고 있다. 이것을 설명하는 이론들 중에는 하부 맨틀 온도의 변화가 원인이라는 이론, 육지 질량이 평형을 이루지 못하기 때문이라는 이론 등이 있다. 실제로 대부분의 대륙이나 육지가 북반구에 분포하고 있다.

흥미로운 점은 현재의 북극과 남극을 만든 마지막 자기장 반전이 78만 년 전에 있었다는 것이다. 과학자들은 현재 지구장이 서서히 약해지고 있다고 믿는다. 즉 우리는 기간이 이미 지난 자기장 반전을 향해 가고 있는지도 모른다. 과학자들은 자기장의 극과 지리적인 극이 멀어졌을 때 자기장의 빈전이 일어나는 것으로 보고 있다. 현재가 바로 그런 경우이다. 누구도 자기장 반전이 언제 일어날지 알 수 없다. 그러나 아마도 우리가 살아 있는 동안에는 일어나지 않을 것이다. 연구자들은 우리 조상들이 몇 차례의 자기장 반전을 겪고도 살아남았다는 것을 알고 있다. 실제로 한 과학자가 말했듯이 자기장 반전의 영향은 단지 새로운 나침반을 사는 정도에 불과할지도 모른다.

> ### 핵 강성층은 무엇이며 왜 중요할까?
>
> 과학자들은 오랫동안 외핵이 액체 상태라고 믿었다. 그러나 최근에 핵과 맨틀의 경계 부근에 단단한 물질로 된 작은 덩어리가 모여 있거나 핵 강성층$^{core-rigidity\ zone}$이 존재한다는 것을 발견했다. 핵 강성층은 지구의 자기장, 하와이 제도 같은 화산 열점의 형성, 그리고 지구가 자전할 때 자전축이 흔들리는 장동 등 많은 현상에 영향을 미치는 것으로 보인다.
>
> 일부 과학자들은 이러한 물질 덩어리들은 열이 핵에서 밖으로 흘러나가 지구가 식으면서 용융 상태의 외핵이 고체 상태의 내핵으로 굳어지면서 만들어진다고 설명하고 있다. 이런 과정은 외핵에 철보다 가벼운 원소가 풍부하게 만든다. 철보다 가벼운 원소들은 외핵의 '위쪽에 뜨게' 되어 핵과 맨틀의 경계면에 고체 물질이 모이게 된다. 하지만 실제로 핵 강성층이 만들어지는 과정은 이보다 훨씬 복잡할 것이다.

지진과 지진계

과학자들은 지구 내부를 연구하는 데 지진파를 어떻게 이용하는가?

지구 내부와 핵에서 무슨 일이 일어나고 있는지에 대한 모든 지식은 지진에 관한 자료를 분석하여 얻은 증거를 바탕으로 한 것이다. 과학자들은 지구 내부를 더 잘 이해하기 위해 지진파를 이용한다(지진과 지진파에 대한 더 자세한 내용은 '지진 조사하기' 참조). 지진이 일어나면 땅이 흔들려 3~15㎞/s의 속력으로 퍼져나가는 지진파가 발생한다.

지표면을 통해 전달되는 지진파는 크게 두 가지로 나눌 수 있는데, 러브파$^{Love\ wave}$과 레일리파$^{Rayleigh\ wave}$가 그것이다. 이 두 지진파는 다음에서 설명할 P파나 S파보다 건물을 더 심하게 흔들어 놓는다. 영국 수학자 러브^{A. E. H. Love}(1863~1940)의 이름을 딴 러브파는 땅이 지진파가 진행하는 방향과 수직하게 좌우로 진동하며 4.4㎞/s의 속력으로 전달된다.

영국의 물리학자 존 레일리^{Lord John William Strutt Rayleigh}(1842~1919)의 이름을 따서 명명되었으며 3.7㎞/s의 속력으로 전달되는 레일리파는 가장 큰 파괴력을 가진 지진파이다. 레일리파는 호수에 돌을 던졌을 때 중심에서 바깥쪽으로 퍼져나가는 물결파와 비슷한 방식으로 퍼져나간다. 물결파가 퍼져나갈 때 물은 일정한 지점에서 원운동이나 타원운동을 한다.

지구 내부를 통해서 전달되는 지진파는 P파와 S파로 나눌 수 있다. P파와 S파의 속력은 통과하는 물질의 종류에 따라 달라진다. P파는 종파인 음파와 마찬가지로 매질을 밀도가 큰 부분과 작은 부분을 교대로 만들면서 전달되는 파동이다. P파는 매질이 파동의 진행 방향으로 진동하는 횡파와 같은 방법으로 전달되는 S파보다 두 배나 빠른 속도로 전달된다. S파는 암석은 통과할 수 있지만 액체는 통과할 수 없다. 일반적으로 두 파동은 모두 뜨거운 물질을 통과할 때 속도가 느려지며 물리적 성질이 변하는 층을 지날 때는 반사하거나 굴절한다. 그렇다면 이런 요소들은 왜 중요할까?

연구자들은 속도와 진동 방향의 차이를 이용하여 지구 내부의 불연속면들과 다양한 액체층과 고체층을 찾아낸다. 지진파가 전달되는 데 걸린 시간과 전달된 거리를 알면 지진파의 속도를 계산할 수 있다. 속도의 변화가 생기는 것은 맨틀과 핵의 화학적 조성과 물리적 상태가 다르기 때문이다. 지진파의 속도 변화를 비롯한 지진에 관한 자료들은 지구의 내부를 들여다보는 창이 된다.

P파와 S파는 지각을 통해 전파될까?

그렇다. 과학자들은 주로 맨틀과 핵을 연구할 때 P파와 S파를 사용하는데 지각을 연구하는 데에도 사용할 수 있다. 일반적으로 P파는 해양 지각을 통해서 7km/s의 속도로 전파된다. 이것은 현무암이나 반려암에서와 비슷한 속도이다. 그리고 대륙 지각을 통해서는 화강암이나 편마암에서와 비슷한 6km/s의 속도로 전파된다.

P파와 S파는 지진이 일어나고 있는 동안에 모든 곳에서 측정될까?

아니다. 지구의 모든 곳에서 특정한 지진의 P파와 S파를 측정할 수 있는 것은 아니다. 지구의 핵과 맨틀이 지진파의 경로에 영향을 주기 때문에 일부 지역에는 지진파가 도달하지 않는다. 예를 들면 지진의 진앙으로부터 $105\sim142°$ 되는 지점은 P파가 도달하지 않는 그림자 지역이다. 따라서 이런 그림자 지역에 있는 지진 관측소에서는 P파를 관측할 수 없다. S파는 P파보다 훨씬 큰 $105\sim180°$에 이르는 그림자 지역을 가지고 있다. 과학자들은 S파가 외핵을 통과할 수 없다고 생각하기 때문에 외핵이 액체 상태라고 추측하고 있다.

지진 자료는 암석권과 연약권을 알아내는 데 사용되었는가?

그렇다. 지진파는 지각, 맨틀, 핵을 발견했던 것과 비슷한 방법으로 암석권과 연약권의 경계를 발견하는 데 사용되었다. 약 100km 깊이에서 P파와 S파의 속도는 모두 줄어든다.

이 경계는 암석권의 바닥과 연약권의 상부가 만나는 곳으로 저속대(LVZ)라고 한다.

지진파를 이용하여 지구 내부 구조를 알아내는 데 문제가 있는가?

다른 과학 연구에서와 마찬가지로 지진파를 이용하여 지구 내부를 이해하는 것도 완전하지 않다. 예를 들면 지진파는 똑바로 전파되지 않고 굽어서 진행하거나 반사하여 돌아오기도 하고, 밀도가 일정하지 않은 불규칙한 표면에서 반사되기도 한다. 그리고 과학자들이 지진 관측소의 네트워크를 구축하기 위해 노력하고 있음에도 불구하고 대부분의 지진 관측소는 북반구의 육지에 설치되어 있어 지구 전체에서 고르게 지진 관측 자료를 얻지 못하고 있다.

지진파 단층촬영이란?

지진파 단층촬영^{seismic tomography}은 지구의 내부를 들여다보는 비교적 새로운 기술이다. 이 방법은 엄마 뱃속으로 발사한 초음파가 반사하여 돌아오는 속도 변화를 측정하여 자궁 속의 영상을 만들어내는 초음파 진단장비와 비슷하다. 살과 뼈와 같이 밀도가 다른 부분에서는 초음파가 반사되는 정도와 전파 속도가 다르다. 단층 진단장비가 만들어낸 영상은 밀도가 다른 아기의 뼈, 피부, 기관을 다른 밝기로 나타내 만든 엄마와 아기의 단층 영상이다.

지진파 단층촬영은 1970년대에 하버드 대학의 아담 드지원스키^{Adam Dziewonski}가 초음파 진단장비와 비슷한 방법을 사용하여 지구 내부를 조사하기 위해 발명했다. 여기서는 초음파를 이용하는 대신 지진파가 전달되는 데 걸린 시간을 기준 모델과 비교한다. 많은 지진파 관측 자료를 종합하면 지진파 속도의 작은 변화도 알아낼 수 있다. 일반적으로 지진파가 빠르게 전달되면 온도가 낮고 밀도가 높은 암석층이라는 것을 뜻하고, 느린 지진파는 온도가 높고 밀도가 작은 암석을 통과했다는 것을 의미한다. 과학자들은 컴퓨터를 이용하여 지구 내부의 3차원 영상을 만든다. 여기에는 맨틀에서의 용암의 상승과 하강도 포함된다.

대륙의 이동과 판구조론

대륙의 이동을 처음 제안한 사람은 누구인가?

독일 태생으로 플랑드르 지방에서 활동했던 지도 제작자 아브라함 오르텔리우스 Abraham Ortelius(1527~1598)가 1587년에 출판한 《지리학 사전》에서 대륙이 이동한다고 최초로 주장했다. 1620년에는 프랜시스 베이컨 Francis Bacon(1561~1626)도 대서양의 양쪽 해안이 서로 잘 들어맞는다고 지적하면서 대륙의 이동을 다시 거론했다. 1880년대에는 많은 과학자들이 대륙 이동과 관련된 여러 가지 이론을 제안했다. 예를 들면 1885년 오스트레일리아의 지질학자 에드워드 세우스 Edward Seuss는 남부 대륙이 한때 곤드와나라는 하나의 큰 대륙이었다고 주장했다.

그러나 1915년에 《대륙과 해양의 기원》이라는 책을 통해 대륙의 이동을 공식적으로 처음 제기한 사람은 독일의 과학자 알프레드 베게너 Alfred Wegener(1880~1930)였다. 그는 대륙들이 한때 판게아라는 하나의 거대한 초대륙으로 결합되어 있었으며 주변에는 하나의 큰 대양인 판타랏사가 둘러싸고 있었다고 주장했다. 판게아라는 말은 '모든 땅'이라는 뜻이다. 그는 또한 이 거대한 대륙이 2억 년 전에 분리되어 로라시아는 북쪽으로 이동하고 곤드와나는 남쪽으로 이동했다고 설명했다. 베게너는 세우스가 발견한 여러 대륙에 분포하는 글로소프테리스라고 하는 양치식물의 화석, 어니스트 섀클턴 Sir Ernest Henry Shackleton(1874~1922)이 발견한 남극의 석탄, 인도, 아프리카, 오스트레일리아의 열대 지방에서 발견된 유사한 빙하 침식, 아프리카와 남아메리카 해안의 일치, 그리고 확실하지는 않지만 바다에 떠다니는 부빙과 같은 수많은 관측 결과를 바탕으로 대륙이 이동하고 있다고 주장했다.

현재 베게너는 지질학에서 '혁명을 시작한 사람'으로 인정받고 있지만 살아 생전 대륙 이동설은 뜨거운 논쟁거리였다. 지질학 분야에서 베게너는 기상학자로 알려졌을 뿐만 아니라 대륙의 이동을 설명하는 논리적인 메커니즘을 제시하지 못했기 때문에 그의 제안은 쉽게 받아들여지지 않았다. 베게너는 50세 되던 해에 그린란드에서

2008년 스촨 성에서 발생한 대지진으로 파괴된 건물에서 구조 활동을 하고 있다. 리히터 규모로 진도 8.0이었던 이 지진으로 7만 명 이상이 목숨을 잃고 37만 명 이상이 부상을 당했으며 약 1만 8천 명이 실종된 것으로 추정된다.

구조 임무를 수행하던 도중 사망하고 오랜 시간이 지난 1960년대가 되어서야 이론을 인정받기 시작했다. 그 후 과학적 측정과 관측 방법의 도입, 측정 장비와 기술의 발전으로 거대한 지각판 위에서 대륙이 이동하고 있다는 사실을 증명할 수 있게 되었다. 대륙 이동에 대한 베게너의 이론은 현대 지질학의 기초가 된 판구조론으로 발전했다.

대륙이 이동하고 있다는 것을 나타내는 물리적 증거는 무엇인가?

과학자들은 오랜 시간에 걸쳐 대륙이 이동하고 있다는 충분한 증거를 수집했다. 예를 들면 1965년 에드워드 불라드^{Sir Edward Bullard}는 대륙의 모양이 서로 잘 들어맞는다는 것을 발견했다. 그는 우리가 알고 있는 대륙의 모양을 가지고 이야기 한 것이 아니라 해안선보다 훨씬 더 잘 들어맞는 대륙의 '실제' 가장자리라고 할 수 있는 깊이 2,000m의 대륙 사면의 모습을 이용하였다.

다른 과학자들은 대양의 양안을 지질학적으로 비교했다. 예를 들면 애팔래치아 산맥과 칼레도니데스 산맥은 지질학적으로 비교적 유사하고, 남아메리카와 아르헨티나의 퇴적 분지 역시 유사점을 가지고 있다.

대륙의 이동을 증명하는 또 다른 방법은 특정한 대륙에서 발견된 화석의 유사점과 차이점을 이용하는 고생물학적 방법이다. 예를 들면 과학자들이 중생대에는 하나의 대륙으로 결합되어 있었다고 추정하는 북아메리카와 유럽에서는 중생대에 번성했던 유사한 파충류 화석들이 발견된다. 그리고 남아메리카, 아프리카, 남극, 오스트레일리아, 인도에서는 석탄기와 페름기의 유사한 식물과 동물의 화석들이 발견된다. 이와는 대조적으로 이 대륙들이 멀리 떨어진 후인 신생대 생명체들은 대륙별로 매우 다양하다.

암석의 자기적 성질을 이용하여 오랜 시간 동안의 대륙 이동을 알 수 있을까?

있다. 고자기학 또는 암석에 포함된 자성 광물의 극성을 통해 알 수 있는 암석 자기장 기록은 지질학적 자료와 비교하여 대륙 이동과 이동 속도를 알아내는 데 사용될 수 있다. 전 세계의 고자기학 자료를 수집한 과학자들은 지구자기장의 극이 시간에 따라 달라졌다는 것을 발견했다. 지구자기장의 극은 지리적 극과는 다르다. 이 자료는 또한 지구자기장의 극이 지리적인 극에서 $20°$ 이상 멀어진 적이 없다는 것도 알려주었다.

이 자료를 한 걸음 더 분석한 과학자들은 항상 하나의 북극과 남극만이 존재했다는 것을 알게 되었다. 과학자들은 고대 암석들의 자기장 방향이 달라진다는 것을 발견했는데 한 대륙 내에서는 자기장의 방향이 일정했고, 대륙이 이동하는 동안에도 지자기의 극은 비교적 같은 자리에 그대로 있었다는 것을 알게 되었다. 그 덕분에 전 세계의 암석에 포함된 자기장의 극 변화를 바탕으로 대륙의 과거 위치를 재구성할 수 있었다.

판구조론이란?

지각과 암석권은 상부 맨틀의 신축성 있는 연약권 위에서 지구 표면을 이동하고 있는 10여 개의 얇고, 단단한 판으로 나누어져 있다. 이 판들의 상호작용을 설명하는 이론을 판구조론$^{plate\ tectonics}$이라고 한다. 판구조론을 뜻하는 tectonics는 그리스어로 '건축하는 사람'을 뜻하는 tekton에서 유래했다. 판구조론은 지각판들이 충돌하고, 지나가고, 넘어가고 또는 섭입될 때 지각에 일어나는 변형을 설명한다. 다시 말해 판구조론은 지각판들이 왜 이동하는지가 아니라 어떻게 이동하는지를 설명하는 이론이다.

전체적으로 판구조론은 베르너의 대륙 이동 이론과 해저가 확장되고 있다는 헤스의 발견을 결합한 것이다. 이 이론은 지각과 지구내부에 대한 연구에 혁명적인 변화를 가져왔다. 이 이론은 과학자들이 산맥, 화산, 해양분지, 대양중앙해령, 심해 해구와 같은 지형의 형성 과정뿐만 아니라 지진과 화산의 형성 과정을 이해할 수 있도록 했다. 판구조론은 또한 대륙과 해양의 과거를 들여다 볼 수 있는 실마리를 제공했고, 기후와 생명체가 어떻게 진화해왔는지에 대해서도 심도 있는 연구를 할 수 있도록 했다.

판구조론의 초기 연구에 공헌한 사람은 누구인가?

1960년대에 판구조론이 가장 널리 받아들여지는 이론이 되도록 공헌한 중요 과학자들이 여러 명 있다. 이 중에 판구조론의 증거를 발견한 사람으로 널리 알려진 과학자는 투조 윌슨$^{J.\ Tuzo\ Wilson}$(1908~1993)이다. 1965년에 그는 캘리포니아 샌프란시스코 부근에 있는 커다란 샌 안드레아스 단층의 기원이 지각판의 경계인 변환단층이라고 설명했다. 1968년에는 크자비어 르피촌$^{Xavier\ LePichon}$(1937~)이 전체적인 판구조론 모델의 정의에 동참하여 최초로 지구 표면을 이루는 중요한 여섯 지각판의 운동을 정량적으로 설명한 모델을 만들었고, 1973년에는 판구조론에 대한 첫 번째 교과서를 출판했다.

그 밖에도 판구조론의 발전에 많은 공헌을 한 지질학자들이 있다. 윌리엄 제이슨 모간^{William Jason Morgan}은 1968년에 여러 개의 지각판과 지각판들의 운동을 설명한 중요한 논문을 발표했다. 그는 또한 하와이 제도와 같이 일렬로 배열된 화산섬을 만들어내는 지각판 중앙에 있는 화산 열점의 중요성을 인식했다. 월터 피트만 3세^{Walter Pitman III}은 판구조론의 증거이며 활발한 대양저 확장을 나타내는 대양중앙해령 주변에서 발견되는 해양 자기장 비정상성의 형태를 설명했다. 그리고 린 사이크스^{Lynn R. Sykes}은 판구조론을 정교하게 다듬는 데 지진학을 이용해 대양중앙해령에서의 변환단층과 판의 운동 사이의 관계를 알아냈다. 그는 또한 1968년에 이미 수집된 지진 자료를 판구조론을 이용하여 어떻게 설명할 수 있는지를 설명한 《지진학과 새로운 지구 판구조론》을 공동으로 출판했다.

지구 수축설은 무엇인가?

판구조론이 현대 지질학에서 폭넓은 지지를 받기 전, 일부 과학자들은 지구 수축설을 받아들였다. 그들은 지구가 용융된 암석 상태로 시작되어 식으면서 지각이 형성되었다고 생각했다. 나머지 용암이 식자 지구가 수축하면서 지각에 굴곡이 생기기 시작했는데, 마치 사과를 햇빛에 말리면 수축하면서 표면에 주름이 생기는 것과 같다는 것이다. 커다란 주름은 산맥과 대양 분지가 되었고, 작은 주름들은 산지가 되었다는 것이다.

그러나 이 이론에는 문제가 있다. 지구 수축설에 의하면 지구가 수축할수록 산지는 계속 더 높아져야 한다. 그러나 실제로는 산맥이 솟아오르기도 하고 시간이 흐름에 따라 깎여져서 낮아지기도 한다. 이 이론은 또한 대륙의 이동을 설명할 수 없다. 그리고 알프스와 같이 높은 지역에서 발견되는 화석을 설명할 수 없었다. 이 이론에 의하면 화산이나 산맥이 전 세계 모든 곳에서 골고루 분포해야 하지만 현실은 그렇지 않다. 산맥들은 알프스 산맥, 애팔래치아 산맥과 같이 좁은 지역에 주로 분포하며, 대부분의 화산은 판 경계나 열점 위에만 분포한다. 이런 모든 것들은 판구조론으로 더 잘 설명된다.

지진과 판구조론은 어떤 관계가 있나?

암석권만이 지진에 의해 파열될 수 있는 단단하고 부서지기 쉬운 단단한 부분을 가지고 있다. 그리고 지진은 지각판 경계에서 지각판들이 서로 밀거나 잡아당기고 마찰하여 발생한다. 1969년 과학자들은 1961년과 1967년 사이에 발생한 모든 지진의 위치를 정리하여 출판했다. 그들은 대부분의 지진이 지구의 좁은 지역에서 발생한다는 것을 발견했으며, 후에는 화산도 좁은 지역에 분포한다는 것을 알게 되었다. 즉 지진과 화산이 자주 발생하는 지역이 판의 경계라는 것을 알게 되었다(지진에 대한 더 자세한 내용은 '지진 조사하기'와 '화산분출' 참조).

과거에는 대륙의 모습이 어땠나?

지각판의 이동으로 대륙의 위치는 시간의 경과에 따라 달라졌다. 7억 년 전 적도 부근에 로디니아라고 하는 거대한 대륙이 형성되었고, 5억 년 전에는 이 대륙이 오늘날의 북아메리카와 유라시아를 포함하는 로라시아 대륙과 오늘날의 남아메리카와 남극, 오스트레일리아, 인도를 포함하는 곤드와나 대륙으로 분리되었다. 그리고 2억 5000만 년 전에는 대륙들이 다시 하나로 모여 초대륙인 판게아를 형성했다. 판게아는 '모든 땅'이라는 뜻이다. 그런 다음에 이 거대한 대륙이 다시 로라시아와 곤드와나로 분리되었다.

네 종류의 지각판 경계란?

지구상에는 모든 대륙 지각과 해양 지각, 맨틀의 일부를 포함하고 있는 십여 개의 주요 지각판이 있다. 모든 지각판은 지표면을 이동하면서 경계에서 다른 지각판과 상호작용하고 있다. 지각판의 경계에는 발산경계, 수렴경계, 변환경계, 판 경계 지역이 있다. 다음은 이러한 판 경계들에 대한 설명이다.

발산경계divergent　발산경계는 두 판이 서로 멀어지면서 새로운 지각을 형성하고 있는 경계이다. 해저 확장은 이러한 발산경계에서 일어난다(아래 참조). 발산경계를 따라 발생하는 지진은 얕은 곳에서 일어난다. 발산경계는 지질학적으로 볼 때 비교적 젊은 지형이다. 일반적으로 발산경계의 확장 속도는 $1 \sim 8\,^{cm}/_{yr}$ 정도이다. 대서양중앙해령은 유라시아 판과 북아메리카 판이 서로 멀어지는 발산경계이다.

수렴경계 covergent   수렴경계는 해구로 이루어진 경계이다. 태평양 판과 필리핀 판이 수렴하는 마리아나 해구는 세계에서 가장 깊은 곳이다. 수렴경계는 해양판이 맨틀로 섭입하는 섭입대이다. 수렴 판 경계에서는 판이 섭입에 의해 파괴된다. 마리아나 해구 외에도 남아메리카의 안데스 산맥도 나즈카 판이 남아메리카 판 아래로 섭입되는 수렴 경계 위에 놓여 있다. 수렴 경계를 따라 발생하는 지진은 얕거나 깊고 이 지역의 지각은 발산경계의 지각보다 오래되었다. 수렴경계는 다시 마리아나 해구처럼 아래로 내려가는 판 위에 화산섬들의 호가 만들어지는 해양경계, 남아메리카의 안데스 산맥과 같이 대륙 지각이 섭입이 일어나기에는 너무 얇아 대륙의 가장자리를 따라 화산의 호가 만들어지는 해양-대륙 경계, 인도판과 유라시아 판이 충돌하는 히말라야에서와 같이 두 개의 대륙판이 충돌하여 지각의 두께가 두 배로 두꺼워지는 대륙-대륙 경계의 세 종류로 나눌 수 있다.

변환경계 transform   변환경계는 두 판이 서로 옆으로 이동하는 경계로 새로운 물질이 만들어지지 않는 경계이다. 예를 들면 캘리포니아의 샌 안드레아스 단층은 북아메리카 판과 태평양 판이 서로 옆으로 미끄러지는 변환경계이다.

판 경계 지역 plate boundary zone   더 적당한 이름을 위해 과학자들은 이 넓은 지역을 정의되지 않은 경계로 남겨 놓고 있다. 판 경계 지역에서의 판들의 상호작용 효과는 확실하지 않다. 예를 들면 아프리카 판과 유라시아 판 사이에 있는 지중해-알프스 지역은 잘 정의되어 있지 않다. 큰 지각판 사이에 있는 이 지역에는 여러 개의 작은 판들이 있다. 이로 인해 이 지역의 지질학적 구조나 지진의 형태는 매우 복잡하다.

판구조론은 지진을 예측하는 데 어느 정도 간접적으로는 도움이 된다. 과학자들은 강한 지진들이 판 경계를 따라 발생한다는 것을 알고 있다. 따라서 미래에 대규모 지진이 일어날 가능성이 있는 지역이 어디인지 예측할 수 있다. 실제로 과거의 지진 자료를 바탕으로 과학자들은 지각판 경계 위에서 진도 6 이상의 지진이 매년 140회 정도 발생한다고 추정하고 있다. 그러나 안타깝게도 정확하게 언제, 어디에서 지진이 발생할지를 알아낼 수 있는 기술이나 지식은 가지고 있지 않다.

판구조론-판의 종류와 운동 방향

해저 확장seafloor spreading은 지각판의 이동을 돕는 과정이다. 이 과정은 느리지만 계속적으로 진행된다. 난로 위에 놓여 있는 뜨거운 스튜가 끓는 것처럼 온도가 높은 연약권 맨틀이 표면으로 올라와 옆으로 벌어지면서 느린 컨베이어벨트처럼 해양과 대륙을 이동시킨다. 이런 지역을 보통 대양중앙해령이라고 한다. 대서양중앙해령이 대표적인 예이다.

새롭게 만들어진 암석권은 확장 중심에서 멀어지면 식는다. 이 때문에 대양중앙해령에서 가까운 곳의 해양 암석권은 젊고, 멀어질수록 오래되었다. 암석권이 식으면 밀도가 높아져 아래 있는 연약권 가까이로 내려간다. 이 때문에 확장 중심에서 멀어지면 해양이 깊어지고 중앙해령에서는 얕다. 수억 년이 지나면 식은 지역이 또 다른 판 경계에 도달하여 다른 판 아래로 섭입되거나 다른 판과 충돌하거나 다른 판을 스치며 지나간다. 판의 일부가 섭입되면 가열되어 다시 맨틀로 돌아간다. 그리고 수백만 년 후에 다시 같은 확장 중심이나 다른 확장 중심을 통해 지표면으로 올라온다.

해저 확장은 어떻게 발견했을까?

1950년대에 과학자들은 화성암이 식어서 굳을 때 자성 광물의 자기장이 나침반의 바늘과 같이 지구 자기장 방향으로 배열된 채로 굳어진다는 것을 알아냈다. 다시 말해 자성 광물을 포함하고 있는 암석은 자기장의 화석과 같은 역할을 하여 과학자들이 이 암석을 이용해 과거의 자기장의 방향을 결정할 수 있도록 한다. 이것을 고자기학이라고 한다(위 참조).

해저 확장과 관련된 아이디어는 프린스턴 대학의 지질학자이며 미해군 소장이었던 해리 헤스Harry Hess(1906~1969)와 미해안 측지측량국의 과학자였던 로버트 다이츠Robert Deitz가 각각 제안했다. 두 사람은 해저 확장이라고 알려진 비슷한 이론을 발표했는데, 헤스는 1962년 해저 확장 이론을 제안했지만 증명은 하지 못한 상태였다. 헤스가 그의 가설을 수식으로 정리하는 동안에 다이츠도 독립적으로 비슷한 모델을 제안했다. 이 모델이 헤스와 다른 점은 미끄러지는 표면의 바닥이 지각의 바닥이 아니라 암석권의 바닥이라고 한 것이다.

헤스와 다이츠의 이론을 지지하는 증거는 1년도 안 되어 발견되었다. 영국의 지질학자 프레데릭 바인Frederick Vine과 드루몬드 매튜Drummond Matthews가 지각에서 주기적인 자기반전을 발견한 것이다. 해저 확장이 일어나고 있는 대양중앙해령에서 수집한 자료를 이용하여 바인은 자성광물의 자기장 방향이 반전된다는 것을 알아냈다. 지구 자기장의 방향은 지난 8000만 년 동안에 170번 반전되었다. 바인과 매튜는 해저 확장 중심에서 바깥쪽으로 가면서 반복해서 자기장의 역전이 나타나는 것을 확인했다. 그리고 이러한 자기상의 역전은 확장 중심의 양쪽에서 똑같이 관측되었다. 확장 중심이 계속 자라나면서 새로운 자기 반전층이 만들어지고 오래된 층을 양쪽으로 밀어냈다. 따라서 이 자기장의 띠가 지각판의 이동과 해저 확장의 증거로 사용되었다.

해저 지반은 얼마나 빨리 확장되고 있는가?

오늘날 해저 지반이 확장되는 속도는 지역에 따라 달라서 대서양중앙해령에서는 매년 1.54cm씩 확장되고 있으며, 태평양 중앙에서는 매년 15cm씩 확장되고 있다. 과학자들은 해저 지반이 확장되는 속도가 시간의 경과에 따라 달라진다고 믿고 있다. 예를 들면 백악기에는(1억 4600만 년 전에서 6500만 전 사이) 해저 지반이 매우 빠르게 확장되었다. 일부 연구자들은 지각판의 이런 빠른 이동이 공룡의 멸종에 영향을 주었을 것이라고 생각하고 있다. 시간이 경과에 따라 대륙의 위치가 변하면 기후도 변하게 된다. 그리고 더 많은 판의 이동은 화산활동을 활발하게 하여 대기 상층부에 더 많은 양의 먼지와 재, 기체를 방출해 큰 기후 변화를 초래했을 것이다. 기후와 식물상의 변화가 여러 종류의 공룡을 멸종에 이르게 했다는 것이다.

지각판은 얼마나 빠르게 이동할까?

지각판의 이동 속도는 판에 따라 다르다. 예를 들면 가장 빠르게 이동하는 오스트레일리아 판은 북쪽으로 매년 17㎝씩 이동한다. 대서양 동쪽에 있는 유라시아 판과, 서쪽에 있는 북아메리카 판은 매년 1～2.54㎝씩 이동하는데 이 속도는 대부분의 판의 이동 속도와 같다. 실제로 대서양은 1492년 콜럼버스가 항해한 이래 10m 정도 더 넓어졌다.

마리아나 해구가 유명한 이유는?

마리아나 해구는 지각에서 가장 깊은 곳으로, 태평양 바닥에서 잰 깊이는 10,924m이며 해수면으로부터의 깊이는 13,000m이다. 높이가 8,848m로 지구에서 가장 높은 산인 에베레스트 산을 이 해구에 빠트린다면 산의 정상은 해수면에서 2,000m 아래에 있을 것이다.

판의 충돌로 형성된 산맥은?

지구상에는 판의 충돌로 형성된 아름다운 산맥들이 많다. 그런 산맥들 중에 유명한 산맥으로는 북아메리카의 로키 산맥, 유럽의 알프스 산맥, 터키의 폰틱 산맥, 이란의 자그로스 산맥, 중앙아시아의 히말라야 산맥 등이 있다. 이 산맥들은 모두 두 판이 충돌해 육지를 밀어 올리면서 생성되었다.

와다티 – 베니오프대는 무엇인가?

와다티-베니오프대라는 명칭은 지진학자 키요 와다티[Kiyoo Wadati]와 휴고 베니오프[Hugo Benioff]의 이름을 따서 명명되었다. 수렴하는 판의 가장자리에서 아래로 내려가는 부분, 즉 섭입이 일어나는 경계로 지진이 자주 발생하는 부분을 와다티-베니오프대라고 한다. 와다티-베니오프대는 지표면 아래 약 700㎞ 되는 지역에 있다.

지구대은 무엇인가?

지구 표면에는 수많은 깊은 지구대[rift]가 있다. 많은 지구대들은 계속적으로 지각의 일부를 분리시키거나 접혀지도록 하는 판구조의 강력한 인장력과 관련이 있다. 수천 년 동안 대륙의 위치를 바꾼 판의 이동과 관련된 지구대의 이동으로 균열이 더 넓어졌다. 이러한 이동은 수억 년을 두고 천천히 일어나기 때문에 우리는 살아 있는 동안에 그러한 움직임을 알아차릴 수 없다. 현재 지각판들은 매년 수㎞가 아니라 수㎝씩 이동하고 있다.

아프리카 대지구대은 무엇인가?

아프로-아라비안 대지구대라고도 하는 아프리카 대지구대[African rift system]는 지각에 만들어진 여러 개의 지구대 또는 균열이다. 이 대지구대가 세 갈래로 '분리된' 지구대를 가지고 있어 지질학자들은 이를 삼중 접합구조라고 한다.

홍해 지구대 ^{Red Sea Rift} 이 지구대는 아라비아에서 이집트, 에티오피아를 갈라놓고 있다. 이 지구대의 북쪽은 이스라엘의 사해, 요르단 강, 갈릴리 호 지구대 그리고 뚜렷하지는 않지만 레바논과 터키까지 뻗어 있다. 이 지구대의 폭은 270㎞로 매년 2.5㎝씩 넓어지고 있다. 가장 깊은 곳의 깊이는 1.5㎞이다.

아덴 만 지구대 ^{Gulf of Aden Rift} 이 지구대는 아라비아 남부와 소말리아를 갈라놓고 있다. 이 지구대의 너비는 서쪽 가장자리에서는 홍해 지구대와 비슷하지만 인도양 가까이에서는 넓어져 330㎞나 된다.

동아프리카 지구대 ^{East African Rift Valley} 이 지구대는 아프리카 동부를 남서쪽으로 가로지르고 있으며 길이는 3,900㎞나 된다. 케냐에서는 너비가 남쪽의 40㎞에서 북쪽의 100㎞ 사이이다. 에티오피아에서는 너비가 30㎞에서 130㎞ 사이이다. 홍해 지구대와 아덴만 지구대가 만나는 곳에서는 너비가 300㎞에 이른다.

지각판은 어떤 메커니즘에 의해 이동할까?

지각판이 이동한다는 이론은 대부분의 과학자들이 받아들이고 있지만 이러한 이동이 일어나는 메커니즘에 대해서는 의견의 일치가 이루어지지 않고 있다. 그러나 이것을 설명하는 이론은 많다. 가장 널리 받아들여지는 이론은 1928년 지질학자 아서 홈스 ^{Arthur Holmes}(1890~1965)가 제안한 이론이다. 이 이론에 의하면 난로 위에 얹어놓은 주전자 안에서 끓는 물의 대류와 마찬가지로 맨틀의 대류가 대륙을 이동시킨다. 그는 또한 지각이 침강을 통해 재활용된다고 주장했지만 증명하지는 못했다.

오늘날 대부분의 과학자들은 홈스의 이론을 수정한 이론을 받아들이고 있다. 이 이론에 의하면 대륙을 포함하고 있는 10여 개의 단단한 지각판이 부분적으로 녹아 있는 연약권 위에서 미끄러져 다니고 있다. 그리고 현무암이 화강암보다 무겁기 때문에 해양 지각이 연약권 위에서 '떠다닐' 때 아래로 내려간다. 판을 이동시키는 힘은 아마도 대양중앙해령이 미는 힘과 맨틀로 섭입하는 판이 끌어당기는 힘의 조합에 의한 것으로 보인다. 그 결과 용융 상태의 맨틀이 이동하게 되는 것이다.

지각판의 중앙 부분에서 지진과 화산이 자주 발생하고 있을까?

그렇다. 지각판의 한가운데 위치한 지역에서도 판의 경계에서 지진과 화산활동이 일어나지만 자주 일어나는 것은 아니다. 지각판의 한가운데에서 지진과 화산활동이 활발하게 일어나는 지점을 과학자들은 열점이라고 한다. 이 지점에서는 용융된 암석이 맨틀로부터 판을 뚫고 올라온다. 만약 판이 한 방향으로 이동하고 있으면 화산들이 오랜된 것부터 최근의 것들의 순서로 일렬로 배열된다. 가장 잘 알려진 열점은 태평양 판 한가운데 위치한 하와이제도이다(하와이 섬들에 대한 자세한 내용은 '화산분출' 부분 참조).

지각판의 중앙에서는 설명할 수 없는 이동도 일어난다. 예를 들면 미국에서 관측된 지진 중에 가장 강력한 지진이 북아메리카 판의 '중앙'에 위치한 미주리 주에서 발생했다(1811~1812). 미주리 주 마드리드에서 가까운 곳에 있는 뉴마드리드 단층을 따라 이런 지진이 자주 발생하며, 1886년에는 사우스캐롤라이나의 찰스타운에서도 강력한 지진이 발생했다. 두 지역 모두 이런 지진이 발생하기에는 이상한 지역이지만, 과학자들은 아직도 그 원인을 설명하지 못하고 있다(이 지진과 다른 지진에 대한 더 자세한 내용은 '지진 설명하기' 부분 참조).

광물에 대한 모든 것

광물의 형태

광물은 무엇인가?

지각과 지표면에서 우리가 직접 접촉할 수 있는 암석, 자갈, 모래, 토양은 다양한 광물을 포함하고 있다. 그렇다면 광물이란 무엇일까? 다음은 어떤 물질이 광물이 되기 위한 기준이다.

자연적으로 존재해야 한다 광물은 지구 내부나 지상에서 자연적인 과정에 의해 만들어진 것이어야 한다. 실험실에서 만든 것은 광물이 아니다. 따라서 지구 내부에서 자연적으로 만들어진 다이아몬드는 광물이지만 실험실에서 합성한 다이아몬드는 광물이 아니다.

무기물이어야 한다 광물은 '살아' 있던 적이 없어야 한다. 따라서 석탄이나 고대 수지가 굳어 만들어진 호박은 광물이 아니다.

화학식으로 나타낼 수 있어야 한다 광물은 원소이거나 화합물이어야 한다. 따라서 금(Au), 수정(SiO_2) 등과 같이 원소기호나 분자식으로 나타낼 수 있어야 한다.

결정 형태를 이루고 있어야 한다 광물의 모든 부분에서 광물을 이루는 원자나 분자들이 같아야 한다. 원자나 분자가 일정한 순서로 결합하면 규칙적인 형태의 결정 구조를 만든다. 원자나 분자가 규칙적으로 배열하여 만들어진 고체를 맨눈이나 현미경을 이용하여 직접 볼 수 있는 것을 결정이라고 한다(결정에 대한 더 자세한 내용은 아래 참조).

광물학이란 무엇인가?

지질학의 한 분야인 광물학은 지각에 함유된 광물을 연구한다. 실제로 광물을 이렇게 나누어서 분석하기는 어렵지만, 일반적으로 광물학은 다음과 같은 세부 분야로 분류할 수 있다.

결정학^{crysallography} 결정학은 원자 구조와 같은 결정의 내부 구조와 외부 구조를 연구하는 분야이다. 결정학자들은 결정의 성장, 모양, 기하학적 특징을 연구한다.

물리 광물학^{physical mineralogy} 물리 광물학은 광물의 물리적 성질을 연구한다.

화학 광물학^{chemical mineralogy} 화학 광물학은 광물의 화학적 성질과 구조를 연구한다.

광물학의 역사에서 중요한 사건들로는 어떤 것들이 있을까?

그리스인들은 B.C.E. 300년경에 처음으로 광물에 대한 기록을 남겼다. 다른 과학 분야에서와 마찬가지로 그리스와 로마가 영향력을 잃은 후 광물학을 다시 연구하기 시작한 것은 오랜 시간이 지난 뒤의 일이었다. 1500년대 중엽이 되어서야 독일의 의사 게오르기우스 아그리콜라가 광물과 광석을 중점적으로 다룬 과학책을 출판했다. 이 때문에 아그리콜라는 광물학의 기초를 수립한 사람으로 인정받고 있다.

1669년 덴마크의 과학자 니콜라우스 스테노^{Nicolaus Steno}(1638~1686)는 특정한 광

물의 결정면 사이의 각도는 항상 비슷하다는 것을 알아냈다. 이러한 관측은 스테노의 법칙이라고 부른다. 칼 폰 린네라고도 알려진 카롤루스 린네우스 Carolus Linnaeus(1707~1778)는 1768년에 처음으로 광물의 내부 구조를 바탕으로 하는 광물 분류를 제안했다. 린네우스는 최초로 생명체의 분류법을 제안한 사람이기도 하다.

19세기 중엽 독일의 과학자 요한 프레데릭 크리스찬 헤셀 Johann Friedrick Christian Hessel(1796~1872)의 발견으로 결정학이 빠르게 발전했다. 헤셀은 특정한 기하학적

수정을 찾기 위해 알칸사스 핫 스프링 부근의 콜맨 수정 광산에는 매년 많은 사람들이 오고 있다.

조건이 결정의 종류를 정확하게 32가지로 한정한다는 것과 2, 3, 4, 그리고 6의 회전 대칭축만이 가능하다는 것을 발견했다(광물의 축에 대한 자세한 내용은 아래 참조).

그 후 기술의 발전은 광물에 대한 지식을 향상시켰다. 예를 들면 1870년대에 있었던 편광 현미경의 발명과 1895년에 이루어진 X-선의 발견은 1913년에 이루어진 최초의 결정 구조 규명과 함께 광물의 내부에 대한 우리의 이해를 크게 발전시켰다. 그리고 최근에는 전자기기를 이용한 분석 장치들과 주사전자현미경, 투과전자현미경이 광물을 이해하는 데 크게 기여했다.

광물학의 아버지는 누구인가?

독일의 의사 게오르기우스 아그리콜라가 '광물학의 아버지'로 널리 받아들여지고 있다. 아그리콜라가 쓴 많은 책들 중에서 《지하산물의 성장에 관하여(1546)》와 《금속학(1556)》은 널리 알려져 있다. 첫 번째 책에서는 기하학적 형태에 따라 광물을 분류했으며, 두 번째 책에는 탐광, 채광, 광석의 운반, 갱내의 환기와 배수펌프의 설치, 야금, 광부의 조직과 임금, 건강관리에 이르기까지 금속의 생산에 관련된 모든 내용을 정리하여 실었다.

'광물학의 아버지' 경쟁에서 근소한 차이로 2위를 달리는 사람은 독일의 지질학자 아브라함 베르너Abraham Gottlob Werner(1749~1817)로, 일부 학자들은 베르너가 이 분야의 진정한 창시자라고 주장한다. 그는 최초로 색깔, 결정 형태, 벽개, 광택, 경도와 같은 물리적 특징을 바탕으로 하여 체계적으로 광물을 분류했다. 그 후 발전된 측정 기술의 도움으로 과학자들은 화학적 조성, 비중, 가용성, 내부 결정 구조와 같이 베르너의 시기에는 쉽게 측정할 수 없었던 성질을 이용하여 광물을 분류할 수 있게 되었다.

현대 과학자들은 왜 광물학을 연구할까?

현대 과학자들은 여러 가지 이유로 광물학을 연구한다. 가장 중요한 첫 번째 이유는 광물이 모든 암석을 구성하고 있기 때문이다. 따라서 광물에 대한 지식은 지구는 물론 태양계를 이루고 있는 다른 행성, 위성들에 대한 이해와 직결되어 있다. 두 번째 이유는 산업, 건강관리, 심지어는 여러 나라의 정치와 관련해서 커다란 경제적 가치를 가지고 있기 때문이다. 마지막으로 지질학의 거의 모든 면이 광물학과 기본적으로 연결되어 있다. 암석의 성질은 암석 속에 포함된 광물과 깊은 관계를 가지고 있으며, 광물들 사이의 화학적 반응을 다루는 지구 화학 역시 광물학과 밀접한 관계를 가지고 있다.

밀접한 관계에 있지만 전혀 다른 물질로 보이는 광물을 동질이상이라고 한다. 다시 말해 화학적 조성은 같지만 전혀 다른 성질을 가지고 있는 광물이 동질이상이다. 이것은 같은 종류의 원자가 한 가지 이상의 방법으로 결합하기 때문이다.

잘 알려진 예는 연한 회색 광물로, 연필심이나 윤활제로 사용되는 흑연과 가장 단단한 광물로 알려진 다이아몬드이다. 두 광물의 구성 성분은 모두 탄소(C)지만 광물 속에서 탄소 원자들은 다른 방법으로 결합되어 있어 물리적 성질이 전혀 다르다. 흑연의 경우에는 탄소 원자가 넓은 간격을 가진 판 형태로 결합되어 있으며 판 사이의 결합력이 약해 쉽게 미끄러지기 때문에 잘 부서진다. 흑연을 좋은 윤활제로 사용할 수 있는 것은 이 때문이다. 다이아몬드는 지구 깊은 곳에서 높은 온도와 압력이 탄소 원자들을 가깝게 다가갈 수 있도록 하여 만들어진다.

광물의 이름은 어떻게 붙여지는가?

광물은 여러 세기 동안에 발견된 장소나 특정한 성질 등을 바탕으로 다양한 이름이 붙여졌다. 17~19세기 사이에는 주로 물리적 성질이나 화학적 성질과 관련된 라틴어나 그리스어에 바탕을 두고 지어졌는데 광물명의 어미에 자주 사용되는 '-ite'는 그리스어의 '돌'을 나타는 단어에서 유래했다.

오늘날에는 광물의 이름을 붙이는 규칙이 잘 정비되어 있다. 새로운 광물의 이름은 국제광물학연합위원회의 승인을 받아야 한다. 일반적으로 광물의 이름은 광물의 물리적, 화학적 성질, 최초로 광물이 발견된 지역의 이름을 따서 지어지거나 이미 존재하는 광물 이름에 접두어를 붙여 지어지기도 한다. 광물의 이름이 길어지는 것은 이 때문이다. 또한 뛰어난 인물이나 과학자의 이름을 따거나, 로마신화에 등장하는 물의 신 넵튠의 이름을 딴 넵튠나이트처럼 신화적인 존재의 이름을 따서 지어지기기도 하며, 석영이나 진사와 같이 유래를 알 수 없는 경우도 있다.

광물은 특정한 원소들이 존재하고 온도와 압력을 비롯한 여러 가지 조건이 갖추어질 때 형성된다. 대부분의 경우 광물의 형성 과정은 광물을 포함하고 있는 암석이 화성암이냐, 퇴적암이냐 또는 변성암이냐에 따라 달라진다(암석의 종류에 대한 자세한 내용은 '암석 가족' 부분 참조).

일반적으로 석영이나 흑운모와 같은 화성광물은 온도가 600~1200℃인 지하 약 30㎞ 지점에서 암석이 용융되어 만들어진 마그마에서 형성된다. 퇴적광물은 암염과 같이 물이 증발하여 만들어지거나, 처트나 탄산염과 같이 화학적 조건의 변화로 물에서 석출되어 만들어진다. 또한 아라고나이트의 경우처럼 뼈나 껍질과 같이 생명체의 단단한 부분이 퇴적되어 만들어지기도 한다. 마지막으로 변성광물은 열과 압력의 작용으로 이미 존재하는 암석이 변하여 만들어진다.

보웬의 반응은 무엇인가?

보웬의 반응은 1900년대 초에 워싱턴에 있는 지구 물리학 실험실에서 보웬[N. L. Bowen]과 동료들이 찾아낸 일련의 반응이다. 연구자들은 용융된 암석인 마그마가 식을 때 규산염 광물이 온도와 압력에 따라 특정한 순서로 결정을 형성한다는 것을 알아냈다. 이 모델은 현재도 인정되고 있지만 대부분의 경우가 그렇듯이 예외가 있다.

가장 일반적인 암석을 구성하는 광물은 무엇인가?

암석을 구성하는 광물은 말 그대로 암석의 구성 성분이 되는 광물을 말한다(암석에 대한 더 자세한 내용은 '암석 가족' 참조). 이름이 붙여진 약 3,500종류의 광물 중에서 24종류의 암석 구성 광물이 지각에 가장 풍부하게 들어 있다. 가장 일반적인 암석 구성 광물에는 감람석, 석영, 운모, 휘석, 각섬석이 포함된다.

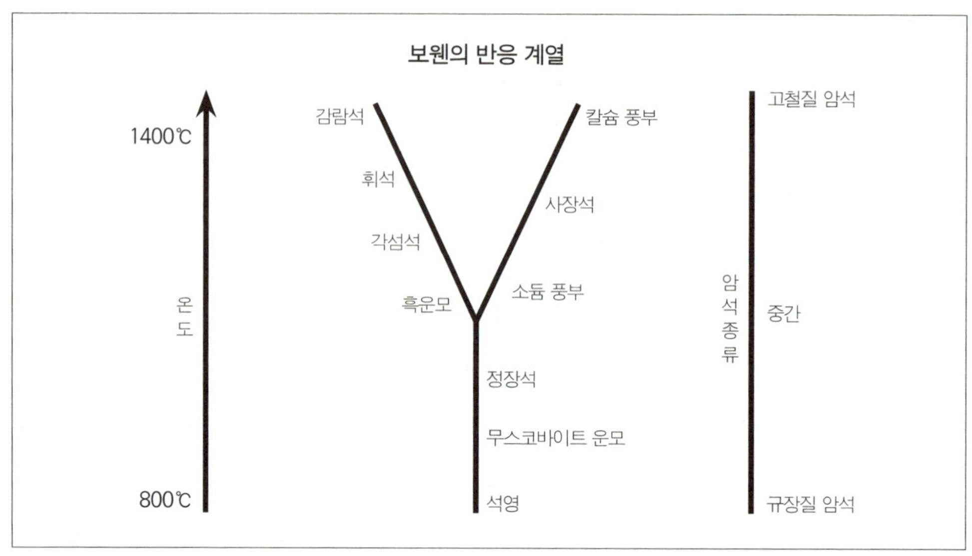

조건에 따라 어떤 형태의 광물이 형성되는지를 나타내는 보웬의 반응 다이어그램.

다른 암석 구성 광물에는 어떤 것들이 있는가?

다음은 중요한 암석 구성 광물에 대한 설명이다.

방해석^{calcite} 방해석은 흰색에서 회색 사이의 색깔을 띠는 광물로 결정이 매우 깨끗하다. 방해석은 강철 파일로 흠집을 낼 수 있으므로 석영보다 연하며 퇴적암에서 발견되는 가장 일반적인 광물이다. 방해석은 희석된 염산과 강하게 반응하기 때문에 돌로마이트와 같은 다른 유사한 광물과 구별하기 위해 이 반응을 이용한다.

점토^{clay} 점토는 매우 고운 분말 형태의 광물로 야외에서 구분하기 어렵다. 점토의 색깔은 흰색, 회색, 갈색, 붉은색, 어두운 녹색, 검은색까지 다양하다. 도자기용으로 사용되는 점토와 마찬가지로 입자가 곱기 때문에 물에 젖으면 미끄러워지고 부드러워진다.

활석^{talc} 활석은 입자 상태나 층을 이룬 상태로 발견된다. 활석은 매끄러운 감촉

이 있고 손톱으로 쉽게 흠집낼 수 있다. 활석은 비누석이라고도 알려져 있으며 색깔은 녹색에 가깝다. 비누석으로 만든 조각품이나 목재용 난로를 볼 수 있다.

자철석^{magnetite} 금속 광택을 가진 검은 광물인 자철석은 보통 화성암이나 변성암에 함유되어 있으며 1 ~ 2%의 일부 퇴적암에도 함유되어 있다. 자철석 결정은 두 개의 피라미드를 함께 붙여놓은 것과 같은 8면체 모양을 하고 있으며 자기적 성질을 특징으로 가지고 있다.

황철석^{pyrite} 흰색 또는 황색과 금속 광택을 가진 황철석은 종종 육면체 모양을 하고 있으며 '바보의 금'이라고도 알려져 있다. 황철석은 황을 주성분으로 하는 가장 일반적인 황화물로, 화성암, 퇴적암, 변성암에서 발견되지만 대부분 소량이다.

지구의 암석을 구성하는 광물에 가장 많이 포함되어 있는 여덟 가지 원소는 무엇인가?

암석을 구성하는 대부분의 광물에 가장 많이 포함되어 있는 여덟 가지 원소는 무게로 지각의 98.5%를 차지한다. 다른 모든 원소는 합쳐서 1.5% 정도이다. 가장 많이 포함되어 있는 원소는 산소와 규소이다. 산소와 규소는 단단히 결합되어 규산염 광물이라고 하는 가장 일반적인 광물의 중요한 구성 요소가 된다. 다음은 대부분의 암석을 구성하는 광물에 포함된 가장 중요한 여덟 가지 원소와 존재비이다.

원소이름	원소기호	존재비(%)
산소	O	46.6
규소	Si	27.7
알루미늄	Al	8.1
철	Fe	5.0
칼슘	Ca	3.6
소듐	Na	2.8
포타슘	K	2.6
마그네슘	Mg	2.1

지질학자들은 색깔을 이용하여 어떻게 광물을 알아내는 것일까?

광물의 색깔은 중요하다. 다양한 색깔을 인식할 수 있는 눈 덕분에 우리는 색깔을 이용하여 특정한 광물을 찾아낼 수 있다. 실제로 고대인들은 색깔이 있는 광물의 가치를 잘 알고 있었다. 그들은 목탄이나 산화철을 이용하여 동굴에 그림을 그렸고 그것은 아직까지도 처음 상태로 남아 있다.

그러나 색깔만으로 광물의 종류를 알아내기는 쉽지 않다. 예를 들면 감람석은 뚜렷한 올리브 녹색이지만 노란색인 경우도 있다. 석류석은 검은색에서 색깔이 없는 것에 이르기까지 모든 색깔이 다 존재한다. '수박' 전기석은 검은색, 밝은 녹색, 붉은색이 섞여 있다. 그리고 녹색의 공작석이나 청색의 남동석 같은 광물은 뚜렷한 자신만의 색깔이 있다.

왜 광물은 특정한 색깔을 띠는 것일까?

광물에 색깔이 있는 것은 광물의 여러 가지 성질 때문이다. 다음은 광물이 왜 특정한 색깔로 보이는지에 대한 설명이다.

자색광물^{idiochromatic} 이런 광물은 광물을 구성하고 있는 성분 원소에 의해 색깔을 띠므로 '자신의 색깔' 광물이라는 뜻에서 자색광물이라고 한다. 다시 말해 많은 경우 광물의 색깔을 결정하는 전이 원소들이 광물의 구성 원소의 일부이다. 아주 적은 양의 원소도 광물이 깊은 색을 내게 할 수 있다. 색깔로 광물의 구성 원소를 예측할 수 있는 경우에는 특정 원소의 존재 여부도 확인할 수 있다. 예를 들면 철을 포함하고 있는 진사는 보통 붉은색이고, 남동석의 푸른색과 공작석의 초록색은 광물의 구성 성분인 구리로 인한 것이다. 그리고 망간은 망간광물이 핑크색을 띠게 한다.

타색광물^{allochromatic} 이런 광물의 색깔은 광물에 포함된 적은 양의 불순물이나 결정 구조의 결함에 의해서 결정된다. 이 경우에는 색깔이 쉽게 변할 수 있고 예측이 가능하지 않아서 광물의 조성을 알아내는 데 도움이 되지 않는다. 예를 들면 포함된 불순물의 종류에 따라 형석은 무지개 색깔 중 어느 색이든 가능하다. 연수정은 종종 구조 결함이 결정을 통과하는 빛을 산란시켜 거의 검은색으로 보인다. 또 어떤 광물은 광물이 포함하고 있는 작은 공기 방울들로 인해 다른 색깔로 보인다.

가색광물 pseudochromatic   가색광물의 색깔은 가짜 색깔이어서 광물의 구성 성분이나 원자구조가 광물의 색깔과 관련이 없다. 대신에 광물이 빛을 산란시켜 색깔을 띠게 하는 얇은 층을 가지고 있다. 광물의 조성이나 결정 구조에 의해 색깔이 달라지는 것이 아니라고 해도 광물의 색깔은 그 광물의 고유한 성질이 될 수 있다. 예를 들면 단백석, 월장석, 조회장석 같은 희귀한 광물은 모두 특정한 방법으로 빛을 반사하여 다른 색깔로 보인다. 그러나 그 색깔은 광물의 실제 색깔이 아니다.

같은 광물이 다른 색깔로 보이기도 할까?

그렇다. 일부 광물은 자체 색깔을 가지고 있지만 같은 광원 아래서도 다른 각도에서 보면 다른 색깔로 보이기도 한다. 이런 것을 다색성이라고 한다. 다른 각도에서 보았을 때 두 가지 색깔만 보이는 경우는 2색성 또는 2개의 성분을 가지는 다색성이라고 한다. 3색성은 각도에 따라 세 가지 색깔로 보이는 것을 말한다.

이런 효과가 나타나는 것은 결정축에 따라 흡수하는 빛이 다르기 때문이다. 이것은 빛이 굴절에 의해 둘로 나누어져 다른 방향으로 진행하는 광물에서 나타난다. 나누어진 두 빛은 빛의 경로와 진동 방향에 따라 흡수되는 색깔과 양이 달라지기 때문에 광물을 바라보는 각도에 따라 색깔이나 색깔의 깊이가 달라진다. 예를 들어 흑운모는 보는 각도에 따라 여러 가지 색깔로 보이는 다색성 광물이다.

지질학자들은 어떻게 광택으로 광물을 구하는가?

광택은 광물의 표면이 빛을 얼마나 반사하는지를 나타낸다. 모든 보통 암석 구성 광물은 금속 광택을 가지고 있지 않다. 이것을 비금속 광택이라고 한다. 금처럼 하나의 금속 원소로만 이루어진 광물만이 금속 광택을 가지고 있다. 금속 원소로만 이루어지지 않은 광물 중에도 금속처럼 빛을 반사하는 광물도 있는데 이런 경우에도 금속 광택을 가졌다고 한다. 예를 들면 '바보의 금'이라고도 하는 황철석과 방연석은 금속 원소로만 구성된 광물이 아니지만 금속 광택을 가지고 있다.

대부분의 비금속 광물은 유리처럼 밝게 보이는 유리 광택, 진주처럼 각도에 따라 색깔과 광택이 달라지는 진주 광택, 비단처럼 보이는 비단 광택, 다이아몬드처럼 빛나는 금강 광택, 반짝이는 광택과 같은 고유한 광택을 가지고 있다. 예를 들면 감람석과 석류석은 유리 광택을 가지고 있으며, 석영은 유리 광택을 가지고 있지만 반짝거리는 것으로도 보인다. 장석은 대개 진주 광택을 보이고, 운모는 크기에 따라 반짝이거나 비단 광택을 보인다.

지질학자들은 벽개을 이용하여 어떻게 광물을 구별하는 것일까?

벽개^{cleavage}는 깨졌을 때 나타나는 평평한 표면을 말한다. 광물을 구성하는 원자들의 결합이 특정한 방향으로는 강하고 다른 방향으로는 약하기 때문에 나타나며 이 때문에 벽개를 가진 광물이 깨지면 결합이 약한 면인 벽개면을 따라 깨끗하고 평평한 표면이 드러난다. 운모 같은 광물에서는 결합이 약한 방향이 한 방향이다. 그러나 어떤 광물은 두 개에서 여섯 개의 벽개면을 가지고 있다. 예를 들면 암염과 형석은 네 개의 벽개면을 가지고 있고, 방해석은 세 개의 벽개면을 따라 갈라져 능면체의 '다이아몬드' 형태를 남긴다.

절단면을 이용하여 광물의 종류를 알아내는 방법은?

잘라낸 자리에 남겨진 절단면^{fracture}은 광물의 종류를 알아내는 데 사용될 수 있다. 원자들 사이의 결합력이 모든 방향으로 있는 경우에는 단면이 불규칙하고 거칠다. 이런 광물에는 사문석과 같은 섬유질 광물들이 포함된다. 패각상 단면은 부서진 두꺼운 유리 조각이나 조개껍데기의 매끄러운 곡면 형태의 단면으로 석영이나 석류석의 단면이 이에 속한다. 침상 단면은 은처럼 날카로운 가장자리를 가진 단면이다. 또 부러진 점토나 백악처럼 토상 단면도 있다.

지질학자들은 조흔을 이용하여 어떻게 광물을 구별할까?

지질학자들은 특히 야외에서 조흔^{streak}을 이용하여 광물을 구별한다. 광물 분말의 색깔인 조흔은 유약을 바르지 않은 흰색의 자기로 만든 조흔 판에 광물을 문질렀을 때 나타나는 색깔이다. 대부분의 비금속 광물은 고유한 조흔을 가지고 있다. 같은 광물이라도 색깔이 여러 가지인 경우도 있다. 조흔은 여러 가지 원소들을 포함하고 있는 금속 광물을 구별할 때 특히 중요하다. 예를 들면 금의 조흔은 금속성 황색이지만

'바보의 금'인 황철석의 조흔은 어두운 검은색이다.

지질학학자들은 경도을 바탕으로 어떻게 광물을 구별할까?

과학자들은 종종 야외에서 종류를 확인하고자 하는 광물을 경도^{hardness}가 알려진 광물에 문질러서 알아낸다. 특히 광물에 다른 물질을 문질렀을 때 견딜 수 있는 정도를 나타내는 모스 경도는 광물의 특징을 나타내는 중요한 성질이다.

모스 경도계란?

19세기 초반에 독일 출신 프랑스 광물학자 프리드리히 모스$^{Friedrich\ Mohs}$(1773~1839)에 의해 모스 경도계가 개발되었다. 이 경도계는 정확하지는 않지만 매우 단순해서 광물의 경도를 비교하고 흠집에 대한 저항 정도를 나타내는 데 실용적이다. 모스 경도계를 정확하게 표현하자면 경도 비교표라고 해야 한다. 각 광물에 부여된 숫자가 실제 흠집 저항성에 비례하지 않기 때문이다.

숫자가 높은 광물로 숫자가 낮은 광물은 흠집낼 수 있다는 것을 나타내는 모스 경도계가 개발된 후 다른 과학자들이 이 경도계의 용도를 높이기 위해 여러 개의 광물과 숫자를 첨가했다. 아래 표는 모스가 제안한 모스 경도표이다. 표준 광물의 경도는 가장 연한 활석의 1에서 가장 강한 다이아몬드의 10 사이의 값을 갖는다.

광물	경도
활석	1
석고	2
방해석	3
형석	4
인회석	5
정장석	6
석영	7
황옥	8
강옥	9
다이아몬드	10

가장 단단한 광물과 가장 연한 광물은 무엇인가?

모스는 1세기 전에 모스 경도계를 개발했다. 그 후로 더 단단한 광물과 더 연한 광물이 발견되지 않았다. 따라서 가장 단단한 광물은 당연히 다이아몬드이다. 탄소로 이루어진 다이아몬드의 모스 경도는 10이고 다른 스케일로 나타낸 경도는 10 중반이다. 가장 연한 광물은 변성암에서 발견되는 활석이다. 활석은 모스 경도가 1인 광물로 마그네슘과 소량의 수분, 실리카, 산소를 함유하고 있다.

모스 경도계에 있는 광물의 경도를 우리 주위에 있는 물질의 경도와 비교할 수 있을까?

그렇다. 우리 주위에서 발견할 수 있는 여러 가지 물질의 경도는 다음과 같다.

모스 경도	물질
1.5 ~ 2.5	**손톱** (손톱의 경도가 다른 것은 사람마다 손톱이 다르기 때문이다!)
4	**'구리' 동전** (다양한 합금을 섞어 연하게 만들기 전의 미국의 1페니짜리 동전)
5	유리
5.5	보통 연필 깎는 칼의 칼날
6.5	강철 파일

다른 경도계도 있는가?

그렇다. 여러 가지가 있다. 그러나 보통 사람들이 사용하기에는 실용적이지 않다. 이런 시험에서는 특정한 형태의 추를 떨어뜨렸을 때 만들어진 흠집의 깊이나 면적을 측정한다. 추를 떨어뜨리면 특정한 시간 동안에 특정한 크기의 힘이 작용하여 흠집이 만들어진다. 가장 널리 사용되는 경도 시험 방법은 브리넬, 비커스, 로크웰 시험 방법이다. 모든 시험 방법은 추의 모양과 가해진 압력을 바탕으로 경도의 범위를 정한다.

광물을 구별할 수 있는 다른 방법이 있는가?

그렇다. 특별한 장비가 없이도 광물을 구별할 수 있는 다른 방법이 있다. 다음은 이런 방법들에 대한 설명이다.

비중^{specific gravity} 비중은 물의 밀도와 광물의 밀도를 비교한 것이다. 야외에서는 가벼운지, 무거운지를 나타내는 비중이 종종 광물을 구별하는 데 도움을 준다.

자성^{magnetism} 광물을 구별하는 또 다른 방법은 자철석이나 자류철석과 같이 철을 많이 포함하고 있는 광물을 구별하기 위해 자석을 사용하는 방법이다.

비등^{effervescence} 비등은 탄산칼슘 광물을 구별하는 방법이다. 희석된 염산과 같은 약산을 적용하면 석회암과 같이 탄산칼슘을 함유하고 있는 광물을 구별할 수 있다.

형광^{fluorecence} '검은' 빛이라고 알려진 자외선에 노출시킨 다음에 어두운 곳에 놓아두면 빛을 내는 형광을 이용해서도 광물을 구별할 수 있다(형광에 대한 더 자세한 내용은 '암석 가족' 부분 참조). 자외선을 끈 다음에도 잠시 동안 빛을 내는 광물을 인광물질이라고 한다.

취관분석과 가융성 시험은 무엇인가?

취관분석^{blowpipe}과 가융성^{fusibility} 시험은 오래된 방법이기는 하지만 광물을 구별하는 간단한 시험 방법이다. 이것은 모든 광물이 고유한 용융점을 가지고 있어서 다른 광물의 용융점과 비교할 수 있다는 것을 이용한다. 취관분석에서는 광물을 불꽃에 노출시키면서 광물의 행동을 관측한다. 시료가 얼마나 잘 녹는가? 또는 색깔이 변하는가? 가열하면 거품이 생기거나 팽창하는가? 이런 관측 결과를 이미 알려진 광물의 정보와 비교한다. 이 방법은 다른 방법들보다 주관적이기는 하지만 아직도 광물을 구별하는 데 사용되고 있다.

광물은 사람에게 유용한가?

많은 광물이 사람에게 유용하다. 유용한 광물이 너무 많아 여기에서 다 언급할 수 없다. 수천 년 동안 사람들은 광물과 암석을 구조물의 건축, 도구 제작, 페인트에까지 사용해왔다. 오늘날에는 범위가 확대되어 의료제품, 화학제품, 전자공학 제품의 원료로 사용하고 있다. 심지어는 사람이나 다른 동물들에게 필요한 미네랄을 공급하기 위해 식료품에도 사용하고 있으며, 전구와 시계에도 수정과 같은 광물이 사용되고 있다. 경제적인 가치를 가지고 있지 않다 해도 자연 광물이 가지고 있는 아름다움과 다양성으로 인해 미적 가치를 지니는 것도 있다.

경제적으로 중요한 광물로 어떤 것이 있을까?

분류하는 사람들에 따라 달라지기는 하지만 약 100여 종의 광물은 경제적으로 중요한 광물이다. 납, 금, 은, 구리, 알루미늄, 몰리브덴, 코발트와 같이 널리 알려진 금속 광물뿐만 아니라 우라늄과 같은 에너지원이 되는 광물과 모래, 자갈, 점토, 석회암과 같이 건축이나 농경에 사용되는 산업용 광물도 경제적으로 중요하다. 그리고 다이아몬드, 에메랄드, 사파이어, 루비처럼 개인적 소장품으로서의 가치를 지니는 광물도 있다. 실제로 다른 용도로는 별다른 가치가 없는 광물이 보석으로서의 가치를 인정받는 광물도 있다.

광물은 어떻게 분류할 수 있는가?

광물은 여러 가지 종류로 분류할 수 있다. 가장 많은 암석에 포함되어 있는 광물은 규산염 광물이다. 규산염 광물의 기본 구조는 Si-O 결합으로 이루어진 사면체로, 규소 원자 하나와 산소 원자 네 개(SiO4)로 이루어져 있다. 일반적인 규산염 광물에는 정장석과 사장석, 석영, 무스코바이트 운모처럼 자성을 가지고 있지 않은 규장질 광물과 각섬석, 휘석, 흑운모, 감람석처럼 철이나 마그네슘을 포함하고 있는 유색광물이 있다. 또 다른 광물 종류에는 산화물, 황화물, 경석고나 석고와 같은 황산염 광물, 금과 같은 단원소 광물, 암염, 방해석이나 백운석과 같은 탄산염 광물이 있다.

결정학

결정이란?

원자들이 규칙적으로 배열되어 있는 균일한 물질을 결정^{crystal}이라고 한다. 결정은 매끄러운 표면을 가지고 있으며, 대칭성을 나타내고, 여러 가지 방법으로 형성된다. 액체 상태의 암석은 식으면서 천천히 고체로 변하거나 용액에 녹아 있던 물질이 석출되어 만들어지기도 하고, 기체가 응축하여 고체를 형성하기도 한다. 대부분의 고체는 결정 구조를 가지고 있다. 유리와 같이 결정이 아닌 고체를 비정질이라고 한다.

결정격자는 무엇을 뜻하는가?

결정 안에서 입자는 기하학적으로 관계가 있는 위치를 차지하고 있다. 원자 또는 분자가 위치하고 있는 점들의 기하학적 배열을 결정격자$^{crystal\ lattice}$라고 한다. 결정격자의 격자점들 위에 원자나 분자가 배열된 것이 결정이다. 같은 단위 결정격자를 반복적으로 배열하여 공간을 채울 수 있는 방법의 수가 한정되어 있기 때문에 결정격자의 종류도 한정되어 있다.

결정을 형성한다는 것은 무슨 뜻인가?

광물을 구성하는 원자나 분자가 화학적 조성이나 원자의 구조적 배열에 의해 결정되는 특정한 형태 또는 특정한 내부 구조를 이루도록 배열하는 것을 결정이 형성된다고 한다. 이렇게 만들어진 고체를 맨눈으로 볼 수 있으면 결정이라고 한다. 광물의 결정 형태에 따라 광물이 갈라지는 벽개와 같은 성질이 달라진다. 결정 형태는 1660년대에도 알려져 있었다. 덴마크의 지질학자 니콜라우스 스테노는 스테노의 법칙이라고 하는 최초의 결정학 법칙을 제안했다. 특정한 물질로 이루어진 모든 결정의 대응하는 면 사이의 각은 일정하다는 것이 스테노의 법칙이다.

형태에 따라 결정은 32가지 기하학적 대칭 그룹으로 분류할 수 있다. 결정은 면,

축, 점에 대해 일정한 대칭성을 가지고 있다. 그리고 이는 다시 결정 중심을 통과하는 가상적인 직선인 축들 사이의 관계를 바탕으로 일곱 가지 결정계로 나눌 수 있다.

일곱 가지 결정계란?

다음은 일곱 가지 결정계에 대한 설명이다.

입방정계^{cubic} 이 결정은 세 축의 길이가 같고 축 사이의 각은 모두 90°이다. 황철석과 암염 결정은 육방정계이다.

정방정계^{tetragonal} 두 축의 길이는 같고 한 축의 길이는 다른 두 축의 길이보다 길며 모든 축 사이의 각은 90°이다. 다시 말해 축 사이의 각은 모두 90°이고 두 축의 길이가 같다. 황화구리철인 황동석의 결정은 정방정계에 속한다.

사방정계^{orthorhombic} 이 결정은 세 축의 길이는 다르지만 축 사이의 각도는 모두 90°이다. 플루오르를 함유한 알루미늄규산염인 황옥은 정방정계에 속하는 광물의 예이다.

단사정계^{monoclinic} 길이가 모두 다른 세 축 중 두 축은 서고 직각을 이루고 나머지 한 축이 다른 축들과 이루는 각은 직각이 아니다. 아연마그네슘 규산염인 휘석의 결정은 단사정계에 속한다.

삼사정계^{triclinic} 세 축의 길이가 모두 다르고 세 축이 이루는 각도가 모두 직각이 아니다. 소듐과 알루미늄 규산염인 알바이트 장석의 결정은 삼사정계의 예이다.

육방정계^{hexagonal} 길이가 같은 세 축이 같은 평면 안에서 60° 각도로 만난다. 이 결정계에는 다른 세 축보다 길거나 짧은 네 번째 축이 다른 세 축이 이루는 평면과 수직을 이루고 있다. 다시 말해 이 결정계는 네 축을 가지고 있는데 같은 평면 위에 있는 세 축은 길이가 같고 서로 120° 각도를 이루며 네 번째 축은 길이가 다르고 다른 세 축과 직각을 이룬다. 베릴륨 규산염이라고 알려진 보석 녹주석 결정은 육방정계에 속한다.

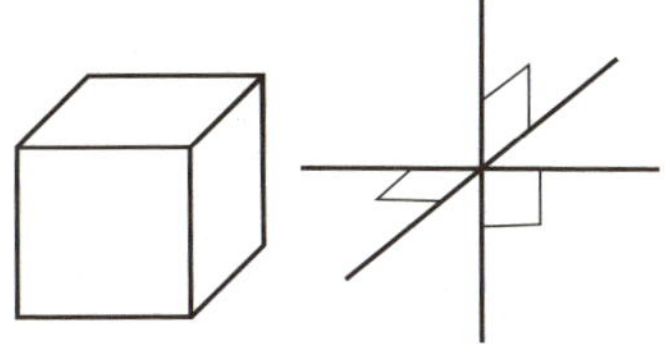

1. **암염**은 세 축의 길이가 같고 축 사이의 각이 모두 직각인 입방정계의 예이다.

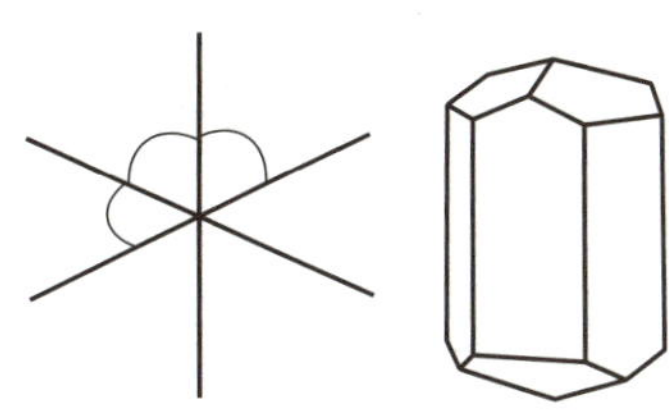

2. **방해석**은 세 축이 직각이 아닌 같은 각도를 이루는 삼방정계를 형성한다.

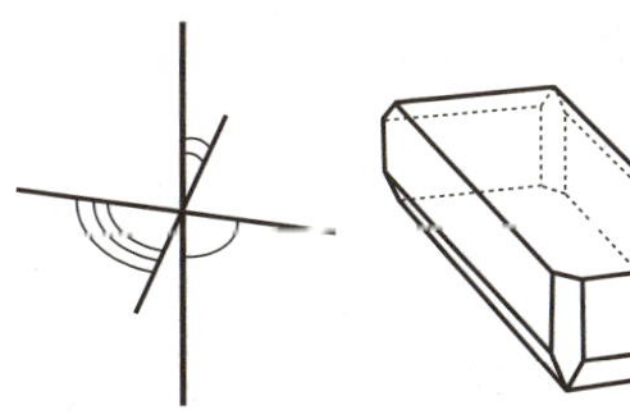

3. **로도나이트**는 세 축의 길이가 다르고 세 축이 각도가 다른 삼사정계를 이루고 있다.

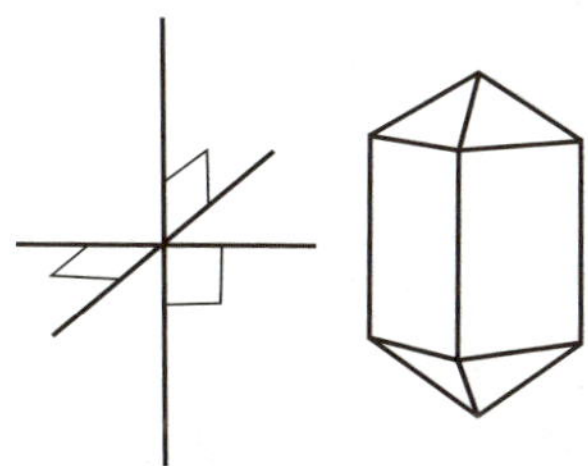

4. **지르콘**과 같은 정방정계 광물은 한 축의 길이가 다른 두 축보다 길고 세축이 이루는 각도가 모두 직각이다.

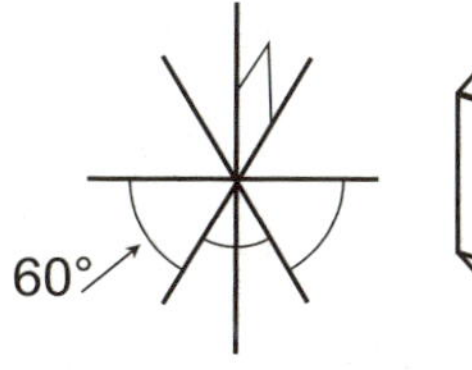

5. **수정**은 육방정계로 같은 평면 위에 있는 세 축은 서로 60˚ 각도를 이루고, 세 축과 길이가 길거나 짧은 다른 한 축은 세 축과 직각을 이룬다.

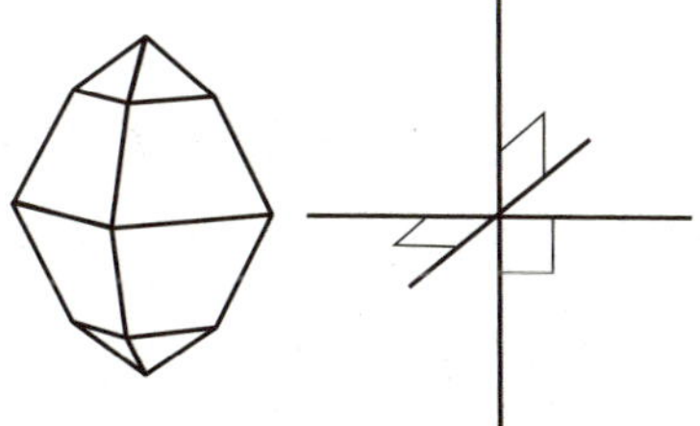

6. **황옥**이나 **황**과 같이 사방정계에 속하는 결정은 세 축의 길이는 모두 다르지만 세 축이 이루는 각도는 모두 직각이다.

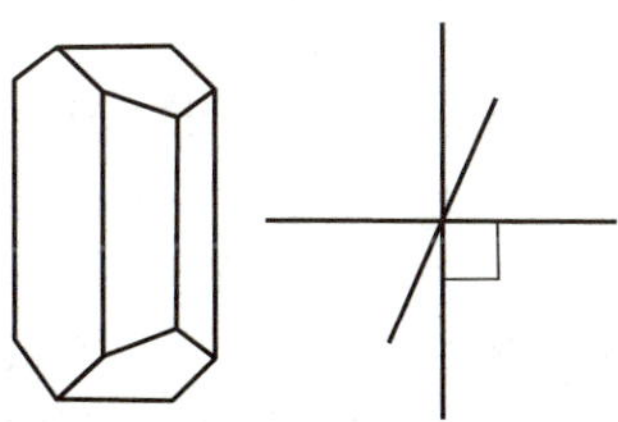

7. **장석**의 결정과 같이 단사정계에 속하는 결정은 두 축이 직각을 이루고 있고, 다른 한 축이 두 축과 이루는 각은 직각이 아니다.

삼방정계 또는 능면정계^{trigonal or rhombohedral} 이 결정은 길이가 같은 세 축이 직각이 아닌 다른 각도로 만난다. 이 결정계는 종종 육방정계와 결합된다.

결정벽 또는 광물벽은 무엇인가?

광물벽 또는 결정벽^{crystal habit}은 결정이 성장할 때 선호하는 모양을 말한다. 결정 모양은 개별 결정의 이상적인 모양과 조금밖에 닮지 않았거나 전혀 다르다. 광물벽^{mineral habit}은 광물의 종류를 결정하는 것을 돕는 데 사용된다. 다음은 일반적인 단결정 광물의 광물벽이다.

바늘 모양^{asicular} 결정의 모양이 바늘 모양을 하고 있다. 자연광 결정의 모양이 바늘 모양이다.

칼날 모양^{bladed} 이런 광물은 대개 넓고 평평한 모양을 하고 있어 칼날 모양으로 보인다. 칼날 모양 광물의 예로는 석고가 있다.

수지상^{dendrite} 이런 종류의 광물은 손가락이나 나무 모양으로 가지가 뻗어 나와 있다. 구리 광물이 수지상 광물이다.

동축적인 또는 등차원적인^{equant or equidimensional} 이런 광물은 대략 모든 방향으로 지름이 같다. 석류석 결정의 모양이 등차원적이다.

섬유상^{fibrous} 이런 광물은 실처럼 긴 섬유와 같은 모양을 하고 있다. 사문암은 섬유상 결정의 예이다.

프리즘 모양^{prismatic} 이런 광물은 한 방향으로 길게 늘어나 있다. 전기석과 망간나이트 결정이 프리즘 모양을 하고 있는 결정의 예이다.

가로무늬 모양^{striated} 이런 광물은 결정 표면에 평행한 홈이 나 있다. 황철석 결정이 여기에 속한다.

판상^{tabular} 이런 광물은 두껍고, 평평한 결정판을 보여준다. 울페나이트의 오렌지색 판상 결정은 이런 광물의 좋은 예이다.

　과학자들은 광물의 종류를 결정하기 위해 하나의 결정벽만 조사하지는 않는다. 그들은 결정의 집합체나 하나의 결정벽에 형성된 결정들을 함께 사용하여 결정의 종류를 결정한다. 예를 들면 일부 결정은 내부적으로는 수레바퀴의 바퀴살 형태를 하고 있지만 외부적으로는 결정 집합체가 둥근 구형을 이루고 있는 경우도 있다. 그런 결정들의 집합은 포도송이처럼 모여 있어 포도상이라고도 하는데 적철석과 프질로멜린이 이에 속한다. 더 크고 더 둥근 모양은 마밀레이트라고 하는데 석영의 한 형태인 옥수와 침철석이 여기에 속한다. 책의 페이지처럼 쉽게 분리할 수 있는 평평한 판을 형성하고 있는 결정의 집합체는 엽형이라고 한다. 무스코바이트 운모가 이런 모양을 하고 있다.

가장 연한 결정은 무엇인가?

　가장 연한 결정은 가장 연한 광물과 마찬가지로 활석이다. 대부분의 활석은 알갱이 형태나 섬유 덩어리 형태로 발견되지만 드물게는 결정 형태로도 발견된다. 활석 결정은 단사정계에 속한다.

활석은 어떻게 이용될까?

　연한 성질과 한 방향으로 '완전하게' 벽개되는 성질 때문에 활석은 여러 가지로 이용되고 있다. 예를 들면 압력과 응력이 그다지 크지 않은 곳에 사용되는 탈컴파우더라는 이름의 윤활제와 화장품 재료로 사용된다. 활석에 포함된 일부 불순물은 돌을 더 미끄럽게 만들기 때문에 '비누석'이라고도 한다. 많은 양이 발견되는 일부 비누석은 불순물로 인해 훨씬 '강해' 목재를 때는 난로나 조각용으로 사용된다. 그러나 활석으로 만든 조각은 대리석으로 만든 것보다 훨씬 더 잘 부서질 것이다.

몇 가지 광물 자세히 보기

석영은 무엇인가?

석영^{quartz}(이산화규소, SiO_2)은 가장 잘 알려진 광물로 지구에 가장 풍부하게 존재하며 오랜 시간이 지나면 결국 부서지지만 물리적으로나 화학적으로 풍화작용에 잘 견딘다. 석영을 함유한 암석이 풍화작용으로 부서지면 석영 알갱이들이 토양이나 강 또는 해변에 모이게 된다. 강둑이나 해변에서 발견되는 흰 모래는 대부분 약간의 흰색이나 핑크색의 장석이 섞인 석영으로 이루어져 있다.

석영은 결정질이거나 은미정질이다. 결정질은 커다란 분자 구조를 가지고 있고 결정을 통하여 불을 볼 수 있을 정도로 투명하다. 결정질 석영은 종종 자수정, 황수정, 홍수정, 연수정 등의 준보석으로 사용된다. 은미정질 석영은 단단한 분자 구조를 가지고 있고, 보통 빛이 투과할 수 없도록 불투명하거나 빛이 투과하기는 하지만 깨끗하지 않은 반투명체이다. 이런 석영은 마노, 벽옥, 오닉스와 같은 보석으로 사용된다.

수정이라고 하는 순수한 석영은 색깔이 없다. 다른 석영 결정의 색깔은 광물의 분자 구조 안에 포함된 불순물 때문인데, 작은 공기 방울이 포함되어 있으면 불투명한 수정이 되고, 어떤 광물인지에 따라 갈색 수정, 자수정 등 다양한 색깔을 띠게 된다.

다른 형태의 실리카에는 어떤 것들이 있는가?

석영은 육각형 형태의 결정 구조를 가진 실리카^{silica}이다. 그러나 실리카에는 비정질이거나 다른 결정 형태를 가진 것들도 있다. 이에는 오팔, 수석, 비정질인 처트가 있다. 옥수 역시 다른 종류의 실리카로 색깔에 따라 갈색 벽옥, 홍갈색 카닐리언, 다색 줄무늬 마노 등 여러 가지 이름으로 불린다. 크리스토발라이트, 트리디마이트, 코사이트, 스티쇼바이트 등 이 네 가지 형태의 실리카는 석영과 화학 조성은 같지만 결정 구조가 다른 석영의 동소체이다.

석영은 준보석으로서의 가치뿐만 아니라 전자공학에서도 사용되고 있다. © CC-BY-3.0: Didier Descouens

전자공학에서는 수정을 어떻게 사용할까?

투명하고 강하며 일정한 화학 성분을 가지고 있다는 특징 외에도 수정^{quartz}이 전자공학에서 사용되는 두 가지 이유가 더 있다. 첫째로 수정이 압전 현상을 나타내는 광물 중 하나이기 때문이다. 광물에 압력이 가해지면 한쪽 끝은 (+)전하를 띠고 반대쪽 끝은 (−) 전하를 띠게 되는 것을 압전 현상이라고 한다. 또한 수정은 온도 변화에 의해 결정 내부에 (+) 전하와 (−) 전하가 발생하는 초전 현상도 나타낸다.

그러나 천연 수정은 많은 불순물과 물리적 결함을 가지고 있기 때문에 전자 공학적 용도로 사용하기에 적당하지 않다. 따라서 과학자들은 정밀하게 조건을 제어할 수 있는 실험실에서 성장시킨 순수하고 결함 없는 전자공학용 수정 결정을 만들어내는 방법을 개발했다. 이를 위해서는 라스카스라고 불리는 엄선된 작은 수정 결정이 필요하다. 마치 진주조개가 모래알 주위에 진주를 키우듯이 이 결정 주위에 '완전한' 결정이 자라도록 한다. 이렇게 가공된 수정은 전자 산업계에서 다양하게 사용되기 때문에 매년 200t이 생산된다.

좋은 수정 결정을 수집할 수 있는 장소는?

많은 곳에서 수정 결정을 수집할 수 있다. 수정은 아주 흔한 광물로 세계 곳곳에서 다양한 암석이 잘려나간 부분에서 발견된다. 그중에서도 버그라고 불리는 암석 내부의 공간은 수정을 발견할 수 있는 좋은 장소이다.

우선 흰색의 수정 광맥을 찾아낸 다음 바위를 깨트려 수정 결정을 포함하고 있을 가능성이 있는 버그를 찾는다. 그러나 사유지에서 수정이나 다른 결정 또는 암석을 찾으려면 사전에 허락을 받아야 한다. 암석이나 보석, 광물을 전시하고 판매하는 상점에서도 좋은 수정 결정을 구입할 수 있다. 미국에서 구입하는 수정 결정 중 많은 양이 아칸소 주 핫스프링스 부근에 있는 광산에서 캔 것이다. 마지막으로 광산이나 채석장에서도 수정 결정을 구할 수 있다.

장석이란?

장석^{feldspar}은 가장 풍부하게 존재하는 주요 광물군을 형성한다. 인, 소듐, 칼슘, 그리고 드물게는 바륨을 포함하고 있는 알루미늄 규산염으로 단사정계와 삼사정계의 두 가지 결정계가 겹쳐 있다. 그러나 모든 광물의 각도나 성질이 서로 비슷하다. 장석은 알칼리장석, 정장석, 미사장석을 포함하는 포타슘장석과 조장석, 올리고클라세, 안데신, 회장석을 포함하는 사장석으로 나눌 수 있다.

장석은 다양한 용도로 사용되고 있는데, 그중 포타슘장석은 곱게 간 다음 고령토나 진흙 또는 수정을 섞어 자기를 만드는 데 사용한다. 이 혼합물을 높은 온도로 가열하면 장석이 다른 물질들을 결합시키는 시멘트 역할을 한다. 연마한 장석은 장식용으로 사용된다. 아마조나이트라고도 하는 천하석은 미사장석이고, 월장석 또는 일장석이라고도 하는 래브도라이트는 사장석이다.

운모는 무엇인가?

실리카(SiO_4)를 포함하고 있는 30여 가지 규산염 광물을 운모[mica]라고 한다. 모든 운모 결정은 여섯 면을 가지고 있으며 모스 경도는 2에서 3 사이이다. 운모는 열에 잘 견디며 전기전도도가 낮으며, 분자들이 결합하여 층을 이루기 때문에 광물학자들은 운모를 판형 규산염이라고도 한다. 얇은 층으로 갈라지는 물리적 성질은 다른 광물에서는 잘 발견되지 않는 특징이어서 비슷한 방법으로 갈라지는 다른 광물은 운모형 벽개를 가졌다고 표현한다.

운모의 종류에는 어떤 것들이 있는가?

알루미늄을 포함하고 있는 흰색의 깨끗한 운모인 무스코바이트는 흰색 운모라고도 하며 철과 마그네슘을 포함하고 있는 검은색의 흑운모, 리튬과 알루미늄을 함유한 자주색의 레피돌라이트를 포함하여 여러 가지 종류가 있다. 잘 알려지지 않은 운모에는 해록석, 파라고나이트, 철과 마그네슘을 함유한 갈색의 금운모, 진왈다이트가 있다. 상업적으로 가장 많이 사용되는 운모는 무스코바이트와 금운모이다.

과거에는 운모가 얼마나 많이 사용되었는가?

운모는 유리판과 같은 얇고 평평한 판으로 갈라진다. 따라서 커다란 운모판이 유리창에 사용되었지만 사용량은 지역에 따라 달랐다. 열과 전기전도도가 낮기 때문에 러시아에서 '무스코비'라고 불리는 오븐의 창문으로도 사용되어 운모는 종종 무스코비 유리라고도 불렸다. 그 뒤 미국의 광물학자 제임스 드와이트 데이나[James Dwight Dana](1813~1895)가 1850년에 '무스코바이트'라는 공식적인 이름을 붙였다.

사문석 광물에는 어떤 문제가 있는가?

사문석^{serpentine}은 모스 경도가 3에서 5 사이인 섬유 형태의 마그네슘 실리케이트이다. 사문석은 감람석과 사문휘석을 포함하고 있는 화성암이나 감람석을 포함하는 암석이 변성된 암석에서 발견된다. 사문석은 섬유 형태를 하고 있는 가장 일반적인 석면으로 백석면이라고도 하는 온석면이다. 실제로 다섯 종류의 석면 중에서 온석면이 미국 건축물의 90~95%에 사용되고 있다.

방화재나 브레이크 라이닝 등으로 오랫동안 널리 사용되어 온 석면이지만 현재는 더 이상 좋은 평가를 받지 못하고 있다. 미국환경보호국^{EPA}에 의하면 석면은 미세한 섬유 조각을 공기 중으로 방출했는데, 이 입자들을 장기간 들이마시면 건강에 문제를 야기할 수 있다. 석면에 관한 가장 일반적인 질병은 해군 조선소 노동자들에게서 처음 발견된 폐질환이다. 이 입자들을 녹이기 위해 폐에서 산이 배출되면 이 산이 폐조직을 손상시켜 장기간에 걸쳐 폐에 손상된 조직이 쌓이게 한다. 그리고 석면 입자는 바깥쪽 폐와 흉강 안에 생기는 암인 중피종과 흡연자들에게 자주 발생하는 폐암을 유발시키기도 한다.

석면으로 사용되는 사문암만 문제가 되는 것은 아니다. 산업체, 건설 현장, 원예 시장 등에서 30년이 넘게 사용되어온 마그네슘 알루미늄 철 규산염인 질석 광석 중 일부 지역이 석면으로 오염되어 EPA는 질석을 사용하는 사람들에게 주의를 당부하고 있다. 특히 가정에서 원예 작물을 재배하는 사람들은 질석이 석면으로 오염되지 않도록 조심해야 한다. 안전을 위해서는 환기가 잘 되는 장소에서 질석을 사용하고, 습도를 높게 유지하여 먼지가 아래로 떨어지도록 해야 하며, 질석에 다른 종류의 토양을 섞어 사용하는 것이 좋다.

소금이란?

소금(NaCl, 염화소듐)은 지구상에 사는 모든 생명체에게 필요하다. 사람과 동물 역시 살아가기 위해 소금이 필요하다. 따라서 소금에 대한 자연적인 요구를 만족시키기 위해 암염 지대나 샘 또는 습지를 중요시해왔다. 수세기 동안 인류는 육류를 저장하는 데 소금을 이용했으며 온도가 높은 지역에서는 더 많이 사용했나. 순수한 소금은 깨끗하고 색깔이 없지만 대개 불순물에 의해 약간의 색깔을 띤다. 소금은 연한 육면체 형태의 결정으로 물에 잘 녹기 때문에 요리, 식품 저장, 화학제품 생산 등에 널리 사용되고 있다.

보석을 가득히

어떤 광물은 왜 보석으로 분류되는 것일까?

'보석'의 정의에는 여러 가지가 있다. 어떤 사람들은 보석을 내재적 가치나 금전적 가치를 지닌 희귀하고 특별한 광물이라고 정의한다. 어떤 사람들은 보석이 예술적 가치나 아름다움 또는 내구성을 가진 물체라고 생각한다. 또 다른 사람들은 보석을 자르거나 표면 처리를 통해 장식용으로 사용할 수 있는 돌이라고 정의한다. 일반적으로 보석에 대한 가장 좋은 정의는 위의 의견을 모두 합친 것일 것이다.

사람들은 왜 보석을 수집할까?

암석과 광물을 수집하는 가장 일반적인 이유는 보석을 얻기 위해서이다. 보석을 수집하는 이유는 간단하다. 결함이 없는 결정은 아름답기 때문이다. 아름다움과 희귀성으로 인해 보석은 미적 가치와 함께 금전적 가치도 지니게 된다.

다양한 보석과 관련된 민간전승에는 어떤 것들이 있는가?

보석은 인류 역사와 함께 했다. 일부 문화에서는 보석이 치유 능력에서부터 용기를 줄 수 있는 능력에 이르기까지 다양한 능력을 가지고 있다고 믿었다. 다음은 보석과 관련된 다양한 민간전승인데 많은 것들이 과장된 것으로 보인다.

자수정^{amethyst} 석영의 일종인 이 자주색 보석은 지니고 있는 사람을 점잖고 친절한 사람으로 만든다고 전해진다. 자수정은 꿈, 치료, 평화, 사랑, 정신적 고양, 용기를 주고, 도둑으로부터 보호해주며 행복을 상징한다.

석류석^{garnet} 석류석에는 치료, 보호, 우울증 치료 능력이 있다고 믿었다. 과거에는 친구들이 우정을 다짐하고 다시 만날 것을 다짐하는 의미로 석류석을 교환했다.

옥^{jade} 고대 중국이나 이집트에서는 옥을 행운, 우정, 충성을 불러오는 부적으로 널리 사용했다. 여러 세기 동안 옥에는 신장, 심장, 후두, 간, 지라, 흉선, 갑상선을 보호하는 능력이 있다고 믿어 왔다. 또한 몸을 강하게 하고 행운, 충성심, 관용, 균형 감각을 가져온다고 믿었다.

단백석^{opal} 프랑스에서는 단백석이 불운을 가져온다고 믿었지만 영어를 사용하는 나라에서는 행운을 가져온다고 믿었다. 일반적으로 단백석은 숨어 있던 감정을 드러나게 하고, 믿음, 순수, 고요함을 상징한다. 일부 문화에서는 단백석을 불꽃과 같은 정열의 상징으로 생각했다. 반면에 단백석이 그것을 가지고 있는 사람을 가장 높은 정신적인 상태로 올라가는 것을 돕고 내적 전망을 향상시킨다고 믿는 사람도 있다.

터키석^{turquoise} 터키석은 고대 이집트 무덤에서 발견되었다. 미국 원주민들 역시 죽은 사람을 보호하기 위해 터키석을 무덤에 함께 묻었다. 그리고 전사들은 명중률을 높이기 위해 이 보석을 자신들의 활에 매어 두었다. 터키석에는 돈, 사랑, 보호, 치료, 용기, 우정, 행운, 정신적인 긴장을 해소하는 능력이 있다고 생각했다.

진주^{pearl} 진주는 바다에 살고 있는 조개껍데기 안에서 만들어지는 유기물로 된 보석이다. 진주는 여러 세기 동안 알려져 있었기 때문에 관련된 전승이 많이 전해진다. 고대 중국 신화에서는 용이 싸울 때 진주가 하늘에서 떨어졌다고 믿었고, 그리스 사람들은 진주를 몸에 지니면 부부관계가 좋아진다고 믿었다. 일반적으로 진주는 경험을 통해 지혜를 주고, 어린이를 보호하며, 서로 어울려 사랑하는 관계를 유지하도록 만든다고 생각했다. 사람이 조개 안에 불순물을 집어넣어 만들어낸 인조진주도 전통적인 의미를 지닌다. 이런 진주는 사랑, 돈, 보호, 행운을 주는 것으로 믿고 있다.

탄생석이란 무엇인가?

탄생석은 탄생한 달을 의미하는 보석이다. 태어난 달에 해당하는 보석이 그 사람의 탄생석이다. 탄생석의 아이디어가 어디에서부터 시작되었는지는 모르지만 일부 연구자들은 탄생석이 이스라엘의 12지파를 상징하는 12개의 보석으로 장식했던 모세의 형제인 아론의 흉갑에서 비롯되었다고 주장한다. 다음 표는 전통적인 탄생석과 현대 탄생석을 정리해 놓은 것이다(참고; 수천 년이나 된 중국의 탄생석 목록과 이보다 더 오래된 탄생석 목록도 있다).

다이아몬드로 둘러싼 423캐럿의 '로건 사파이어'는 스미소니언 박물관에 소장되어 있다.

달	현대*	전통**
1월	석류석	석류석
2월	자수정	자수정
3월	아콰마린	혈석
4월	다이아몬드	다이아몬드
5월	에메랄드	에메랄드
6월	진주, 월장석	아마조나이트
7월	루비	루비
8월	페리도트	사도닉스
9월	사파이어	사파이어
10월	오팔, 전기석	전기석
11월	황옥, 시트린	시트린
12월	터키석, 청옥	지르콘, 라피스

* 현대 탄생석은 미국국립 보석상 연합에서 1912년에 공식적으로 선정했다.

** '전통적인 탄생석' 목록은 문화에 따라 다르다. 그러나 모든 탄생석 목록은 그 사회의 문화를 반영한다.

역사에서 에메랄드는 왜 유명한가?

녹색 녹주석인 에메랄드는 역사를 통해 여러 전설에 등장한다. 에메랄드는 세계 여러 문화에서 5000년에 가까운 세월 동안 보석으로 사용되어 왔다. 영원한 젊음을 상징하도록 조각된 이집트 미라들은 에메랄드를 목에 건 채 매장되었다. 이집트의 여왕이었던 클레오파트라는 다른 어떤 보석보다 에메랄드를 귀하게 여겼다. 클레오파트라의 에메랄드 광산은 수세기 동안 실종되었다가 1818년 홍해 부근에서 발견되었는데 질 좋은 에메랄드는 나오지 않았다. 2000년 전에 클레오파트라를 위해 에메랄드를 채취하면서 광맥이 바닥났기 때문일 것이다. 그것은 왜 이 광산이 버려졌는지도 설명해준다. 로마인들도 에메랄드를 사용하기도 했는데 네로 황제는 평평한 에메랄드 결정을 통해 콜로세움에서 싸우는 검투사들을 관람했다.

에메랄드를 소중하게 생각한 것은 이집트인과 로마인들만이 아니었다. 타지마할을 건축한 샤 자한이 1526년에서 1858년까지 지배했던 인도의 무굴 제국에서는 신성한 경전을 에메랄드에 새겨 부적처럼 지니고 다녔다. 이것을 무굴 에메랄드라고 한다. 2001년에 217.80캐럿짜리 무굴 에메랄드가 경매에서 220만 달러에 팔렸다. 이것은 스페인 무역상들을 거쳐 콜롬비아에서 온 것으로 보인다. 남아메리카의 잉카 제국에도 콜롬비아에서 채광한 것으로 보이는 질 좋은 에메랄드가 있었다. 에메랄드는 매우 귀해서 1500년대 스페인 정복자들이 많은 보석을 약탈했다. 많은 양의 에메랄드가 깊은 바다에 가라앉아 있는 스페인 배에 실려 있을지도 모른다.

유기질 보석이란?

유기질 보석은 말 그대로 유기 물질로 이루어진 보석이다. 널리 알려진 유기물 보석에는 조개껍데기 안에 불순물이 들어가면 조개가 아라고나이트라고 하는 단단한 물질로 이 불순물을 감싸고 또 감싸서 만들어지는 진주, 고대 소나무와 같은 나무의 수지가 굳어서 만들어진 것으로 종종 죽은 곤충화석이 포함되어 있기도 하는 호박, 폴립이라고 하는 해양 동물이 자신을 보호하기 위해 칼슘 껍질을 만들고 죽은 후에 다음 세대의 폴립이 이전 세대 폴립이 만드는 껍질 위에 새로운 껍질을 만들어 형성되는 산호, 그리고 매우 단단한 검은 석탄으로 구슬이나 다른 보석을 만드는 데 사용되는 제트가 있다.

가장 유명한 붉은 첨정석 보석은 무엇인가?

유명한 보석을 이야기할 때는 의례 다이아몬드, 에메랄드 또는 사파이어를 생각한다. 그러나 이 보석들만큼 가치가 있는 다른 보석들이 있다. 그중 하나가 종종 루비라고 착각하는 붉은 첨정석^{red spinel}이다. 첨정석을 루비라고 착각하는 것은 최상품의 붉은 첨정석과 루비가 모두 순수한 붉은색이고, 모두 자연광 하에서 형광작용을 하여 빛을 내기 때문이다.

가장 유명한 붉은 첨정석의 하나는 블랙 프린스 루비로, 첨정석임에도 루비라는 이름이 붙은 것은 오래전에 잘못 붙였기 때문이다. 170캐럿의 달걀 정도 크기인 이 첨

크렘린 박물관에 보관된 러시아 황제의 왕관. 붉은 첨정석이 화려함을 더한다. ⓒ CC-BY-SA-3.0: shakko

정석은 영국 왕관을 장식하고 있는 보석들 한가운데 박혀 있는 세계에서 가장 축복받은 보석이다.

또 다른 유명한 붉은 첨정석은 역시 영국 왕관을 장식하고 있는 것으로 무게가 361캐럿인 티무르 루비이다. 이 첨정석에는 이 왕관을 소유했던 여섯 왕의 이름이 새겨져 있다. 러시아 정부가 소유하고 있는 또 다른 붉은 첨정석은 모스크바의 크렘린 박물관에 보관되어 있다. 414캐럿짜리로 러시아 황제가 소유했던 것으로 보인다.

가장 빛나는 붉은 첨정석들은 이란의 왕관을 장식하고 있는 보석들 중에서 발견할 수 있다. 이 보석들의 대부분은 무굴 제국이 무너질 때 인도에서 약탈해온 것들로, 가장 큰 것은 500캐럿이나 되어 역사상 가장 큰 첨정석이지만 대부분은 100캐럿이 조금 넘는 크기이다.

다이아몬드는 어디에서 발견되나?

다이아몬드는 보통 특정한 선캄브리아기 암석을 포함하고 있는 화도관인 다이어트림에서 발견된다. 일반적으로 이 화도관은 이 암석이 처음 발견된 남아프리카의 킴벌리에서 이름을 따서 킴벌라이트라고 하는 화성암으로 구성되어 있다. 킴벌라이트는 감람석, 사문석, 운모, 티탄철석, 탄산염, 그 외에 다른 광물을 함유하고 있는 암석이다. 다이아몬드는 종종 킴벌라이트나 주로 석류석과 휘석으로 이루어진 에코로자이트 또는 하즈버자이트의 일종으로 주로 감람석과 휘석으로 이루어진 감람암을 함유하는 암석과 이런 암석이 많은 지역의 퇴적암 안에서 발견된다. 대부분의 킴벌라이트 화구는 아이스크림콘을 거꾸로 세워 놓은 모양을 하고 있다.

킴벌라이트에 들어 있는 다이아몬드의 모습.

　그러나 다이아몬드가 킴벌라이트에만 들어 있는 것은 아니다. 생산성이 가장 높은 다이아몬드 광산 중 하나는 오스트레일리아 서부에 있는 아가일 광산이다. 이 광산에서는 킴벌라이트와 비슷하지만 알루미늄, 포타슘, 규소, 플루오르는 더 많이 함유하고 있고 탄산염 광물을 적게 함유한 램프로아이트에서도 다이아몬드를 채광하고 있다. 지하에 있는 램프로아이트의 모양 역시 다르다. 마그마가 좁은 화도를 통해 올라와 표면 부근에 있는 차가운 지하수와 폭발적으로 접촉하는 위쪽은 넓다.

　다이아몬드는 킴벌라이트나 램프로라이트가 침식되어 형성된 모래나 자갈로 이루어진 2차 퇴적물 속에서도 발견된다. 이런 종류의 다이아몬드 광산은 인도, 나미비아, 브라질 등에 있다.

다이아몬드가 가장 많이 매장되어 있는 곳은 어디인가?

　다이아몬드는 B.C. 600년경에 인도에서 다이아몬드를 포함하고 있는 암석이 침식된 다음 퇴적된 2차 광상에서 처음 발견되었다. 1730년에는 브라질에서도 다이아몬드가 알려졌는데 이것 역시 2차 광상에서 발견되었다. 남아프리카의 킴벌라이트 광산이 다이아몬드로 유명해진 것은 1870년대 이후이다. 그 후 러시아(1950), 보츠와나(1966), 오스트레일리아(1979), 캐나다(1991)도 다이아몬드 생산국이 되었다. 현재 20여 개국에서 매년 백만 캐럿 이상의 다이아몬드를 생산하고 있다.

블랙 다이아몬드란?

브라질의 다이아몬드 사냥꾼들은 1840년대에 놀라운 다이아몬드를 발견했다. 포르투갈어로 '타버린'이라는 뜻의 카보나도스라는 희귀한 블랙 다이아몬드black diamond를 발견한 것이다. 그 후 또 다른 카보나도스가 중앙아프리카에서도 발견되었다. 우리에게 잘 알려진 단결정 다이아몬드와 달리 블랙 다이아몬드는 수많은 결정이 모여 만들어진 다결정이어서 어두운 색깔이 되었다.

석탄처럼 보이는 이 다이아몬드는 30억 년 전에 만들어졌는데 아직 어떻게 만들어졌는지는 모른다. 일부 과학자들은 지구에서 발견되는 다른 다이아몬드와 마찬가지로 초기의 유기물에서 유래했을 것이라고 추정한다. 그러나 이런 생각에는 문제가 있다. 30억 년 전에는 지구상에 탄소 퇴적물을 만들 정도로 많은 유기물이 없었고, 더구나 다이아몬드를 만들기에는 턱없이 부족했다. 그리고 블랙 다이아몬드 안의 탄소를 화학적으로 분석한 결과 다른 다이아몬드가 지하 깊은 곳에서 만들어진 것과 달리 이

다이아몬드의 탄소 성분은 지구 표면의 탄소와 비슷했다. 이 때문에 유기물의 양과 지표면의 수수께끼를 바탕으로 외계에서 온 것이라고 생각하고 있는 과학자도 있다. 우주에서는 여러 곳에서 탄소가 발견된다.

이 다이아몬드의 생성 과정을 설명하는 여러 가지 이론이 있지만 일부 이론은 혜성, 소행성, 다른 행성에서 떨어져 나온 잔해물이 탄소를 함유하고 있었다면 충돌할 때 발생하는 열과 압력으로 만들어질 수 있다고 주장하고 있다.

현재까지 발견된 가장 큰 다이아몬드는 무엇인가?

세계에서 가장 큰 가공 다이아몬드는 아프리카의 별이라고도 알려진 컬리넌 I 로 무게는 520캐럿이며 74면으로 가공되었다. 무게가 3106캐럿이나 되는 세계에서 가장 큰 다이아몬드 원석 컬리넌을 가공한 것으로, 1908년에 다이아몬드 세공회사가 컬리넌 원석을 컬리넌 I과 다른 104개의 다이아몬드로 가공했다. 현재 컬리넌 I은 에드워드 VII의 왕홀에 박혀 런던타워에 보관 중이다.

지금까지 발견된 다이아몬드 중에서 두 번째로 큰 다이아몬드는 원석의 무게가 995캐럿인 엑셀시어이다. 광산 지배인은 이 다이아몬드를 발견한 아프리카 광산 노동자에게 돈과 말, 안장을 상으로 주었다. 이 원석은 두 개로 가공되었다가 다시 21개의 1캐럿에서 70캐럿짜리 다이아몬드로 가공되었다. 세 번째로 큰 다이아몬드 원석은 무게가 969캐럿인 시에라 레온의 별이며, 네 번째로 큰 다이아몬드는 타지마할을 건설한 샤 자한의 이름을 딴 무굴 대왕으로, 무게는 793캐럿이다.

유명한 다이아몬드에는 어떤 것들이 있나?

가장 유명한 다이아몬드가 가장 큰 다이아몬드는 아니다. 예를 들면 블루 호프 또는 호프라고 불리는 다이아몬드의 무게는 46캐럿이다. 한때 프랑스의 왕 루이 14세가 소유했고 공식적으로 '왕관의 푸른 다이아몬드'라고 불렸지만 프랑스 혁명 때 도난당했다. 이 다이아몬드는 1830년 다시 나타났고 런던의 은행가 헨리 필립 호프가 구입했다. '미라의 저주'처럼 이 다이아몬드에도 저주가 담겨 있다고 전해지는 이유는 다이아몬드 소유자들의 가족이 불행한 일들을 당했기 때문이다. 실제로 소유자들이 겪은 가난, 죽음, 자살은 소유자나 가족이 저지른 일의 결과이고 저주와는 관계가 없지만 1958년에 스미소니언 연구소에 기증되었다.

또 다른 유명한 다이아몬드는 무게가 186캐럿이며, '빛

세계에서 가장 유명한 다이아몬드인 무게 5.52캐럿의 푸른색 호프 다이아몬드는 특별한 역사를 가지고 있다. 이 다이아몬드는 350년 전에 인도에서 발견되었고 1668년에 프랑스 왕 루이 14세에게 팔렸다. 루이가 소유하고 있는 동안에는 프렌치 블루라고 불렸고 100년 이상 프랑스 왕의 왕관을 장식했다. 후에 도난당했다가 런던에 나타나 새로 가공되어 현재의 크기와 모양이 되었다.

의 산'이라는 뜻의 코-아이-누어라는 이름을 가진 다이아몬드로 지금까지 발견된 가장 큰 다이아몬드에 속한다. 이 보석은 긴 논란의 역사를 가지고 있다. 1304년 대대로 이 다이아몬드를 소유해왔던 인도의 한 가족으로부터 취득하면서 존재가 처음 알려졌고 주장하는 사람들도 있고, 1526년에 크리슈나 강가에서 캤다고 하는 이들도 있다. 또 다른 보고에 의하면 1600년대에 인도의 샤 자한의 공작 모양 왕관을 장식했다고도 하는데 이후의 역사는 확실하다. 1700년대에 인도에서 도난당한 뒤 이란으로 갔다가 아프간의 소유가 되었고 마지막으로 1세기가 안 되는 기간 동안 다시 인도 지배자의 손으로 들어갔다. 1849년에 인도가 영국의 지배를 받게 되면서 여행이 끝난다. 이 다이아몬드는 빅토리아 여왕 시대에 다시 108캐럿으로 가공되었고 현재 영국 왕관을 장식하는 보석 중 하나가 되었다.

신화적인 배경을 가진 다이아몬드도 있다. 그러나 모든 전설과 마찬가지로 실제 이야기를 알고 있는 사람은 거의 없다. 예를 들면 무게가 70캐럿인 진주 모양의 아이돌

스 아이 ^{Idd's Eye} 다이아몬드는 카미르의 족장이 터키 술탄에게 딸의 몸값을 지불하기 위해 아이돌스 아이에서 훔쳤다는 전설에서 이름이 유래되었다. 복잡한 배경을 가진 다이아몬드도 있다. 그중 하나가 샌시^{sancy}인데 같은 이름을 가진 다이아몬드가 여럿 있어 혼동하기 쉽다.

보석과 준보석의 차이는 무엇인가?

보석은 가장 가치 있고, 가장 희귀하며, 물리적으로 가장 단단한 광물을 말한다. 다이아몬드, 에메랄드, 루비는 보석으로 간주된다. 준보석은 덜 단단하고 가치가 적으며 보석만큼 희귀하지 않은 광물이다. 페리도트라고 불리는 준보석은 감람석에 속한다. 옥, 석류석, 자수정, 시트린, 장미석영, 전기석, 터키석은 모두 준보석이다. 하지만 예외적으로 오팔과 진주는 물리적으로 매우 연하지만 희귀성 때문에 보석으로 취급된다.

합성보석은 천연보석만큼 좋은가?

보석 거래에서 불공정한 행위와 사기를 예방하여 소비자의 이익을 보호하기 위한 미국 정부기관인 연방거래위원회에 따르면 합성보석은 모든 면에서 천연보석과 같아야 한다. 특히 성분, 경도, 광학적 성질이 같아야 한다.

천연, 모조, 합성보석이란?

다음은 여러 나라에서 생산되는 다양한 보석에 대한 설명이다.

천연보석^{natural} 천연보석은 말 그대로 자연 환경에서 형성된 보석이다. 여기에는 다이아몬드나 에메랄드와 같이 우리에게 익숙한 대부분의 보석들과 호박, 산호, 진주와 같은 유기보석이 포함된다.

합성보석^{synthetic} 실험실에서 성장시킨 합성보석은 광학적으로나 화학적, 물리적으로 천연보석과 동일하다. 미국에서는 석류석과 에메랄드에서 루비와 사파이어에 이르기까지 다양한 합성보석이 생산된다. 대부분의 경우 합성보석이라고 말하기 전까지는 천연보석과 합성보석을 구분하기 어렵다.

모조보석^{simulant} 모조보석도 실험실에서 성장시킨다. 모조보석은 천연보석처럼 보이지만 광학적, 화학적, 물리적 성질이 천연보석과 다르다. 널리 알려진 모조보석으로는 숙련되지 않은 눈에는 다이아몬드와 비슷하게 보이는 큐빅 지르콘이 있다. 모조보석을 염색하면 에메랄드나 토파즈 같은 보석처럼 보이기도 한다. 산호, 공작석, 터키석도 모조보석으로 이용된다.

암석 가족

암석의 분류

암석이란?

간단하게 말해서 암석은 광물이 자연적으로 집합체를 이룬 것이다. 암석의 종류가 다양한 것은 화산분출에 의해 만들어진 광물인지, 침식작용에 의해 퇴적된 물질인지 또는 고온 고압 하에서 형성된 것인지에 따라 밀도가 달라지기 때문이다. 암석은 보통 하나 이상의 광물로 이루어지지만 드물게는 한 가지 광물로만 이루진 경우도 있다. 그런 암석을 단일광물 암석이라고 한다.

암석의 순환이란?

암석의 순환은 오랜 시간에 걸쳐 암석의 종류가 바뀌어가는 과정을 말한다. 예를 들어 변성암은 마그마에 녹은 다음 식어서 화성암이 되고, 열과 압력의 작용으로 다시 변성암으로 돌아간다.

지구에는 대기에 질소를 공급하는 질소 순환, 물의 순환, 탄소 순환 등 다양한 순환 과정이 있다.

암석 측면에서 보면 물의 순환이 가장 중요하다. 비가 내리면 물이 땅을 침식시키고 암석에 풍화작용을 일으킨다. 그리고 물은 순환과정을 통해 퇴적물을 퇴적시키고, 특정한 지형을 만들어낸다. 일부 물은 지하나 강바닥으로 스며들어 이런 지형을 만들어내는 것을 돕는다. 표면의 물은 결국 증발되어 순환을 다시 시작한다.

탄소와 이산화탄소는 모든 생명체의 바탕이 되기 때문에 탄소 순환에는 주로 생명체가 관여하는데, 암석 형성에서도 중요한 역할을 한다. 탄소는 석회암 같은 퇴적암을 기반으로 하여 석탄이나 석유 또는 천연가스나 탄산염과 같은 무기물 형태 또는 토양이 포함된 부식된 물질과 같은 유기물 형태로 저장된다. 이산화탄소는 화산을 통해 대기로 배출되며 탄소를 많이 포함한 퇴적물과 퇴적암은 지각판의 경계에서 삽입되어 부분적으로 용융된다(지각판에 대한 더 자세한 내용은 '지진 조사하기' 참조).

중요한 암석의 종류에는 어떤 것이 있나?

암석은 크게 화성암, 퇴적암, 변성암으로 나눌 수 있다. 이 암석들에 대한 자세한 내용은 다음과 같다.

화성암 igneous rock 화성암은 용융된 규산염인 마그마가 화산활동으로 고화된 암석이다. 화성암을 뜻하는 Igneous는 라틴어에서 '불'을 뜻하는 ignis에서 유래했다.

퇴적암 sedimentary rock 퇴적암은 화성암, 변성암, 다른 퇴적암이 침식된 물질이 물의 작용으로 퇴적되어 만들어진 암석이다.

변성암 metamorphic rock 변성암이라는 뜻의 Metamorphic는 그리스어에서 '변화'를 뜻하는 meta에서 유래했다. 변성암은 이미 존재하던 화성암, 퇴적암 또는 변성암이 고체 상태에서 열이나 압력 또는 화학적 작용에 의해 변화된 암석이다. 변성암은 조산작용이 일어나고 있는 지역이나 화산 지역에서 자주 별견된다.

임석을 이야기할 때 상은 무엇을 의미하는가?

상^{facies}은 암석이 형성되는 특징적인 과정을 나타낸다. 예를 들면 변성상은 특징적인 변성 광물들을 만드는 비슷한 온도와 압력 조건에서 변성된 암석들을 모두 지칭한다. 녹색 편암이나 푸른 편암은 원래 암석의 종류와 관계없이 같은 온도와 압력 조건에서 형성된다. 퇴적상은 같은 종류의 암석 안에서 다른 암석들과 구별되는 특정한 퇴적 환경에서 형성된 암석늘을 말한다.

화성암을 형성하는 마그마는 어디에서 오는가?

화성암을 형성하는 마그마는 지각의 깊은 곳에서 온다. 대부분의 마그마는 암석을 용융시킬 수 있도록 온도는 충분히 높고, 광물이 액체 상태에 있을 정도로 압력이 너무 높지 않은 곳에 있는 많은 양의 마그마가 모여 있는 마그마 체임버에서 온다.

두 가지 중요한 화성암은?

일반적으로 화성암은 심성암과 화산암 두 종류로 나눌 수 있다. 심성암은 지하 깊은 곳에서 서서히 결정이 형성되기 때문에 맨눈으로도 볼 수 있을 정도로 거친 입자가 만들어진다. 화강암, 화강섬록암, 반려암, 섬록암과 같은 암석이 심성암에 속한다. 화산암은 화산분출에 의해 마그마가 빠르게 식으면서 형성된 암석으로 입자가 미세해 눈으로 확인할 수 없다. 유문암, 안산암, 현무암은 화산암에 속한다.

화성암을 구별할 때 질감을 이용하는 이유는 무엇인가?

질감^{texture}은 수많은 화성암을 구별하는 중요한 방법이다. 질감은 마그마가 고체로 바뀐 후에 개별 광물의 크기에 따라 달라진다. 일반적으로 광물의 크기는 얼마나 빨리 또는 천천히 식느냐에 따라 결정된다. 화성암 입자의 크기는 판 크기의 장석 입자에서부터 고운 입자를 가지고 있는 유문암에 이르기까지 다양하다. 빠르게 식은 물질은 눈으로 확인할 수 있는 큰 입자를 가지고 있지 않다.

관입화성암과 분출화성암은 무엇인가?

일반적으로 마그마가 빨리 식을수록 암석 결정의 크기가 작다. 고운 입자를 가진 암석은 대개 화산분출로 형성되는데 이런 암석을 분출화성암이라고 하며 비현정질이라고도 한다. 예를 들면 현무암은 작은 결정 입자를 가진 비현정질 화성암이다.

그러나 암석층이 단열작용을 하는 지하 깊은 곳에서 형성되는 심성암처럼 마그마가 서서히 식으면 결정의 크기가 커진다. 거친 입자를 가진 화성암을 종종 관입화성암 또는 현정질이라고 한다. 반려암이나 화강암은 거친 입자를 가진 화성암의 예이다.

과학의 모든 것이 흑과 백이 아닌 것은 화성암의 경우에도 마찬가지이다. 따라서 작은 입자를 가진 화성암과 거친 입자를 가진 화성암의 중간 정도 크기의 입자를 가지고 있는 암석들도 많이 있다.

모암country rock은 무엇인가?

지질학자들에게 컨트리 락은 노래 제목이 아니다. 이것은 관입화성암 주변을 구성하는 암석이다. 즉 용융된 암석이 암석층을 통해 관입되기 전에 이미 존재하던 암석을 말한다.

암맥과 암상은 무엇인가?

암맥dike은 마그마가 모암의 갈라진 틈을 따라 들어와 형성된 화성암을 말한다. 다시 말해 마그마가 모암의 약한 곳이나 균열 또는 접합부를 따라 흘러 가지 모양으로 갈라진 다음 굳어진 화성암이 암맥이다. 표면에 노출되면 암맥은 모암을 구불구불하게 파고든 화성암 리본처럼 보인다.

암상^{sill}은 암맥과 같은 방법으로 만들어지지만 수평하게 놓여 있는 약한 암석 부분을 따라 형성된다. 대개의 경우 암상은 다른 암석층 사이를 따라 관입된 것처럼 보인다. 종종 암상과 용암 흐름의 퇴적층을 구별하는 것이 어렵다. 대부분의 경우 암상은 마그마의 열에 의해 변성된 위층과 아래층에 있는 모암이 변성된 변성암을 통해 구별한다. 토양으로 묻혀 있는 모암 위를 흐른 용암의 경우에는 아래 있는 모암층에만 변성된 암석이 있다.

거정화강암이란?

뜨거운 마그마가 지하 깊은 곳에 있는 마그마 체임버에서 지각으로 올라올 때에는 위에 있는 암석에 큰 압력을 작용한다. 이 압력이 암석 안에 균열을 만들어 암석층 안에 형성되는 암맥처럼 마그마가 침투할 수 있도록 한다. 일부 마그마는 위에 있는 지각을 부분적으로 용융시킨다. 이렇게 부분적으로 용융된 암석은 마그마가 식음에 따라 휘발성 기체가 달아나면서 거정화강암^{pegmatite}이라는 독특한 암석을 형성한다. 이 암석은 지름이 2㎝부터 5m나 되는 결정도 포함하고 있다.

왜 구성 성분이 화성암을 구별하는 데 사용될까?

구성 성분은 화성암을 구별하는 좋은 방법이다. 마그마가 식어서 형성된 광물에 포함된 성분은 마그마에 포함된 원소의 종류를 나타낸다. 중간 단계의 조성이 있기는 하지만 화성암은 고철질 화성암과 규장질 화성암이라는 기본적으로 조성이 다른 두 가지 암석으로 분류할 수 있다. 두 가지 모두 어디에서 마그마가 형성되었는지를 나타낸다. 일반적으로 고철질 화성암과 규장질 화성암의 기원은 판구조론과 밀접한 관계가 있다(판구조론에 대한 더 자세한 내용은 '지구의 층들' 참조).

고철질 화성암은 지각의 확장과 관련이 있다. 이런 곳에서는 마그마가 표면으로 분출되면 현무암이 만들어지고 마그마 체임버에 남아 있으면 반려암이 형성된다. 이 두 암석은 같은 구성 성분이지만 질감은 다르다. 고철질 화성암에는 규산염 광물과 무거운 원소를 많이 함유한 암석이 포함된다. 이런 암석들은 보통 어두운 색깔을 띠고 있으며 비교적 무겁다. 고철질이라는 뜻의 mafic은 마그네슘의 ma와 철의 라틴어 명칭인 ferrum에서 fic을 합성해 만든 조어이다. 그러나 고철질 암석에는 칼슘과 소듐이 많이 함유되어 있다. 일반적인 암석을 형성하는 고철질 광물에는 감람석, 흑운모, 사장석, 정석이 포함된다.

규장질 화성암은 지각판의 충돌 또는 섭입과 관련이 있다. 이런 지역에서는 암석이 지각으로 끌려들어가 다시 녹아 가벼운 원소를 많이 함유하는 마그마가 된다. 규장질 마그마는 관입에 의해 만들어지는 가장 일반적인 암석인 화강암이나 분출에 의해 형성되는 유문암을 형성한다. 이런 암석들은 규산염 광물과 무거운 원소가 적게 함유된 암석을 포함한다. 따라서 실리카, 산소, 알루미늄, 포타슘 등의 가벼운 원소가 많이 들어 있다. 규장질을 의미하는 felsic은 장석을 나타내는 feldspar의 'fel'와 '실리카'를 나타내는 silica의 'sic'를 합성해 만든 조어이다. 규장질 암석은 보통 밝은 색깔이고 고철질 암석보다 가볍다. 암석을 형성하는 규장질 광물에는 석영, 무스코바이트, 운모, 정장석, 장석 등이 포함된다.

고철질과 규장질 중간 조성을 가지고 있는 암석도 있다. 중간 단계 마그마라고 하는 이런 마그마는 지각판 충돌이나 섭입과 관련이 있다. 이런 마그마는 관입에 의해 섬록암을 형성하고 분출에 의해 안산암을 형성한다. 이런 암석들은 고철질에서 규장질 암석으로 전환되는 중간 단계 마그마에서 형성된다.

대부분의 퇴적암은 어떻게 형성되는가?

대부분의 퇴적암은 지구 표면에서 일어나는 두 가지 과정, 즉 퇴적과 석출에 의해 만들어진다. 두 과정을 통틀어 침전이라고 한다. 침전물이 만들어지려면 지구 표면이 바람, 비, 이동하는 얼음 등에 의한 물리적 풍화작용, 화학적인 풍화작용, 중력, 생물 과정, 그리고 태양 복사선과 같이 확실히 밝혀지지 않은 방법에 의해 풍화되어야 한다. 이런 작용들은 암석을 바위 크기의 암석에서부터 미세한 점토에 이르기까지 다양한 크기의 퇴적물로 부순다.

퇴적암에는 역암의 경우처럼 큰 암석 조각도 포함될 수 있지만 대부분의 경우에는 미세한 침전물로 이루어진다. 이런 작은 입자들은 물에 의해 운반되어 강어귀나, 호수, 바다 또는 육지에 쌓인다. 그런 퇴적물이 넓은 지역을 덮게 되고, 수억 년 동안 더 많은 층들이 쌓이면 위에 있는 층의 압력에 의해 고체로 굳어지게 된다. 그 결과 다양한 크기의 입자들이 매트릭스라는 특정한 물질에 의해 융합된 퇴적암이 만들어진다.

퇴적물의 종류에는 어떤 것들이 있는가?

퇴적암은 퇴적물의 내용물에 따라 세 종류로 분류할 수 있다. 다음에 퇴적물의 종류에 따라 분류한 퇴적암의 종류에 대해 설명했다. 석회암, 처트, 백운석 같은 일부 암석의 기원은 화학적 과정에 의한 것인지 생물 과정에 의한 것인지 구별하기 어렵다.

쇄설 퇴적암^{clastic} 암석의 부스러기들이 물리적으로 쌓인 것을 쇄설 퇴적물이라고 한다. 쇄설 퇴적물로 만들어진 암석에는 사암, 역암, 셰일이 포함된다. 쇄설 퇴적암의 가장 일반적인 구성 성분은 석영이다.

화학적 퇴적암^{chemical} 용액에서 석출된 입자들이 퇴적되거나 용액에서 아래로 가라앉은 입자들이 퇴적되어 만들어진 것을 화학적 퇴적물이라고 한다. 예를 들면 증발암은 화학적 퇴적암이다.

생물 퇴적암^{organic} 생명체의 활동과 관계되어 만들어진 퇴적암을 생물 퇴적암이라고 부른다. 산호나 오일 셰일은 여기에 속한다.

멕시코 만에 있는 세인트 조셉 반도 주립공원의 해변은 놀랍도록 부드러운 흰 모래와 바람이 만든 모래 언덕으로 유명하다. ⓒ CC-BY-SA 3.0: Ebyabe

해변의 모래는 모두 석영일까?

아니다. 모든 모래가 석영은 아니다. 우리에게 익숙한 모래가 대부분 석영인 것은 사실이지만 모래에도 여러 종류가 있다. '깨끗한' 모래는 석영이 약 90%인 모래이고 '더러운' 모래는 다른 물질의 실트가 10% 이상 섞여 있는 모래이다. 모래 중에는 석영을 거의 포함하지 않은 것도 있다. 예를 들면 하와이에서는 화산활동이 있었음을 나타내는 밝은 녹색의 감람석 모래를 발견할 수 있다. 섬에는 현무암과 다른 화산 물질로 이루어진 검은 모래도 있다. 뉴멕시코에 있는 화이트샌드 국립자연기념물 보호지역의 모래 역시 석영이 아닌 석고 입자의 혼합물이다. 플로리다와 플로리다 키스 제도의 일부 모래는 연안쇄파에 의해 모래 크기로 부서진 조개껍데기와 해양 생물의 뼈들이다.

부정합이란?

퇴적물이 지구 표면에 쌓이면 결국 퇴적암층을 만든다. 그러나 해수면이 낮아지는 경우에 물 밖으로 드러나는 얕은 지역에서와 같이 퇴적이 중단되는 시기가 있다. 이런 경우에는 이미 퇴적된 퇴적물이나 아래 있던 암석층이 얼음이나 바람 또는 물에 의해 침식된다. 많은 양의 물질이 암석의 일부와 함께 소실된다. 이런 작용으로 퇴적층과 층 사이의 연결이 중단된 층을 부정합^{unconformity}이라고 한다.

부정합에는 세 종류가 있다. 시간 간격이 있는 아래층과 위층이 평행한 것은 비정합, 위에 있는 층이 아래층과 평행하지 않을 때는 경사 부정합이라고 한다. 그리고 난정합은 퇴적암 아래에 다른 퇴적층이 아니라 화성암이나 변성암이 있는 경우를 말한다.

속성 작용이란?

속성^{diagenesis} 작용이란 퇴적물이 단단해지고 응결되는 과정을 거쳐 고체 암석으로 변하는 동안에 나타나는 일련의 변화를 말한다. 대부분의 쇄설성 퇴적물은 속성 과정을 거친다. 예를 들면 입자가 고운 점토나 석영 퇴적물은 대개 셰일을 형성하고, 입자가 거친 석영 퇴적물은 대부분 사암을 형성한다. 이런 퇴적물에는 장석과 다른 암석 부스러기들이 포함되어 있을 수도 있다. 잘 걸러지지 않은 쇄설성 퇴적물에는 역암과 각력암이 포함된다. 암석이 고화되는 데 걸리는 시간은 퇴적물의 종류, 기후 조건, 지형에 따라 달라진다.

용액에서 만들어지는 퇴적암에는 어떤 것들이 있나?

화학적 퇴적암은 농도가 짙은 용액에서 석출작용을 통해 만들어진다. 예를 들면 탄산염암은 얕은 바다에서 탄산염을 분비하는 생물에 의해 직간접적으로 석출되어 형성된다.

증발은 용액에서 일어나는 또 다른 형태의 침전물을 형성한다. 염분을 많이 포함하고 있는 얕은 바다에서 만들어지는 소금, 황화칼슘인 경석고, 경석고에 물 분자가 부착된 석고가 여기에 속한다. 바닷물이 증발하면 다양한 소금 침전물이 만들어진다.

가정에서도 석출에 의한 퇴적암을 만들 수 있다. 그릇에 물과 약간의 흙과 소금을 넣어 섞은 후 햇빛 아래 두어 증발시키면 소금 침전물을 얻을 수 있다. 그러나 암석이 형성되기까지는 매우 오랜 시간을 기다려야 한다. 조건이 좋다고 해도 소금 침전물이 굳어서 암석이 되는 데는 수천 년이 걸린다.

과학자들은 퇴적암 입자들을 어떻게 분류하는가?

과학자들은 퇴적물과 퇴적층의 형성 과정을 더 잘 이해하고, 점토암, 사암, 실트암을 구분하기 위해 입자들의 크기를 측정한다. 아래 표에 일부 퇴적암의 입자 크기가 나타나 있다.

입자	지름(mm)
바위	> 254
왕자갈	64~254
잔자갈	4~64
왕모래	2~4
모래	0.06~2
실트	0.00038~0.06
점토	< 0.00038

역암과 각력암의 차이는 무엇인가?

일반적으로 역암과 각력암의 가장 큰 차이는 암석 암에 포함된 입자들의 둥근 정도이다. 대부분의 경우 역암은 둥근 자갈과 모래가 함께 굳어 형성되었다. 이 모래나 자갈은 물속에서 충돌과 마찰에 의해 둥그렇게 되거나 얼음에 의해 마모되어 둥근 모양을 하고 있다. 이와 같은 형태의 퇴적암이 주로 예전에 흐르던 강의 수로를 따라 발견되는 것은 이 때문이다.

각력암의 입자들은 둥글지 않고 각이 져 있다. 이는 이 입자들이 부서진 후 빠르게 굳어서 퇴적암을 형성했음을 나타낸다. 예를 들어 각력암은 화산 지역에서 각이 진 조각들이 화산재나 용암과 함께 달라붙어 굳어진 것이다. 석회암 각력암은 각이 진

석고 모래의 파동이 뉴멕시코에 있는 넓이 710㎢의 화이트 샌드 국립자연기념물 보호지역 안에 세계 최대의 석고 언덕을 만들고 있다. ⓒ CC-BY-SA-2.5: Jennifer Willbur

석회암이 탄산칼슘 안에 박혀 있는 암석이다. 이런 종류의 퇴적암은 빠르게 퇴적되는 환경에서 형성된다.

변성작용의 종류로는 어떤 것이 있나?

일부는 서로 중복되지만 변성작용에는 다음과 같은 종류가 있다.

접촉 또는 열적 변성작용 contact or thermal metamorphism   접촉 또는 열적 변성작용은 관입한 용암의 뜨거운 열이 주변의 암석을 변화시킬 때 일어난다. 이런 종류의 변성작용은 관입된 마그마 주변의 접촉변성대라는 영역 안에서만 일어난다. 이 영역 밖에서는 암석들이 관입의 영향을 받지 않는다. 예를 들면 광물이 압력에 의해 변성되면 셰일은 점판암, 천매암, 편암이 된다. 그러나 셰일이 관입 마그마에 의해 굳어지는 접촉 변성작용에 의해서는 입자가 고운 경우에는 혼펠스가 되고,

중간 또는 거친 입자의 경우에는 그라노펠스가 된다.

동력변성작용 dynamic metamorphism　　동력변성작용은 고압에 노출되었을 때 일어난다. 이런 종류의 변성작용은 보통 단층 지역에 한정된다. 이로 인해 만들어지는 암석은 부서지기는 하지만 함유된 광물에는 변화가 거의 없다.

광역변성작용 regional metamorphism　　이것은 가장 일반적인 형태의 변성작용으로 넓은 지역에서 일어난다. 지역적 변성작용은 광물의 배열과 같은 조직의 변화로 인한 압력의 증가와 암석을 구성하는 광물의 변화에 의한 온도 상승으로, 일어난다. 예를 들면 뉴욕과 뉴잉글랜드 타코닉 산맥은 오래전에 일어났던 지각판 충돌에 의한 변성암으로 이루어졌다. 광역변성작용은 온도와 압력이 내려가는 경우에도 만들어진다. 이런 변성작용은 후퇴변성작용이라고 부른다.

일반적이지 않은 다른 변성작용도 있는가?

있다. 일반적이지 않은 변성작용이나 일반적인 변성작용이 중복되어 일어나는 변성작용도 있다. 열수변성작용은 균열을 통해 침투한 뜨거운 기체나 용액이 주변 모암을 변형시켜 일어나는 변성작용이다. 이런 변성작용은 현무암성 암석에서 흔하게 발견된다. 이런 형태의 변성작용에서는 풍부한 광석 퇴적물이 발견된다. 지역적 변성작용의 변형된 형태는 매몰변성작용이라고 부른다. 매몰변성작용에서는 암석이 깊은 층의 퇴적물에 매몰되어 변성된다. 수백 m 깊이의 퇴적층 아래에서는 온도가 300℃에 이른다. 새로운 광물이 암석 안에서 자라지만 대부분의 경우에는 변성된 것처럼 보이지 않는다.

파쇄변성작용은 두 암석이 단층 지역을 따라 미끄러져 지나갈 때 역학적 변형에 의해 일어난다. 이 운동으로 인한 마찰력이 암석을 변형시키고 부순다. 지구상에는 단층이 많기 때문에 이런 변성작용이 일반적일 것 같지만 실제로는 그렇지 않다. 이런 종류의 변성작용은 단층을 따라 있는 특정한 좁은 지역에서만 일어난다.

모든 암석은 변성작용을 받으면 같은 종류의 암석이 될까?

아니다. 암석이 변성작용을 받으면 같은 종류의 암석으로 변하는 것이 아니다. 변성작용을 받는 동안의 온도와 압력이 같지 않기 때문이다. 예를 들면 퇴적암인 세일은 온도와 압력에 따라 변성작용을 통해 점판암이나 천매암 또는 편암으로 변한다.

충돌변성작용의 원인은 무엇인가?

암석이 커다란 폭발이나 충돌에 의해 변하는 것을 충돌변성작용impact metamorphism이라고 한다. 화산분출은 대개 대규모 폭발을 동반한다(화산에 대한 더 자세한 내용은 '화산 분출' 참조). 그러나 화산분출만이 충돌변성작용의 원인은 아니다. 충돌변성작용은 운석이나 혜성 또는 소행성의 충돌에 의해서도 일어난다(운석과 지구 충돌에 대한 더 자세한 내용은 '지질학과 태양계' 참조).

두 경우 모두 암석에 엄청난 압력이 가해지기 때문에 고압 하에서 형성되는 암석이 만들어진다. 예를 들면 우주에서 날아온 물체의 충돌 시에 발생하는 엄청난 압력은 크레이터에서만 발견되는 산화규산염인 코사이트와 스티쇼바이트를 형성한다. 이러한 충돌은 또한 '고도 변성암' 내부에 특별한 모양을 만든다. 라멜라라고 하는 광물 입자에 만들어지는 미세 균열과 암석층 내부에 만들어지는 커다란 원뿔형 암석편 구조가 그것이다.

변성암을 구분하는 일반적인 방법은 무엇인가?

변성암은 종종 겉모양에 따라 엽상암석과 비엽상암석으로 구분한다. 엽상암석은 암석 안의 광물이 평행하게 배열해 있어서 띠 모양이나 층상 구조를 하고 있는 암석이다. 편암, 편마암, 점판암이 이런 암석에 속한다. 비엽상암석에 속하는 대리석, 혼펠스, 규암과 같은 암석은 띠를 가지고 있지 않다. 이런 암석들은 크기가 같은 결정으로 이루어진 주광물로만 구성된다.

셰일이 변성되면 이질암^{peltic rock} 또는 이질암성 암석이 만들어진다. 셰일은 점토와 석영 광물이 섞여서 만들어진다. 변성작용이 강하지 않으면 무스코바이트와 같이 재결정이 이루어진 광물이 압력의 방향과 수직하게 배열되어 점판암을 형성한다. 변성작용의 강도가 증가하면 천매암이 형성된다. 그리고 강도가 더 높아지면 편암이 형성되며, 온도와 압력이 더 높아지면 편마암이 형성된다.

암석 가족

화성암에서 발견되는 공통적인 광물은?

화성암을 구성하는 광물에는 여러 가지가 있는데, 대부분 규소와 산소가 기본 원소인 규산염을 포함하고 있다. 화성암을 구성하는 중요한 광물들은 다음과 같다.

장석^{feldspar} 고철질 화성암에 속하는 사장석은 찰흔이 있으며, 규장질 화성암에 속하는 정장석에는 보통 찰흔이 없다(고철질이나 규장질 화성암에 대한 더 자세한 내용은 위 참조).

석영^{quartz} 석영은 평평한 판으로 갈라지는 벽개의 성질이 없으며, 결정은 육면체 모양이다(벽개에 대한 더 자세한 내용은 '광물의 모든 것' 참조). 석영은 유리처럼 규칙적인 모양이 없이 깨지는 패각상 절단면을 보이는 것으로 알려져 있다. 또한 규장질 화성암이나 화강암을 구성하는 광물로, 보통 다른 광물들 사이를 채우고 있는 광물(매트릭스)로 발견된다.

운모^{mica} 운모는 완전한 하나의 벽개면을 가지고 있어 판상으로 쪼개지는 것으로 잘 알려져 있다(벽개에 대한 더 자세한 내용은 '광물의 모든 것' 참조). 운모에는 규장석 화강암에 속하는 무스코바이트처럼 투명한 것에서부터 고철질 화성암에 속하는 흑운모처럼 검은색인 것까지 다양한 형태가 있다.

감람석^{olivine} 이 광물은 대개 하와이 같은 지역에서 현무암에 박혀 있는 녹색이나 검은색의 작은 결정형 덩어리 형태로 발견된다.

휘석^{pyroxene} 휘석에는 녹색에서 검은색 사이의 색깔을 띠는 여러 가지 광물이 포함된다. 이런 광물들에는 반려암이나 고철질 섬록암에서 발견되는 완화휘석이 포함된다. 드물게 발견되는 휘석 광물로만 이루어진 화성암은 휘석암이라고 한다.

각섬석^{amphibole} 각섬석은 일반적으로 검은색을 띠는 광물이다. 섬록암의 공통 광불인 혼블렌드가 여기에 속한다.

일반적인 화성암에는 어떤 것들이 있는가?

일반적인 화성암은 다음과 같다.

화강암^{granite} 풍화되지 않는 화강암은 입자가 거칠어 쉽게 광물의 결정을 볼 수 있다. 화강암은 대부분 장석(보통 핑크 장석), 석영(유리질 광물), 운모(반짝이는 검은 박편), 그리고 철광석과 같은 소량의 기타 성분으로 이루어져 있다. 화강암은 장석의 화학적 성질에 따라 구분될 수 있다. 예를 들면 포타슘을 많이 포함하고 있는 장석은 화강암의 색깔을 희게 만들며, 소듐과 칼슘을 많이 포함하고 있는 장석은 화강암의 색깔을 핑크색으로 만든다. 참고로 지각의 60%는 장석이다. 만약 대륙 지각 전체를 녹여 섞은 후에 식힌다면 화강암이 만들어질 것이다. 화강암으로 만들어진 유명한 지형지물로는 요세미티 국립공원의 엘 캐피탄과 사우스다코타에 있는 러시모어 산의 네 대통령 조각상이 있다.

현무암^{basalt} 현무암은 용암의 흐름에 의해 형성된 미세한 입자를 가진 분출 화성암이다. 현무암은 감람석, 휘석, 장석, 운모, 인회석으로 이루어져 있다. 대부분의 현무암은 외부는 밧줄과 같은 질감이고 내부는 부서지기 쉬운 재 같은 모습이다.

현무암에는 아아 용암, 파호이호이 용암, 화산탄이 포함된다(화산 물질에 대한 더 자세한 내용은 '화산분출' 참조). 다공질 현무암이라고 하는 대부분의 현무암은 용암이 고화되기 전에 빠져나가지 못한 기체가 들어 있는 작은 거품 구멍도 포함하고 있다. 현무암이 형성된 후 수백만 년이 흐르면 이 구멍들은 방해석과 같은 광물들로 채워지게 된다. 현무암을 볼 수 있는 가장 좋은 장소는 하와이, 아이슬란드, 갈라파고스 등이다. 달에 있는 것을 제외하고 알려진 가장 크고 오래된 현무암류는 6500만 년 전 인도 중서부에 형성된 데칸 트랩스의, 넓이가 65만㎢에 두께가 2,000m나 되는 광대한 현무암 대지이다.

유문암 rhyolite 유문암은 화강암과 관련있는 분출화성암이다. 유문암은 화강암과 같은 광물을 함유하고 있지만 입자가 훨씬 더 작다. 이 암석들의 대부분은 용암류에서 만들어진다.

섬록암 diorite 섬록암은 어두운 광물과 밝은 광물을 같은 양만큼 함유하고 있어 검은색과 흰색이 혼합된 것처럼 보인다. 함유된 광물들은 대부분 사장석과 혼블렌드이고, 흑운모 석영도 포함되어 있다. 섬록암은 종종 암맥에서 발견된다.

안산암 andecite 안산암은 화강암과 관련되어 있으며 처음 이 암석을 연구했던 남아메리카의 안데스 산맥에서 이름을 따왔다. 안산암은 화강암과 동일한 광물을 포함하고 있지만 실리카는 더 적게 가지고 있고 석영은 포함하고 있지 않다.

부석 pumice 부석은 기체가 빠져나갈 수 없을 정도로 빠르게 식을 때 많은 구멍이 만들어지면서 형성된다. 암석이 밝은 색인 경우 부석이라고 하고, 어두운 색이면 스코리아라고 한다. 부석은 물에 뜰 수 있다.

반려암 gabboro 반려암은 거친 입자의 암석으로 종종 건축 재료로 사용되는 어두운 색깔의 암석이다. 큰 입자 상태의 광물에는 대부분 사장석과 석영이 포함되어 있다. 반려암은 보통 암맥과 암상에서 발견된다.

포획암이란 무엇인가?

포획암xenolith은 화성암에 함유된 다른 종류의 암석 조각을 말한다. 포획암은 이미 존재하고 있던 모암이 마그마의 관입으로 인한 힘에 부서져서 만들어진다. 일부 암석은 용융되거나 관입된 화성암에 녹아들지만 일부는 마그마 안에 포획암으로 남아 있게 된다. 대부분의 포획암은 자갈에서 작은 바위 사이의 크기이다. 잘 녹지 않는 모암이 밀도가 큰 마그마 안에 떠 있는 경우에는 아주 큰 포획암이 만들어지기도 한다.

흑요석에는 어떤 종류가 있는가?

화산에서 분출된 마그마가 빠르게 식으면 유리와 비슷하다고 해서 화산 유리라고도 하는 흑요석obsidian이 만들어지기도 한다. 빠른 냉각은 입자가 큰 화강암이 형성되는 것을 방해한다. 대부분의 흑요석은 마그마에 함유된 원소의 영향으로 검은색이지만 모든 흑요석이 검은색은 아니다. 흑요석의 종류는 다음과 같다.

마호가니 흑요석mahogany obsidian 이 흑요석의 색깔은 일반적으로 녹이라고 하는 산화철로 인해 짙은 갈색이다.

광택 흑요석sheen obsidian 이 흑요석의 금빛과 은빛은 암석 내에 들어 있는 운모, 장석 또는 석영의 아주 작은 결정에 포함된 기체 방울들 때문이다.

눈송이 흑요석snowflake obsidian 검은 바탕에 흰색 눈송이가 있는 것처럼 보이는데, 흰색 석영의 일종인 크리스토발라이트이다.

무지개 흑요석rainbow obsidian 무지개 흑요석은 다양한 색깔의 띠를 보여준다. 이것은 장석, 토파즈, 석영, 전기석과 같은 광물의 작은 개재물 때문이다.

일반적인 퇴적암에는 어떤 것들이 있는가?

가장 일반적인 퇴적암들은 다음과 같다.

석회암^{limestone} 석회암은 보통 대륙의 얕은 물에서 대략 1억 년에서 5억 년 전 사이에 형성된 암석으로 넓은 지역을 덮고 있는 경우가 많다. 주로 방해석으로 이루어졌지만 퇴적암이므로 형성될 당시의 물의 상태에 따라 다른 여러 가지 광물도 섞여 있다. 탄산염 광물을 50% 이상 포함하고 있는 모든 암석은 석회암으로 분류하며, 기본적으로 조개껍데기, 산호 부스러기와 같은 생명체의 석회질 골격이 쌓여서 만들어진다. 석회암은 또한 용액에서 방해석이 석출되어 형성되기도 한다(석회암에 대한 더 자세한 내용은 아래 참조).

사암^{sandstone} 사암의 색깔과 질감은 매우 다양하지만 일반적으로 대부분 중간 크기의 잘 분류된 광물 입자들을 함유하고 있다. 대부분이 석영으로 이루어졌지만 종종 장석, 운모 또는 다른 광물을 포함하고 있다. 입자들은 대개 실리카, 방해석 또는 산화철이 접착제 역할을 하여 함께 결합되어 있다. 실리카 매트릭스 안에 석영 입자가 포함되어 있는 것을 '순수한 사암'이라고 하며, 석영만 포함한 것은 변성암과 같은 이름인 규암이라고도 한다. 사암은 얕은 바다의 퇴적물이나 건조한 지역에서 바람에 불려온 퇴적물로 만들어진다.

역암^{conglomerate} 역암은 미세하거나 중간 크기의 입자를 가진 광물 매트릭스 안에 포함된 지름 2㎜ 정도의 둥근 자갈이나 바위로 이루어졌다. 사암을 이루는 작은 암석 부스러기들은 암석의 기원에 따라 퇴적암이나 화성암 또는 변성암일 수 있지만 역암은 석영과 같은 단단한 암석 쇄설물이 만든다. 역암은 보통 빠르게 흐르는 얕은 물이 있는 바다, 호수, 강가에서 만들어진다. 빠른 물살은 암석 조각을 둥글게 만들 뿐만 아니라 커다란 암석 조각의 이동을 돕기도 한다.

석회암의 종류에는 어떤 것들이 있는가?

지구상에 있는 퇴적층의 약 15%를 차지하는 석회암^{limestone}에는 여러 종류가 있지만 가장 일반적인 것은 포함되어 있는 화석의 종류에 따라 분류되는 화석 석회암이다. 예를 들면 바다나리 석회암에는 5억 년 전에 살았던 작은 식물인 바다나리의 화석이 들어 있으며, 산호 석회암은 얕은 바다에서 살고 있는 산호로 이루어졌다.

또 다른 일반적인 석회암에는 백악이 있다. 백색이나 황색 또는 회색의 퇴적물은 입자가 매우 곱고 다공질이며 밀도가 높은 백악은 방해석으로 이루어진 매우 순수한 석회암이다. 백악의 색깔은 퇴적물에 포함된 화석이나 적은 양의 실트 또는 점토로 인해 달라진다. 백악은 대개 해저에 해양 미생물이 퇴적되어 만들어진 석회질의 입자가 고운 진흙으로, 다른 퇴적물이 거의 없는 대양의 심해에서 만들어진다. 대부분의 백악은 6500만 년 전인 백악기에 퇴적되었지만 오늘날에도 백악과 비슷한 퇴적물이 만들어지고 있다.

특이한 암석이 발견되는 '특수 지역'으로는 어떤 곳이 있을까?

일부 암석은 특정 지역에서만 볼 수 있다. 즉 이런 지점들은 암석적인 측면에서 보면 '특수 지역'이라고 할 수 있다. 다음은 전 세계에 있는 특정 암석의 '특수 지역'들이다. 자연이 만들어낸 암석은 어떤 면에서 모두 다르기 때문에 모두 특이하다고 할 수 있다. 그러나 여기서 말하는 특이한 암석은 의미가 다르다.

- 국화석 꽃돌은 자연적으로 석회암 바탕에 천청석 결정이 만들어진 것이다. 이런 암석은 중국 후난성 류양 지방에서 발견된다.

- 오스트레일리아 서부의 이스트 킴벌리 지역에서만 발견되는 것 중 하나가 얼룩말 암석이다. 이 암석은 실제로는 흰색 바탕에 검붉은 '선'이 나 있어 얼룩말과 반대로 보인다. 실트암이나 점토암의 일종인 입자가 고운 규질점토암으로, 검붉은 무늬는 자연적으로 암석 안에 형성된 산화철이다.

- 오피올라이트는 대양중앙해령에서만 발견되는 특이한 암석이다.

- 자수정 정동석은 브라질에서만 발견되는 자주색 결정을 많이 포함하고 있는 둥근 암석 덩어리이다.

- 석영의 일종인 호안석은 아프리카에서만 발견된다.

- 울렉사이트는 캘리포니아에 있는 붕사 광산에서 발견되는 광물이다. 이 칼슘 – 소듐 – 붕사 – 수화물은 독특한 백색 침상 결정체로 한쪽 끝을 연마하여 책이나 그림에 꽂아 놓으면 암석 영상이 투영되어 나타난다.

- 특정한 화강암체 가장자리를 따라 철을 함유하고 있는 자성광물인 자철석이 풍부한 암석이 만들어진다. 예를 들면 뉴욕에 있는 애디론댁 산맥과 같은 특정한 산에서 발견되는 일부 암석은 오래전부터 나침반으로 사용되었다. 암석 주변에서 나침반을 사용한다면 암석에서 멀리 떨어져 있을 때는 나침반이 움직이는 것을 볼 수 없지만 암석에 아주 가까이 가면 나침반 바늘이 움직이는 것을 볼 수 있다.

- 가장 특이한 암석은 우주에서 오는 운석이다. 운석은 세계 곳곳에서 발견된다. 운석은 소행성대, 달 또는 화성에서 오는 것으로 보인다(운석에 대한 더 자세한 내용은 '우주 안에 있는 지구' 참조).

사암에는 어떤 종류가 있는가?

암석의 성분에 따라 사암 ^{sandstone} 은 여러 종류로 나눌 수 있다. 예를 들면 장석사암은 침식된 화강암이 퇴적되어 만들어진 장석을 25% 이상 포함하고 있다. 녹사는 장석과 운모 조각과 녹색의 마그네슘-철 광물인 해록석의 큰 결정을 포함하고 있는 거친 입자를 가진 사암이다. 녹사는 대개 대양저에서 만들어진다. 하반 점토는 여러 가지 조각들이 포함된 옅은 색의 입상 사암이다. 하반 점토의 대부분은 한때 식물이 자라던 모래 언덕 지역에서 형성되며 주로 석탄층 아래에서 발견된다. 경사암은 각이 진 석영과 다른 마그네슘-철 광물의 거친 조각, 그리고 입자가 고운 점토나 진흙을 포함하고 있는 사암이다. 경사암은 주로 대륙붕이 내륙사면을 따라 흘러내려 퇴적된 깊은 바다에서 형성된다.

이암, 점토암, 실트암, 셰일의 차이점은?

이암, 점토암, 실트암, 셰일의 차이는 특정한 퇴적물의 크기에 있다. 따라서 야외에서 지질학자들이 이들 암석을 구별하는 방법 중 한 가지는 암석을 씹어서 질감을 느껴보는 것이다! 하지만 여러분이 이 방법을 시험해보는 것은 추천하지 않겠다. 보는 것만으로도 이 암석들의 차이를 어느 정도 알 수 있다.

입자가 고운 이 퇴적암들을 구분하는 또 다른 방법이 있다. 일반적으로 판으로 쉽게 갈라지면 암석은 셰일이다. 그리고 셰일에서는 화석들이 자주 발견된다. 실제로 해양 동물의 화석은 심해의 셰일에서 발견되고, 민물 갑각류나 식물의 화석은 천해의 셰일에서 발견된다.

점토암, 이암, 실트암을 구별하는 또 다른 특징도 있다. 암석이 내부 구조를 거의 가지고 있지 않고 물에 젖었을 때 미끄러우면 점토암이고, 렌즈 모양으로 부러진다면 이암이다. 마지막으로 맨눈으로 구별할 수 있을 정도로 '큰' 입자를 가진 암석은 대개 실트암이다. 실트암은 대개 해양이나 호수 또는 빙하 퇴적물 속에서 형성된다. 사암과 마찬가지로 실트암은 종종 층리나 잔물결의 흔적을 가지고 있다.

변성암에는 여러 가지가 있다. 가장 일반적인 변성암은 다음과 같다.

점판암^{slate} 퇴적된 셰일이 변성작용을 받으면 규질점토암이 되었다가 점판암이 된다. 원래의 암석과 비슷하게 점판암을 구성하는 광물은 맨눈으로는 볼 수 없다. 규질점토암이 열이나 압력의 영향을 받으면 일부 점토 광물이 화학적으로 무스코바이트 운모와 녹니석의 박편으로 변한다. 박편이 성장하면서 암석의 면이 압력의 방향과 수직한 방향으로 서로 평행하게 배열된다. 이것이 벽개면을 따라 쉽게 갈라지는 점판암의 중요한 특징의 원인이다. 이것을 지층면이라고 알고 있는 경우도 있지만 이것은 지층이 아니다. 이러한 성질 때문에 점판암은 오랫동안 지붕을 만드는 재료로 사용되어 왔다.

천매암^{phyllite} 점판암이 다시 변성되면 입자가 더 커져서 천매암이 된다. 점토 광물은 운모로 변해 천매암을 작은 운모 박편이 모여 있는 것처럼 보이게 한다. 천매암은 약간의 석영을 포함하고 있으며 열과 압력을 받으면 암석 안에 적은 양의 정장석 장석이 만들어진다.

편암^{schist} 대개 천매암의 다음 단계는 편암이다. 편암에서는 운모, 정장석, 석영 분자들이 결합하여 커다란 덩어리를 만드는데 이로 인해 편암은 눈으로도 쉽게 관찰할 수 있고 잘 부서지는 섬유 형태의 층상 구조를 가지게 된다. 편암의 종류는 조성과 질감, 그리고 원래 암석이 화성암인지 퇴적암인지에 따라 쉽게 구별할 수 있다. 편암의 예에는 찰흔과 석영과 장석의 알갱이를 포함하고 있는 흑운모 편암, 녹색 광물인 녹니석을 많이 포함하고 있는 녹색 편마암, 다른 여러 광물과 함께 푸른색 광물인 글라우코판을 포함하고 있는 푸른 편암 등이 있다. 일부 편암은 석류석의 붉은 결정도 포함하고 있다. 이들은 원래 암석에 소량으로 포함되어 있던 원소들이 결합하여 만들어진다. 석류석 결정은 그 암석이 변성되었다는 좋은 증거이다.

규암quartzite   규암은 변성된 사암에 기원을 둔 층상 암석이다. 높은 온도와 압력이 광물을 용융시켰다가 식으면 다시 굳어져 암석이 된다. 사암이 규암으로 변할 때 암석의 조성은 변하지 않으며 색깔도 큰 변화가 없다. 대신에 입자들이 좀 더 단단하게 결합된다.

편마암gneiss   편마암은 대개 화강암이나 화강암과 비슷한 암석이 변성되어 만들어진다. 편암과 마찬가지로 편마암은 광물의 성분이 아니라 질감으로 구별된다. 대부분의 편마암은 띠를 가지고 있지만 편암보다 입자가 크고 거칠며 잘 부서지지 않는다. 편마암 입자는 줄무늬를 나타내는데 이는 변성 과정에서 광물이 어떻게 흘러와 용융되었는지를 보여순다.

남아프리카에서 가장 큰 다이아몬드 광산은?

현재까지 남아프리카에서 가장 큰 다이아몬드 광산은 1992년에 문을 연 베네티아 광산이다. 대부분의 남아프리카 광산과 마찬가지로 이 노천 광산에서는 다이아몬드를 포함하고 있는 킴벌라이트를 캐낸다. 베네티아 광산은 남아프리카 북부에 있는 메시나로부터 80km 떨어진 곳에 있으며, 광산의 바닥은 표면에서 400m까지 내려갈 예정이다.

대리석은 어떻게 형성되나?

대리석marble은 주로 석회암 같은 탄산염 암석이 변성되어 만들어진다. 대리석의 모석인 석회암이나 백운석에 높은 온도와 압력이 가해지더라도 방해석과 백운석 같은 구성 광물은 변하지 않는다. 따라서 대리석은 원래 암석이 가지고 있던 탄산염을 그대로 포함하고 있지만 밀도가 훨씬 크다.

그러나 대리석이 형성되는 과정은 항상 그렇게 간단하지 않다. 원래의 탄산염 암석이 규산염 광물과 같은 불순물을 포함하고 있으면 이 불순물 암석에도 변성작용이 일어난다. 예를 들면 변성되면 석회질규산염이라고 불리는 광물을 만드는 탄산염과 실리카의 혼합물인 이회암은 방해석, 백운석, 투휘석, 투섬석, 석류석, 규화석, 녹니석, 수활석, 사문석 등을 불순물로 포함하고 있다. 이런 광물 불순물들은 연마하면 장식 효과가 있는 선이나 모양이 된다.

채광

가장 깊은 광산은 어디에 있는가?

남아프리카에 있는 다이아몬드 광산이 세계에서 가장 깊은 광산이다. 이 광산들은 너무 깊어서 높은 온도와 압력이 그곳에서 일하는 사람들에게 위험 요인이 된다.

러시아 미르니 부근에 있는 시베리아 영구동토층을 파낸 다이아몬드 광산의 사진. 1950년대에 러시아 북극권에서 다이아몬드가 발견된 이래 광부들은 이 광산에서 다이아몬드를 캐고 있다.

인간이 뚫은 것 중에서 가장 깊은 구멍은 무엇인가?

1950년대 이래 사람들은 지구의 맨틀에 도달하려고 시도해왔다. 그것이 성공한다면 그것은 사람이 도달한 가장 깊은 깊이가 될 것이다. 하지만 어떤 광산도 그렇게 깊은 곳까지 도달할 수는 없다. 맨틀까지 뚫어 내려가려는 최초의 시도가 미국에서 추진된 적이 있다. 모홀 프로젝트라고 하는 이 계획은 멕시코 해안에 있는 얇은 태평양 해양 지각을 뚫어 맨틀에 도달하려는 것이었다. 그러나 자금 조달 문제로 1966년에 폐기되었다. 1966년에 시작된 딥 크러스탈 드릴링 프로그램 역시 시작하자마자 곧바로 취소되었다. 그리고 모홀 프로젝트를 좀 더 현대적으로 발전시킨 심해 굴착 프로젝트가 추진되었다. 이 프로그램에 의해 1만m가 넘는 깊이의 여러 개의 구멍을 뚫었지만 기록에 도전할 만한 깊이에는 도달하지 못했다.

육지에서는 오클라호마에 있는 버사 로저스 정이 미국에서 가장 깊은 가스정이다. 이 가스정은 용융된 황을 만나서 9,753m에서 더 이상 뚫는 것을 정지했다. 현재까지 이 가스정은 북아메리카 대륙에서 가장 깊은 구멍의 기록을 보유하고 있다. 그러나 지구상에서 가장 깊은 구멍의 기록은 러시아가 가지고 있다. 구소련은 콜라 빈도에 깊이가 12㎞가 넘는 구멍을 뚫었다. 이 구멍을 7㎞ 깊이까지 뚫는 데는 5년이 걸렸고, 나머지 5㎞를 뚫는 데는 9년이 더 걸렸다. 1억 달러를 소비한 20년짜리 이 프로젝트는 자금 부족으로 1989년에 막을 내렸다. 소련은 맨틀 상층부에 도달하는 데는 성공하지 못했지만 지구상에서 가장 깊은 구멍을 뚫었다는 기록은 보유할 수 있게 되었다.

원소광물은 무엇이며 왜 광산에서 중요한가?

우리가 금속이라고 부르는 원소광물^{native element}은 한 가지 원소만으로 이루어진 광물이란 뜻이다. 이런 광물에는 금(AU), 은(Ag), 구리(Cu) 등이 포함되며 이들은 전 세계에서 채광되고 있는 중요한 금속이다.

금은 어떤 암석에 포함되어 있는가?

금은 다양한 방법으로 퇴적되지만 대부분은 편암이나 다른 암석과 관계있는 균열이나 단층 지역에 존재한다. 금은 침식작용을 통해 침식되어 2차 사광상을 형성할 수도 있다. 사광상은 땅 위의 퇴적물이나 하천 퇴적물 또는 해안 퇴적물 안에 가치 있는 금속이 농축되어 있는 것을 말한다. 사광상은 금을 포함하고 있는 암석이 역학적 풍화작용이나 화학적 풍화작용을 받은 후 물이나 바람에 의해 짧은 거리를 운반되어 형성된다. 금은 단층지역에서 열수에 의해 퇴적된 석영 광맥에 은이나 구리, 납, 아연 등의 기저 금속과 함께 포함되어 있기도 한다.

> ## 인간이 뚫은 가장 큰 구멍은?
>
> 사람이 뚫은 가장 큰 구멍은 유타 주 솔트레이크시티 부근에 있는 빙햄 구리 광산이다. 1세기가 넘는 이 광산은 세계에서 가장 큰 노천 구리 광산으로, 채광과 제련이 이루어지고 있는 곳이다. 이 광산의 깊이는 770m가 넘고 너비는 4㎞ 정도나 된다.

금은 왜 중요한가?

금은 과거부터 현재까지 대부분의 문화에서 경제적으로 중요한 금속이었다. 많은 나라의 화폐가치는 그 나라가 보유하고 있는 금의 양에 의해 결정된다. 물론 현재는 화폐가치가 금 보유량에 의해 결정되는 금본위제도의 중요성이 줄기는 했지만 금 보유량은 아직도 한 나라의 경제 상태를 나타내는 지표이다. 그리고 금은 역사적으로 보편적 통용 화폐였다.

무엇이 금을 이렇게 중요한 것으로 만들었을까? 가장 중요한 이유는 희귀성이지만 다른 성질들도 금을 중요하게 만드는 역할을 한다. 예를 들면 순수한 금은 매우 무른 성질을 가지고 있는데, 너무 무르기 때문에 은이나 구리와 합금하지 않고는 보석으로 사용할 수 없을 정도이다. 금의 경도는 모스 경도로 2.5에서 3 사이이다(모스 경도에 대한 더 자세한 내용은 '광물에 관한 모든 것' 참조).

금은 전기전도도가 높아 전자공학 분야에서의 수요가 증가하고 있다. 비중이 19로 매우 무거운 금속인 금은 단조를 통해 가공하기 쉽고 연성도 좋다. 28g의 금을 얇게 펴면 15㎡의 면적을 덮을 수 있고, 길이 60㎞의 금실을 뽑을 수도 있다. 이 때문에 교회 돔이나 다른 물체에 금을 입히는 것이 한때 유행했었다. 금을 얇게 입히기만 해도 구조물이 호화롭게 보이도록 했기 때문이다.

금은 자연에서는 거의 녹지 않는다. 다시 말해 자연 상태에서는 금에 영향을 줄 수 있는 액체가 거의 없다. 심지어 산소나 물도 금을 부식시키지 못한다. 단지 왕수라고 불리는 염산과 질산의 혼합 용액과 일부 시안화물 용액만이 금을 녹일 수 있다. 따라서 금은 사람이 알고 있는 가장 안정한 원소이다.

다른 형태의 금이 있는가?

대부분의 경우 자연 상태의 금은 거의 들어 있지 않지만 어떤 면에서는 다른 형태의 금이라고 할 수 있는 것들이 있다. 예를 들면 백금 대용으로 사용되는 화이트 골드는 금, 백금, 팔라듐, 니켈 또는 니켈과 아연의 합금이다. 그린 골드는 보통 금과 은의 합금이다. 두 가지 모두 보석으로 사용된다. 구리와 금의 합금은 붉은색이 도는 노란색이며 동전과 보석용으로 사용된다.

금을 발견하는 방법은?

금은 여러 가지 방법으로 발견된다. 주로 석영광맥이나 금광맥에서 발견되는데, 암석 안에 매우 미세한 입자로 퍼져 있기 때문에 눈으로 확인할 수 없는 경우가 대부분이다. 광석에서 자연적인 금을 추출해내는 가장 일반적인 방법은 역학적인 채광법이다. 땅에서 파낸 금을 포함하고 있는 광석은 불순물을 제거하기 위해 여러 단계 처리를 한다. 그런 다음에는 귀중한 금속을 광석에서 추출할 때 주로 사용하는 아말감법 등의 화학적 방법을 이용하여 다른 금속과 분리한다. 순수한 금이 추출되면 금괴로 만든다.

아마도 가장 극적인 형태의 금 발견은 커다란 덩어리를 이루고 있는 괴금을 발견하는 것일 것이다. 세계에서 생산되는 금의 2% 이하가 괴금 형태로 발견된다. 이 밖에도 먼지, 입자 또는 조각 형태로 발견되기도 한다. 보석상에서 금을 사는 방법 외에 일반인들이 금을 모을 수 있는 가장 일반적인 방법은 사금이 들어 있는 퇴적물에 포함된 금 먼지, 입자 또는 조각을 찾아내기 위해 물로 불순물을 살살 흔들어 걸러주는 것이다. 금을 포함하고 있는 고지대의 암석이 풍화되면 그 작은 조각들이 강으로 흘러들어와 퇴적물로 쌓인다. 이런 퇴적물을 기구를 이용해 물에 흔들면 대부분의 다른 광물보다 무거운 금이 함유된 알갱이들을 골라낼 수 있다. 노스캐롤라이나나 캘리포니아와 같이 강의 퇴적물에서 금이 발견되는 지역을 방문하는 사람들에게 이것은 재미있는 놀이가 될 수도 있다.

금은 바닷물에서도 대량으로 발견될 수 있다. 그러나 이 금은 추출하기가 매우 어렵기 때문에 바닷물에서 금을 얻는 데 필요한 비용이 금의 가치보다 클 수 있다. 금은 텔루르화물과 같은 화합물로도 존재하지만 이런 경우에도 추출에 드는 비용이 문제가 된다.

현재까지 발견된 가장 큰 괴금은?

세계에서 가장 많은 괴금^{nugget of gold}이 발견되는 곳은 오스트레일리아 서부의 빅토리아 지방이다. 그러나 오스트레일리아를 비롯해 세계 곳곳에서 수세기 동안 금을 채취해왔기 때문에 어떤 것이 가장 큰 괴금인지를 파악하기는 매우 어렵다. 다음 괴금들이 가장 큰 괴금 경쟁자들이다.

웰컴 괴금 웰컴 괴금은 1858년 6월에 오스트레일리아 빅토리아 지방의 발라라드 베이커리 힐에서 발견되었다. 24명이 63kg이나 되는 이 괴금을 캐냈다고 주장했지만 무게에 대해서는 의견이 달랐다. 정제를 거친 후 이 괴금에서는 2.83

kg의 순수한 금을 얻을 수 있었다. 그러나 정제로 인해 원래의 괴금은 역사 속으로 사라졌다.

웰컴 스트레인저 괴금 오스트레일리아의 또 다른 최대 괴금은 1869년 빅토리아 중부에 있는 금광 지역인 몰리아굴에서 발견되었다. 이 괴금은 빅토리아의 두널리 부근에서 모루에 놓고 망치로 깬 후 마을 은행에 가서 무게를 달았다. 70.76kg의 무게가 나와 이 괴금이 세계에서 가장 큰 괴금이라고 주장하는 사람들이 있지만 무게를 측정하기 전에 발견자들이 깨버렸기 때문에 실제 무게를 정확하게 알 수 없다.

헨드 오브 페이스 오스트레일리아에서 발견된 부게가 27.67kg인 이 괴금이 현존하는 가장 큰 괴금인 것으로 보인다. 1980년 킹아워에서 금속탐지기를 이용하여 발견한 이 괴금은 1982년에 약 100만 오스트레일리아 달러에 팔렸으며, 현재 라스베이거스 골든 너겟 카지노에 전시되어 있다.

세계에서 가장 생산성이 좋은 금광은 어디에 있는가?

오스트레일리아가 지금까지 발견된 것들 중에서 가장 큰 괴금을 발견했다고 주장하지만 지금까지 가장 많은 금을 생산한 나라는 남아프리카이다. 실제로 중세 이래 세계에서 생산한 금의 3분의 1이 지하 4km에 있는 남아프리카 광산에서 생산되었다. 오늘날 남아프리카의 금광은 세계 연간 소비량의 25%를 공급하고 있다. 그러나 북아메리카와 오스트레일리아에서 대규모 금광이 발견되었기 때문에 남아프리카의 독점은 점차 줄어들고 있다.

세계에서 가장 큰 금광은 1886년 오스트레일리아인인 조지 해리슨이 발견했다. 그는 남아프리카 비트바테르스란트 부근에서 가져온 이상하게 생긴 암석을 깨서 조사해보았다. 그가 발견한 거대한 금맥은 요하네스버그의 발전으로 이어졌고 요하네스버그는 가장 큰 광산 도시가 되었다.

은은 중요한 금속인가?

그렇다. 밝은 회백색 금속인 은은 중요한 금속이지만 수십 년 전보다는 가치가 하락했다. 은을 대신할 여러 가지 대용 물질이 발견되었기 때문이다. 예를 들면 디지털 영상 장치는 사진 필름에 사용되는 은과 다른 영상 장치를 거의 무용지물로 만들었다. 은을 사용했던 의학, 치의학, 산업용 X-선도 디지털 영상장치로 바뀌었다. 거울이나 다른 반사 표면에는 이제 훨씬 저렴한 알루미늄이나 로듐을 사용하고 있다. 심지어 전통적인 장식용 식탁용품에 사용되던 은도 스테인리스 스틸로 대체되고 있다.

그러나 은은 아직도 많은 용도로 쓰이고 있다. 은은 매우 부드럽고 유연하며, 내식성이 강하고 비교적 희귀하다. 은의 표면은 황화은으로 바뀌어 변색되기 때문에 은그릇은 자주 닦아야 하는데 잘 산화되지 않는 성질도 있다. 가장 중요한 것은 은이 모든 금속 중에서 가장 좋은 전도체라는 것이다. 은은 종종 금, 백금과 함께 귀금속으로 분류되기도 한다.

은은 어디에서 생산되나?

대부분의 은은 납 광석에서 생산된다. 그러나 구리, 아연, 금과 함께 발견되기도 한다. 따라서 이런 금속을 생산할 때 부산물로 은도 얻을 수 있다. 멕시코, 페루, 미국이 현재 주요 은 생산국이다.

세계에서 가장 큰 은광은 어디에 있나?

현재 캐닝턴 은/납/아연 광산이 세계에서 가장 큰 은광으로 매년 70만 8,738kg의 은을 생산하고 있으며 총 매장량은 1984만 4,666kg으로 추정된다. 이 광산은 오스트레일리아의 퀸스랜드에 있는 마운트 아이자에서 남동쪽으로 200km 떨어진 곳에 있다. 이 광산이 세계에서 가장 큰 은광이기는 하지만 가장 많은 은을 생산하는 나라는 멕시코와 페루이다.

해양에서 발견되는 경제적으로 중요한 광물은?

경제적으로 중요한 광석을 포함하고 있는 해양이 여러 곳에 있다. 해령에서 마그마가 솟아올라오거나 섭입이 일어나는 해양지역의 열수에는 광물이 많이 포함되어 있다. 이러한 열수작용에 의해 퇴적된 광물에는 구리, 철, 아연, 망간, 니켈, 납, 금 등의 금속이 포함되어 있다.

주로 비료로 사용되는 인광석 퇴적물 역시 해양에서 발견되는 경제적 가치가 있는 물질이다. 인광석은 영양분을 많이 포함하고 있는 차가운 물이 표면으로 올라오는 곳에 주로 퇴적된다. 물이 위로 올라오면서 따뜻해지면 화학반응에 의해 인이 석출되어 해양저에 가라앉게 된다. 미국 동부 해안에 퇴적된 인광석은 수십억 t에 이를 것이라고 추정되고 있다. 또 다른 잘 알려진 퇴적물은 거의 대부분이 순수한 망간과 약간의 철, 니켈, 코발트를 포함하고 있는 둥근 형태의 망간단괴이다. 망간단괴는 거의 모든 심해저 평원에서 발견된다. 망간단괴는 바닷물에서 백만 년에 1mm씩 광물이 아주 천천히 퇴적되어 형성된다.

1980년대 초에 태평양에 있는 화산으로 형성된 해저산에 코발트가 함유된 희귀한 금속이 있다는 것이 알려졌다. 1982년에 비준된 UN의 해양법에 의하면 해저 광물의 소유권은 세계 모든 사람들에게 있다. 그러나 흥미로운 점은 많은 국가들이 해양법을 회피하고 있다는 것이다. 미국도 그런 나라 중 하나이다. 1983년에 로널드 레이건 미국 대통령은 미국 해안 주변에 배타적 경제 구역을 선포했다. 이 구역은 해안에서 370 km까지로, 국가의 영토를 두 배로 만드는 효과가 있으며 심해 탐사 붐을 불러왔다.

우라늄은 어떤 원소며 용도는 무엇인가?

우라늄은 유일하게 상업적으로 생산되는 방사성 물질이다. 자연 상태에서는 U^{238}, U^{235}, U^{234}의 세 가지 동위원소로 발견되는데 U^{235}가 핵분열을 통해 전기를 생산하는 연료로 사용된다. 우라늄을 함유하고 있는 중요한 광석에는 UO_2가 주성분인 우라나이트, U_3O_8를 포함하고 있는 피치블렌드, 우라늄 산화물과 희토류, 철, 티타늄이 혼합된 브란넬석, 우라늄 규산염인 코피나이트 등이 있다. 주요 우라늄 생산국에는 캐나다, 오스트레일리아, 니제르가 포함된다.

우라늄은 대부분 전기를 생산하는 데 사용되지만 의학용 방사성 동위원소, 식품의 보존, 식물의 생산성을 높이고 질병 저항력을 향상시키기 위한 용도로도 사용된다. 약 26개 국가에서 25%가 넘는 전기를 우라늄을 이용하여 생산하고 있다. 또한 원자폭탄의 제조에도 사용되고 있는데, 지난 10년 동안 원자폭탄의 수는 감축되었다.

우라늄은 어떻게 채광되며 처리되는가?

우라늄은 노천채광, 지하채광, 그리고 널리 사용되는 방법은 아니지만 현장 침출 중 한 가지 방법으로 채광된다. 우라늄이 함유된 땅을 파헤치는 노천채광과 지하채광에서는 광석을 채취한 다음 부수어 고운 가루로 만든다. 우라늄은 일반적으로 다음과 같은 처리 과정을 거친다. 우라늄을 녹이기 위해 화학물질을 첨가하여 찌꺼기와 우라늄의 혼합물을 만든다. 황산을 섞어 알루미늄이 고체 찌꺼기에서 분리되도록 한다. 다음에는 다른 원소와 우라늄을 분리하여 우라늄의 농도가 높은 노란색의 고체인 옐로케이크(U_3O_8)를 만든다. 옐로케이크를 더 농축하고, 건조한 후 포장하여 제련소로 보낸다. 제련된 우라늄은 단단한 고체 펠렛으로 만들어 원자로에서 연료로 사용된다.

현재 세계 최대 우라늄 생산지는 어디인가?

1988년 이후 오스트레일리아에 있는 올림픽 댐 광산에서 우라늄을 생산하고 있다. 이 광산은 오스트레일리아에서 가상 큰 지하 광산이며 세계에서 가장 큰 우라늄 생산지이다.

암염의 채광은 왜 중요할까?

암염이라고도 알려진 소금 또는 염화소듐(= 염화나트륨)은 물에 잘 녹는다. 그리고 공급량이 무한하고 생산 비용이 적게 든다. 이것은 소금이 요리, 식품 저장, 화학제품의 생산 등 다양한 용도로 사용될 수 있다는 것을 의미한다. 미국에서는 소금 사용량의 1%는 식용 소금으로, 40%는 주로 염소나 가성소다를 생산하는 화학 산업에서, 20%는 주로 북부 주들에서 겨울에 도로의 눈을 녹이는 데 사용되고 있고, 20%가 안 되는 양이 고무나 다른 제품을 생산하는 생산 공장에서 소비되고 있다.

소금은 어떻게 퇴적되는가?

염화소듐은 바닷물에 잘 녹기 때문에 바닷물에 포함된 소금의 양은 엄청나게 많다. 바닷물이 습지나 염전과 같은 장소에서 증발하면 소금과 다른 광물이 석출되어 결정이 바닥으로 가라앉는다. 시간이 지나면 이 퇴적물이 대규모 암염층을 형성한다. 이 암염층은 지각 변동에 의해 접히고 융기되어 침식작용에 의해 노출된다. 결국 암염은 빗물에 녹아 땅으로 스며들거나 바다로 흘러간다. 그리고 유타 주에 있는 그레이트

유타 주 남동부에 있는 보네빌 솔트 레이크 플랫은 여러 개의 기록이 수립된 보네빌 자동차 경주장이 있던 곳이다.
그러나 이 경주장을 비롯하여 11㎢의 소금 평원이 소금 채취와 침식으로 깎여나가 황폐화되었다.

솔트레이크와 같은 염수호에 모이기도 한다.

또 다른 형태의 암염 퇴적물은 석유의 퇴적과 관련있는 지층 위쪽에 매장된 커다란 소금 돔으로, 지름이 1.6㎞에 이르는 것도 있다. 다이어피어라고도 하는 버섯 모양의 소금 돔은 암석층으로 덮여 있는 경우가 많다. 이 소금 돔은 소금의 부력이 커서 위로 솟아오르면서 퇴적층을 돔 형태로 밀어 올려 만들어진다. 돔 형태 외에 판상이나 기둥 모양 또는 다른 형태로 만들어지기도 한다. 돔 주위에는 '구멍'이 만들어지는데 이 구멍을 통해 석유나 천연가스가 형성되어 두꺼운 소금층에 의해 밀폐된다. 석유를 찾는 회사들이 종종 암염 다이아피어를 찾는 것은 이 때문이다.

소금은 어떻게 채광하는가?

소금의 채광에는 퇴적층이 위치한 장소에 따라 여러 방법이 사용된다. 일부 소금은 바닷물을 증발시켜 얻는데 이런 소금은 해염이라고 한다. 소금물이 햇빛이나 바람에 의해 증발되면 소금 결정이 석출된다.

소금은 바닷물이나 염호의 염수를 인위적으로 증발시켜 얻기도 한다. 바닷물을 작은 연못으로 퍼올리거나 끌어들여 햇빛을 이용하여 증발시키면 연못 바닥에 소금 결정이 가라앉는다. 이런 방법은 샌프란시스코 만, 유타 주의 그레이트 솔트레이크, 그 밖에 다른 많은 곳에서 소금 생산을 위해 사용하는 방법이다.

그러나 때로는 표면에 노출되지 않고 지하에 매장된 채로 있는 경우도 있다. 지하에 매장된 소금을 추출해내는 방법 중 한 가지는 뜨거운 물을 소금 퇴적층에 부어 소금을 녹인 후 그 물을 퍼 올려 증발시켜서 소금을 얻어내는 것이다. 이것을 용해채광법이라고 한다. 이 방법은 루이지애나나 텍사스에서 발견된 같은 오래된 지하 소금 돔에서 주로 사용한다.

지하 고체층에서 채광한 소금은 암염이라고 한다. 암염은 중장비를 동원하여 굴을 파고 암석을 채취하여 유용한 광물을 추출하는 다른 전통적인 광물 채광과 같은 방법으로 채광한다. 오스트리아의 잘츠부르크 외곽에는 이전에 암염 광산이 있었으며 현재는 뉴욕 주 중부 지역에 있는 카유가 호수 근처에 암염 광산이 있다.

어떤 나라가 가장 많은 소금을 생산하는가?

지구상의 모든 나라에서 소금이 생산되지만 전체 생산량의 5분의 1을 생산하는 미국이 최대 소금 생산국이다. 미국 다음으로는 중국, 독일, 인도, 캐나다 등이다. 이 외의 다른 많은 나라에서 바닷물을 증발시켜 소금을 생산하고 있다. 미국에서는 암염이 전체 소금 생산량의 3분의 1을 차지한다. 이 중 반은 용해채광법으로 채광된다. 나머지 소금은 바닷물이나 염수를 증발시켜 얻는다. 그리고 마른 호수의 소금층에서도 소량의 소금을 얻는다.

모래와 자갈은 어떻게 이용되는가?

모래와 자갈은 주로 건설 분야에서 사용된다. 여기에는 도로 건설, 콘크리트 생산, 조경용, 고속도로 건설, 유리 생산, 주물 틀의 제작, 눈과 얼음 위에 뿌리는 용도, 땅을 메우는 용도, 그 밖의 용도 등이 포함된다.

모래와 자갈은 어떻게 채취하는가?

모래와 자갈을 채취하는 방법은 다양하지만 주로 강가를 파서 채취한다. 강의 수로가 바뀌면 모래와 자갈이 예전의 수로에 퇴적된 채로 남아 있게 된다. 예를 들면 뉴욕 주의 서스케하나 강 주변에는 여러 개의 자갈 채취장이 있고 네브라스카의 플래트 리버 밸리에도 마찬가지이다. 빙하기 이전인 10만 년 전부터 이 지역을 흐르던 두 강이 두꺼운 자갈 퇴적물을 만들어 놓았다.

이 지역의 모래와 자갈은 기본적으로 같은 방법으로 채취된다. 우선 식물과 표면 토양을 제거한 후 땅을 파서 모래나 자갈을 채취한다. 강에서 가까운 곳에는 지하수가 지표면 가까이 있어 구덩이가 쉽게 물로 채워져 모래 구덩이 호수가 만들어진다. 이 구덩이를 중장비를 이용하여 긁어내 모래와 자갈을 채취한다. 찌꺼기를 걸러낸 다음 크기를 이용하여 모래와 자갈을 분리한다. 모래와 자갈은 크기에 따라 특정한 용도로 사용된다.

암석 속의 화석

화석의 역사

화석이란 무엇인가?

화석^{fossil}을 나타내는 fossil은 '어떤 것을 파낸다'라는 의미의 라틴어 fossilis에서 유래된 단어이다. 화석은 뼈, 껍질, 발자국, 나뭇잎 자국과 같은 고대 생명체의 잔해나 자취가 보존된 것을 말한다. 대부분의 화석은 퇴적암에서 발견된다. 그러나 화성암에 포함된 화석도 있으며, 변성암에서 열과 압력에 의해 변화된 상태로 발견되는 화석도 있다. 일부 화석은 원래 생명체와 비슷한 모양을 하고 있지만 퇴적층 깊이 묻혀 있던 화석은 큰 압력으로 인해 접혀 있거나 부서져 있거나 뒤틀려져 있다. 대개 뼈, 이빨, 껍질, 씨앗 또는 나무와 같이 동물이나 식물의 단단한 부분이 화석이 되지만 드물게 는 부드러운 조직도 보존될 수 있다.

화석이라는 말은 1546년 독일 과학자 게오르기우스 아그리콜라가 처음으로 사용 했으며 이 시기의 화석은 땅에서 캐낸 모든 광물과 금속을 나타내는 용어로 사용되 었다. 현재는 화석이 과거의 생명체에 의해 만들어진 것만을 나타내는 말로 사용되고 있다. 일반적으로 1만 년 이상 된 것을 화석, 그보다 오래되지 않은 것은 준화석으로 분류한다.

화석의 세 종류는?

다음은 세 가지 중요한 화석의 종류에 대한 설명이다.

체화석body fossil 체화석은 생명체의 골격이나 구조가 보존된 화석으로, 부드러운 조직이 보존되어 있는 경우가 드물게 있다. 우리가 '화석'이라고 할 때는 대개 고대 생명체의 형태가 보존된 이런 화석을 말한다.

생흔화석trace fossil 생흔화석은 생명체가 살았을 때의 생물학적이고 습관적인 활동의 증거가 되는 화석이다. 여기에는 걸어간 자취, 파 놓은 굴, 잎의 모양, 피부의 모양 등이 포함된다.

화학화석chemofossil 화학화석은 생명체가 암석에 남긴 화학적인 자국이다. 특정한 생명체를 나타내는 유기 화합물이거나 생명체의 활동으로 만들어진 생명물질을 구성하는 원소의 흔적과 같은 것들이 화학화석에 포함된다.

화석은 왜 중요한가?

화석은 오래되었거나 아름다워 수집할 가치가 있기 때문이 아니라 화석이 가지고 있는 정보 때문에 중요하다. 화석이 없으면 수억 년에 달하는 지구 생명체의 역사와 생명체가 어떻게 시작되었으며 어떤 모양을 하고 있었는지, 지질시대에 있었던 여러 번의 재앙과 멸종에 대해 알 수 없었을 것이다. 우리는 공룡이라고 불리는 거대한 파충류가 지구를 지배했었다는 증거를 가지지 못했을 것이고, 대륙이 계속 이동해 지구의 모습과 기후, 동물상과 식물상이 바뀌어왔다는 것도 알 수 없었을 것이다. 수백만 년에 걸친 생명체의 변화에 대한 화석 기록이 없었다면 모든 생명체의 성장과 변화를 지배하는 기본 원리인 진화라는 개념을 생각해낼 수 없었을 것이며, 인류가 어떻게 지구에 존재하게 되었는지에 대해서도 알 수 없었을 것이다.

생명체가 남긴 자취가 어떻게 화석이 되었을까?

생흔화석은 동물이 모래나 진흙과 같은 연한 퇴적물 위에서 달리고, 걷고, 기고, 굴을 파고, 땅 위에서 뛴 증거이다. 예를 들면 강을 따라 걸어간 공룡은 부드러운 모래 위에 발자국을 남겼다. 작은 동물들은 먹이를 찾기 위해 호수 둑에 여러 갈래로 갈라진 굴을 파놓았다. 이런 자취들은 퇴적물로 채워졌고, 수백만 년 동안 여러 층의 퇴적물이 그 위에 쌓이고 굳어서 암석이 되었다. 이런 암석이 표면으로 드러나 수집되면 생명체의 흔적을 볼 수 있게 된다. 가장 유명한 생흔화석에는 동아프리카에서 발견된 인류로 보이는 생명체가 퇴적층 위에 남긴 발자국과 코네티컷 강 계곡에서 발견된 공룡들이 남긴 자취들이 있다.

현재까지 발견된 가장 오래된 화석은 무엇인가?

지금까지 발견된 가장 오래된 화석은 오스트레일리아 서부에서 발견된 세균 화석으로 약 35억 년 전에 살았던 단세포 생물의 화석이다. 2002년에는 오스트레일리아 사암에서 10억 년 전에 살았던 지렁이 같은 생명체의 자취가 발견되었다. 이것은 현재까지 발견된 화석 중에서 가장 오래된, 이동할 수 있는 다세포 생물의 생흔화석이다. 지금까지 발견된 가장 오래된 조개껍데기와 같은 생명체의 단단한 부분의 화석은 생명체가 처음으로 골격이나 껍질과 같이 단단한 몸의 구조를 가지기 시작하는 6억 년 전의 것이다.

고생물학이란?

고생물학은 주로 화석을 이용하여 고대 생물을 연구한다. 고생물학이라는 뜻의 Paleontology는 '고대 생명체'라는 그리스어에서 유래했다. 고생물학자들은 해양과 육지, 동물과 식물 등 모든 형태의 화석을 연구한다. 화석을 세밀하게 연구하면 10억 년 전에 어떤 생명체가 살았는지 알아낼 수 있다.

고생물학에는 여러 분야가 있다. 고식물학자들은 식물 화석을 연구하고 고동물학자들은 고대 동물의 화석을 연구한다. 고동물학은 다시 척추동물을 연구하는 척추동물 고동물학과 무척추 동물을 연구하는 무척추 동물 고동물학으로 나눌 수 있다. 고화분학은 해양 환경에서 자라던 단세포 조류의 화분과 포자를 연구한다. 고생흔학은 고대 식물이나 동물이 남긴 발자국과 같은 자취를 연구한다.

화석은 또한 다른 과학적 연구에도 이용된다. 예를 들면 지질학에서 화석은 암석의 상대적인 연대를 결정하는 데 이용된다. 또 고생물학자들은 생명체가 어떻게 진화되어 왔으며, 어떤 생명체가 어떤 생명체의 자손인지를 밝혀내는 데에도 이용한다.

화석의 기원에 대한 일부 초기 이론은 무엇이었나?

화석에 대한 최초의 기록은 그리스 철학자 크세노파네스^{Xenophanes}(B.C.E. 570~B.C.E. 475)와 피타고라스^{Pythagoras}(B.C.E. 582~B.C.E. 500)가 B.C.E. 500년 이전에 했던 기록이다. 이 두 철학자는 각각 화석이 한때 살았었지만 현재는 존재하지 않는 고대, 즉 그들에게는 아주 오래전인 고대 그리스의 동물이나 식물의 잔해라고 결론지었다.

크세노파네스나 피타고라스보다 1세기 후에 살았던 그리스의 철학자이며 역사학자였던 헤로도토스^{Herodotus}(B.C.E. 485~B.C.E. 425)는 이집트 피라미드의 사암에 박혀 있는 작은 화석을 조사하고 해양이 한때 리비아 사막으로 덮여 있었다고 결론지었다. 헤로도토스보다 1세기 후에 활동했던 그리스 철학자 아리스토텔레스는 화석이 생명체가 진흙 속에서 태어날 때 만들어졌던 실패작들이 남아 있는 것이라고 설명했다.

중국인들은 공룡 화석을 무엇이라고 믿었는가?

중국인들은 2000년 이상 공룡 화석을 수집했다. 중국 문화의 상징인 용의 잔해라고 생각했던 그들의 믿음은 현대 과학이 보여준 증거를 통해 옳지 않음이 밝혀졌지만 중국인들은 아직도 '용의 이빨'에 질병을 치유하는 능력이 있다고 믿고 있다.

현대 고생물학의 아버지는 누구인가?

프랑스의 자연학자이자 원자론자인 퀴비에Baron Georges Leopold Chretien Frederic Dagobert Cuvier(1769~1832)가 현대 고생물의 창시자로 인정받고 있다. 프랑스 국립자연사박물관의 과학자였던 그는 1812년 특정한 동물의 화석이 멸종된 동물을 나타낸다고 최초로 주장했다 퀴비에는 자신의 발견을 성서의 내용과 결합하여 생물 멸종 사건을 설명하는 '격변설'을 제안하기도 했다.

알프스 화석의 기원을 밝혀낸 사람은 누구인가?

시대를 통틀어 가장 위대한 과학자이자 발명가이며 예술가인 레오나르도 다빈치Leonardo da Vinci(1452~1519)가 처음으로 알프스 화석에 숨어 있는 비밀을 밝혀냈다. 이탈리아의 르네상스 시대 과학자였던 다빈치는 1400년대 후반 아펜니노 산맥에서 해양 동물의 화석을 발견했는데, 그는 바다에 살던 동물이 산이 융기하기 전에 땅에 파묻힌 화석으로 추정했다. 그는 '모든 종류의 조개가 버려지고, 깨지고, 분리된 이곳은 한때 해안이었음이 틀림없다'라고 말했다. 다시 말해 그는 현재 땅인 곳이 과거에는 바다였다고 생각하고 이 지역이 융기되어 바다 생명체들의 흔적이 남아 있다고 믿은 것이다.

이런 관측으로 다빈치를 현대 고생물학의 아버지라고 부를 수도 있겠지만 그렇게 부를 수 없는 이유가 있다. 그는 그를 비난하는 사람들로부터 자신을 지키기 위해 다른 많은 아이디어와 마찬가지로 이 발견과 관련된 기록을 숨겼기 때문이다. 화석은 대홍수에 의해 산꼭대기로 옮겨졌다는 성서를 바탕으로 한 주장이 그 당시 주류들의 생각이었다. 또 일부는 화석이 암석층 안에서 자랐다고 생각했다.

화석과 대륙의 이동 사이에는 밀접한 관계가 있다. 특히 대륙 이동설은 동일한 암석과 이 암석과 관련된 화석이 현재는 대양으로 갈라져 있는 두 대륙에서 동시에 발견된다는 것에 바탕을 두고 있다. 예를 들어 포유류와 비슷하게 생긴 리스트로사우루스는 트라이아스기에 살았던 파충류로 현대의 하마와 비슷하게 행동했으며 아프리카, 남극, 인도에서 발견된다. 이것은 한때 이 대륙들이 연결되어 있었음을 의미한다 (판구조론과 대륙이동에 대한 더 자세한 내용은 '지구의 층들' 참조).

화석의 형성

화석학이란?

화석학^{taphomony}은 화석이 형성되는 과정을 연구하는 학문이다. 다시 말해 식물이나 동물, 그 밖의 다른 생명체들이 죽은 후에 화석으로 보존되기 위한 조건에 대해 연구한다.

화석이 형성되기 위해서는 어떤 조건이 필요한가?

일반적으로 화석의 형성 과정은 진흙이나 모래 등의 퇴적물이 죽은 생물을 덮는 것으로 시작된다. 오래되지 않은 뼈들은 거의 광물화되지 않는 것으로 보아 화석이 형성되는 데에는 1만 년 이상의 시간이 필요한 것으로 보고 있다(광물화에 대한 더 자세한 내용은 아래 참조).

어떤 것이 화석이 되는 것은 어려운 일이다. 생명체의 잔해 대부분은 바람, 물, 햇빛에 의해 풍화되기 전에 다른 동물의 먹이가 된다. 다른 동물에 먹히지 않은 피부, 눈, 근육, 내장과 같은 연한 조직은 기후에 따라 다른 속도로 부패되고 뼈나 이빨만 남아 화석이 된다. 주로 이런 부분의 화석이 발견되는 것은 이 때문이다.

메리데 화석 박물관 벽에 전시되어 있는 화석. 루가노 호수의 남쪽에 있는 스위스 지역은 2억 4000만 전인 트라이아스기 중기에 살았던 파충류와 물고기의 화석이 많이 발견되는 곳으로 유명하다.

모래나 진흙 등의 퇴적물로 덮이는 다음 과정은 화석이 만들어지는 과정 중에서 가장 중요한 단계이다. 생명체의 잔해를 덮은 퇴적물은 산소를 차단하여 더 이상의 부패를 막는다. 생명체의 잔해가 퇴적물로 덮이지 않으면 홍수와 같은 사건을 통해 부서지고 흩어져 사라진다. 땅속에 묻힌 생명체 위에 수백만 년 동안 더 많은 퇴적물이 쌓이면 생물의 잔해는 흩어지지 않고 땅 속 깊이 묻힌 채로 남아 있게 된다. 그리고 켜켜이 쌓인 층의 압력으로 인해 퇴적층에 포함되어 있던 대부분의 물이 빠져 나간다. 탄산염, 실리카, 산화철과 같이 지하수에 포함되었던 광물이 천천히 퇴적물 입자들과 결합하여 퇴적물을 암석으로 바꾼다. 이 과정을 석화작용이라고 한다.

뼈와 다른 단단한 부분은 어떻게 광물화되어 화석이 되는가?

퇴적물에 덮인 동물의 뼈나 이빨은 화석이 되기 위해 여러 가지 형태의 광물화 과정을 거쳐야 한다. 뼈는 무기 광물과 주로 단백질과 지방인 유기 분자로 이루어졌다.

대부분의 유기 성분은 세균에 의해 분해된다. 남은 것은 부서지기 쉬운 다공성 뼈이다. 위에 있는 토양을 통해서 침투하는 물에는 무기염이 녹아 있다. 이 중 일부가 뼈의 구멍 안에 석출된다. 이런 광물은 대개 석회암의 주성분인 탄산염, 실리카 또는 철 화합물이다. 시간이 가면 자체가 암석이 된다.

광물화의 속도나 형태는 뼈를 덮고 있는 퇴적물의 화학 성분에 따라 달라진다. 다음은 광물화가 일어나는 여러 가지 방법에 대한 설명이다.

재결정 recrystallization 이 과정에서는 뼈나 단단한 생물물질이 새로운 광물이나 원래 광물의 거친 결정으로 바뀐다. 예를 들면 뼈 안에서 자연적으로 발견되는 인산칼슘으로 이루어진 암석인 인회석은 재결정 과정을 거친 것이다.

침투광물화 permineralization 대부분의 뼈와 조개껍데기, 식물의 줄기는 광물로 채워진 다공성 내부 구조를 가지고 있다. 침투광물화 과정에서 원래 생명물질의 화학적 조성은 달라지지 않는다. 그러나 탄산칼슘으로 이루어진 방해석과 같은 광물이 뼈 구조의 공간을 채워 뼈가 화석화된다.

용해/대체 dissolution/repalcement 용해와 대체 과정에서는 산성을 띤 지하수가 퇴적암 속에 묻힌 생명체의 일부를 용해시킴과 동시에 실리카, 방해석 또는 철과 같은 광물을 그 자리에 퇴적시킨다.

탄화 carbonization 높은 온도와 압력으로 인해 퇴적층에 묻혀 있는 생명체에서 액체와 휘발성 기체가 빠져나가면 탄소막만 남게 된다.

나무는 어떻게 석화될까?

나무는 용해와 대체 작용에 의해 석화된다. 나무의 석화는 탄산칼슘($CaCO_3$)이나 규산염 같은 광물이 함유된 물이 스며들 때 일어난다. 수천 년 동안 원래의 식물이 주로 실리카로 이루어진 이런 광물로 대체되거나 둘러싸여 암석으로 바뀐다. 이 과정에서 종종 식물의 원래 형태가 보존되어 과학자들이 멸종된 생명체의 구조를 연구하고 있다.

탄화와 탄소막의 예는 무엇인가?

탄화 과정은 종종 유명한 브리티시 컬럼비아에 있는 버제스 셰일에서 발견된 것과 같이 동물 몸의 외곽을 그대로 보존하고 있는 막을 만들어낸다. 그리고 탄소막을 남기는 것은 동물만이 아니다. 일부 식물의 잎들도 탄소막으로 보존된다. 이 탄소막은 외곽 모양뿐만 아니라 잎맥의 형태까지 알려주어 원래 식물의 종류를 알 수 있도록 해준다.

화석이 표면에서 발견될 때는?

땅을 깊게 파지 않고 화석을 발견할 수 있는 유일한 방법은 화석이 표면으로 노출될 때 밖에 없다. 대부분의 화석은 지각 운동으로 인해 융기된 퇴적암 안에서 발견된다. 바람, 물, 얼음 등에 의한 침식작용이 화석을 포함하고 있는 단단하지 않은 퇴적암을 깎아내 화석이 외부로 노출된 경우도 있다. 그러나 화석이 제때 발견되지 않으면 바람이나 물, 얼음이 화석을 파괴해버릴 수도 있다. 그 예로 미국 북부 지방에서는 1만 년 전에 빙하기가 끝나면서 후퇴한 거대한 빙상이 수

타카푸나 암초의 특별한 화석 숲. 7200년 전 마지막 빙하기가 지난 후 해수면의 높이가 낮아지고 해안 침식이 일어나면서 발견하게 되었다.

백만 년 동안에 형성된 많은 암석을 파괴했다.

왜 과학자들은 화석 기록에 편견이 있다고 할까?

얼마나 많은 생명체가 화석이 되는지를 추정하기는 쉬운 일이 아니다. 미국의 고생물학자 스티븐 굴드 Stephen J. Gould (1941~2002)는 지구에 살았던 생명체의 99%가 멸종되었으며, 대부분은 존재를 증명할 화석을 남기지 않았다고 주장했다. 따라서 우리가 발견한 화석은 지구에 살았던 동물과 식물의 아주 적은 부분만 보여준다. 이렇게 드문 화석 기록은 지구 생명의 역사를 이해하는 우리의 지식에 상당한 편견이나 단절을 야기한다.

이런 편견에는 그럴 만한 이유가 있다. 모든 동물의 단단한 부분이 똑같이 화석으로 보존되는 것이 아니다. 가볍고 상대적으로 넓은 표면을 가지고 있는 뼈는 더 빨리 부식된다. 새의 뼈처럼 작고 부러지기 쉬운 뼈는 잘 부서지거나, 쉽게 부식되고, 물, 폭풍, 심지어는 바람에 의해 다른 골격에서 멀리 이동되기도 한다. 두껍고 무거운 뼈는 훨씬 화석으로 보존되기 쉽기 때문에 화석 기록은 그런 뼈를 가진 생명체 방향으로 편향되기 쉽다.

또 다른 이유는 화석화되는 비율 때문이다. 화석화되는 가장 좋은 경우는 생명체가 죽은 직후 퇴적물이 덮이는 경우이다. 퇴적물은 부패하는 생명체를 다른 동물들이 먹지 못하도록 보호하고, 산성을 띤 물에 의한 화학적 부식을 막아준다. 연한 부분은 빠르게 부식하고 단단한 뼈와 이빨만 남는다. 이런 것들은 화석으로 보존될 가능성이 크다.

화석 기록과 관련된 또 다른 편견은 아이러니하게도 고생물학자들에게 기인한다. 지구상의 모든 부분이 동일하게 탐색되는 것이 아니기 때문이다. 중앙아시아나 아프리카처럼 접근성이 낮은 지역의 화석 기록은 유럽이나 북아메리카의 화석 기록에 비해 훨씬 적게 발견된다.

화석 기록에는 단절이 있는가?

안타깝게도 화석 기록에는 전체 기 또는 중요한 진화 단계가 사라진 여러 번의 단절이 있다. 이 귀중한 화석의 유실은 대개 침식작용에 의한 것이다. 물, 얼음, 바람 등이 암석층과 그 안에 들어 있는 화석을 마모시킨다. 단절은 화석을 물리적으로 파괴시킨 산의 융기에 의해서도 생길 수 있다. 화산활동에 의한 뜨거운 마그마 역시 화석과 관련된 암석을 묻어버리거나 변화시킨다.

새롭게 발견된 화석을 분류하는 것은 왜 어려울까?

새로 발견된 화석의 종류를 결정하는 것이 어려운 데에는 여러 가지 이유가 있다. 그중 대부분이 화석의 수가 적거나 때로는 하나만 있는 경우도 있어 새로 발견된 화석의 종이나 속을 결정하는 데 어려움이 많다. 다시 말해 그 종이 실제로 어떻게 생겼는지를 알아낼 수 있을 정도로 충분한 화석이 없다는 것이다. 어떤 화석은 일부만 보존되어 있어 어떤 생명체인지 알아내기가 어려운 경우도 있다.

화석의 종류를 알아내는 데는 두 가지 반대되는 접근 방법이 있다. 유형론적 접근 방법을 사용하는 과학자들은 화석이 조금만 달라도 다른 종으로 분류한다. 이 방법에서는 작은 차이를 중요하게 생각한다. 이와는 반대로 군집론적 접근 방법을 사용하는 과학자들은 군집에 속하는 모든 개체는 조금씩 다르다는 것을 인정한다. 그들은 똑같지는 않지만 비슷한 화석을 만나면 같은 종으로 취급한다. 그리고 현재는 군집론적 접근이 종을 결정하는 데 더 널리 사용되고 있다.

분석 copprolite 이란?

분석은 고대 동물의 배설물이 석화된 것이다. 과학자들은 고대 동물의 배설물을 연구하여 그 동물의 식성과 소화기관이 어떻게 작동했었는지를 알아낸다. 분석이라는 명칭은 1829년에 윌리엄 버클랜드 Dr. William Buckland 가 처음으로 사용했다. 분석이 잘 보존될 수 있는 환경은 강의 범람원이다. 이런 지역에서는 동물의 배설물이 어느 정도 마른 다음 강이 범람하면 빠르게 퇴적물로 덮일 수 있다. 분석은 흔한 화석이지만 공룡의 분석은 드물다.

현재까지 발견된 가장 큰 분석은 무엇인가?

캐나다 서스캐처원의 자존심이라는 '스코티' 티라노사우루스는 1994년에 이스트 엔드 마을 부근에서 발견된 티라노사우루스 렉스 화석이다. 더 흥미로운 일은 4년 후에 일어났다. 스코티의 뼈에서 수㎞ 떨어진 곳에서 약 0.5m 길이의 흰색이 도는 회색 덩어리가 발견된 것이다. 이 지역에서 백악기 후기의 악어와 작은 수각 공룡의 화석이 발견되기는 했지만 이렇게 커다란 분석을 만들 수 있는 것은 티라노사우루스뿐이었다. 이것은 살아 있거나 화석으로 발견된 모든 종류의 육식동물의 배설물 중에서 가장 큰 것이었고, 최초의 티라노사우루스 렉스 분석이었다. 분석에 포함된 흩어진 뼈와 다른 물질을 통해 티라노사우루스가 먹이를 그냥 삼킨 것이 아니라 살, 피부, 기타 기관과 함께 많은 양의 뼈도 분쇄했다는 것을 알 수 있다.

위석이란?

모래주머니라고도 하는 위석gastroliths은 초식공룡인 아파토사우루스나 세이스모사우루스와 같은 공룡의 골격 사이의 복부 공간에서 발견되는 매끄럽고 반질반질한 돌이다. 과학자들은 이 돌들은 거대한 동물의 위 안에서 굴러다니면서 잔가지, 잎, 솔잎과 같이 거친 식물 물질을 분쇄하는 것을 도왔던 것으로 보고 있다. 이것은 오늘날 새와 같은 일부 동물들이 작은 돌을 이용하는 것과 비슷하다. 예를 들면 이가 없는 타조는 거친 섬유질 먹이를 소화시키기 위해서 이런 돌들이 필요하다.

생명체의 연질부도 화석으로 발견된 적이 있는가?

있다. 일부 연질부가 화석으로 발견되기는 했지만 그 수는 아주 적다. 그 이유는 간단하다. 연질부는 짧은 시간 내에 부패되기 때문이다.

라브레아 타르 연못에서 발굴해 로스앤젤레스 페이지 박물관에 전시된 캐니스디루스의 화석. 도심 4m 아래 있는 질펀한 곳에 말 그대로 역사 속으로 가라앉은 매머드, 마스토돈, 육지 나무늘보 등의 빙하기 동물들이 들어 있다.

최근 흥미로운 발견이 있었다. 이 발견으로 과학자는 파충류의 심장에 대해 많은 것을 알 수 있었다. 6600만 년 전인 백악기에 살았던 '윌로'라고 알려진 초식공룡 테스셀로사우루스의 화석은 심장을 가지고 있었다. 이 공룡은 살아 있을 때 길이가 4m이고, 무게가 300㎏이었다. 사우스다코타에서 발견되어 현재 롤리에 있는 노스캐롤라이나 자연과학 박물관에 전시되어 있으며, 수년 동안의 연구 끝에 과학자들은 이 화석이 전 세계에서 가장 중요한 공룡이라는 것을 알게 되었다. 공룡의 골격에 붙어 있는 철과 황으로 화석화된 심장은 놀라운 발견이었다.

이 발견은 공룡에 과한 과학자들의 이론을 바꾸어 놓았다. 윌로는 냉혈 파충류라고 예상했던 것과 달리 포유류 같은 온혈동물이었다. 물론 모든 사람들이 이런 의견에 동의하는 것은 아니다. 일부는 심장이 실제로는 퇴적암에서 발견되는 단단한 돌과 같은 물질인 결석이라고 주장하고 있다. 그러나 윌로의 가슴에 있는 심장은 진흙 덩어리로 이루어진 결석이 없는 복잡한 구조를 가지고 있다.

라브레아 타르 연못은 무엇인가?

라브레아 타르 연못La Brea tar pits은 세계에서 가장 유명한 장소 중 하나이다. 캘리포니아 남부에 위치한 이 타르 연못은 아스팔트 퇴적물로 채워져 있어 화석화를 위해서 최고의 조건을 갖추고 있다.

타르 연못은 석유가 표면으로 흘러나와 만들어졌다. 적은 양의 석유가 표면으로 흘러나와 증발되고 호수에 타르(아스팔트)만이 남아 동물들이 쉽게 빠져 죽는 타르 웅덩이가 되었다.

그중 라브레아는 4만 년에서 8만 년 전에 살았던 척추동물, 나무, 곤충, 곤충의 유충, 식물, 연체동물, 기타 생명체의 화석을 다량 보존하고 있다. 1906년 이후 159종의 식물을 포함하여 660종의 100만 개가 넘는 뼈들이 수집되었으며, 빙하기였던 플라이스토세의 척추동물 중 59종의 포유류와 135종의 새가 발견되었다. 발견된 동물의 수를 바탕으로 과학자들은 평균적으로 30년마다 10마리의 동물이 이곳에 빠져 죽은 것으로 추정했다.

라브레아에서 처음 찾아낸 화석 뼈는 타르에 빠진 운 없는 소의 것으로 보인다. 1901년까지 이 연못의 첫 번째 과학적 발굴이 진행되어 많은 고대 동물과 식물이 발견되었다. 이 연못에서 발견된 가장 흔한 큰 포유류는 이리였다. 두 번째로 많이 발견된 화석은 가장 유명한 검치호인 스밀로돈이었다. 라브레아에서는 이 검치호 외에도 북아메리카 토종말, 낙타, 매머드, 마스토돈, 긴뿔 들소를 비롯하여 현재는 볼 수 없는 큰 동물들이 발견되었다. 이곳은 오늘날에도 32~48L의 타르가 표면으로 솟아오르고 있어 가끔씩 새나 작은 파충류에서 큰 포유류에 이르기까지 모든 종류의 동물이 빠져 죽고 있다. 특히 타르가 끈적끈적해지는 늦봄이나 초가을 따뜻한 날에 이런 일이 자주 발생한다.

아니다. 모든 화석이 암석층 속에 보존되는 것은 아니다. 대부분의 화석은 암석층 안에 보존되어 있지만 타르, 토탄, 얼음, 고대 나무의 수지인 호박과 같은 다른 물질도 화석을 포함하고 있다. 일부 화석은 습지에 염장된 상태로 발견되거나 사막 동굴에 마른 채로 발견되기도 하며, 사막에서 바람에 의해 건조된 후 묻힌 것도 있다. 이러한 조건에서는 연질부도 잘 보존되어 있는 경우도 있다.

인간의 몸도 암석이 아닌 곳에서 '화석'으로 발견되는 경우가 많다. 예를 들면 고대 이집트의 미라는 극단적인 지속적 탈수 과정을 통해 몸의 연한 부분과 단단한 부분이 모두 보존된 화석이라고 할 수 있다. 고여 있는 차가운 습지에 수천 년 농안 잠겨 있다가 발견된 생명체는 놀라운 정도로 좋은 상태를 유지하고 있다. 산소가 부족한 조건이 모든 부패 과정을 중단시켜 연한 조직을 보존했다.

몰드와 캐스트는 무엇인가?

몰드^{molds}와 캐스트^{casts}는 화석의 일종이다. 죽은 생명체가 묻히면 대개는 완전히 부패되고 암석 안에 움푹 들어간 몰드 자국만 남긴다. 단단한 부분은 대부분 자국을 남기지만 때로는 연한 부분도 자국을 남긴다. 이런 몰드가 퇴적물로 채워진 후 굳어지면 죽은 생명체의 캐스트가 만들어진다.

위화석은 무엇인가?

위화석^{pseudofossils}은 화석으로 오인하기 쉬운 암석에 포함되어 있는 형체들을 말한다. 예를 들면 사암이나 다른 퇴적암층에서 종종 식물처럼 보이는 수지상이 발견된다. 이것은 암석의 균열에 화학물질이 침투하여 주로 산화철과 산화망간인 화학물질의 자국이 식물과 같은 형태를 만드는 것이다. 또 다른 예는 고대 남조류에 의해 만들어진 동심원 패턴의 스트로마톨라이트이다. 언뜻 스트로마톨라이트처럼 보이지만 화산에서 유래한 방해석이나 사문석 광물층인 경우가 많다.

지구에서 가장 많이 발견되는 화석은?

가장 흔하게 발견되는 화석은 꽃가루와 조개의 화석이다. 꽃가루는 현미경을 이용해야 볼 수 있을 정도로 작지만 대부분의 조개는 커서 구별하기 쉽다.

꽃가루 화석은 전 세계의 많은 암석층에서 발견된다. 식물의 번식 시기에 만들어지는 작고 이동성이 있는 세포인 꽃가루는 식물을 널리 퍼트리는 데 도움을 준다. 꽃가루는 스포로플레닌이라는 건조를 방지하는 비활성 유기 고분자로 된 껍질을 가지고 있어 화석이 만들어지기 쉽다. 과학자들은 꽃가루 화석을 이용하여 고대의 기후와 환경을 알아낸다. 예를 들면 과학자들은 몽고 지방에서 발견된 식물의 꽃가루 화석을 조사하여 이 지역이 3600만 년 전에 평원이었다는 것을 알아냈다.

지난 4000만 년 동안 식물에는 거의 변화가 없었다. 그리고 오늘날 건조한 지역에서 발견되는 식물은 3600만 년 전에 형성된 몽고 화석에서 발견된 것과 거의 유사하다. 이것은 그 당시에도 아시아가 건조했다는 것을 뜻한다.

조개는 커다란 조개껍데기에서부터 작은 플랑크톤에 이르기까지 크기가 다양하다. 영국 도버의 화이트 클리프 해변은 수많은 백악기의 미세한 단세포 해양 동물과 코콜리스라는 식물성 플랑크톤으로 만들어졌다. 그곳의 백악 절벽은 8000만 년 전에서 6500만 년 전 사이에 죽은 플랑크톤이 대양저에 가라앉으면서 두꺼운 층으로 쌓여서 형성되었다.

어떻게 고대 곤충이 호박 안에 잡혀 있는 것일까?

고대의 곤충이 소나무, 전나무, 가문비나무처럼 솔방울이 열리는 나무에서 흘러나온 수지가 굳어서 만들어진 호박 안에서 발견되었다. 나무는 손상이 되면 끈적끈적한 액체인 수지를 만들어낸다. 나무껍질 위를 기어가던 곤충이 수지를 만나면 그 안에 갇히게 된다. 그 나무가 쓰러지기 전이나 후에 땅에 묻히면 화석을 포함한 호박이 된다. 곤충 외에 화석화된 깃털, 나무껍질 조각, 작은 개구리 등도 호박 속에서 발견되었다.

영국의 사우스 포어랜드 등대 아래로 도버의 화이트 클리프로 유명한 거대한 백악 절벽이 놓여 있다.

호박 속에 포함된 곤충은 발트 해 해안 지방과 서인도 제도의 여러 섬에서 발견되었다. 그러나 호박이나 암석에 화석화된 곤충은 매우 드물다. 손상된 나무의 수지와 곤충이 만나 호박을 만들 확률은 크지 않다. 오늘날 서식 중인 수백만 종 중에서 반이 곤충이지만 지금까지 알려진 25만 종의 화석 중 8,000종만이 곤충이다. 곤충의 화석이 드문 것은 곤충이 수지 안에 갇힐 확률이 적다는 것을 나타낸다.

화석의 연대측정

화석의 상대연대는 어떻게 결정되는가?

화석의 상대연대는 주변 암석층과 위치에 의해 결정된다. 상대연대를 결정하는 가장 일반적인 방법은 퇴적암층에서 화석의 위치를 이용하는 것이다. 아래층에서 발견된 화석이 위층에서 발견된 화석보다 오래되었다는 것이다. 이 방법은 수 세기 동안 암석과 화석의 대략적인 나이를 정하는 데 사용되었다(암석의 나이에 대한 더 자세한 내용은 '지구 측정하기' 참조).

표준화석이란?

표준화석^{index fossil}은 지질학적 역사에서 '기준' 역할을 하는 화석이다. 이들은 지질학적 역사에서 제한된 기간 동안에만 존재하던 생명체로, 이들의 화석이 발견된 암석층의 연대를 정하는 데 사용할 수 있는 화석이다. 예를 들면 암모나이트는 2억 4500만 년 전에서 6500만 년 전까지 계속된 중생대에 널리 분포했지만 공룡이 멸종된 백악기 대멸종 시기에 멸종되었다. 또 다른 표준 화석에는 5

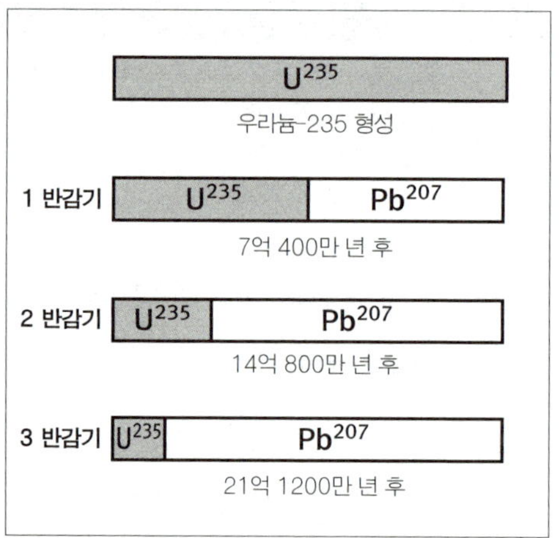

우라늄-235 원자는 붕괴하여 납-207이 된다. 우라늄-235의 반감기는 7억 400만 년이다.

억 4000만 년 전에서 5억 년 전까지 계속된 캄브리아기에 살았던 완족류의 화석과 3억 6000만 년 전에서 3억 2000만 년 전까지인 캄브리아기에서 석탄기 중엽까지 살았던 필석, 5억 4000만 년 전에서 2억 4500만 년 전까지인 고생대와 2억 4500만 년 전부터 6500만 년 전까지인 중생대에 살았던 코노돈트 화석, 그리고 고생대가 시작될 때부터 2억 4800만 년 전인 페름기 후반까지 살았던 삼엽충 화석 등이 있다. 고생대 화석의 반은 삼엽충 화석이다.

화석의 절대연대는 어떻게 알 수 있을까?

화석의 절대연대는 주변 암석의 나이를 밝혀서 결정한다. 가장 일반적인 방법은 특정한 원소의 방사성 동위원소를 이용하는 방사성 연대측정법이다. 우라늄, 루비듐, 아르곤, 탄소와 같은 원소의 방사성 동위원소들은 고유한 반감기를 가지고 있다. 이 반감기가 '방사성 연대측정의 시계'가 된다. 과학자들은 암석 시료를 분석하여 '모 원소'와 '딸 원소'의 비율을 알아낸다. 이 비율 암석층의 나이를 알 수 있기 때문에 암석층에 포함된 화석의 연대를 알아낼 수 있다. 나른 수많은 과학석 측정과 마찬가지로 이 방법도 완벽하지 않아서 어느 정도 오차가 포함된다.

절대연대측정 방법에는 어떤 것들이 있나?

다음은 암석과 화석의 절대연대를 결정하는 방사성 연대측정 방법을 비롯한 몇 가지 연대측정법에 대한 설명이다.

열루미네선스thermoluminescence **연대측정과 전자스핀 공명**electron spin resonance **연대측정**
광물에 포함된 원자들은 토양에서 방출되는 방사선에 노출되어 있다. 이 방사선이 광물의 결정 구조 안에 갇혀 있는 전자를 들뜨게 만든다. 지질학자들은 열루미네선스와 전자스핀 공명을 이용하여 광물을 포함하고 있는 암석 안에 들어 있는 들뜬 전자의 수를 측정한다. 열루미네선스는 열을 이용하여 갇혀 있는 전자를 방출하고, 전자스핀 공명은 결정이 가지고 있는 에너지의 양을 측정한다. 이런 자료를 비슷한 다른 물질의 들뜬 전자 증가 비율과 비교한다. 지질학자들은 광물에 들뜬 전자가 축적되는 데 걸리는 시간을 계산하여 암석의 나이를 결정하고 따라서 이 암석에 포함된 화석의 나이도 알 수 있다.
우라늄 계열 연대측정uranium series dating 화석의 나이를 결정하는 데 사용되는 방사성 연대측정법에는 우라늄 계열 연대측정법도 있다. 이 방법에서는 석회암 퇴적층에 포함된 토륨-230의 양을 측정한다. 이 퇴적물이 형성될 때 우라늄이 포함되어 있었지만 토륨은 거의 없었다. 우라늄이 토륨으로 붕괴하는 속도는 알려져 있다. 따라서 석회암에 포함된 토륨의 양을 알면 암석의 나이를 계산할 수 있다.

나이테^{tree ring}**와 연층**^{varve} 살아 있는 나무와 화석에서 발견되는 나이테는 나무의 성장 연대를 나타내고 계절별 퇴적물인 연층은 퇴적물이 형성되는 데 걸린 연수를 나타낸다. 따라서 일부 과학자들은 암석이나 화석의 절대연대를 알아내는 데 이런 것들을 이용한다.

탄소 연대측정법은 무엇인가?

탄소 연대측정법은 지질학적 시간으로 볼 때 비교적 오래되지 않은 생명체 잔유물의 연대를 알아내는 데 사용된다. 이 방법은 탄소에는 C^{12}와 C^{13}의 두 가지 안정한 동위원소가 있다는 사실에 바탕을 두고 있다. C^{12}는 C^{13}보다 조금 가볍다. 살아 있는 생명체는 C^{12}를 흡수하는 데 적은 에너지가 필요하기 때문에 C^{12}를 더 잘 흡수한다. 퇴적암 안에 정상 비율보다 더 많은 C^{12}를 포함하고 있다면 그것은 생명체로 인해 비율이 달라졌다는 것을 의미한다. 따라서 과거에 생명체가 존재했다는 것을 알 수 있다.

탄소 동위원소의 반감기는 짧기 때문에 탄소 연대측정법은 최근 화석의 연대를 측정하는 데 사용할 수 있다. 특히 4만 5000년보다 짧은 연대를 측정하는 데 유리하다. 대기 중의 질소-14(N^{14})가 우주선과 충돌하면 탄소-14(C^{14})가 만들어져 지표면으로 내려온다. 식물은 이 탄소 동위원소를 흡수한다. 동물들은 식물을 먹거나 식물을 먹은 동물을 먹어 C^{14}를 몸속으로 받아들인다. 생명체가 죽으면 C^{14}의 흡수가 중지되고 C^{14}는 N^{14}로 붕괴된다. C^{14}의 반감기는 5730년이다. 다시 말해 5730년 동안에 붕괴되고 남아 있는 C^{14}의 양이 반이 된다. 다시 5730년이 지나면 남아 있는 C^{14}의 양은 다시 반으로 줄어든다. 따라서 남아 있는 C^{14}의 양이나 붕괴된 C^{14}의 양을 측정

텍사스 휴스턴 박물관에 전시된 실러켄스. 멸종된 것으로 알려져 있던 실러캔스는 여러 장으로 나누어진 지느러미를 가지고 있으며 아프리카 동부 해안의 깊이 360m에서 잡혔다. ⓒ CC-zero: Daderot

하여 지질학자들은 화석의 대략적인 연대를 알아낼 수 있다.

가장 유명한 '살아 있는' 화석은 무엇인가?

가장 유명한 살아 있는 화석은 세 장으로 된 꼬리를 가지고 있으며 팔처럼 생긴 지느러미를 가지고 있는 물고기인 실러캔스이다. 이 물고기는 데본기 암석의 화석에서 처음 발견되었고, 약 6000만 년 전인 신생대 초에 멸종된 것으로 생각되었다. 그러나 1938년에 헨드릭 구센Captain Hendrik Goosen이 남아프리카 해안에서 조금 떨어진 인도양에서 살아 있는 실러캔스를 잡았다. 또 다른 실러캔스가 잡힌 것은 1952년이었다. 오늘날에는 마다가스카르 섬 가까이 있는 코로로 섬의 해안에서 조금 떨어진 깊은 바다에서 많은 실러캔스의 사진을 찍을 수 있었다.

살아 있는 화석은 수백만 년 전에 살았던 조상과 거의 같은 형태로 현재도 살아 있는 동물을 말한다. 사실 대부분의 이런 종은 현존하는 생물로 발견되기 훨씬 이전에 화석으로 먼저 발견되어 분류되었었다. 예를 들면 한 종류의 은행나무는 약 2억 2000만 년 전인 트라이아스기부터 같은 상태로 존재하고 있다. 초기 현화식물 중 하나인 목련은 1억 2500만 년 전인 백악기부터 존재했다. 쇠뜨기는 3억 8000만 년 전인 데본기에도 있었다.

살아 있는 화석으로 발견된 것은 동물도 있다. 현대 완족류인 개맛은 데본기에 살았던 조상과 거의 동일하다. 트라이아스기부터 살았던 파충류인 큰도마뱀, 백악기 말에 살았던 디델피드, 주머니쥐를 포함한 유대류 등도 살아 있는 화석이라고 할 수 있다.

공룡, 인류, 그 밖의 유명 화석들

일부 고대 문화에서는 공룡의 화석을 무엇이라고 믿었는가?

사람들은 수천 년 동안 화석을 찾기 위해 땅을 팠다. 2000여 년 전에 중국 스촨 성 우청에서 발견된 '용'의 뼈는 공룡의 화석이었을 것이다. 그리고 그리스와 로마의 괴물과 그리핀 전설은 공룡 화석 발견에서 기원했을 것이다.

처음으로 수집되어 설명된 공룡 화석은?

1676년에 영국 옥스퍼드셔에서 로버트 플롯 Robert Plot 목사가 거대한 넓적다리뼈를 발견했다. 플롯은 이것을 과학적으로 기록했지만 공룡이 아니라 사람과 같은 모습을 한 '거인'의 뼈라고 주장했다. 1763년에 영국의 자연학자 브룩스 R. Brookes 도 이 화석을 조사하고 역시 거인의 뼈라고 결론짓고 이를 스크로툼 휴마눔 Scrotum humanum 이라고 이름 붙였다.

　과학적으로 설명된 최초의 공룡은 수각류 공룡에 속하는 메갈로사우루스로 영국 옥스퍼드셔에서 발견되었다. 최초로 발견된 공룡은 이구아노돈이었지만 메갈로사우루스보다 후에 과학적으로 설명되고 명명되었다. 화석의 속명은 이 생명체의 아래턱과 이빨을 조사한 화석 사냥꾼이며 목사였던 윌리엄 버클랜드^{William Buckland}(1784~1856)가 1824년에 붙였다. 기드온 맨텔^{Gideon Mantell}(1790~1852)은 과학적 종명을 메갈로사우루스 버클란디^{Megalosaurus bucklandii}로 하자고 제안했다. 그때까지는 아무도 그것이 '공룡'이라는 것을 몰랐으며, 아직 공룡이라는 단어도 존재하지 않았다.

유명한 공룡 화석에는 무엇이 있는가?

유명한 공룡 화석이 많이 있다. 공룡 화석 중에서 사람들의 관심을 끄는 화석은 다음과 같다.

- 미국에서 최초로 발견된 공룡 화석은 1787년에 글라우세스터 카운티에서 캐스파 위스타^{Dr. Caspar Wistar}가 발견한 넓적다리뼈이다. 이 뼈는 분실되었지만 그 후 이 지역에서 더 많은 화석을 발견했다.
- 1877년에 최초로 공룡의 뼈를 암석층에서 발견했다. 이런 암석층은 미국에 가장 많이 분포하고 있는 것으로 알려졌다. 최초의 공룡 뼈가 발견된 콜로라도 마을의 이름을 따서 모리슨 지층이라고 하는 이 암석층에서는 대부분의 화석이 녹색 시트암으로 이루어진 중간층과 사암으로 이루어진 아래층에서 발견되었다.
- 아마도 가장 유명한 화석은 알을 품은 자세를 유지하고 있는 공룡의 화석일 것이다. 고비 사막에 위치한 우카 톨고드는 공룡, 포유류 그리고 다른 동물의 골격을 많이 보이는 것으로 알려졌다. 이곳에서 발견된 화석은 부서지지 않

은 완전한 형태로 놀랍도록 세밀한 부분까지 잘 보존하고 있다.

- 2001년에는 아주 희귀한 발견이 있었다. 7700만 년된 거의 완전한 형태의 오리 주둥이를 가진 공룡 화석이 몬태나에서 발견되었다. 이 공룡의 피부와 근육 대부분이 광물화 과정을 통해 보존되어 있었다.

공룡과 새 사이에는 연결고리가 있는가?

그럴 가능성이 높다. 많은 과학자들이 현재 공룡과 새 사이에 밀접한 관계가 있다고 믿고 있다. 최초의 새 형태의 화석은 아르카이오프테릭스 리토그라피카 $^{Archaeopteryx\ lithographica}$로 '판형 석회암에서 온 고대 날개'라는 의미를 가지고 있다.

많은 고생물학자들이 가장 오래된 새가 아직 발견되지 않았다고 생각하고 있지만 최초의 화석은 1855년에 남부 독일의 졸른호펜 채석장에서 발견된 것이다. 이 화석은 후기 쥐라기의 퇴적암에서 발견되었지만 1970년까지 새의 화석이라는 것을 아무도 알지 못했다. 그 후 몇 년에 걸쳐 1억 2500만 년 전에서 1억 4700만 년 전의 것으로 추정되는 6개의 골격 화석이 더 발견되었다. 까마귀와 비슷한 크기의 새와 유사한 이 화석은 일부 고생물학자들이 진화론을 입증하는 데 사용했다.

현재 많은 과학자들이 아르카이오프테릭스를 공룡과 새의 전환 단계를 나타내며 새가 공룡의 후손이라는 것을 증명한다고 생각하고 있다. 그러나 일부 과학자들은 그런 화석이 너무 적게 발견되기 때문에 새가 공룡의 후손이라는 주장을 받아들이지 않고 있다.

최초로 발견된 인류의 화석은 무엇인가?

최초의 인류(유인원) 화석은 1856년에 독일 뒤셀도르프 부근의 네안데르 계곡 동굴 안에서 발견된 두개골과 골격의 일부이다. 이 네안데르탈인은 20만 년 전에서 3만 년 전 사이에 살았다. 1893년에는 '자바원인'이라고 알려진 최초 호모 에렉투스의 화석이 인도네시아에서 발견되었다. 또 비슷한 화석들이 아프리카와 아시아에서 발견되어 이들이 최초로 넓게 분포했던 인류라는 것을 알 수 있다. 이들의 골격은 더 굵고 무겁기는 했지만 현대인의 골격과 매우 비슷했다. 호모 에렉투스는 160만 년 전

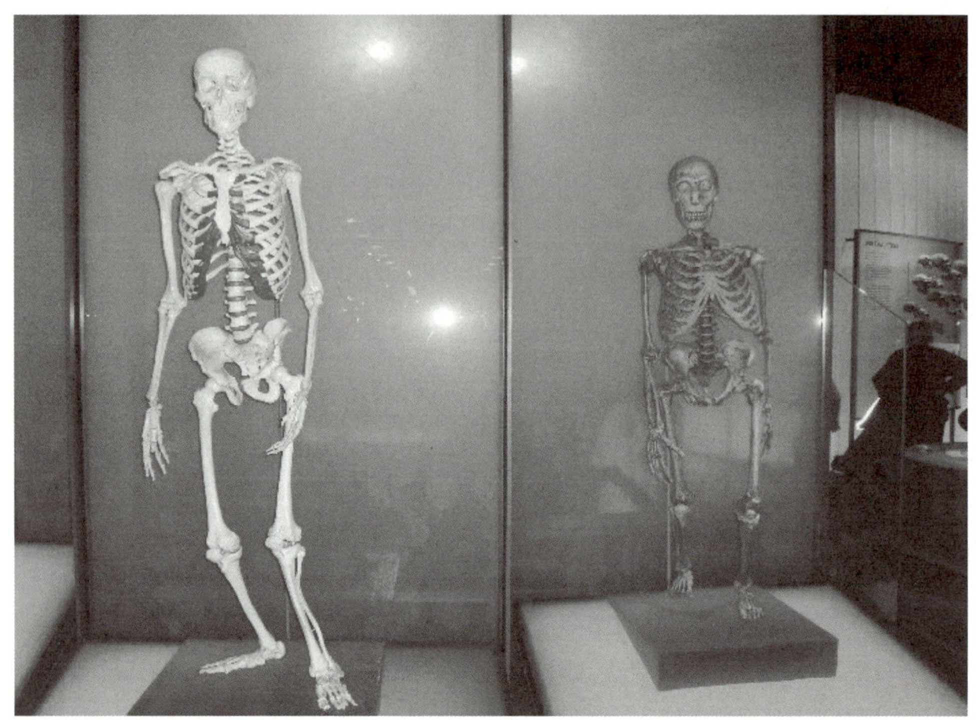

200개가 넘는 화석 뼈 조각을 재조합하여 만든 현대인의 골격(왼쪽)과 네안데르탈인의 골격(오른쪽).

에서 20만 년 전까지 살았으며 최초로 불을 사용했던 것으로 추정된다.

호모 사피엔스에 이르는 진화 과정의 단계는?

호모 사피엔스가 어떻게 진화해왔는지에 대해서는 오랫동안 격렬한 토론이 계속되어 왔지만 확실한 것을 알기 위해서는 아직도 더 많은 증거가 필요하다. 발견된 화석 증거를 바탕으로 과학자들은 지난 400만 년 동안 어떤 유인원들이 존재했었는지를 알아냈다. 아래 표는 발견된 화석의 이름과 이들의 대략적인 연대를 나타낸다(참고: 이 이름들과 연대에 대해서는 아직 토론이 진행되고 있다).

종	연대(년 전)
아르디피테쿠스 라미두스	440만
오스트랄로피테쿠스 아나멘시스	420만~390만
오스트랄로피테쿠스 아파렌시스	390만~300만
오스트랄로피테쿠스 아프리카누스	280만~240만
오스트랄로피테쿠스 가르히	250만
파란트로푸스 아에티오피쿠스	270만~190만
파란트로푸스 보이세이	230만~140만
파란트로푸스 로보스쿠스	190만~100만
호모 루돌펜시스	240만~190만
호모 하빌리스	190만~160만
호모 에르가스터	180만~150만
호모 에렉투스	160만~20만
호모 하이델베르겐시스	60만~20만
호모 네안데르탈시스	20만~3만
호모 사피엔스(호모 사피엔스 사피엔스)	10만~현재

더 유명한 인간 화석에는 어떤 것들이 있는가?

사람들의 관심을 끄는 많은 인간 화석이 있다. 예를 들면 오스트랄로피테쿠스 아파렌시스에 속하는 '루시'는 320만 년 전의 인간 화석으로 가장 유명한 인간 화석이다. 루시는 에티오피아의 하다르에서 발견된 화석으로 지금까지 발견된 인간 화석 중에서 가장 오래된 화석 중의 하나로 보인다. 또 다른 유명한 인간 화석은 적어도 240만 년 전에 살았던 오스랄로피테쿠스 아프리카누스에 속하는 '타웅 차일드'이다. 이 화석은 남아프리카의 타웅에서 발견되었다. 약 50만 년 전에 살았던 호모 에렉투스에 속하는 '북경원인'도 유명하다. 북경원인은 중국 저우커우뎬에서 발견되었다.

다른 유명한 화석에는 어떤 것들이 있는가?

전 세계에는 많은 유명한 화석들이 분포해 있다. 다음은 오래전에 발견된 화석과 최근에 발견된 화석 중에서 널리 알려진 화석들이다.

삼엽충^{trilobite} 가장 유명한 화석 중 하나인 삼엽충은 5억 5000만 년 전에 살았으며, 처음으로 눈을 가졌던 동물이다. '갑옷'으로 무장한 이 동물의 가장 큰 화석 길이는 거의 1m나 된다.

버제스 셰일^{Burgess Shale} 1909년에 발견된 버제스 셰일 동물 화석은 119속의 140종을 포함하고 있는데 대부분은 물 밑바닥에 사는 동물들이다. 단단한 골격이 화석화된 것 외에도 암석층의 놀라운 보존력 덕분에 연한 몸을 가진 생물의 화석도 다수 발견되었다.

청장 화석 유적 버제스 셰일 화석 형태의 화석이 중국 운남성 청장 부근의 초기 캄브리아기 퇴적층에서 발견되었다. 이 화석들은 버제스 셰일 퇴적층보다 1500만 년이나 더 오래된 것이다. 현재까지 1만 종 이상의 화석이 발견되었다.

지렁이 형태 화석 1998년 연구자들은 10억 년 전의 암석에서 지렁이처럼 보이는 동물의 화석을 발견했다. 이것은 지금까지 발견된 가장 오래된 다세포 동물의 화석보다 2배나 더 오래된 것이다. 이 발견은 약 6억 년 전인 캄브리아기라고 생각되어온 다세포 생물의 출현 시기를 다시 생각하게 했다.

미국에 화석 공원이 있는가?

그렇다. 미국에는 화석으로 널리 알려진 국립공원이 많이 있다. 다음은 국립공원 관리소에서 관리하는 중요한 국립공원의 명단이다.

- 네브래스카 주 아게이트 화석층 국립천연기념물
- 사우스다코타 주 배들랜즈 국립공원

- 캘리포니아 주 채널 아일랜드 국립공원
- 캘리포니아 주와 네바다 주 데스밸리 국립공원
- 펜실베이니아 주와 뉴저지 주 델라웨어 워터갭 국립휴양지
- 콜로라도 주와 유타 주 다이노서 국립기념공원
- 콜로라도 주 플로리선트 화석층 국립천연기념물
- 와이오밍 주 뷰트 화석 국립천연기념물
- 애리조나 주와 유타 주 그랜드 캐니언 국가보호지역
- 애리조나 주 그랜드 캐니언 국립공원
- 뉴멕시코 주와 텍사스 주 구와델로프 마운틴 국립공원
- 아이다호 주 해저먼 화석층 국립천연기념물
- 오리건 주 존데이 화석층 국립천연기념물
- 애리조나 주 패트리파이드 포레스트 국립공원
- 노스다코타 주 시어도어 루즈벨트 국립공원
- 몬태나 주와 아이다호 주와 와이오밍 주 옐로스톤 국립공원

화석 연료

화석 연료의 기초

주요 화석 연료는 무엇인가?

석유, 천연가스, 석탄은 가장 중요한 화석 연료^{fossil fuel}이다. 화석 연료는 유기물질을 덮은 두꺼운 퇴적층 아래서 수백만 년의 시간에 걸쳐 만들어진다. 더 많은 퇴적층이 위에 쌓여 압력이 높아지면 석유, 천연가스, 석탄의 성분이 되는 에너지가 풍부한 수소와 탄소의 화합물(탄화수소)이 만들어진다.

화석 연료를 처음 언급한 문서는?

수천 년 전부터 많은 문서들에 화석 연료에 관한 자료들이 실려 있다. 화석 연료가 언급된 고대 자료들 중의 일부는 다음과 같다.

석유^{oil, petroleum}　대부분의 고대 문명은 여러 가지 방법으로 석유를 '사용'했다. 예를 들면 이집트인 중에 경제적으로 여유가 없던 사람들은 미라를 보존하는 데 석유를 사용했다. 미라를 나타내는 mummy는 자연적으로 지표로 흘러나온 원유인 '피치' 또는 '아스팔트'를 의미하는 페르시아어 mummeia에서 유래했다. mummeia는 유럽에서 약품으로도 사용되었지만 공급이 제한적이었다. 메소포타미아의 고대 문명은 아스팔트를 건축용으로 사용했는데, 특히 집이나 배의 방수를 위해 사용하기도 했다. 고대 그리스와 로마에서는 석유를 윤활제나 충진재로 사용했다. 아메리카 원주민도 적어도 1410년 이전에 석유를 의약품으로 사용했다는 기록이 남아 있다. 그들은 지표로 석유가 흘러나오는 곳을 손으로 파서 석유를 모은 다음 속이 빈 나무를 연결하여 저장했다. 초기에 미국에 정착한 유럽인들 역시 흘러나온 석유를 램프 연료나 기계의 윤활제로 사용했다.

천연가스^{natural gas}　천연가스에 대한 기록은 B.C.E. 3000년경에 고대인들이 외부로 방출된 천연가스에 의한 것으로 보이는 '영원한 불'을 숭배할 때부터 나타난다. 일부 역사학자들은 B.C.E. 6000년부터 영원한 불을 숭배했다고 주장하고 있다. B.C.E. 900년경에 중국인들은 소금을 얻기 위해 판 우물에서 천연가스를 발견했다. 그러나 천연가스가 인류 문화에 충격을 주기 시작한 것은 1807년 런던 가로등에 사용되면서부터이다.

석탄^{coal}　석탄은 대부분 지하 깊은 곳에 묻혀 있기 때문에 석탄 사용은 지표면으로 흘러나온 석유나 천연가스의 사용보다 제한적이었다. 중국인들은 3000년 전에 석탄을 캐냈다. 그들은 만리장성을 쌓을 때 검고 무거우며 끈적끈적한 역청을 사용했다. 1679년에 일리노이 강을 탐험한 프랑스 탐험가가 미국에서 처음으로 석탄에 대해 언급했다. 상업적으로 석탄을 처음 채광한 것은 1750년 버지니아의 리치몬드에서였다. 1850년에서 1950년대까지 석탄은 미국에서 가장 중요한 연료였다.

이탈리아의 탐험가 마르코 폴로Marco Polo(1254~1324)는 현재의 아제르바이잔에 해당하는 카스피 해 연안의 페르시아의 도시 바쿠에서 지표면으로 흘러나오는 석유를 모으는 것을 목격하고 다음과 같이 기록했다.

'지오자인 인근에는 많은 기름이 나오는 샘이 있다. 이곳에서는 한 번에 백 척의 배에 실을 정도로 많은 기름이 나온다. 이 기름을 식용으로 사용하기에는 좋지 않지만 태울 수 있고 피부병을 앓는 낙타에 사용할 수 있다. 사람들은 이것을 가져가기 위해 먼 곳에서 온다. 나라 전체에 다른 기름이 없기 때문이다'

그는 연못으로 새나온 천연가스와 관계있는 진흙 화산을 비롯하여 현재 천연가스라고 하는 다른 화석 연료에 대해서도 언급했다. 그는 '아스페론 반도의 영원한 불'도 직접 목격했다. 이 불은 깨진 셰일 틈으로 흘러나온 천연가스에 의한 것으로 수세기 동안 숭배의 대상이었다. 그는 또한 중국에서 석탄에 대한 이야기를 이탈리아로 가져왔다. 그는 석탄을 '탈 수 있는 돌'이라고 설명했다. 석탄은 이전에 유럽에서 사용된 적이 없었다. 그러나 그가 언급한 석탄의 기원에 대해서는 의문의 여지가 있다. 일부 역사학자들은 마르코 폴로가 실제로 중국에 갔었다는 것 자체를 의심하고 있다.

미국에서 소비되는 에너지 중 화석 연료의 비중은?

미국에서 소비되는 에너지의 85%는 화석 연료에서 얻는다. 석유가 40%, 천연가스는 25%, 석탄은 20%의 에너지를 공급한다.

화석 연료들은 서로 다른 과정을 거쳐 형성되는가?

그렇다. 여러 가지 화석 연료들은 다른 과정을 거쳐 만들어졌다. 과학자들은 석탄은 식물의 잔해에서 만들어지고, 석유와 천연가스는 고대 바다나 강의 바닥에 쌓인 작은 식물이나 동물의 잔해로 만들어졌다고 생각한다. 석유와 천연가스의 형성은 온도와 압력의 차이, 생물이 지하에서 분해되는 데 걸리는 시간에 따라 달라진다. 일반적으

폴란드 석유 플랫폼 중 하나인 그단스크 조선소의 모습. ⓒ SA-2.5B0b1 (Paweł Pisański)

로 지하의 온도나 압력이 높으면 더 많은 천연가스가 만들어진다.

석유와 천연가스는 어디에서 발견되는가?

석유와 천연가스는 종종 지표면으로 흘러나온다. 예를 들면 이라크 북서 지역에 있는 바바 구르구르, 키르쿠크에 있는 '영원한 불'은 석유와 천연가스가 지표로 새어나온 번갯불로 발화되었을 것이다. 그러나 대부분의 석유와 천연가스는 지하 깊은 곳에 묻혀 있다. 석유와 천연가스는 스펀지처럼 많은 구멍을 가지고 있는 다공질 암석에 포함되어 있는 석유 매장지에서 발견된다. 천연가스는 석유에 녹아 있거나 석유 위에 별도의 층을 이루고 있다. 석유나 천연가스를 포함하고 있는 매장지는 대개 배사구조는 돔 구조 아래에서 발견된다. 대부분의 경우 배사구조 정점에는 덮개암이라는 두꺼운 암석층이 있다. 밀도가 높고 구멍이 없는 이 암석이 석유와 천연가스를 가두어 표면으로 올라오는 것을 막는다.

석유와 천연가스는 어떻게 생산하는가?

천연가스와 석유를 추출하기 위해서는 땅에 구멍을 뚫어야 하는데 이것을 유정이라고 한다(또 다른 화석 연료인 석탄은 탄광에서 땅을 파고 캐낸다). 미국 유정의 평균 깊이는 약 500m이다. 일반적으로 단단한 다이아몬드 날이 달린 회전하는 굴착장비를 이용하여 깊은 곳에 있는 암석층에 유정을 뚫는다. 굴착기는 대개 한 시간에 30~60m를 파내려간다. 이때 '굴착이수'라는 점토, 물, 화학물질을 섞은 액체를 내려 보내 날을 식힘으로써 과열되는 것을 방지한다. 굴착을 통해 석유가 발견되면 펌프를 이용하여 퍼낸다. 가능하면 더 많은 석유를 퍼올리기 위해 물, 기체 또는 화학물질과 같은 다른 물질을 유정에 주입하여 유정 안의 압력을 높이며, 유정의 꼭대기에 있는 '크리스마스트리'라고 하는 파이프와 밸브가 석유나 천연가스의 흐름을 제어한다.

유정 파열blowout이란?

유정에서 통제할 수 없을 정도 많은 천연가스나 석유가 밖으로 흘러나올 때 파열이 일어난다. 천연가스나 석유 매장지의 압력이 유정 안쪽의 굴착이수 압력보다 높아지면 파열이 일어날 수 있다. 오래된 영화의 한 장면처럼 석유를 굴착하는 이른 아침에 굴착기 날이 압력이 높은 천연가스 매장지를 건드리면 석유가 표면으로 쏟아져 나오는 분유정을 볼 수 있다. 최근 유정을 굴착하는 사람들은 유정의 압력을 측정하는 특수한 장치를 사용한다. 그들은 굴착 도중에 파열이 발생하지 않도록 유정 꼭대기에 설치된 여러 가지 밸브로 이루어진 파열 방지 장치도 사용한다.

석유 제품

석유는 무엇인가?

석유^{petroleum}를 뜻하는 petroleum은 '돌'이나 '암석'을 뜻하는 그리스어 petros 와 '기름'을 뜻하는 라틴어 oleum에서 유래했다. 석유라는 말은 원유나 석유 제품 모 두에 사용된다.

원유는 무엇인가?

독특한 냄새를 풍기는 흑갈색 액체인 원유^{crude oil}는 유정에서 직접 채취했거나 천 연가스와 기름 분리기를 통해 얻은 자연 상태의 석유를 말한다. 다시 말하면 원유는 정유나 증류를 하기 전에 지하 매장지에 액체 상태로 존재하는 여러 가지 탄화수소의 혼합물이다.

역청과 극압용 오일은 무엇인가?

역청^{bitumen}은 두껍고 끈적끈적한 형태의 원유, 즉 타르와 같은 석유와 탄화수소의 혼합물이라고 할 수 있다. 역청은 원유보다 점성이 높아 가열하지 않으면 흐르지 않 는다. 상온에서는 차가운 석회질 사암과 비슷하다. 이 무겁고 검은 오일을 가벼운 탄 화수소로 희석시켜 질 좋은 원유로 전환시켜 파이프를 통해 수송한다. 정유 공장에서 는 이것으로 경유나 휘발유를 생산한다.

극압용 오일^{extra-heavy oil}은 또 다른 형태의 원유인데 자연 상태의 역청만큼 질이 나 쁘지는 않다. 모든 극압용 오일 매장량의 약 90%는 베네수엘라 동부 분지에서 발견 된다. 채굴하는 사람들은 종종 증기 주입법 등을 이용하여 이 기름을 채유한다.

트랜스 알래스카 파이프라인이 알래스카 프로드회 만에서 약 230㎞ 떨어진 브룩스 레인지 아래 있는 알래스카 툰드라를 가로질러 1,280㎞ 떨어진 발데즈까지 원유를 수송하고 있다. ⓒ CC-BY-SA-2.5: Luca Galuzzi(Lucag)

석유는 어떻게 생성되는가?

아직 논란이 계속되고 있지만 대부분의 과학자들은 석유 생성에 관한 유기물 이론을 믿고 있다. 이 이론에 의하면 석유는 주로 수백만 년 전에 죽은 식물성 플랑크톤인 해양 생물의 잔해에서 생성되었다(어떤 과학자들은 육지 식물 역시 석유를 형성했다고 주장하고 있다). 탄소를 포함하고 있는 특정한 화합물이 그러한 생물에서만 발견되기 때문이다.

생명체가 죽은 후 생명체의 잔해들이 해양 바닥에 쌓인다. 유기 물질은 결국 진흙에 묻히게 되고, 수십만 년이 흐르는 사이에 층층이 쌓이는 퇴적층이 밑에 있는 퇴적물의 온도와 압력을 높인다. 수백만 년 후에 미세한 석유와 천연가스 방울이 만들어져 암석 부피의 5~25%를 차지하게 된다. 이렇게 원유가 포화된 암석은 대부분 셰일이라는 퇴적암이다. 이 때문에 많은 양의 석유를 함유한 암석을 오일 셰일이라고 한다.

셰일의 석유와 천연가스가 사암이나 석회암 같은 다공질 암석으로 이동하면 대규모 석유 매장지가 형성된다. 석유는 여러 가지 방법으로 매장지로 이동할 수 있다. 암석 안의 석유보다 밀도가 높은 바닷물이 부근의 암석층을 통해 석유를 밀어 올려 구멍이 없는 암석 밑에 저장된다. 또는 위에 있는 암석층의 무게가 석유를 균열이나 구멍을 통해 부근에 있는 암석에 모이도록 한다.

어떤 방법이든 오랜 시간이 지나면 지하 매장지에 석유가 모인다. 석유 매장지에는 배사구조와 돔 형태의 암석층, 침투할 수 있는 암석층 옆에 기름이 들어 있는 다공질 침부성 암석층이 기울어져 있는 단층, 암염 돔, 층위트랩이라고 하는 구멍이 없는 암석층이 포함된다. 석유와 천연가스가 풍부하게 매장되어 있는 지역에서는 석유나 천연가스가 지표면으로 흘러나오기도 한다.

오일 셰일은 무엇인가?

오일 셰일^{oil shale}은 석유를 함유하고 있는 퇴적암의 일종이다. 셰일 자체는 무기물이며 구멍이 없는 암석으로 일정한 양의 케로겐 형태의 유기물질을 함유하고 있다. 많은 과학자들이 오일 셰일을 석유와 석탄의 혼합물이라고 생각하고 있다. 일부 셰일에는 석유가 함유된 암석보다 더 많은 케로겐이 있지만 석탄보다는 적게 들어 있다. 세계 오일 셰일의 3분의 2는 미국에 있다. 모든 종류의 탄화수소 매장지 중에서 가장 큰 곳은 와이오밍, 콜로라도, 유타에 있는 그린 강 셰일 퇴적층이다.

오일 셰일 암석과 석유 함유 암석의 가장 큰 차이점은 오일 셰일이 석유 함유 암석보다 40%나 더 많은 케로겐을 포함하고 있다는 것이다. 그리고 오일 셰일은 케로겐을 석유로 변환시키는 데 필요한 높은 온도에 노출된 적이 없다. 오일 셰일은 고체 연료로 사용되지 않는다. 가열하여 액체 연료로 전환하는 것이 바람직하기 때문이다. 셰일이 약 4%의 케로겐을 포함하고 있다면 1t의 셰일에서 6gal의 석유를 생산할 수 있고, 40%의 케로겐이 들어 있는 셰일 1t에서는 20gal의 석유를 생산할 수 있다.

오일 샌드 또는 타르 샌드는 무엇인가?

오일 샌드^{oil sand} 또는 타르 샌드^{tar sand}는 역청 퇴적물이다. 원유가 자연적으로 지표에 흐르거나 원유를 지하에서 퍼올리면 오일 샌드도 발견되거나 파내야 한다. 오일 샌드를 암석에서 분리하는 데에는 뜨거운 물이 사용된다. 오일 샌드에서 역청과 물, 모래를 분리하기 위해서는 여러 과정을 거쳐야 한다.

1bbl의 석유는 얼마나 많은 양인가?

배럴^{bbl}은 석유 산업계에서 액체의 부피를 측정할 때 사용하는 표준 단위이다. 1bbl은 159L이다. 석유 1bbl의 가격은 여러 가지 요소에 의해 결정되지만 그중 수요와 공급이 석유 가격을 결정하는 가장 중요한 요소이다. 현대에는 석유가 힘을 의미하기 때문에 가격을 결정하는 중요한 요소 중에 정치적인 영향력이 들어간다. 나라의 위상이 석유 흐름을 통제할 수 있기 때문이다.

미국에서 사용하는 에너지는 얼마나 많은 부분을 석유에서 얻는가?

석유와 천연가스는 미국에서 사용하는 에너지의 65%를 공급한다. 미국에너지정보국에 의하면 미국에서 사용하는 에너지의 40%를 석유가 공급하며, 25%는 천연가스, 22%는 석탄, 8%는 원자력 발전이 공급한다고 한다. 수력발전, 지열, 풍력과 같은 재생에너지는 약 5%의 에너지를 공급하고 있다.

석유 제품은 어떻게 사용되는가?

석유 제품의 목록은 끝이 없다. 석유 제품은 가장 수요가 많은 교통수단이나 난방의 에너지원으로 사용되는 휘발유나 경유와 같은 연료, 용매나 윤활유와 같이 연료 외의 용도로 사용되는 비연료 제품, 그리고 여러 가지 석유 화학 제품을 생산하는 데 사용되는 원료 물질 등 세 종류로 나눌 수 있다.

자동차, 트럭, 기차, 오토바이, 비행기를 포함하여 모든 수송 수단은 석유에서 얻은 연료로 운행된다. 우리는 자동차를 운행하기 위해 휘발유를 사용하고 가정용 난방에 등유를 사용한다. 많은 산업체가 공장 가동을 석유에 의존하고 있으며, 공장에서 사용하는 기계장치들이 잘 작동하도록 하기 위해 석유로 만든 윤활유를 사용한다. 그 밖에도 농작물 재배에 사용되는 비료, 칫솔이나 빗 등 플라스틱 제조에 이르기까지 다양한 용도로 사용된다.

또한 수천 가지 화학물질을 만드는 데 사용되는 원료 물질의 90%를 석유에서 얻고 있다. 예를 들면 에탄올, 스티렌, 염화에틸, 부타디엔, 메탄올 등의 원료 물질들은 CD나 휴대폰과 같은 새로운 기술에 필요한 플라스틱, 합성 고무, 냉매, 비료, 수지, 용매, 세제, 나일론, 폭약, 살충제, 염색제, 일부 의약품과 페인트를 비롯하여 많은 물질

세계 곳곳에 있는 정유공장 중 이란 정유공장의 모습.

을 생산하는 데 사용되는 중간 화학물질이다.

정유된 석유 연료 제품에는 어떤 것들이 있는가?

미국에서 사용되는 석유의 90%는 연료 제품, 다시 말해 에너지원으로 사용된다. 가장 많이 사용하는 연료인 자동차용 휘발유는 석유 제품의 40% 이상을 차지하여 석유 제품 중 가장 많은 부분을 차지하고 있다.

휘발유 외의 석유 연료에는 경유나 산업용 또는 가정용 난방 연료와 같이 증류된 연료, LPG, 프로페인, 에테인, 부테인과 같은 액화 석유가스, 상업용 항공기나 군용 항공기에 사용되는 케로신을 바탕으로 한 제트 연료, 영업장의 난방이나 온수기 또는 요리용 연료나 램프의 연료로 사용되는 케로신, 항공기용 휘발유, 발전소나 공장에서 고체 연료로 사용되는 석유 코크스 등이 있다.

가연 휘발유와 무연 휘발유는 무엇인가?

1920년대 초 주요 자동차 회사들은 더 효율이 좋은 자동차를 만들기 위한 기술 경쟁을 벌이고 있었다. 한 회사의 과학자들은 자동차가 더 잘 달리도록 납 화합물인 테트라에틸납을 휘발유에 첨가했다. 이 물질은 엔진이 제대로 작동하지 않을 때 나는 요란스런 노킹소리를 제거했고 옥탄가를 높였으며 중요한 엔진 부품에 윤활을 제공했다. 이 연료는 에틸이라는 이름으로 판매되었는데 이것을 가연 휘발유라고 한다.

거의 50년 동안 자동차에 가연 휘발유가 사용되었다가 사람들의 건강에 좋지 않다는 것이 알려지기 시작했다. 처음 가연 휘발유를 만드는 일을 했던 과학자들 중 여럿이 이 연료의 부작용으로 죽었다. 1960년대에는 공기 중에 함유된 납이 건강에 심각하게 작용한다는 증거가 쌓였다. 다양한 질병을 유발하고, 특히 어린이들의 신경계 발달, 성장, 지능 개발에 나쁜 영향을 미친다는 것도 밝혀졌다.

이에 따라 1970년대부터 자동차 연료에 포함된 납의 함량을 제한하는 연방정부의 조치가 시행되었다. 또 1970년대 초부터 자동차에 사용되기 시작한 배기가스 절감 촉매 변환장치를 손상시켰기 때문에 휘발유에 포함된 납도 제거되었다. 1990년에 개정된 대기 청정법 수정에 의해 1995년 12월 31일부터는 휘발유에 사용되는 테트라에틸납이 완전히 금지되었다.

오늘날 도로에서 운행 중인 자동차의 90% 이상은 납을 포함하지 않은 무연 연료를 사용하도록 설계되었다. 구형 자동차 등 아직도 가연 연료를 필요로 하는 자동차는 납 함량이 낮은 휘발유와 동일한 첨가물을 '대체품'으로 사용하거나 무연 휘발유로 운행할 수 있도록 엔진을 개조해야 했다.

최초로 케로신을 증류한 사람은 누구인가?

케로신^{keroene}은 1849년 캐나다의 지질학자 아브라함 게스너^{Abraham Gesner}(1797~1864)가 최초로 증류했다. 케로신의 증류는 석유를 채굴하는 사람들과 고래에게는 큰 도움이 되었고, 고래잡이들에게는 악재였다. 세계의 많은 가로등을 밝히는 데 케로신이 고래 기름을 대신 사용되게 되었기 때문이다. 1857년에 미카엘 디에츠^{Michael}

$Dietz$는 케로신 램프를 개발하여 고래 기름을 시장에서 퇴출시켰다.

연료 외의 석유 용도에는 어떤 것이 있는가?

연료 외의 용도로 사용되는 석유의 양은 연료로 사용되는 양에 비해 훨씬 적다. 그러나 석유는 섬유, 전기, 금속 산업의 제품을 생산하는 데 널리 사용되고 있다. 석유를 이용한 비연료 제품에는 페인트, 라커, 인쇄용 잉크의 용매, 지붕, 도로, 활주로와 같은 표면을 도포하는 데 사용되는 아스팔트, 캔디, 캔들, 성냥, 가구 연마제를 만드는 데 사용되는 석유 왁스, 의료제품을 만드는 데 사용되는 바셀린과 같은 석유 젤리 등이 있다.

휘발유의 옥탄가는 무엇인가?

옥탄가$^{octane\ measure}$는 '엔진 노킹' 다시 말해 너무 낮은 옥탄에서 작동하는 엔진에서 나오는 금속성에 대한 연료의 저항 정도를 나타낸다. 가장 일반적인 옥탄가는 87에서 93 사이이다. 옥탄 강화제는 옥탄가를 높이는 첨가제이다. 예를 들면 당을 발효하여 만든 옥탄가가 높은 무수 알코올인 에탄올이 옥탄가를 높이는 휘발유 첨가제로 자주 사용된다.

자동차 연료의 옥탄가가 오랫동안 너무 낮으면 엔진 노킹이 피스톤과 주요 엔진 부품을 손상시킬 수 있다. 적절한 옥탄가는 자동차의 노후화 정도, 연비, 운전 습관, 기후와 지리적 조건, 개별 자동차의 요구 조건 등 여러 가지 요소에 따라 달라진다. 자동차의 최소 옥탄가는 사용자 매뉴얼에 포함되어 있다.

휘발유 가격은 왜 오르내리는가?

현재 휘발유 가격이 오르내리는 것은 정유공장이 땅에서 캐낸 원유에 지불하는 석유 가격이 달라지기 때문이다. 석유 가격에 영향을 미치는 요소는 정치적이고 사회적인 것에서부터 자연 재해에 이르기까지 다양하다. 예를 들면 2002년에 원유 1bbl의 가격은 12달러였지만 1년 뒤에는 36달러로 올랐다. 이 경우 가격이 오른 세 가지 중요한 이유는 다음과 같다. 미국의 네 번째 주요 원유 공급국인 베네수엘라가 석유 산업 노동자들의 파업을 비롯한 정치적이고 사회적인 불안정을 겪었다. 기후도 중요한 역할을 했다. 미국과 유럽의 2002년에서 2003년 겨울은 평소의 겨울보다 훨씬 추워 난방을 위한 원유 수요가 크게 증가했다. 마지막으로 미국이 이라크와 마찰을 빚자 주요 원유 생산 지역이 전쟁에 휘말리게 되어 세계 원유 생산에 불확정성이 증가했다. 이것은 중동으로부터의 지속적인 원유 공급에 영향을 주어 원유 가격을 크게 올렸다.

최초로 유정을 뚫은 것은 언제인가?

유정을 처음 뚫은 기록은 중국이 가지고 있다. 중국인들은 347년에 대나무 끝에 단날을 이용하여 유정을 뚫었다. 이 유정의 깊이는 244m나 되었다.

역사적으로 석유는 어떻게 이용되었나?

석유를 사용한 최초의 기록 중 하나는 1500년대로 거슬러 올라간다. 카르파티아 산맥에서 지표면으로 흘러나온 석유를 폴란드의 가로등을 밝히는 데 사용했다. 최초의 오일 샌드는 1735년 프랑스 알사스의 페케브론 필드에서 캐내 석유를 추출했다. 미국에서 석유를 생산한 최초의 기록은 펜실베이니아가 가지고 있다. 그 석유는 암염을 캐는 염수정에서 흘러나온 원하지 않던 부산물이었다. 최초의 현대식 유정은 러시아 엔지니어 셈예노프^{F. N. Semyenov}가 1848년에 바쿠의 북동부 아스페론 반도에 뚫은 유정이었다. 북아메리카에서 최초로 뚫은 유정은 1858년 캐나다 온타리오에서였다. 이듬해에 미국에서는 최초의 상업적 유정을 뚫었다.

미국의 최초 유정은 누가 뚫었는가?

1859년 8월 에드윈 드레이크^{Edwin Drake}가 펜실베이니아의 타이터스빌에 21m 깊이의 유정을 최초로 뚫었다. 하룻밤 사이에 마을에는 오일 붐이 일었고 펜실베이니아는 석유를 생산하는 주가 되었다. 드레이크는 이 지역에 석유가 흘러나오는 부분이 많아 유정을 뚫은 것으로, 이 지역에는 암염과 식수를 찾기 위해 이미 많은 구멍이 파여 있었고 그곳에서 석유가 흘러나오는 경우가 많았기 때문이다. 당시에는 석유를 쓸모없는 것으로 생각했기 때문에 석유가 나오면 구멍을 폐기했다.

상업적 유정을 뚫은 초기 이유는 무엇인가?

최초로 상업적으로 뚫은 유정은 산업용이나 교통수단을 위한 연료나 플라스틱을 만들기 위해서가 아니라 1850년대 유정업자들이 램프를 밝히는 데 사용하고 싶어 했기 때문이다. 그 당시에는 석유의 부산물 중 하나인 케로신을 정제하여 팔았다.

가장 깊은 유정은 어디인가?

이 질문의 대답은 어렵다. '세계 최고'라고 주장하는 곳이 여럿 있기 때문이다! 어쨌든 가장 깊은 유정은 6,000m가 넘는다. 텍사스 페코스 카운티에 있는 한 유정은 1958년에 폐기되기 전에 7,724m까지 도달했다. '세계에서 제일 깊은 유정'이라고 주장하는 또 다른 두 유정은 여기에 미치지 못한다. 캘리포니아 와스코에 있는 깊이 4,878m인 유정을 세계에서 가장 깊은 유정이라고 주장하는 사람들도 있다. 그러나 이 유정의 깊이는 약 3,000~5,000m인 보통 유정에 더 가깝다.

해양 유전에서는 얼마나 많은 석유가 생산되는가?

세계에서 생산되는 석유의 3분의 1이 해양 유전에서 생산되고 있다. 주요 해양 유전 지역으로는 북해, 아라비아 걸프 만, 멕시코 만 등이 있다. 해양 유전에서는 대형 건물 크기의 거대한 고정 플랫폼에서 잠수가 가능한 구조물이나 탱커를 이용하여 유정을 뚫는다. 해저에 있는 유정은 대개 수면 1㎞ 밑에 있다.

미국에서 소비되는 석유는 어디에서 오는가?

미국에서 소비하는 석유의 반은 미국에서 생산되고 나머지 반은 수입한다. 미국이 수입하는 석유의 51%는 서반구, 21%는 중동 지방, 18%는 아프리카, 10%는 그 밖의 다른 나라에서 수입하고 있다. 중동의 페르시아 만 지역에는 세계 석유의 75%가 매장되어 있다.

미래 석유 소비에 대한 현재의 예상은?

미국 에너지 정보국은 앞으로 20년 동안 세계 석유 소비가 매년 3%씩 증가할 것으로 예측하고 있다. 세계의 인구 증가는 고려하지 않고 석유 제품의 수요의 증가만을 감안한 예상이다. 많은 사람들은 석유 제품의 대체품을 개발하고, 풍력이나 태양에너지 같은 대체 에너지의 사용을 늘려 석유 소비의 증가속도를 조금이라도 줄일 수 있기를 바라고 있다.

천연가스 탐사

천연가스는 무엇인가?

색깔도 없고 순수한 상태에서는 냄새도 없고, 종종 석유와 함께 발견되는 천연가스는 자연적으로 발생한 기체 상태의 탄화수소 혼합물이다. 천연가스의 주성분은 하나의 탄소 원자를 네 개의 수소원자가 둘러싸고 있는 간단한 분자의 메테인이다. 한때 천연가스는 가치가 없다고 생각하여 버려졌지만 현재는 편리하고. 효과적이며, 비교적 깨끗하고, 재를 남기지 않으며 공기를 거의 오염시키지 않는 '완전한' 연료로 취급받고 있다. 천연가스는 석탄에 비해 같은 양의 에너지를 생산하는 데 더 적은 양의 이산화탄소를 배출한다. 일부 국가에서는 아직도 천연가스의 가치를 충분히 몰라 우주 공간에서도 보일 만큼 큰 불길로 천연가스를 태워 없애고 있다.

일반적인 미국인은 보통 얼마나 많은 천연가스를 소비하는가?

미국에서 사용하는 에너지의 4분의 1은 천연가스를 통해 공급하고 있다. 요리, 난방은 물론 연료를 이용하는 가정용 기기들의 절반 정도가 천연가스를 이용한다. 천연가스는 냄새가 없기 때문에 천연가스 회사는 썩은 달걀과 같은 냄새가 나는 물질을 첨가하여 집안에서 가스누출을 쉽게 감지할 수 있도록 하고 있다.

천연가스액이란?

천연가스액[NGLs]은 탄화수소를 모은 액체이다. 분리장치나 현장 설비 또는 처리 시설에서 천연가스에 포함되어 있던 성분들을 액체 상태로 회수한 것이다. 천연가스액에는 주로 에테인, 프로페인, 부테인이 들어 있으며, 탄화수소가 아닌 물질도 약간 포함되어 있다. 프로페인과 부테인은 종종 액화석유가스라고도 한다. 천연가스액은 석유 정제나 석유 화학 제품 생산에 사용된다. 예를 들면 에테인은 프로필렌을 제조하는 데 사용되고, 부테인은 여러 가지 산업용이나 석유 화학적 용도로 사용되며, 프로페인은 부테인과 마찬가지로 연료로 사용된다.

천연가스는 어떻게 형성되나?

천연가스는 대개 석유가 매장된 위층에서 발견되거나 석유에 녹아 있다. 천연가스는 해양 생물이 고압 하에서 분해되어 생성되는 석유와 동일한 방법으로 만들어지는 것으로 보인다.

누가 처음 천연가스정을 팠는가?

1821년에 윌리엄 하트[William A. Hart]가 뉴욕 프레도니아에서 천연가스가 더 잘 나오도록 하기 위해 9m 깊이의 가스정을 팠다. 이것이 천연가스를 추출하기 위해 의도적으로 판 첫 번째 가스정이었다. 적은 양의 천연가스를 모아서 램프의 연료로 사용한 것은 그 이전부터이다.

베네수엘라 서부 마라카이보 호수 부근에 있는 발전소. 중동 지방을 제외하면 가장 많은 석유가 매장된 베네수엘라가 남아메리카의 다른 국가들처럼 극심한 가난을 겪고 있다는 것은 이해하기 어려운 일이다.

1800년대에는 천연가스를 어떻게 이용했는가?

1800년대에는 천연가스를 램프의 연료로만 사용했다. 대부분의 파이프라인은 천연가스를 도시의 가로등까지 수송하기 위한 것이었다. 1890년대에 가스를 사용하는 가로등이 전기 가로등으로 대체되었다. 1885년 로버트 분젠$^{Robert\ Bunsen}$이 천연가스와 공기를 혼합해 사용하는 '분젠 버너'를 발명했다. 이 발명으로 천연가스를 건물의 난방이나 주방용으로 사용할 수 있게 되었다.

천연가스는 지하에서 가정까지 어떻게 전달되는가?

일반적으로 매장지에서 원유와 함께 또는 천연가스 단독으로 추출된다. 천연가스는 대개 부테인, 에테인, 프로페인과 같은 여러 종류의 탄화수소를 함유하고 있기 때문에 '깨끗한' 메테인을 만들기 위한 처리 과정을 거쳐야 한다. 추출된 가스는 파이프라인을 통해 정제 시설로 보내진다. 이곳에서 메테인이 아닌 탄화수소, 물, 불순물이 제거된다. 일부 탄화수소는 회수되어 캠핑용 스토브나 바비큐용 연료인 프로판 가스로 사용된다.

이 시점에서 메르캅탄이라는 화학물질을 첨가하여 냄새가 없는 메테인에 독특한 냄새가 나도록 만든다. 이런 과정을 거친 천연가스는 주로 강철로 만든 지름이 $52 \sim 107\,cm$인 관으로 이루어진 길고, 복잡한 파이프라인 망을 통해 도시나 마을까지 전달된 후 가정용 파이프를 통해 가정까지 전달된다.

최초로 설치된 천연가스 파이프라인은 무엇인가?

대규모로 설치된 최초의 파이프라인은 인디아나 중심부와 일리노이 시카고 사이에 1891년에 설치된 길이 $193\,km$의 파이프라인이다. 제2차 세계대전 후인 1950년대와 1960년대에 많은 천연가스 수송용 파이프라인이 설치되었는데 미국에서만도 파이프라인의 길이가 수천 km가 넘었다. 현재 미국에는 수백만 km의 지하 가압 천연가스 파이프라인이 설치되어 있다. 이들을 모두 한 줄로 연결한다면 지구와 달까지 두 번 왕복할 수 있을 것이다.

북아메리카에서 가장 깊게 판 가스정은 무엇인가?

북아메리카에서 가장 깊게 판 가스정의 깊이는 9,583m이다. 오클라호마의 아나다코 유역에 위치한 론스타 1 버사 로저스라는 가스정은 한때 전 세계에서 가장 깊은 가스정이었지만 용융된 황으로 인해 채굴을 중지했다. 현재는 역시 오클라호마에 있는 깊이 9,159m의 버사 로저스와 롱 스타 바덴 가스정이 북아메리카에서 깊이가 9,000m 이상 되는 유일한 가스정이다.

사워가스란 무엇인가?

사워가스$^{sour\ gas}$는 깊고 뜨거우며 압력이 높은 천연가스 매장지에서 1% 이상 발견되는 황화수소(H_2S) 기체를 말한다. 이 기체는 '썩은 달걀' 냄새 때문에 쉽게 구별할 수 있다. 사워가스는 채취된 후 황으로 전환되어 비료, 종이, 강철을 비롯하여 다양한 제품 생산에 사용된다.

석탄 캐기

석탄은 무엇인가?

석탄은 공기가 없는 곳에서 식물 물질이 부분적으로 분해되어 만들어진 갈색이나 검은색 고체이다. 연소 가능한 유기물로 이루어진 암석인 석탄은 무게상 50% 이상의 탄소질 물질을 함유하고 있다. 석탄을 구성하고 있는 원소는 수소, 산소, 질소, 석탄에 따라 함유된 양이 다른 황, 알루미늄, 지르코늄과 같은 소량의 다른 원소들이다.

석탄에 함유된 여러 가지 물질의 양이나 석탄의 질은 광상의 위치, 석탄을 만든 원래 식물의 종류, 퇴적물이 형성된 깊이, 그 깊이에서의 온도와 압력, 원래의 식물이 탄화되어 석탄이 만들어지는 데 걸린 시간 등 여러 가지 요소에 따라 크게 다르다. 또 원래 식물의 얼마나 많은 부분이 탄소로 바뀌었는지에 따라서도 달라진다. 탄층을 만들기 위해서는 엄청나게 많은 양의 식물 물질이 필요하다. 3m 두께의 식물 물질 퇴적물은 0.3m 두께의 석탄층을 만든다.

석탄의 종류는?

석탄은 발생시키는 열량을 기준으로 네 종류로 구분한다. 등급이 높은 석탄일수록 단단하며, 더 많은 열량을 발생시킨다. 역청탄은 갈탄보다 단단하며, 무연탄은 가장 단단하다. 탄소의 함유량이 많을수록 질이 우수한 석탄이고 더 깨끗한 에너지가 발생된다. 석탄의 종류는 다음과 같다.

무연탄 anthracite 무연탄은 순수한 형태의 석탄으로 부서지고 쉽고, 가장 단단하고, 광택이 있으며, 검은색이다. 90% 이상의 거의 순수한 탄소로 이루어진 무연탄은 가장 질이 좋은 석탄으로 많은 열을 발생시키면서도 연기가 거의 나지 않는다. 대부분의 무연탄은 2억 년 전에 만들어졌다. 미국에서는 주로 펜실베이니아 북동부에서 생산되며 대부분 가정용 또는 상업용 난방에 사용된다.

역청탄^{bituminous} 역청탄은 가장 일반적인 화석 연료로 연하고, 무거운 검은색이나 어두운 갈색으로 어두운 부분과 밝은 부분의 띠를 가지고 있다. 대부분의 역청탄은 6000만 년 전에 형성되었다. 주로 미시시피 강 동쪽에서 생산되며 증기나 전기의 생산, 코크스 제조에 사용된다.

아역청탄^{subbituminous} 아역청탄은 검은색 또는 짙은 갈색으로 종종 검은 갈탄이라고도 한다. 역청탄과 갈탄의 중간 등급에 속하는 아역청탄은 발전이나 난방에 사용된다. 아역청탄 중에는 부드러우며 잘 부서지거나 검고 단단한 것도 있다. 아역청탄은 갈탄이 수백만 년 지나면 만들어진다. 미국에서는 서부에서 생산되며 승기와 전기의 생산에 사용된다.

갈탄^{lignite} 갈탄은 등급이 가장 낮은 석탄이다. 흑갈색이며 탄소 성분이 65%로 많은 수분을 함유하고 있다. 갈탄은 석탄 중에서 가장 적은 양의 열을 발생시키며, 가장 많은 연기를 발생시킨다. 토탄이 몇백만 년 지나면 갈탄이 된다. 몬태나, 노스다코타, 텍사스에서 생산되며 주로 증기와 전기의 생산에 이용된다.

오늘날에도 석탄이 만들어지는가?

그렇다. 습지의 나무나 풀이 죽어서 분해된 다음 토탄을 형성하는 석탄 형성의 초기 단계는 다양한 방법으로 오늘날에도 진행되고 있다. 이런 습지가 주변 환경을 바꾸는 사람의 간섭 없이 유지되고 퇴적물이 이탄지대에 계속 매몰된다면 이론적으로는 석탄이 만들어질 수 있다. 물론 그런 과정을 지켜볼 수는 없을 것이다. 이 과정이 완료되는 데 수백만 년이 걸리기 때문이다.

토탄은 무엇인가?

토탄^{peat}은 주로 풀이나 나무와 같은 식물 물질이 부분적으로 분해된 후 습지에 퇴적되어 만들어진 연한 갈색 또는 검은색 퇴적물이다. 수백 년에서 수천 년 사이의 초기 분해 단계를 거쳐 만들어지는 토탄은 종종 토양의 일종으로 간주되며, 아일랜드를 비롯한 많은 나라에서는 말려서 연료로 사용한다.

토탄은 어떻게 석탄으로 만들어지는가?

이탄지대는 공룡시대 이전부터 있었다. 석탄기는 3억 6000만 년 전에서 2억 8600만 년 전까지 계속되었다. 이 시기에는 육지가 거대한 나무, 양치식물, 그 밖의 우거진 습지로 덮여 있었다. 식물은 죽은 후 습지의 바닥으로 가라앉아 두꺼운 식물층을 형성했다. 이런 환경에서는 산화가 거의 일어나지 않기 때문에 식물 물질이 완전히 분해되지 않는다. 대신 세균의 분해 과정을 통해 식물 물질에 포함되어 있던 산소와 수소가 부분적으로 제거되어 탄소가 농축된다. 세균들은 식물 물질을 완전히 분해하기 전에 분해 과정에서 만들어진 산에 의해 죽는다.

이런 과정이 천천히 석탄의 전단계인 토탄을 형성한다. 수천 년이 지나는 동안에 이 토탄층은 모래, 점토, 그 밖의 퇴적물에 덮여 퇴적암을 형성하게 된다. 위에 있는 퇴적물의 무게가 증가하면 암석에서 물이 빠져나가게 된다. 온도와 압력이 더 증가하면 토탄은 더욱 압축되어 수백만 년 후에 석탄이 된다.

석탄은 어떻게 채탄하는가?

석탄은 다양한 방법으로 채탄한다. 가장 잘 알려진 방법이지만 가장 위험한 채탄 방법은 땅 속 깊은 갱도를 파고 광부들이 엘리베이터를 타고 내려가 채탄하는 방법이다. 또 다른 방법은 강력한 증기 삽을 이용하여 석탄을 덮고 있는 암석층을 걷어낸 다음에 채탄하는 방법이다. 석탄을 덮고 있는 암석과 토양층을 제거하기 위해서 대형 장비가 사용되기도 한다. 이 방법은 이전에 채광했다가 다시 메운 지역이나 매립지로 쓰이던 지역에서 채탄할 때 사용된다. 채탄된 석탄은 기차나 배로 운반되며 일부 석탄은 파이프라인을 통해서 수송되기도 한다. 이렇게 모인 석탄을 곱게 분쇄하여 잘 흘러가도록 물에 섞은 후 관을 통해 수 km나 떨어져 있는 공장이나 발전소로 보낸다.

칠레 광부들의 작업복 모습.

코크스란?

코크스^{coke}는 석탄을 공기가 없는 곳에서 고온으로 가열하여 만든 단단하고 건조한 탄소 물질이다. 코크스는 철이나 강철을 생산하는 데 사용된다. 야금용 석탄 또는 점결탄은 강철을 제조하는 데 쓰이는 코크스로 전환되는 석탄 종류이다.

기화와 액화는 어떻게 하는 것인가?

기화란 석탄을 열과 압력, 그리고 대부분의 경우 뜨거운 증기를 이용하여 연소 가능한 기체로 바꾸는 일련의 반응을 말한다. 액화는 석탄을 석유와 비슷한 액체 연료로 전환하는 과정을 말한다.

석탄은 어떻게 사용되는가?

석탄은 오랫동안 열이나 에너지원으로 연소되어 왔다. 가장 오래전부터 석탄을 사용한 나라는 중국이었다. 중국 북동 지역의 푸순 탄광에서 생산된 석탄은 3000년 전부터 구리를 제련하는 데 사용되었던 것으로 보인다. 마르코 폴로에 의하면 중국인들은 석탄을 '불타는 돌'이라고 불렀다.

현대에는 전기 발전에 석탄을 사용하는 데 전체 생산전력 중 38%를 차지한다. 그 밖에도 강철 생산, 산업체에서의 가열 과정, 가정용이나 상업용으로도 사용되고 있다. 석탄에서 추출된 가스, 기름, 타르는 휘발유와 향수에서부터 좀약과 베이킹 파우더에 이르기까지 다양한 제품의 생산에 사용되고 있다.

미국에서는 석탄 사용이 얼마나 일반적인가?

미국은 다른 화석 연료보다 석탄을 많이 보유하고 있으며, 미국의 석탄 매장량은 다른 어느 나라보다 많다. 전 세계 석탄 매장량의 4분의 1이 미국에 매장되어 있다. 미국의 38~50개 주에 매장되어 있다. 미국에서 채탄되는 석탄의 10%는 다른 나라로 수출된다.

미국에서는 주로 전기를 생산하는 데 석탄을 주사용한다. 미국 전체에서 생산되는 전기 에너지의 절반 이상이 석탄을 떼는 화력발전소에서 생산될 정도이다. 평범한 가정에서 사용하는 전기 생산을 위한 연소되는 석탄의 양은 놀라울 정도로 많다. 예를 들어 일 년 동안 전기 오븐에 사용하는 전기를 생산하기 위해서 0.5t의 석탄을 연소시켜야 하고, 전기온수기는 연간 2t의 석탄이 필요하며, 전기냉장고는 연간 0.5t의 석탄을 연소시켜야 한다.

석탄 매장량을 많은 나라는 어디인가?

가장 많은 석탄 매장량을 가지고 있는 나라가 가장 많은 석유나 천연가스 매장량을 가지고 있는 나라는 아니다. 미국 외에 석탄 매장량이 많은 나라는 중국, 러시아, 오스트레일리아, 인도이다.

오늘의 문제, 유한한 미래

가장 깨끗하게 연소되는 화석 연료는 무엇인가?

대부분의 사람들은 천연가스가 완전하지는 않지만 가장 깨끗하게 연소되는 화석 연료라는 데 동의한다. 천연가스 연소로 배출되는 온실기체의 양은 목재, 석탄, 석유의 연소 시에 배출되는 양보다 훨씬 적다. 천연가스가 연소될 때는 주로 수증기와 이산화탄소를 배출한다. 천연가스에 함유된 메테인은 이산화탄소보다 더 큰 온실효과를 초래할 수 있지만 천연가스를 사용하는 동안에 배출되는 양은 다른 산업체에서 방출하는 메테인 양의 1% 미만으로 매우 직다.

천연가스 이용으로 배출되는 온실기체의 약 80%는 마지막 단계인 연소 시에 배출된다. 천연가스를 생산하고 취급하는 과정에서 배출되는 온실기체는 또 다른 이야기이다. 대부분의 공장이 처리 가스에 함유된 주요 황하합물을 회수하기 위해 노력하고 있지만 일부는 이산화황으로 대기에 방출된다. 그리고 천연가스를 생산하고 취급하는 과정에서도 에너지를 사용하며 대기 중에 휘발성 유기화합물(VOCs)을 방출한다. 휘발성 유기화합물은 탄소와 다양한 비율의 수소, 산소, 플루오르, 염소, 브롬, 황, 질소 같은 원소들이 포함된 물질이다. 이런 물질들은 휘발성이라 쉽게 기화된다. 천연가스 사용과 관련된 또 다른 문제에는 공장에서 나오는 악취, 지하수 오염, 폐기물 처리, 보존 가치가 있거나 야생동물을 위협하는 지역에 건물이나 채광 시설을 설치하는 데 따른 토지 이용 문제 같은 것들이 있다.

석유, 가스, 석탄은 무한정 사용할 수 있는가?

지구는 많은 양의 석유, 가스, 석탄을 보유하고 있다. 그러나 이런 것들은 한정된 자원이다. 현재의 사용량을 그대로 유지한다면 지구의 모든 석탄과 석유는 60년 내에 고갈될 것이고, 천연가스는 220년 내에 고갈될 것으로 추정된다.

전략적 석유 비축이란?

전략적 석유 비축은 텍사스와 루이지애나 지하에 연료를 저장하는 것을 말한다. 약 300일 동안 중동 지역에서 수입하는 원유와 동일한 양을 비축하는 목적은 주로 국가적 긴급 사태 시에 연료를 공급하기 위해서이다. 법에 의해 전략적으로 비축된 석유는 국가 경제나 안보에 심각한 충격을 줄 수 있는 공급의 차질이 발생했을 때만 사용할 수 있다.

화석 연료의 사용은 환경에 어떤 영향을 주는가?

화석 연료는 기본적으로 탄화수소로 이루어져 있다. 화석 연료를 태우면 탄소가 산소와 결합하여 온실기체인 이산화탄소가 만들어진다. 만들어지는 이산화탄소의 양은 연료에 포함된 탄소의 양에 따라 달라진다. 배출되는 이산화탄소의 75% 이상이 석탄과 석유 연료로 인한 것이다. 같은 양의 에너지를 생산할 때 천연가스는 석탄이 배출하는 이산화탄소의 반을 배출하고, 석유는 석탄의 75% 정도를 배출한다. 산업체가 가장 많은 에너지를 사용하고 있지만 자동차, 트럭, 기차, 비행기와 같은 교통수단도 전적으로 석유에 의존하고 있기 때문에 산업체와 비슷한 양의 이산화탄소를 배출하고 있다.

미국에서 배출되는 온실기체의 85% 정도는 화석 연료의 사용으로 인한 것이다. 매립지, 탄광, 석유나 가스의 취급, 경작에서 나오는 메테인이 탄소 등가량 기준으로 나머지 10%를 차지한다. 탄소 등가량은 메테인 기체가 대기의 온도를 올라가게 하는 능력을 바탕으로 메테인 기체의 양을 탄소나 이산화탄소의 양으로 환산한 양이다. 다른 중요한 온실기체는 프레온 가스(HFCs), 과불화탄소(PFCs), 육불화황(SF_6), 아산화질소(N_2O)처럼 인공적으로 만든 기체들이다. 아산화질소는 화석 연료의 연소와 특정한 산업 현장, 질소 비료의 사용으로 방출된다.

온실기체는 환경에 영향을 미치고 세계 기후 변화의 원인이 되는 것으로 알려져 있다. 온실기체의 양이 증가하면 태양 복사선을 가두어 온실 같은 환경을 만든다. 그런

전 세계의 대기 중 이산하탄소량을 측정할 목적으로 NASA가 2009년 쏘아올린 OCO(탄소궤도측정위성)는 궤도 진입에 실패하고 남극에 떨어졌다. NASA는 2014년 11월 OCO-2 위성을 발사할 예정이다. ⓒ NASA

환경에서는 지구의 평균 온도가 올라가게 되어 기후와 날씨, 그 밖의 여러 가지 현상들을 변화시킨다(지구 기후 변화에 대한 더 자세한 내용은 '얼음 환경' 참조).

산성비의 원인은 무엇인가?

석유 화학 제품의 사용은 많은 문제를 야기하고 있다. 그중 하나가 산성비$^{acid\ rain}$이다. 산성비는 pH가 2에서 5 사이로 증류수보다 100~10만 배나 강한 산성을 띠는데, 그 주요 원인은 석유, 천연가스, 석탄의 사용으로 공기 중에 방출하는 많은 양의 황과 질소를 포함하고 있는 기체들 때문이다. 산성비는 식물에 해를 끼치며 토양을 산성화한다. 바다와 강에 내리는 산성비는 물의 pH를 바꾸어 수중 동식물에 영향을 준다. 그리고 산성비는 사암으로 만든 건물이나 도로 등의 실외 시설물을 부식시킨다.

산성비는 어디에 내리는가?

산성비는 산업혁명이 전 세계적으로 일어난 20세기 초부터 내리기 시작했다. 오늘날에는 지구의 많은 지역이 산성비의 영향을 받고 있다. 산성비의 영향을 많이 받는 주요 지역에는 중서부에 있는 많은 공장과 발전소의 영향을 받는 미국 북동부, 토론토와 해밀턴 지역에 세워진 공장들의 영향을 받는 캐나다 남동부, 영국이나 그 밖의 유럽 공장들로 인한 중부 유럽과 스칸디나비아 지방, 인도와 중국을 비롯한 아시아 일부가 포함된다.

화석 연료의 사용은 오존층에 어떤 영향을 미치는가?

성층권에 형성되어 있으면서 생명체들에게 해로운, 태양에서 오는 자외선을 막아 주는 오존층은 화석 연료 사용에 영향을 받고 있다. 과학자들은 오존층에 구멍이 생겼다는 것을 알고 있다. 남극 대륙 위에 위치한 구멍 중 하나의 크기는 계속 변하고 있으며 미국 넓이의 1.5배나 된다. 이 구멍은 남반구의 여름에 만들어지기 시작하여 3개월 동안 계속 유지된다. 사람들이 많이 살고 있는 북반구 중위도 지역과 북극 상공에도 오존층에 작은 구멍들이 생기고 있다. 이런 구멍에서는 오존층을 자연적으로 만들고 파괴하는 화학반응이 평형을 이루지 못하고 있다. 오존층 파괴의 주범은 염소가 포함된 화학물질로 보고 있지만 화석 연료의 사용 역시 문제가 되고 있다. 특히 화석 연료의 사용으로 온실기체인 이산화탄소를 공기 중에 대량 방출하는 것도 문제가 될 수 있다. 메테인이나 아산화질소 등의 다른 온실기체와 함께 이산화탄소는 열을 흡수해 대기 하층부의 온도를 올린다. 이로 인해 성층권의 온도는 내려가게 되고 오존층 구멍의 형성을 가속시키는 화학반응이 빨라진다.

침식하는 지구

표면 침식

침식이란 무엇인가?

지질학에서 침식^{erosion}은 물의 흐름이나 빙하에 의해 암석, 먼지, 모래 또는 그 밖의 천연 물질이 떨어져 나가거나 이동하는 것을 말한다. 침식에는 바람, 파도, 해류, 강우, 빙하 등의 역학적인 힘에 의해 일어나는 물리적 침식과 암석이나 광물이 물 등의 액체에 녹아 이동하는 화학적 침식이 있다.

두 가지 형태의 침식은 산의 경사면을 흘러내리는 암석 조각에서 해수면 아래 골짜기를 흘러내리는 입자의 흐름에 이르기까지 지구의 모든 곳에서 일어난다. 침식은 여러 가지 요소의 영향을 받기 때문에 침식이 일어나는 속도는 지역에 따라 크게 다르다. 예를 들면 단단해서 침식에 잘 견디는 화강암은 연해서 침식이 잘 일어나는 실트암보다 같은 시간에 적은 양의 퇴적물을 만들어낸다. 침식은 기후와 주변 환경의 영향도 받는다. 지표에 드러난 사암에 부딪히는 파도는 조용히 흐르는 물보다 더 빨리 사암을 침식시킨다. 그리고 특별한 경우에는 큰 재해를 가져오는 사건도 변수가 된

다. 예를 들면 너비가 1㎞ 정도인 운석이 지구에 충돌하면 몇 초 사이에 그 지역에 대
규모 침식이 일어날 것이다.

풍화작용은 무엇인가?

풍화작용^{weathering}은 암석이나 토양에 물리적 또는 화학적 변화를 가져오는 일련의
과정을 말한다. 암석이나 광물은 여러 단계의 풍화작용에 의해 작은 크기로 부서져
결국 고운 입자의 토양이 된다. 풍화작용은 주로 역학적인 힘에 의한 물리적 풍화와
화학적 풍화가 있다. 크게 작용하지는 않지만 생물학적 풍화 역시 풍화의 한 요소이
다. 다음은 여러 가지 풍화작용에 대한 자세한 설명이다.

물리적 풍화작용 물리적 풍화는 중력, 바람, 굴러떨어지는 암석, 흐르는 물, 그리
고 역학적으로 암석에 영향을 미치는 그 밖의 모든 작용으로 일어난다. 이들은
암석을 부수어 암석 조각을 만들고 이 조각들을 날려 퇴적물을 만든다. 암석 조
각과 퇴적물의 생성은 주로 암석 조각들이 강물이나 하천에 의해 이동될 때 마
찰이나 충돌에 의한 마모, 빙하 밑이나 주변에서 얼음과의 마찰로 인한 마모, 그
리고 바람에 날리는 모래에 의한 마모에 의해 일어난다.

화학적 풍화작용 화학적 풍화작용은 암석이 용액과의 화학반응을 통해 분해되는
것이데, 대개 이산화탄소가 풍부하게 녹아 있는 물에서 일어난다. 이산화탄소는
주로 식물의 분해 과정에서 발생한다. 예를 들면 석회암 동굴이 이런 방법으로
풍화된다(동굴 형성에 대한 더 자세한 내용은 '동굴 탐사하기' 참조).

생물학적 풍화작용 생물학적 풍화작용은 생명체가 물리적 또는 화학적 방법으로
암석을 분쇄하여 일어난다. 이런 작용을 하는 생물은 세균에서부터 동물이나 식
물에 이르기까지 다양하다. 예를 들면 지의류에는 암석의 금속원소를 흡수하는
킬레이트가 많이 들어 있어 풍화작용에서 중요한 역할을 한다. 암 외재성 지의류
는 암석 표면에 살고, 암 내재성 지의류는 공격적으로 암석을 뚫고 들어가며, 틈

엘니뇨 현상에 의해 발생한 폭풍으로 파도가 카페를 부서뜨릴 듯한 기세로 덮치고 있다.

새지의류는 균열이 있는 암석의 틈새나 구멍에 산다.

사람들은 왜 침식작용과 풍화작용을 혼동할까?

침식작용erosion과 풍화작용weathering은 같은 과정처럼 보이기 때문에 많은 사람들은 이 둘을 동의어라고 생각하는 잘못을 범하고 있다. 그러나 이 둘 사이에는 분명한 차이가 있다. 침식작용은 풍화작용에 의해 느슨해진 암석 입자가 원래 암석에서 이동되는 것을 말하며, 중력, 공기, 물, 얼음과 같은 것에 의해 일어날 수 있다. 풍화작용은 암석 입자들을 느슨하게 만드는 작용이다. 쉽게 말하자면 물리적이고 화학적인 힘이 입자를 느슨하게 만들어 그 자리에 남아 있게 했다면 풍화작용이고, 그 입자들을 이동시켰다면 침식작용이다.

화학적 풍화와 물리적 풍화 중 어느 것이 더 중요할까?

물리적 풍화작용은 화학적 풍화작용에 비해 더 뚜렷하다. 그러나 두 가지 풍화작용은 함께 일어나며 서로 돕기도 한다. 모두가 동의하는 것은 아니지만 대체로 화학적 풍화작용을 더 중요하다고 여기는데 암석이 화학적으로 분쇄되어야 빗물, 강, 하천이 이것을 운반하여 바닷물에 새로운 물질을 보텔 수 있기 때문이다. 그러나 일부 사람들은 물리적 풍화작용에 의해 만들어진 지형이 환경을 만드는 만큼 물리적 풍화작용이 더 중요하다고 주장한다.

퇴적물 운반이란?

침식작용으로 부서진 암석 퇴적물은 어디론가 가야 한다. 퇴적물 운반이란 얼음, 바람, 흐르는 물, 중력과 같은 자연적 원인에 의해 퇴적물이나 부유물이 한 장소에서 다른 장소로 운반되는 것을 말한다. 퇴적물 운반은 홍수에 진흙이 이동하는 것처럼 지표면에서 일어날 수도 있고, 지표 가까운 곳에서 일어날 수도 있다. 먼지 폭풍이 부는 동안에는 실트가 하늘 높이 운반되기도 한다.

동결작용과 동결상승작용은 무엇인가?

동결작용^{frost action}은 물리적 침식작용의 일종이다. 물은 어떤 곳이든 균열이나 틈 사이에 모인다. 물이 얼면 부피가 9% 증가하기 때문에 겨울이나 이른 봄에 균열 사이에 들어 있는 물이 얼면 암석이 벌어진다. 이런 일은 암석의 종류와 그 지역의 강수량에 따라 수년에서 수백 년 동안 계속 일어난다.

동상작용^{frost heave}도 비슷한 과정으로 일어난다. 토양 안에 포함된 물이 얼어 팽창하는 아이스 렌즈를 만들어 땅을 들어올리는데, 상승 정도는 얼마나 많은 물을 함유하고 있는지에 따라 달라진다. 더 많은 물이 더해지면 아이스 렌즈는 계속 자란다. 이런 상승작용은 도로, 보도, 건물의 기초에 영향을 미친다. 또한 정원에도 영향을 미쳐 땅속에 묻혀 있던 돌이 땅 위로 나오게도 한다.

쇄설암과 비쇄설암은 풍화작용과 어떤 관계가 있는가?

쇄설암^{clastic rocks}은 원래 암석이 물리적 풍화작용에 의해 잘게 부서진 암설로 이루어진 암석을 말한다. 비쇄설암^{non-clastic rocks}은 화학적 석출이나 생명체의 활동으로 형성된 암석을 말한다. 대부분의 비쇄설암은 언젠가는 암석 조각으로 부서져 쇄설암이 된다.

화학적 풍화작용의 속도는?

화학적 풍화작용의 속도는 날씨를 비롯한 여러 가지 요소에 의해 결정된다. 일반적으로 높은 온도와 수분이 많은 곳에서는 화학적 풍화가 빨라진다. 암석에 들어 있는 광물은 물, 이산화탄소, 산소, 유기산과 같이 화학적으로 활성이 높은 물질과 반응한다. 이런 반응으로 광물을 이루고 있는 원소들이 용해된 용액이 만들어진다. 이 용액에서 만들어지는 새로운 광물은 이전의 광물과는 다른 광물이 되는데 대부분 원래의 광물보다 훨씬 연해서 물리적 풍화작용을 잘 받는다. 화학적 풍화작용의 속도를 결정하는 데에는 날씨뿐만 아니라 암석의 종류 역시 중요하다. 예를 들면 석회암이나 장석 같은 일부 암석은 현무암이나 석영보다 화학적 침식작용의 영향을 더 잘 받는다.

화학적 풍화작용에서 산소는 어떤 역할을 할까?

산소는 다른 물질과 쉽게 결합하여 새로운 화학물질을 형성하기 때문에 화학적 풍화작용에서 중요한 역할을 한다. 산소 음이온이 광물의 양이온과 결합하여 원래 광물을 부수거나 연하게 하는 풍화작용을 산화작용이라고 한다. 예를 들면 철과 물은 산화작용을 통해 녹이라고도 하는 산화철을 형성한다. 참고로 이온은 (−) 전하나 (+) 전하를 가지고 있는 원자, 분자 또는 화합물이다.

화학적 풍화작용에서 수화작용은 왜 중요한가?

수화작용^{hydration}은 수산화(OH^-) 이온이 암석에 포함된 광물의 양이온과 결합하여 원래의 광물을 연하게 만들거나 부수는 화학적 풍화작용의 한 형태이다. 예를 들면 장석은 수화작용을 통해 점토로 변한다.

화학적 풍화작용에서 자연산은 어떤 역할을 하는가?

우리 주변에는 자연적으로 만들어지는 수많은 산이 있다. 이런 산의 대부분은 우리에게 영향을 줄 정도로 강하지는 않지만 오랜 시간에 걸쳐 암석과 광물을 변화시킬 수 있다. 분해 형태의 화학적 풍화작용은 암석 안에 포함된 광물이 자연산에 용해되어 일어난다. 예를 들어 빗물은 공기 중에서 이산화탄소와 물이 결합하여 탄산을 형성하기 때문에 약산성을 띤다.

그리고 빗물이 토양으로 침투하는 동안 식물은 부식산 등의 산성 물질이 배출한다. 이렇게 자연적으로 만들어진 산은 많은 광물의 원자 구조를 바꿀 수 있다. 식물 중 화학적 풍화작용에 가장 큰 영향을 미치는 부분은 pH2 이하의 강한 산성 용액을 배출하는 뿌리 끝부분과 분해되는 과정에서 더 많은 유기산과 이산화탄소를 만들어내는 죽은 식물이다.

우리 주위에는 다른 종류의 산도 있는가?

있다. 우리 주위에는 인간이 만든 산도 존재한다. 그중 하나가 산업체에서 방출한 물질로 인해 생성된 황산으로 '산성비'의 주성분이기도 하다. 세계의 특정 지역에서는 공장과 발전소가 공기 중에 이산화황과 산화질소를 배출하여 빗물보다 훨씬 강한 산성 화합물을 만든다.

'산성비'의 좀 더 정확한 표현은 젖은 부분과 마른 부분으로 이루어진 산성 물질이다. 젖은 산성 물질에는 산성비, 산성 안개, 산성 박무, 산성 눈이 포함되고, 마른 산성 물질에는 산성 기체와 입자들이 포함된다. 마른 산성 입자들은 폭우에 의해 표면이나 식물로부터 씻겨나갈 수 있다. 이것은 빗물만 있을 때보다 더 강하게 암석과 결합하여 그 지역에 더 많은 화학적 풍화작용을 유발한다.

산성 물질에 영향을 받는 것이 암석만은 아니다. 환경보호국에 의하면 산성비와 건조한 산성 물질은 청동과 같은 금속의 부식을 촉진시키고, 대리석이나 석회암과 같은 암석을 손상시키며, 페인트를 퇴색시킨다. 이런 효과는 건물, 교량, 동상이나 기념물, 비석과 같은 문화재, 자동차의 가치를 심각하게 훼손한다. 그중 하나가 워싱턴 D.C.에 있는 제퍼슨 기념관이다. 이 기념관의 대리석 표면은 산성비에 지속적으로 노출되어 방해석 입자가 녹아 떨어지면서 표면이 거칠어졌다.

탄산염화작용은 무엇인가?

탄산염화작용^{carbonation}은 화학적 풍화작용의 한 형태이다. 주변에 이산화탄소가 많을 때 탄산염화작용이 활발하게 일어난다. 탄산염화작용으로 발생한 이산화탄소는 공기 중의 물과 반응하여 탄산을 만들어낸다.

용액 풍화작용은 무엇인가?

용액 풍화작용은 화학적 풍화작용의 한 형태로 광물이 물에 용해되어 용액을 만들 때 일어난다. 일부 암석은 빗물에 잘 녹기 때문에 용액 풍화작용이 잘 일어난다. 용액에 의한 풍화작용은 매끄러운 표면을 만드는데, 연한 방해석과 석고에서 종종 이런 흔적을 발견할 수 있다.

어떤 종류의 암석이 화학적 풍화작용에 취약한가?

특정한 암석은 화학적 풍화작용의 영향을 쉽게 받는다. 예를 들면 장석, 감람석과 같은 광물이나 각섬석은 화학물질과 반응하여 다른 다양한 종류의 광물을 만들어낸다. 이런 광물에 포함된 실리카, 알루미늄, 철 이온은 석영, 무스코바이트 운모, 적철석 등의 2차 암석을 만드는 것을 돕는다. 이런 광석들이 포함하고 있는 포타슘, 소듐, 탄산칼슘, 마그네슘 이온은 대개 용액에 녹아 운반된다.

　모든 종류의 암석이 화학적으로 잘 변하는 것은 아니다. 예를 들면 석영은 화학적으로 잘 분해되지 않아 변하지 않는다. 그러나 물리적 작용에 의해 풍화된 후 강, 호수, 바다의 흐름이나 파도에 의해 침식되고 운반되면서 마모되어 둥글어지고 크기가 작아진다.

박리은 무엇이며 왜 일어날까?

　박리^{exfoliation}는 모암에서 곡선 형태의 암석 판이 떨어져 나와 박리 돔, 돔 형태의 언덕, 둥근 바위 등이 만들어지는 물리적이고 역학적인 풍화작용의 한 형태이다. 거대한 박리 돔이 형성되는 이유에 대해서는 아직도 연구가 계속되고 있는데 그중에는 지구 표면의 압력 차이가 암석을 팽창시켜 쉽게 박리 돔을 만들어낸다는 이론도 있다. 일부 암석은 다른 암석보다 쉽게 박리 돔이나 둥근 돔 형태의 언덕을 만든다. 예를 들면 화강암이 이런 방법으로 풍화된다고 알려져 있다. 거대한 박리가 일어난 지역의 예에는 캘리포니아 요세미티 국립공원에 있는 하프 돔과 화강암으로 이루어진 아이다호 배톨리스가 포함된다.

　바위의 박리도 돔이나 언덕의 경우와 비슷하지만 훨씬 작은 규모로 일어난다. 이런 바위는 양파 껍질이 벗겨지는 것처럼 암석이 벗겨져나가 동심원의 껍질에 의해 둥근 모양이 된다. 역학적 풍화작용과 화학적 풍화작용이 함께 일어나기도 한다. 하루 동안과 사계절 동안 반복되는 가열과 냉각에 의한 온도 변화로 암석이 부서지기도 한다. 물리적 풍화작용과 함께 화학적 풍화작용이 암석 표면의 특정한 광물을 변화시킬 수 있다. 예를 들면 화강암 바위 안에 포함된 장석은 종종 화학반응을 통해 부피가 훨씬 큰 점토로 변해 암석이 갈라지는 것을 돕는다.

캘리포니아 요세미티 국립공원 계곡에 있는 하프 돔의 모습. 하프 돔 정상까지의 등산로는 미국에서 가장 유명한 등산로 중 하나이다. ⓒ CC-BY-SA-2.0

다른 행성에서도 풍화가 일어날까?

그렇다. 풍화작용은 다른 행성뿐만 아니라 위성과 소행성에서도 일어난다. 다시 말해 태양계의 모든 천체에서 풍화작용이 일어난다. 다만 '고체' 표면이 없는 기체 행성인 목성, 토성, 천왕성, 해왕성은 예외이다. 그러나 행성에서 일어나는 모든 풍화작용이 지구에서 일어나는 풍화작용과 비슷하지는 않다. 예를 들면 수성과 달에서는 흐르는 물이나 바람에 의해 물리적 풍화작용이 일어나는 것이 아니라 태양 복사선과 표면에 충돌하는 작은 운석들에 의해 일어난다. 금성에서는 유황 성분을 많이 함유한 구름에서 금성 표면으로 산이 비처럼 내려 화학적 풍화작용이 활발하게 일어난다. 그리고 480℃가 넘는 높은 표면 온도가 화학적 풍화작용을 돕는다. 또 이곳에서는 물리적 풍화작용도 일어나는 것이 확실하다.

화성은 지구에서와 가장 비슷한 물리적 풍화작용과 화학적 풍화작용이 일어나고 있는 행성이다. 이 '붉은 행성'에서는 거대한 먼지 폭풍과 동결작용이 일어나고 있어 물리적 풍화작용이 발생하고 있으며 지하수 또는 얼어붙은 얼음을 가지고 있어 한때는 화학적 풍화작용도 일어났었을 것이다. 화성은 온도가 높아 한때 물이 흐르는 강이 있었을 가능성이 높다.

틀림없이 그렇다. 사람들은 지구에서 일어나는 화학적 풍화작용과 물리적 풍화작용의 원인을 제공한다. 인간의 활동은 '산성비'라는 화학적 풍화작용 물질을 만들어 내며 무분별한 삼림 파괴로 인해 죽은 식물에서 뿜어져 나오는 산이 토양과 지하수와 결합하여 화학적 풍화작용을 가속시킨다. 그리고 땅을 덮고 있던 초목이 제거되면 물의 흐름이 빨라져 침식작용은 더 활발하게 일어난다.

사람들은 지구에서 일어나는 물리적 풍화작용에도 큰 영향을 준다. 예를 들면 도로 건설로 매년 전 세계에서 300조 t 의 암석과 토양이 이동되는 것으로 추정된다. 암석과 토양을 파내거나 석탄, 금속, 광물을 노천광에서 캐내는 것도 물리적 풍화작용 중 하나이다(아래 인류와 매스 웨이스팅 참조).

차별풍화란?

여행을 하다 보면 수많은 도로 절단면을 목격할 것이다. 절단면에 풍화작용이 일어난 정도가 다르게 층층이 쌓인 암석층은 마치 평평한 암석들을 고르지 않게 쌓아놓은 것처럼 보일 것이다. 차별풍화differential weathering는 노출면이 한 종류 이상의 암석으로 이루어졌을 때 일어난다. 예를 들면 특정한 고대 해양 환경에서 모래와 실트 층이 분리되어 퇴적되고 이로 인해 사암과 셰일로 이루어진 노출면이 만들어진다. 이 두 종류의 암석이 풍화되면 차별풍화가 일어난다. 사암이 셰일보다 풍화에 더 잘 저항하기 때문이다. 이런 노출면의 예를 뉴욕 북부와 뉴펀들랜드 서부에서 발견할 수 있다.

매스 웨이스팅

매스 웨이스팅이란?

매스 무브먼트라고도 하는 매스 웨이스팅$^{mass\ wasting}$은 물질의 이동과 관련된 여러 가지 현상을 종합적으로 지칭하는 말이다. 매스 웨이스팅은 일반적으로 암석, 토양, 전토층, 암설이 중력의 영향으로 경사면을 따라 서서히 이동하는 것을 말한다. 대부분의 경우 매스 무브먼트는 특정한 지형적 한계치에 도달했을 때 중력이 물질을 아래로 끌어당기면서 발생한다. 예를 들면 빗물이 포화상태에 도달해 토양의 무게가 경사면이 지탱할 수 있는 정도를 넘어서면 결국 산의 급한 경사로를 따라 흘러내리게 된다. 또한 지진과 같은 지질학적 사건에 의해서도 매스 웨이스팅이 발생한다.

쇄설물이 흘러내리는 것에서부터 산사태에 이르기까지 다양한 형태의 매스 웨이스팅의 정확한 정의에는 많은 논의가 필요하다. 다음 질문에서 보여주는 것처럼 다양한 형태의 매스 웨이스팅은 중복된 형태로 일어난다. 하지만 일반적으로 형태를 분류할 수 있는 몇 가지 특징이 있다.

전토층은 무엇인가?

전토층^{regolith}은 지표면 맨 위에 있는 부드러운 부분이다. 전토층은 기반암 위에 있는 토양, 퇴적물, 풍화된 암석을 포함한 다양한 물질로 이루어진다.

전토층이라는 뜻의 regolith는 달, 운석, 행성, 위성을 포함한 태양계의 다른 천체를 이야기할 때 더 많이 사용하는 말이다. 달에서는 오랫동안 크고 작은 운석의 충돌에 의해 부서진 입자들이 모여 형성된 토양층을 제올라이트라고 한다. 달에서는 표면이 태양 광선의 영향을 받기는 하지만 지구에서와 같은 풍화작용은 일어나지 않는다.

매스 웨이스팅을 이해하는 것이 지질학자들에게 왜 중요한가?

매스 웨이스팅의 일종인 사태나 지반의 붕괴는 다른 모든 자연재해를 더한 것보다 더 많은 인명 피해를 야기하고 재산의 손실을 가져오기 때문에 지질학자들에게 매우 중요하다. 그리고 매스 웨이스팅의 발생은 증가하고 있는 추세이다.

매스 웨이스팅이 직접적으로 사람에게 영향을 미칠 때 재해가 발생한다. 예를 들면 자연적인 경사가 균형을 이루는 일정한 각도에 있을 때는 물질이 서서히 흘러내린다. 그러나 조건이 변해 이러한 균형이 깨져버리면 갑작스런 물질의 이동이 발생한다.

물질 이동에 대한 연구가 거의 없고, 따라서 대비가 잘 되어 있지 않아 많은 지역이 계속적으로 갑작스런 사태의 영향을 받고 있다. 그리고 더 염려스러운 것은 암석, 진흙, 암설의 대규모 사태가 일어날 수 있는 곳에 집을 짓고 사는 사람들이 많다는 것이다.

안식각은 무엇인가?

안식각$^{\text{angle of repose}}$은 자갈, 토양, 모래 등 고정되어 있지 않은 물질이 정지해 있을 수 있는 경사각을 말한다. 안식각은 대개 25~40°이다. 물질이 놓여 있는 경사면의 각도가 안식각보다 크면 사태나 붕락이 일어난다.

매스 웨이스팅에는 어떤 종류가 있는가?

많은 과학자들은 빠른 매스 웨이스팅과 느린 매스 웨이스팅의 두 가지 매스 웨이스팅이 있다고 믿고 있지만 이러한 이동은 물질이 얼마나 빠르게 경사면을 흘러내리는지에 따라 다시 네 가지로 분류할 수 있다. 그중 중요한 두 가지를 소개한다.

고속 사건　고속 사건에는 건조하고 단단하지 않은 곳에서 발생하는 낙하나 사태, 그리고 토양이나 암석이 단단히 결합되어 있지 않고 물이나 공기가 포화상태에 이른 곳에서 발생하는 유실이 있다.

저속 사건　저속 사건에는 어느 정도 단단히 결합되어 있고, 포화상태에 이르지는 않았지만 물에 젖은 암석이나 토양이 경사면을 따라 이동하는 산사태가 있다, 산사태는 지진에 의한 산사태와 같이 빠르게 진행되는 경우도 있다. 포행은 표면 토양이 서서히 그러나 계속적으로 이동하는 것이다. 이 경우에 개개 입자는 동결과 융해, 젖었다가 마르는 것과 같은 작은 규모로 일어나는 과정을 통해 이동한다. 포행은 오랜 시간이 흐른 후에 나무나 전봇대가 기울어지는 정도로 서서히 진행된다.

애추사면은 무엇인가?

애추사면talus slope은 건조한 물질이 경사면을 따라 흘러내리는 산사태로 만들어진 경사면 아래 원뿔을 거꾸로 놓은 듯한 형태로 물질이 쌓여 있는 것을 말한다.

산사태의 종류에는 어떤 것이 있나?

대부분의 사람들이 매스 웨이스팅을 언급할 때 암석이나 토양이 빠르게 흘러내리는 산사태를 생각할 것이다. 산사태는 전 세계에서 일어나는데, 미국에서만 매년 20억 달러의 손실을 가져오고 있다. 산사태는 평면을 따라 이동하는 병진형과 언덕의 바닥과 같은 오목한 표면에서 이동하는 회전형의 두 가지 형태로 분류할 수 있다.

2001년 엘살바도르에서 일어났던 산사태의 모습. 산사태는 전 세계에서 일어나며 미국에서만 매년 20억 달러의 손실을 가져오고 있다.

매스 웨이스팅을 일으키는 주요 요소는 무엇인가?

매스 웨이스팅을 일으키는 여러 가지 요소에는 다음과 같은 것들이 있다.

중력 중력은 토양, 먼지, 암설과 같은 모든 것을 경사면 아래로 잡아당기는 힘이다.

경사면의 모양 경사면의 모양은 매스 웨이스팅에 큰 영향을 준다. 특히 경사면의 각도가 급할 때는 더 그렇다.

물 경사면에서 발견되는 물질의 형태에 따라 물이 강도에 영향을 줄 수 있다. 암석, 광물, 조각들이 적당히 섞여 있는 혼합물에 물이 충분히 포화되면 대규모 물질 이동이 일어날 수 있다.

민감한 토양 일부 토양은 다른 토양보다 매스 무브먼트가 민감하게 일어난다. 예를 들면 특정한 점토는 작은 충격에도 쉽게 경사면을 따라 흘러내린다.

촉발 사건 일부 매스 무브먼트는 특정 한계치에 이른 후에 시간을 두고 일어난다. 그러나 어떤 경우에는 갑작스런 사건에 의해 촉발되어 일어난다. 예를 들면 지진은 경사면에 있는 토양의 균형을 깨트려 토양이 경사면을 따라 갑작스럽게 흘러내리게 만든다.

매스 웨이스팅에서 물의 역할은?

물은 암석이나 토양을 불안정하게 만들어 일부 매스 웨이스팅에서 중요한 역할을 한다. 특히 물이 무게를 더하면, 무거워진 무게는 경사면에 놓인 토양, 암석, 부스러기를 불안정하게 만든다. 또한 느슨해진 물질이 잘 흘러내리도록 윤활 작용을 하며 물질의 특성을 바꾸어 놓을 수도 있다. 예를 들면 고령토와 같은 점토는 많은 물과 혼합되면 부피가 커지고 미끄럽게 되지만 마르면 부피가 줄어든다. 두 상태 모두 물질이 아래로 흘러내는 원인이 된다.

고속도로나 시골 도로변에서 '낙석'이라고 쓴 표지판을 자주 볼 수 있다. 이 표지판은 말 그대로 도로 위쪽에서 암석이 낙하하거나 낙하했을 가능성이 있다는 뜻으로 대부분의 경우 절벽이나 산을 깎아 만든 도로변에 있다.

크거나 작은 암석이 갑작스럽게 아래로 이동하는 것을 뜻하는 낙석은 여러 곳에서 일어난다. 도로 건설이나 발굴 작업, 추운 지역에서의 동결과 해빙 작용, 식물 성장과 동물이 굴을 파는 활동으로 느슨해진 암석이 낙하하는 경우가 많다. 낙하물이 땅에 충

낙석 주의 표지판

돌하면 튀어오르거나 구르기 때문에 그곳을 지나는 사람들에게 큰 위험이 된다. 언제 어디에서 암석이 낙하할지 알 수 없기 때문에 도로변에 있는 이런 표지판을 유심히 살펴보는 것이 현명하다.

낙하와 사태는 어떻게 다른가?

낙하^{fall}와 사태^{slide}는 모두 물질의 이동이고 그 차이에 대한 의견이 항상 일치되는 것은 아니지만 분명한 차이가 있다. 다음은 낙하와 사태의 뚜렷한 특징들이다.

암석 낙하 암석 낙하는 급한 경사면에서 암석이 아래로 떨어질 때 일어난다.

암설 낙하 암설 낙하도 같은 방법으로 일어나지만 토양, 암석, 표토를 포함한다. 두 가지 형태의 낙하는 모두 애추사면을 형성하거나 낙하 지역 밑에 경사를 이루는 암설무더기를 만든다.

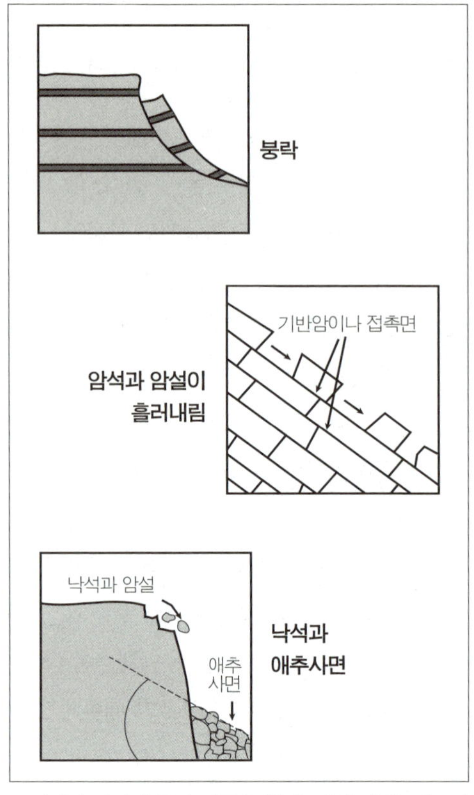

토양이나 암석의 물질 이동은 붕락, 암석 사태 또는 암석 낙하와 같은 여러 가지 방법으로 일어날 수 있다.

암석 사태와 암설 사태 종종 산사태라고도 하는 두 사태 모두 암석더미나 많은 양의 느슨한 물질이 경사면을 따라 미끄러져 내릴 때 발생한다. 두 형태의 사태는 바닥에 애추사면을 만든다. 이것들은 가장 파괴적인 물질 이동 중 하나로 대개 지나치게 내린 빗물이나 많은 양의 눈 녹은 물 또는 지진에 의해 촉발된다.

붕락이란?

붕락 ^{slump}은 토양이나 암석 또는 암설들이 곡선이나 회전하는 표면을 따라 천천히 이동하는 것을 말한다. 경사면 위쪽 끝에는 하나나 여러 개의 반달 모양 절벽이 만들어진다. 붕락 바닥에는 물질더미가 만들어진다. 이러한 물질 이동은 도로 옆이 경사가 심한 고속도로변에서 종종 볼 수 있다.

침전물 흐름은 무엇인가?

침전물 흐름 ^{sediment flows}은 포화된 암석, 토양, 암설들이 경사를 따라 흘러내리는 것을 가리키는 일반적인 용어이다. 침전물 흐름은 포함된 물의 양에 따라 두 종류로 구분할 수 있다. 20~40%의 물이 포함된 물질의 흐름은 슬러리 흐름 20% 이하의 물을 함유한 물질의 흐름은 입상 흐름이라고 한다.

슬러리 흐름에는 어떤 종류가 있는가?

다음은 가장 일반적인 슬러리 흐름^{slurry flow}이다.

이류^{mudflow}　이류는 느슨한 침전물과 물이 혼합된 유체의 흐름으로 마르지 않은 콘크리트와 비슷한 농도를 가지고 있다. 이런 형태의 흐름은 느슨한 퇴적물에 많은 비가 내려 형성된다. 흐름이 경사면을 따라 내려가면서 더 많은 퇴적물을 모아 흘러내리는 속도가 빨라지고 파괴력이 증가한다. 화산 지역에서 발견되는 이류는 화산이류라고 하는데, 화산활동으로 산 위에 있던 눈이 녹은 물이 산비탈의 화산 퇴적물과 섞일 때 발생한다. 화산이류의 흐름은 매우 빠르고 파괴력이 커서 먼 거리까지도 흘러갈 수 있다. 화산이류는 보통 이미 만들어진 배수로나 골짜기를 따라 흐르지만 경사가 완만한 하천을 따라서도 흐른다.

토양류^{solifluction}　토양류는 토양이 물에 의해 포화되거나 일 년 내내 얼어 있는 지역에서 발생한다. 전토층의 이런 이동은 1년에 몇 cm의 속도로 일어난다.

암설류^{debris flow}　암설류는 많은 강수량이 토양이나 전토층을 포화시켜 일어나며 매우 빠른 속도로 흘러내린다. 암설류는 종종 슬럼프에서 시작하여 아래로 흘러내려가면서 속도가 빨라지고 흐름이 끝나는 곳에 여러 갈래가 형성된다.

입상 흐름의 종류에는 어떤 것들이 있나?

다음은 가장 일반적인 입상 흐름에 대한 설명이다. 앞에서 정의한 포행도 입상 흐름^{granular flow}의 한 종류이다.

토류^{earthflow}　토류는 습기가 많은 지역의 경사면에서 많은 비가 오거나 눈이 녹은 다음에 점토나 실트 같은 크기가 작은 입자들이 물과 섞여 만들어진다. 토류는 하루에 1mm에서 3m 사이의 속도로 이동하는데 보통 오랫동안 계속되어 며칠에서 몇 년까지 흘러내리기도 한다.

암설 아발랑쉬 debris avalanche 암설 아발랑쉬는 산의 경사면이 붕괴된 다음에 발생한다. 암설 아발랑쉬의 매우 빠른 흐름은 수 톤의 암석, 토양, 암설을 경사면을 따라 미끄러트러 상당히 먼 거리까지 이동시키고, 때로는 비교적 경사가 완만한 지역까지 이동시킨다. 암설 아발랑쉬는 종종 화산분출이나 지진 등에 의해 촉발된다.

인간도 매스 웨이스팅의 원인이 될까?

그렇다. 인간도 매스 웨이스팅에 영향을 미친다. 도로 건설이나 광물의 발굴로 지나치게 급한 경사가 만들어지면 물질이 불안정하게 된다. 이러한 불안정이 종종 물질을 아래로 흘러내리게 한다. 인간은 직접적으로 매스 웨이스팅을 일으킬 뿐만 아니라 의도하지 않게 가속시키기도 한다. 예를 들면 노천광, 해자, 도로 등을 위해 땅을 파면 암석과 토양의 이동이 발생한다. 사람들이 물질을 더하거나 흙, 암석, 암설을 한계점에 이를 때까지 쌓아 경사면이 물질을 지탱할 수 없게 되면 물질이 아래로 흘러내린다. 광산이나 도로 건설에서 나온 물질을 경사면에 쌓으면 이런 일이 발생할 수 있다. 더 중요한 것은 사람들이 경사를 지탱하는 물질을 제거하거나 경사면의 지나친 침식을 방지하는 식물을 제거하여 침식을 가속시킬 수도 있다.

인간은 1년에 40~45기가톤의 토양과 암석을 이동시키는 것으로 추정된다. 조산작용은 1년에 약 34기가톤의 토양과 암석을 이동시키고, 강은 1년에 14기가톤의 침전물을 수송한다. 1년 동안 심해저에 침전되는 물질은 약 7기가톤이며, 빙하는 4.3기가톤의 물질을 나른다. 파도와 침식작용은 1.25기가톤의 물질을 이동시키며, 바람은 1년에 1기가톤의 물질을 운반한다. 이것은 인간이 지구의 물질 이동과 풍화작용의 큰 부분을 차지하고 있다는 뜻이다.

그렇다. 매스 웨이스팅은 해양을 포함하여 세계에서 가장 추운 지역에서도 일어날 수 있다. 특히 영구동토층이나 준영구동토층으로 덮인 지역에서도 매스 웨이스팅을 경험할 수 있다. 여름 동안에 '활동적인' 표면이 해동되면 토양류의 물질 이동이 일어날 수 있다(위 참조).

해양에서는 경사가 급한 곳에서 붕락, 암설류, 사태 등에 의해 매스 웨이스팅이 일어난다. 특히 해저 협곡에 침전물이 지나치게 쌓이면 물질이 경사면을 따라 흘러내린다(해저 협곡에 대한 더 자세한 내용은 '지질학과 해양' 참조). 심지어 유기 물질이 부패하면서 방출하는 메테인 기체가 가하는 압력에 의해서도 매스 웨이스딩이 일어난다. 해저 화산분출이나 지진이 발생하는 경우에도 매스 웨이스팅이 일어날 수 있다.

물질의 이동이 고대 퇴적층에서도 일어나는가?

일어난다. 물질의 이동, 특히 사태는 고대 퇴적층에서도 일어날 수 있다. 예를 들면 1993년 4월 27일 뉴욕 시러큐스에서 남쪽으로 24㎞ 떨어진 툴리 밸리의 라파예트 마을 부근의 집 세 채가 산사태로 심하게 손상되었다. 이 사태는 겨울에 내린 눈이 녹은 해빙수와 190㎜ 이상 내린 4월 비 때문이었다. 툴리 밸리 사태는 지난 75년 동안 뉴욕 주에서 일어났던 가장 큰 사태로, 이로 인해 만들어진 절벽의 너비는 450m, 길이는 600m나 되었다.

흘러내린 흙은 주로 다양한 두께의 빙퇴토로 덮여 있는 빙하 기원의 붉은 호수 점토 퇴적물로 이루어져 있었다. 이 지역은 이런 사태가 자주 일어난다. 이전의 빙하호 부근에 있는 호수 점토와 같은 퇴적물은 보통 산사태에 취약하다.

바람에 의해 이동되는 모래와 사막

바람은 어떻게 암석을 침식시키나?

바람은 세 가지 방법으로 암석을 천천히 침식시킨다. 도약운동은 모래와 같은 퇴적물 입자가 땅 위에서 튀어서 이동하는 것을 말한다. 서스펜션은 실트와 같이 가벼운 암석 입자가 공기 중에 떠서 바람을 따라 이동하는 것이다. 롤링은 바람이 퇴적물을 땅 위에서 굴려서 이동하는 것을 말한다.

지구의 중요한 사막은 어디에 있는가?

유럽을 제외하고 모든 대륙에는 사막이 있다. 다음은 전 세계의 주요 사막이다.

대륙	사막
아프리카	엘디오프, 리비아, 나미브, 누비아, 사하라, 테네레
아시아	다시이루트, 고비, 카라쿰, 키질쿰, 룹알칼리, 시리아, 타클라마칸, 타르
오스트레일리아	그레이트 샌디, 그레이트 빅토리아
북아메리카	그레이트 솔트 레이크, 모하비, 소노란
남아메리카	아타카마, 파타고니아
남극	남극(남극 대륙 전체를 사막으로 볼 수 있다)

풍화작용의 영향을 가장 잘 볼 수 있는 지역은 어디인가?

지구상에서 바람에 의한 풍화작용의 영향을 가장 잘 볼 수 있는 장소는 남극이다. 이 대륙의 대부분의 지역에서는 바람이 불지 않을 때가 거의 없다. 이런 환경에서는 표면에 노출된 암석들이 바람에 의해 풍화된다. 바람에 의한 풍화작용을 잘 볼 수 있는 또 다른 장소는 고비 사막이나 사하라 사막 같은 대형 사막이다. 이렇게 모래가 많은 사막에서는 바람이 계속적으로 모래를 실어 사구를 이동시키고 암석을 깊게 깎아낸다.

황량하기만 한 사하라 사막을 관광객들이 걸어가고 있다.

사구에는 어떤 종류가 있는가?

바람에 의해 모래와 작은 크기의 물질이 모여 호를 그리는 사구[sand dunes]에는 여러 종류가 있다. 다음은 우리가 살고 있는 지방의 해안이나 사하라 사막에서 흔히 볼 수 있는 사구의 종류들이다.

횡사구[transverse] 깨진 초승달 모양의 사구로 많은 모래를 포함하고 있다.

바르칸[barchan] 초승달 모양의 사구로 적은 양의 모래가 쌓인 사구이다

종사구[longitudinal] 긴 눈물방울 모양의 사구로 연속적인 바람에 의해 만들어진다.

성사구[star dune] 여러 면을 가지고 있는 사구로 여러 방향에서 바람이 불 때 형성된다.

포물선형 사구[parabolic] 횡사구에서 종사구로 전환되는 과정에 있는 커다란 포물선 모양의 호를 가지고 있는 사구

지구 표면의 얼마가 사막으로 덮여 있나?

지구 육지 면적의 15~20%를 사막이 차지하고 있다. 사막에서는 태양 빛이 모래를 가열하여 여름 동안 낮에는 온도가 21℃에서 38℃까지 올라가지만 겨울에는 빙점 이하로 내려간다. 따라서 온도가 얼마인가에 의해 사막을 구별하는 것이 아니라 연간 강수량이 50㎝ 이하인 지역을 사막이라고 한다. 이 때문에 온도가 높지 않은 남극 대륙 같은 고위도 지역에도 사막이 있다.

사막포도는 무엇인가?

많은 사막이 사막포도$^{desert\ pavement}$라는 석질의 물질로 덮여 있다. 이런 지형은 바람이 고운 모래는 날려 보내고 거친 물질만 남겨서 만들어진다.

미국에서 가장 높은 사구는 어디인가?

콜로라도의 그레이트 샌드 듄이 미국에서 가장 높은 사구$^{sand\ dune}$이다. 이곳에서는 바람이 모래를 산 쪽으로 날아가게 한다. 그러나 모래를 높은 지대까지 운반하지는 못한다. 대신 공기가 산의 낮은 지형을 통해 지나가면서 뒤에 커다란 사구를 만들어 놓는다.

사막에서 종종 발견할 수 있는 삼각형 암석은 무엇인가?

바람이 만든 삼릉석이라는 암석은 종종 풍식력이라고도 한다. 이런 암석은 미국 남동부에 있는 사막에서 흔히 발견할 수 있으며 바람의 침식작용으로 만들어진다. 미국 북부에서 발견되는 삼릉석은 식물이 거의 없고 바람에 실려온 모래와 미사가 많던 수만 년 전인 플라이스토세에 만들어진 것이다.

미국에서 가장 큰 사구는 어디에 있는가?

이상하게 들릴지 모르지만 네브라스카 주에 미국에서 가장 큰 사구 평원이 있다. 이 평원에는 모든 형태의 사구가 존재하며, 네브라스카 주 서부의 대부분을 차지하고 있다. 이 사구들은 플라이스토세에 형성되었으며 로키 산맥에서 침식된 빙하 암설로 만들어졌다.

사층리는 무엇인가?

바람이나 강에 실려와 형성된 퇴적층에서 사층리^{cross-bedding}를 자주 볼 수 있다. 사층리는 흐름이 바뀐 강줄기나 여러 방향으로 부는 바람에 의해 형성된 십자형 퇴적층을 말한다.

토양

토양의 정의는 무엇인가?

토양은 광물, 암석 조각, 물, 공기, 모암의 풍화작용으로 만들어진 퇴적물의 혼합물이다. 또한 대부분의 경우 생명을 부양할 수 있는 물질이라고도 정의할 수 있다. 토양에는 분해된 유기물질도 포함되어 있다. 이런 정의에 의하면 유기물을 포함하지 않은 화산재, 모래, 자갈 퇴적물, 해변 모래, 빙하 퇴적물과 아래에서 설명하는 풍화작용으로 생긴 물질은 토양에 포함되지 않는다. 토양층은 물리적, 화학적 성질에 의해 몇 가지로 분류된다.

토양 형성에 영향을 주는 중요한 요소는 무엇인가?

토양 형성에 영향을 주는 여러 가지 요소들은 다음과 같다.

시간   자연의 다른 모든 것과 마찬가지로 시간은 토양의 형성에도 중요한 요소이다. 일반적으로 시간이 더 길수록 더 많은 토양이 형성된다.

기후   지역의 기후는 토양의 형성 과정과 토양의 두께에 영향을 미치는 풍화작용의 형태를 결정한다.

근원 물질   근원 물질 또는 모암은 토양의 화학 성분과 토양에 들어 있는 양분을 결정한다. 토양은 그 지역에 존재하는 암석으로부터 침식작용에 의해 만들어지거나 산의 경사면을 따라 흘러내려온 퇴적물과 같이 그 지역으로 이동해온 물질로 만들어진다.

식물과 동물   식물과 약간의 동물이 토양 성분에 영향을 미친다. 생물은 유기물과 유기물에서 만들어진 유기산과 양분을 토양에 제공한다. 지렁이와 같이 땅속에 사는 생물은 토양을 잘게 부수어 공기와 물이 스며들게 한다.

경사   토양의 경사 역시 침식 정도에 영향을 주어 토양 형성을 돕고, 토양에 함유된 물의 양을 결정한다.

온대 기후의 토양층은 어떻게 구분되나?

다음은 토양의 단면을 온대 기후 지역의 중요한 토양층으로 분류한 목록이다.

토양층	설명
O	죽은 식물에서 온 유기물 조각(암설)
A*	분해된 유기물질, 광물이나 암석 파편, 아래로 흐르는 물
E	여기서는 미세한 입자가 더 낮은 곳으로 흘러 내려간다.
B	A층에서 아래로 침출된 물질이 쌓이는 부분. 수산화물과 탄산염이 석출되어 산을 중화시킨다. 물에 섞였던 점토와 광물이 이곳에 쌓여 점토층을 만든다. 적철석(산화철)이나 갈철석으로 인해 붉은색이나 갈색이다.
C	부분적으로 풍화되어 부서진 암석
R	비교적 풍화되지 않았지만 부서진 암석

* A 토양층은 '침출층'이라고도 한다. O층에서 유기물질의 분해로 만들어진 산이 아래로 스며들어 화학적 풍화작용을 통해 이 층을 침출시키기 때문이다.

지역에 따라 다양한 종류의 토양이 만들어진다. 예를 들면 페달퍼 토양에는 알루미늄과 철이 많이 함유되어 있다. 이런 토양은 B층에서 발견되며 주로 적당한 빗물에 의해 수용성 물질은 날아가고 산화철과 점토를 남기는 중위도 지역에서 형성된다. 주로 붉은색을 띠며 중위도 지역의 가장 일반적인 토양이다.

페도콜 토양은 적은 양의 침출물이나 부엽토를 포함하는 얇은 토양이다. 방해석이 풍부한 이 토양은 강수량이 적어 건조한 지역에서 형성된다. 적은 양의 빗물이 토양 깊숙이 침투하지 못하기 때문에 탄산칼슘과 같은 수용성 광물이 토양의 맨 위층에서 녹이 아래층에 다시 쌓인다.

적도 지방에서 강도 높은 화학적 풍화작용에 의해 형성된 라테라이트도 있다. 토양의 상층부에는 실리카와 수용성 물질이 없고 철과 알루미늄의 함량이 높다.

마지막으로 칼리치는 수분이 증발한 후 탄산칼슘과 다른 염들이 석출되어 만들어진 단단한 토양이다. 칼리치는 대개 건조한 환경에서 형성된다. 이런 지역에는 칼리치를 녹일 충분한 물이 없어 시간이 흐름에 따라 두꺼운 칼리치 층이 형성된다.

고토양은 무엇인가?

화산분출물처럼 토양이 빠르게 매몰되어 고대 암석층 사이에 보존되어 있는 것을 고토양paleosols이라고 한다. 지질학자들은 과거의 기후를 알기 위해서 뿐만 아니라 그 당시의 생명체가 토양에 어떤 영향을 미쳤는지를 밝혀내는 생물지질학을 위해서도 고토양을 연구한다.

산맥 만들기

산맥은 어떻게 형성되는가?

산은 무엇인가?

산을 정의하는 것은 쉬운 일이 아니다. 일반적으로 산은 땅이 자연적으로 융기된 지역이다. 산은 대개 급한 경사면, 좁은 정상이 있고 높이가 높다. '산'은 상대적인 개념으로 주변 지역보다 두드러지게 높은 모든 지역을 산이라고 부를 수 있다. 누군가 산이라고 생각하는 것이 다른 사람에게는 언덕에 불과할 수도 있다. 예를 들면 플로리다에서는 높이가 40m만 넘으면 산이라고 한다. 반면에 콜로라도 로키 산맥에서 가장 높은 엘버트 산의 높이는 약 4,399m이고, 세계에서 가장 높은 에베레스트 산의 높이는 8,850m이다. 산은 모두 지질학적 역사, 나이, 암석의 종류, 층, 구조가 다르다. 따라서 어떤 산이나 산맥도 다른 산이나 산맥과 똑같지 않다.

판구조 활동은 어떻게 산맥을 만드나?

판구조론에서는 지각이 이동하고 있는 맨틀 위에 '떠' 있는 여러 개의 거대한 판들로 나누어져 있다고 설명한다. 또 조산작용에 대해서도 설명하고 있는데, 지각판들이 지표면에서 이동하다가 충돌하거나 스쳐지나가기도 하고 서로 멀어지기도 하는 과정에서 산맥은 다양한 방법으로 형성된다(판구조론에 대한 자세한 내용은 '지구 층들을 통하여' 참조).

특히 하나의 판이 다른 판의 아래로 미끄러져 들어가면 남아메리카의 안데스 산맥처럼 화산활동과 산맥이 형성된다. 히말라야와 티베트 고원처럼 판들의 경계에서 물질을 위로 밀어 올리는 조산작용을 통해 만들어지기도 한다. 판들이 멀어지면 용융된 암석인 마그마가 지표로 올라와 지구상에서 가장 큰 산맥인 대서양중앙해령 같은 해저 산맥이 만들어진다. 이 판들은 2억 년 이상 떨어지고 있는 중이며 산맥은 아직도 확대되고 있다.

배후지와 포어랜드는 무엇인가?

조산작용을 설명하려면 지질학자들은 산들의 특징을 알아야 한다. 이러한 특징을 설명하는 데 사용하는 용어가 배후지 hinterland 와 포어랜드 foreland 이다. 배후지는 대개 대륙 가장자리에서 발견되는 심하게 변형된 지역이다. 포어랜드는 대륙 내부와 이어져 있는데, 대륙과 대륙의 충돌이 일어나고 있는 곳이다.

세계에서 가장 높은 산은 무엇인가?

지구상에는 높은 산들이 많이 있다. 다음은 가장 높은 다섯 산의 이름과 높이이다.

이름	위치	높이(m)
에베레스트	네팔 – 티베트	8,850
K2	카슈미르 – 중국	8,611
칸첸중가	네팔 – 시킴	8,598
로체	네팔 – 티베트	8,501
마칼루	네팔 – 티베트	8,470

세계에서 가장 높은 산이기 때문이다. 에베레스트 산은 히말라야 산맥에 있는 7,000m가 넘는 30개의 봉우리 중 하나이다. '히말라야'는 산스크리트어로 '눈의 집'이라는 뜻이다. 에베레스트 산은 1950년대 초에 에드먼드 힐러리^{Sir Edmund Hillary}와 텐징 노르가이^{Tenzig Norgay}가 등정하면서 유명해졌다. 이들은 공식적으로 이 산을 등정한 첫 번째 사람들이었다. 그 당시 에베레스트 산을 조사한 힐러리는 이 산의 높이가 8,839m라고 했는데, 이 값은 오늘날 GPS 위성 기술을 이용하여 확인한 높이에 놀랍도록 근접해 있다.

높이가 8,850m로 세계에서 가장 높은 에베레스트 산은 에드먼드 힐러리와 네팔인 세르파 텐징 노르가이가 1953년 5월 29일 최초로 등정한 이래 계속적으로 많은 등산가들을 불러 모으고 있다.

산맥과 산계는 무엇인가?

산맥^{mountain range}은 구성과 기원이 같은 산들이 일렬로 배열되어 있는 것을 말한다. 산계^{mountain system}는 형태, 배열, 구조가 비슷해 보이는 산맥들로 이루어진다. 예를 들면 북아메리카 코르디예라 산계에는 캐스케이드 산맥, 시에라네바다 산맥, 로키 산맥, 캐나다 로키 산맥이 포함된다.

산맥의 종류에는 어떤 것들이 있는가?

지질학자들은 여러 가지 특징을 바탕으로 산맥을 구분한다. 다음은 다양한 산맥에 대한 설명이다.

골마루 산맥^{valley and ridge range} 골마루 산맥은 암석으로 덮인 향사구조와 배사구조라고 하는 골짜기와 산마루를 포함하고 있다. 골짜기는 보통 석회암이나 셰일 같이 쉽게 침식될 수 있는 물질로 이루어졌고, 산마루는 사암과 같이 침식을 덜 받는 암석으로 이루어졌다. 펜실베이니아 중부 계곡과 산마루는 이런 산지의 좋은 예이다.

결정 충상스러스트 산맥^{crystalline upthrust range} 대륙 지각이 높은 압력을 받으면 부서지거나 융기되어 지표면에 도달한다. 이런 일이 일어나면 결정화된 암석 위에 덮인 퇴적암이 접히게 된다. 와이오밍의 산지가 이런 형태이다.

결정 핵 산맥^{crystalline core rane} 산맥의 배후지를 따라 결정화된 지반이 앞으로 내미는 지각판의 힘에 의해 여러 개의 판으로 갈라진다. 조산작용의 힘에 의해 변형되는 것은 주로 결정화된 변성암 판이다. 애팔래치아 남부에 있는 블루리지 산맥이 결정 핵 산맥이다.

융기 고원^{plateau uplift} 해수면 위 높은 곳으로 밀어 올린 지각을 고원이라고 한다. 가장자리에서 보지 않으면 고원은 산맥처럼 보이지 않는다. 콜로라도 고원은 미국에서 가장 큰 고원이며, 티베트 고원은 세계에서 가장 큰 고원이다.

스위스 알프스의 체르마트 호수 뒤로 마터호른 봉우리가 보인다.

단층 블록 산맥^{fault block mountain range} 단층 블록 산맥은 단층작용에 의해 골짜기 바닥과 분리될 때 형성된다. 이런 단층은 엄청나게 많은 땅을 이동시켜 산맥 사이의 땅을 높이거나 낮춘다. 네바다 분지와 산맥은 단층 블록 산맥이다.

화산 산맥^{volcanic mountain range} 화산 산맥은 보통 판 경계에 있는 섭입대에서 오랜 시간에 걸쳐 마그마가 분출하여 일련의 화산들이 형성된다. 캘리포니아와 오리건에 있는 캐스케이드 산맥이 화산 산맥이다.

주요 산맥의 이름은?

세계에는 여기에서 모두 언급할 수 없을 정도로 많은 산맥이 있다. 다음은 널리 알려진 큰 산맥의 이름과 위치한 지역이다.

이름	위치
브룩스 산맥	알래스카 북부, 북아메리카 북서부
알래스카 산맥	북아메리카 북서부
코스탈 산맥	북아메리카 북서부
로키 산맥	북아메리카 서부
애팔래치아 산맥	북아메리카 동부
안데스 산맥	남아메리카 서부
드라켄스버그 산맥	남아프리카
에티오피아 고원	아프리카 동부
아틀라스 산맥	아프리카 북서부
피레네 산맥	스페인과 프랑스 사이
알프스 산맥	유럽 남부
카르파티아 산맥	유럽 동부
캅카스 산맥	러시아 남부
우랄 산맥	러시아 중부
다싱안링	중국 북부
알타이 산맥	중국 서부
히말라야 산맥	아시아 남부
그레이트 디바이딩 레인지	오스트레일리아 동부
서던 알프스 산맥	뉴질랜드 남섬

아직도 태평양에서 더 커지고 있는 산맥은 무엇인가?

판 내부의 열점에서 표면에 도달한 마그마도 산맥을 만들 수 있다. 이런 산맥 중에서 가장 큰 것은 하와이 해령이다. 대부분의 화산이 바다 밑에 있어 이 산맥의 정확한 크기와 길이는 알 수 없지만 4300만 년 전에 형성된 하와이 해령은 태평양을 가로질러 수백 ㎞나 뻗어 있으며 아직도 확장되고 있다.

산의 역사

고대 문명에서는 산에 대해 어떤 믿음을 가지고 있었나?

인간은 문화에 따라 때로는 경외하고 때로는 두려워하면서도 산에 매료되어 왔다. 고대 그리스인들은 산을 제우스, 아폴로, 헤라, 그 밖의 올림피아에 사는 신들이 유한한 일생을 사는 인간을 내려다보고, 인간의 생활에 영향을 주며, 때로는 간섭하는 곳이라고 생각했다. 한국, 중국, 일본의 불교에서는 산이 신과 관련이 있다고 믿고 높은 산에 절과 신사를 지었다. 대부분의 유럽 지역에서는 산을 미신과 관련하여 두려운 존재라고 생각했다. 그런 믿음은 19세기 초까지도 남아 있었다. 그들은 산처럼 높은 지역은 지구의 종양으로 거인족, 악마, 고블린이 사는 곳이라고 생각했다. 그들에게 산은 피해야 할 장소였다.

산의 형성에 대한 초기 이론은 무엇인가?

산이 어떻게 형성되는지에 대한 이론에는 여러 가지가 있었다. 1545년 독일의 지질학자 게오르기우스 아그리콜라는 산들이 지진, 물의 침식작용, 그 밖의 여러 가지 자연 현상에 의해 형성되었다고 제안했다. 1669년 덴마크의 지질학자 겸 해부학자였던 니콜라우스 스테노는 토스카나에서 현지 조사를 한 후에 산이 갑작스럽게 솟아오르거나 하강 또는 흘러내려서 지층이 이동하여 형성된다고 결론지었다. 1740년 이탈리아의 과학자 라자로 모로$^{\text{Lazzaro Moro}}$(1687~1764)는 지구의 초기 역사를 설명하고 산들이 지구 내부의 불의 작용으로 형성되었다고 주장했다.

1830년 프랑스의 과학자 엘리 드 보몽$^{\text{Elie de Beaumont}}$(1798~1874)은 거의 정확하게 산의 형성 과정을 설명했다. 그는 각각의 산맥들이 대규모 사건으로 만들어졌으며, 산들은 지각의 냉각으로 인해 수축하면서 만들어졌다고 했다. 그러나 1880년 산들이 수평 방향으로 작용한 압축력에 의해 형성되었다는 것을 보여준 사람은 스위스의 과학자 알퐁스 파브르$^{\text{Alphonse Favre}}$(1815~1890)였다. 그의 모델은 간단했다. 연한 점토층이나 두꺼운 고무 밴드를 양쪽에서 밀면 접히면서 '산'의 모델이 만들어졌다. 파브르는 애팔래치아 산맥, 알프스 산맥, 쥐라 산맥이 이런 방법으로 형성되었다고 주장했다.

조산운동이란 무엇인가?

조산운동^{orogeny}은 지구의 지각판이 이동하면서 충돌하여 산이 형성되는 과정이다. 조산운동이 일어나는 동안에 암석은 변형되거나 뒤틀리고 접힌다. 때로 화성암의 관입이나 화산분출을 동반하기도 하며 조산운동에 의한 고온과 고압에 의해 변성암이 만들어지기도 한다(판 구조론에 대한 더 자세한 내용은 '지구의 층들' 참조).

1887년 프랑스의 지질학자 마르셀 베르트랑$^{\text{Marcel Bertrand}}$(1847~1907)이 유럽은 세 번의 중요한 조산운동을 거쳤다고 언급하면서 조산운동이라는 말을 처음 사용했다. 이런 조산운동으로 생겨난 결과가 칼레도니아 산맥, 헤르시니아 산맥, 알프스 산맥이다.

최초의 조산운동은 언제인가?

지금까지 알려진 첫 번째 조산운동은 약 39억 6000만 년 전 현재의 북아메리카에서 있었다. 이 증거는 편마암층에서 발견되었다. 그 이후로 여러 차례의 조산운동이 있었다. 지질학자들은 조산운동이 일어난 시기를 선캄브리아기, 고생대, 고생대에서 중생대로의 전환기, 중생대, 신생대 등으로 분류한다.

선캄브리아기에 어떤 조산운동이 있었는가?

선캄브리아기에 있었던 조산 운동은 다음 표와 같다.

시기(년 전)	이름	위치(현재의 위치)
39억 6000만(가장 오래된 암석)	아카스타 편마암	북아메리카
33억~27억(화산)	칼라하리 크레이톤	아프리카
32억~27억(화산)	발트 순상지	발트해
30억 5000만~27억(화산)	필바라 블록	오스트레일리아
27억~25억(화산)	캐나다 순상지	북아메리카
26억~24억	알고만	북아메리카
18억 2000만~16억 4000만	허드슨	북아메리카
17억 5000만~16억 5000만	페노키안	북아메리카
12억~9억(화산)	대륙 중앙	북아메리카
10억~8억 8000만	그렌빌	북아메리카
6억~5억 5000만	바이칼리안	시베리아

고생대에는 어떤 조산운동이 있었는가?

고생대에는 널리 분포했던 대륙이 한곳으로 모여들어 판게아라는 거대한 대륙을 만들었다. 고생대와 중생대 사이에는 북쪽에는 로라시아, 남쪽에는 곤드와나라는 큰 대륙이 만들어졌다.

다음은 고생대와 고생대에서 중생대로 바뀌는 시기에 있었던 조산운동이다.

시기(년 전)	이름	위치(현재의 위치)
5억 4000만~5억 3000만	애들레이드	오스트레일리아
4억 8000만~4억 6000만(초기)	애팔래치아	북아메리카, 남아메리카, 남극
4억 6000만~4억 4000만	타코닉	북아메리카, 발트해
4억 5000만~4억 3000만	칼레도니아	북아메리카, 발트해
4억 1000만~3만 8000만	아카디안	북아메리카
3억 8000만~3만 5000만	안틀러	북아메리카
3억 8000만~3억	우랄리안	발트해, 시베리아 카자흐스탄
3억 8000만~2억 5000만	타스만	오스트레일리아
3억 5000만~2억 4500만	헤르시니아	발트해
3억 2500만~3억 1000만	오치타	북아메리카
3억 2000만~2억 2000만	엘러게니	북아메리카, 아프리카
2억 5000만	케이프 폴딩	아프리카
2억 5000만(화산)	시베리아 트랩	시베리아

중생대에는 어떤 조산운동이 있었는가?

중생대에는 판게아가 로라시아와 곤드와나로 분리되었다. 그 후 이 두 대륙은 다시 분리되어 현재의 대륙을 닮은 작은 대륙들이 형성되었다.

다음은 중생대에 있었던 조산운동이다.

시기(년 전)	이름	위치(현재의 위치)
2억~1억 9000만 (화산)	이스턴 북아메리카	북아메리카
1억 7000만~1억 6000만 (화산)	리프팅(화산)	아프리카, 남극
1억 9000만~1억 4000만	네바다	북아메리카
1억 4000만~8000만	시비어	북아메리카
1억 3500만~1억 3000만 (화산)	남대서양	남아메리카, 아프리카
1억 2200만	온통 (화산)	자바
1억 1200만(화산)	케르겔렌	남인도양
1억 1000만~1억	라즈마할	인도

신생대에는 대륙의 이동이 계속되어 현재 위치에 도달했다. 다음은 신생대에 있었던 조산운동이다.

시기(년 전)	이름	위치(현재의 위치)
8400만~5000만	라라미데	북아메리카
8000만~6000만	안데안	남아메리카
6500만~6300만(화산)	데칸 트랩	인도
6200만~5500만	브리토-악틱	북아메리카, 발트해
5700만(화산)	북대서양	북대서양
5500만~4500만	피레닌	발트해
4000만~5000만	알파인	발트해, 아프리카
2500만~1800만(화산)	에티오피아	아프리카
2400만~0만	히말라야	인도, 중국
1800만~1500만	컬럼비아 강	북아메리카

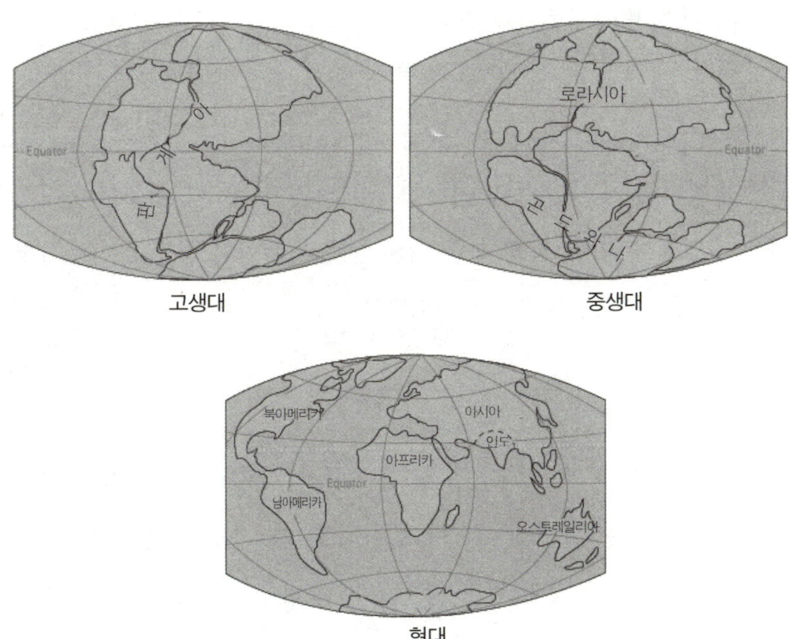

얼마나 많은 고대 산맥이 사라졌는가?

과학자들은 수많은 고대 산맥이 사라졌다고 믿고 있다. 수많은 산의 흔적이 화산작용으로 형성된 거대한 지반의 침식된 잔유물이나 고도로 변형된 변성암 대의 형태로 발견되고 있다.

> ## 현재 일어나고 있는 중요한 조산운동은 무엇인가?
>
> 조산운동이 진행되고 있어 가장 빠르게 높아지고 있는 산맥은 히말라야 산맥이다. 이 산맥은 1년에 1cm씩 높아지고 있어 백만 년이면 10km나 높아질 것이다.

산의 진화

산의 진화에 대한 첫 번째 모델은 무엇인가?

1899년에 출판된 《지리적 순환》은 산의 진화에 대해 포괄적으로 서술한 첫 번째 모델이었다. 이 모델은 격렬하고 갑작스런 융기에 의해 비교적 짧은 시간 동안에 산이 형성되는 과정과 오랜 기간 동안 천천히 진행되는 침식작용을 포함하는 산의 일생을 자세하게 설명했다. 이 지리적 순환 이론은 거의 100년 동안 받아들여지다가 최근에 와서야 새로운 연구에 의해 수정되었다.

산의 형성을 설명하는 현대 모델은 무엇인가?

1998년에 완성된 산의 형성 과정을 설명하는 최신 모델은 계속적인 피드백을 통해 서로 영향을 주고 있는 판구조론의 힘, 침식작용, 기후를 연결한 모델이다. 이 힘들의 복잡한 상호작용으로 산들과 주변 지형이 계속적으로 높이와 지형을 변화시키고 있다.

판구조론에 의해 대륙판이 충돌하여 땅이 융기되면서 산이 형성되기 시작하면 암석에 침식과 기후가 작용하여 산의 지형을 만들어낸다. 중력, 바람, 물, 빙하 같은 것들이 암석을 풍화시켜 작은 퇴적물을 만들고, 이 퇴적물은 산 아래로 흘러내린 다음 하천과 강에 의해 멀리 운반된다. 산에서 일어나는 침식작용의 속도는 침식작용을 하는 물질의 존재와 지형의 경사도, 존재하는 암석의 종류, 기후와 직접적인 관계가 있다.

기후는 얼마나 빨리, 얼마나 많은 물질이 이동되는지를 결정하는 침식의 핵심 요소이다. 그러나 이런 관계는 매우 복잡하다. 예를 들면 추운 날씨는 매우 공격적으로 침식작용을 하는 빙하를 형성시킬 수 있다. 미국 서부에 있는 시에라네바다 산맥과 유럽의 알프스 산맥은 빙하에 의해 많은 부분이 침식되었다. 그런가 하면 남극 대륙과 그린란드에서는 빙상이 지반 암석에 얼어붙어 있어 침식이 잘 일어나지 않는다. 이렇게 복잡한 관계의 또 다른 예는 습도가 높은 기후가 침식에 미치는 영향이다. 이런 기후 지역에 있는 산들은 대개 더 빨리 침식된다. 그러나 이런 기후는 식물의 성장을 촉진시키고 토양을 붙잡아 두어 침식 속도를 느리게 만들기도 한다.

지각평형은 무엇인가?

지각평형isostasy은 평형상태에 있는 지각의 블록이다. 1889년에 미국 지질학자 에드워드 듀튼이 처음 제안한 이 모델에서는 지각 블록이 부력에 의해 액체 위에 떠 있는 것으로 본다. 지각평형 상태에 있기 위해서는 산이 아래 있는 맨틀보다 밀도가 낮고 뿌리가 깊어야 한다. 이것은 바다 위에 떠 있는 빙산과 비슷하다. 그러나 침식작용이 산 위에 있는 많은 암석을 이동시켜 산의 무게를 줄여 이러한 평형을 깨트린다. 평형을 다시 찾기 위해서 산은 지각평형 융기 과정을 통해 높아진다.

예를 들면 최근에 있었던 빙하기에 수 ㎞ 두께의 빙상이 육지 위를 이동하면 빙상의 무게로 인해 대륙이 내려앉게 되었다. 빙상이 후퇴한 후에 대륙은 다시 올라온다. 오늘날에도 육지가 올라와 평형상태로 돌아가고 있는 지역이 많이 있다. 이전에 얼음으로 덮였던 뉴욕의 애디론댁 산맥 지역에서 발생하는 작은 지진들은 활동적인 단층 때문이 아니라 산들이 평형상태로 돌아가려는 계속적인 운동 때문이다.

산이 형성되는 세 단계는 무엇인가?

현재 지질학자들은 산이 형성되는 과정을 형성 단계, 정상 상태, 침식 단계로 나누고 있다. 이 단계들은 수백만 년에서 수천 년의 기간 동안 지속된다. 형성 단계에서는 지각판의 활동이 주가 된다. 이 단계에서는 융기 속도가 침식 속도보다 빠르다. 산이 계속 높아져 주변의 기후를 변화시킬 수 있는 높이에 이르면 침식작용이 증가하기 시작한다.

정상 단계는 지각평형이나 지각판 활동에 의한 융기의 속도와 침식의 속도가 같아지는 단계이다. 어떤 시기에 지각판 활동이 작아져 융기 속도가 느려지면 침식작용이 더 활발하게 일어나게 된다. 침식 단계는 암석이 천천히 풍화되면서 진행된다. 한때 높고 뾰족했던 봉우리는 낮아지고 둥글어지거나 사라진다. 기후가 극적으로 변하거나 지각판의 활동이 재개되어 융기가 다시 시작되면 산은 수백만 년 동안 같은 상태로 존재하거나 이전의 높이로 다시 솟아오를 수도 있다.

잘 알려진 산맥들

애팔래치아 산맥은 어떤 산맥인가?

애팔래치아 산맥은 북아메리카 동부의 뉴펀들랜드에서 앨라배마까지 2,600㎞나 뻗어 있는 넓은 산지이다. 이 산맥의 북쪽 지역에는 뉴햄프셔의 화이트 산맥, 버몬트의 그린 마운틴, 뉴욕과 펜실베이니아의 캐츠킬 산맥, 앨러게니 산맥이 있다. 남쪽에는 버지니아와 노스캐롤라이나의 블루리지 산맥, 노스캐롤라이나의 그레이트 스모키 산맥이 있다. 이 산맥들은 대륙의 중부 지역과 동부 해안을 갈라놓고 있다.

테네시에서 노스캐롤라이나에 걸쳐 있는 그레이트스모키 산맥 국립공원의 클링언스 돔에서 바라본 안개 낀 산의 모습. 과학자들은 스모키 산맥의 이름이 나무가 내는 눈에 보이는 탄화수소인 이소프렌이 만드는 안개 때문이라고 생각한다. ⓒ CC-BY-SA-3.0: Billy Hathorn

블랙힐과 블랙 마운틴은 왜 유명한가?

블랙힐^{Black Hill}은 와이오밍 북부와 사우스다코타에 걸쳐 있는 지역이 융기되어 형성되었다. 블랙힐에서 가장 유명한 장소는 러시모어 산 화강암 절벽으로 이곳에 거츤 보글럼^{Gutzon Borglum}(1871~1941)이 네 명의 미국 대통령 얼굴을 새겨 놓았다. 로키 산맥 동쪽에서 가장 높은 산인 블랙마운틴^{Black Mountain}도 유명하다. 애팔래치아 산맥의 일부인 미첼 산의 높이는 2,037m이다.

해안 산맥은 무엇인가?

해안 산맥^{Coast Moutains}은 알래스카에서 브리티시 콜롬비아에 이르기까지 태평양 해안을 따라 1,600㎞를 나란히 뻗어 있는 산맥이다. 이 산맥은 주로 빙하와 강에 의해 심하게 침식된 고대 변성암으로 이루어져 있다. 해안 산맥의 일부인 4,042m 높이의 와딩턴 산은 캐나다에서 가장 높은 산이다.

세계에서 날씨가 가장 나쁜 산은 어디인가?

세계에서 날씨가 가장 나쁜 산은 남극에 있는 산이 아니라 뉴햄프셔의 화이트 산맥의 일부인 워싱턴 산이다. 높이가 1,917m인 이 산은 세계에서 가장 심한 바람과 추위, 얼음, 폭풍으로 유명하다. 이로 인해 측정을 위해 그곳에 상주하고 있는 과학자들이 이곳을 가장 나쁜 장소라고 결론지었다. 1932년 이래 하루를 빼고는 이 산의 정상에 일주일에 7일, 그리고 하루 24시간 사람이 상주했다.

이 산의 정상은 미국 북부에 영향을 주는 폭풍우와 공기의 흐름이 지나가는 통로에 위치해 있다. 이 산의 정상은 매우 높아 정상 위쪽에 있는 공기를 압축한다. 이로 인해 매우 빠른 바람이 불고 체감온도가 내려간다. 실제로 속도가 372 ㎞/h 나 되는 지구에서 기록된 가장 빠른 바람이 1934년 4월 12일에 이곳에서 측정되었다. 연간 평균 바람의 속도는 57 ㎞/h 이다. 1년 동안에 허리케인보다 강한 바람이 부는 날이 104일이나 된다. 그리고 연평균 기온은 −3.06℃이며, 평균 적설량은 650㎝이다. 끝으로 이 산의 높이로 인해 생물학적으로나 생태학적으로 아한대와 비슷하다.

코스탈 레인지는 무엇인가?

코스탈 레인지^{Coastal Range}는 북아메리카의 태평양 연안을 따라 알래스카에서 캘리포니아까지 뻗어 있는 젊은 화강암으로 이루어진 산맥이다. 이 산맥은 북아메리카 판과 태평양 판의 경계가 접혀 형성되었으며 워싱턴의 올림픽 산, 캘리포니아의 클래머매스 산, 디아블로 산맥과 산타루시아 산맥을 포함하고 있다.

시에라마드레에서 '가장 뜨거운 장소'는 어디인가?

시에라마드레는 멕시코 대부분을 차지하는 산계이다. 서부 산맥은 태평양 연안을 따라 1,100㎞나 뻗어 있고, 동부 산맥은 대서양 연안을 차지하고 있다. 이 산맥에는 가장 유명한 화산들이 있다. 멕시코에서 두 번째로 높은 화산인 포포카테페틀 화산도 이곳에 있다. 이 거대한 화산의 높이는 5,465m이며 멕시코시티에서 남동쪽으로 70㎞ 떨어진 곳에 있다. 프에블라에서 이 화산까지의 거리는 45㎞이다. 포포카테페틀은 '담배 피우는 산'이라는 뜻으로 아즈텍인들이 붙인 이름이다. 이것은 이 화산이 오랫동안 활동적이었다는 것을 나타낸다. 포포라고도 하는 이 화산은 이전에 있던 화산 위에 3,800m 높이의 포포카테페틀 화산이 다시 만들어졌다.

남극에도 산맥이 있는가?

있다. '남극 횡단 산맥'은 남극 반도 끝에서 케이프 아다레에 이르기까지 4,800㎞나 펼쳐져 있으면서 이 거대한 얼음 대륙을 반으로 가로지르고 있다. 다른 산지로는 프린스 찰스 산맥, 남극에서 가장 높은 산맥인 엘스워스 산맥 등이 있다.

남극 대륙 동부의 로스 섬 방향으로 활화산인 에레부스 산도 있다. 이 산은 남극에서 1,450㎞ 떨어져 있으며 높이는 3,743m이다. 깨끗한 공기와 평평한 지역 때문에 에레부스 산은 내뿜는 연기가 없어도 160㎞ 밖에서도 볼 수 있다.

지질학과 물

물에 대한 통계

지구에 물은 왜 중요한가?

물은 지구의 가장 중요한 물질 중 하나이다. 지구에 살고 있는 생물들에게는 더욱 중요하다. 물은 대기, 토양, 지하 영역에서 결정적인 역할을 하고, 식물과 동물이 살아갈 수 있도록 한다. 대부분의 생명체는 주로 물로 이루어졌다. 성인은 50~70%, 어린이는 약 75%가 물이며, 뇌의 75%가 물로 이루어져 있다.

지구에 물이 어떻게 분포되어 있는가?

물은 대기 중에서 순환하고 있는 가장 일반적인 분자 중 하나이다. 해양을 이루고 있는 물의 부피는 14억km³이며 지구상의 물을 지구 표면에 골고루 편다면 깊이는 약 3km 정도가 될 것이다.

그러나 실제로는 물이 골고루 분포해 있지 않다. 전체 물의 97.2%가 대양, 나머지 2.8% 중 2.15%는 극지방의 빙상과 빙붕, 빙하에 저장되어 있고, 지표수에는 0.62%

의 물이, 0.011%의 물은 염호와 내륙 바다를 이루고 있다. 강, 민물 호수, 습지는 0.013%의 물을 보유하고 있으며, 토양이 0.013%를 포함하고 있고, 마지막 0.001% 는 공기 중에 포함되어 있다. 인간들은 주로 지하수, 호수, 강의 물을 이용하고 있는데 인간들이 사용하는 물의 양은 전체 물의 1% 미만이다. 인간들이 사용하는 물의 일부 는 공기로 돌아갔다가 비가 되어 내리지만 대부분은 다시 사용되지 않는다.

지표유출이란?

지표유출^{runoff}은 비나 눈이 온 후에 증발되거나 땅속으로 스며들지 않은 물을 말한다. 지표유출은 중력에 의해 땅 위에 나 있는 물길을 따라 아래로 흘러내려간다. 대부분의 지표유출은 강이나 하천으로 흘러가고, 일부는 토양에 흡수되어 결국 지하수의 일부가 된다.

심한 폭풍우 등에 의해 지표유출의 양이 많아지면 물은 토양에 스며들지 않고 도로, 보도 또는 완만한 경사를 따라 판상으로 흘러내려간다. 이것을 호톤의 지표유출이라고 한다. 호톤의 지표유출이라는 말은 수리학자 로버트 호톤$^{Robert\ Horton}$이 처음 사용했다. 이 흐름은 토양이나 아래 있는 물질을 끌고 내려가는 효과가 있는데, 고운 점토와 굵은 자갈을 이동시킬 정도로 강하다. 이를 종종 판상침식이라고 한다. 토양을 고정시킬 식물이 거의 없는 건조한 지역에서는 판상침식이 상당한 양의 퇴적물을 침식시킨다.

물은 지구에서 어떻게 순환할까?

흔히 물과 물의 순환을 분리해 생각하지만 이 둘은 서로 연결되어 있기 때문에 분리할 수 없다. 물 순환의 추진력은 주로 증발과 강우를 통해 태양 '엔진'이 제공하고, 중력에 의해 결국 바다나 저수지로 흘러간다. 간단히 말해 물의 순환은 다음과 같은 물의 분포와 관련되어 있다.

태양 에너지에 의해 지구 표면에서 물이 증발된다. 공기 중의 수증기는 작은 물방울이 되어 구름을 형성한다. 물 분자는 평균 10일 동안 공기 중에 머문다. 온도와 기후 조건에 따라 수증기가 응결되면 비나 눈 또는 진눈깨비가 되어 땅으로 떨어진다. 지표면에 도달한 물의 대부분은 증발이나 식물의 증산작용과 같은 생명 과정을 통해 다시 공기로 돌아간다. 나머지 물은 산 등 지표면의 높은 곳에서 계곡 등 낮은 곳으로 흘러간다. 이 지표유출은 강, 하천, 호수로 흘러갔다가 지표수의 종착지인 바다로 흘러간다. 그리고 일부는 토양에 스며들어 지하수가 된다.

지표유출은 계속적으로 지구 표면을 침식하고 퇴적물을 쌓는다. 따라서 물의 순환은 높은 지역을 깎아내 표면의 암석을 아래로 이동시키고, 점차적으로 바다에 퇴적시킨다. 그리고 그곳에서 수백만 년 후에 지각판의 영향을 받는 암석이 형성된다.

하천과 강

수로란 무엇인가?

간단히 말해서 수로^{channel}는 물이 흐를 수 있는 자연적인 바닥이나 물이 흐르도록 깨끗하게 정비된 통로이다. 때로는 강, 항구 또는 해협의 가장 깊은 곳을 말하기도 한다. 그런 지역은 종종 물이 좀 더 잘 흐르게 하거나 배가 잘 지나갈 수 있도록 인공적인 준설작업을 한다.

일부 중요한 강의 발원지는 어디인가?

강이 시작되는 지점을 뜻하는 강의 발원지는 대부분 산이지만, 일부는 호수나 내해이고, 일부는 여러 강들이 만나서 형성된다. 예를 들면 이집트에 있는 나일 강의 발원지는 카르툼에서 만나 나일 강을 이루는 화이트 나일과 블루 나일이다. 화이트 나일은 수단 중남부에 위치한 노 호수에서 시작되며, 블루 나일은 에티오피아에 있는 타나 호수에서 시작된다.

대부분의 강의 발원지는 좀 더 확실하다. 중국에서 가장 긴 양쯔 강의 발원지는 히말라야 산맥에 있는 겔라덴동 산이며, 중국에서 두 번째로 긴 황허 강의 발원지는 칭하이에 있다. 미국 뉴욕과 펜실베이니아를 흐르는 서스쿼해나 강은 뉴욕 쿠퍼스타운에 있는 옷세고 호수이고, 뉴욕의 허드슨 강의 발원지는 애디론댁 산맥에 있는 마시 산의 테어오브클라우즈 호수이다. 콜로라도 강은 로키 산맥에 자리 잡고 있는 콜로라도의 그랜드 호수가 발원지이며, 리오그란데 강은 콜로라도 샌후안 산맥에 있는 리오그란데 국유림 내의 해발 3,658m 고지를 덮고 있는 눈에서 흘러내리는 깨끗한 하천과 샘물에서 시작된다.

수량으로 보아 가장 큰 다섯 강은 무엇인가?

수량은 강을 구분 하는 한 방법이다. 수량은 특정한 시간에 강의 단면을 지나가는 물의 양을 말한다. 다음은 세계에서 가장 많은 수량을 자랑하는 다섯 강이다.

강	수량(m^3/s)
아마존 강	113,267~141,584
콩고 강	39,644
양쯔 강	21,804
미시시피-미주리 강	17,556
예니세이 강	17,415

세계에서 가장 긴 다섯 강은 무엇인가?

가장 긴 강과 수량이 가장 많은 강은 일치하지 않는다. 세계에서 가장 긴 다섯 강은 다음과 같다.

강	길이(km)
나일 강	6,695
아마존 강	6,276
미시시피-미주리 강	6,260
양쯔 강	5,794
오비 강	5,150

수량, 길이, 집수 구역 모두 한손에 꼽히는 미시시피–미주리 강을 관광객을 태운 유람선이 지나가고 있다.

집수 구역이 가장 넓은 강 또한 다르다. 집수 구역이 가장 넓은 강은 다음과 같다.

강	집수구역 넓이(㎢)
아마존 강	6,133,091
콩고 강	4,014,481
미시시피–미주리 강	3,221,945
나일 강	2,978,486
예니세이 강	2,589,988

하계를 나누는 방법은?

일반적으로 하계는 세 부분으로 나눌 수 있다. 첫 번째 부분은 분지라고도 알려져 있는 집수 구역이다. 이곳에서는 침식이 주로 일어난다. 강은 분지 전체에서 물질을 운반한다. 강이 운반하는 물질의 종류와 양은 주변 암석, 흐르는 물의 속도와 양에 따라 달라진다. 그리고 물이 흐르는 속도는 경사도에 따라 달라진다. 경사가 급할수록 물의 흐름이 빨라진다.

하계에서 다음으로 중요한 부분은 침전과 침식이 일어나고 퇴적물의 운반이 가장 많이 일어나는 지류이다. 하계의 마지막 부분은 분산계이다. 이 지역에서는 삼각주와 마찬가지로 물질의 퇴적이 가장 많이 일어난다.

삼각주와 충적선상지는 무엇인가?

삼각주^{delta}는 물이 실어 온 실트, 모래, 자갈, 그 밖의 물질들이 쌓인 충적 퇴적물로 주로 강어귀에 형성된다. 이 삼각주와, 하천이 골짜기 바닥과 만나는 산자락에 만들어지는 충적선상지^{alluvial fan}를 혼동해서는 안 된다. 삼각주도 충적선상지와 비슷한 방법으로 만들어지지만 삼각주는 물의 흐름이 느려지는 강이 바다와 만나는 곳에 퇴적물을 침전시켜서 만든다.

하곡에는 어떤 종류가 있는가?

하곡, 즉 강이 흐르는 계곡에는 V자형과 U자형 두 종류가 있다. V자형 계곡은 강의 유속이 빠르거나 단단한 기반암을 활발하게 깎아낼 때 만들어진다. 이런 강은 침식 퇴적물을 멀리 운반한다. U자형 계곡도 있다. 이런 계곡은 강의 주수로 주변에 있는 넓고 얕은 골짜기이다. 경사가 급하지 않기 때문에 U자형 계곡의 강은 유속이 느리다. 따라서 골짜기에 더 많은 퇴적물을 쌓아놓는다.

범람원은 무엇인가?

강 주변에 있는 넓고 경사가 급하지 않은 골짜기는 대개 넓고 평평한 지역을 가지고 있다. 범람원^{floodplain}이라고 하는 이 지역의 높이는 보통 강의 수위와 같거나 비슷하다. 범람원은 돌발 홍수 또는 장마와 지표수에 의해 범람이 잘 일어나는 것으로 유명하다. 홍수 후에 물이 빠지면 많은 양의 퇴적물이 쌓인다. 범람원에 있는 농장이 비옥한 것은 이 때문이다.

브라질 아마존 분지에 살고 있는 주민들이 아마존 강을 따라 노를 젓고 있다. 마을 사이에 육지 통로가 없기 때문에 이 지역에서는 강이 중요한 통신과 수송로가 되고 있다. ⓒ CC-BY-SA-3.0: Fritz Rudolf Loewa

강이 지구 표면을 침식시키는 작용을 멈출 때가 있을까?

지구상의 모든 물이 사라지기 전까지 그런 일은 일어나지 않을 것이다. 지구는 역동적이다. 그리고 이런 역동성의 일부는 강이 계속적으로 땅을 깎아내는 것과 관련이 있다. 예를 들면 지각판 운동으로 인한 땅의 융기는 강의 에너지를 보충시켜 더 활발한 침식이 일어나도록 한다. 지진으로 인한 땅의 운동은 강의 수로를 포함한 땅을 변화시킨다. 화산분출도 새로운 배수 체계가 발달할 수 있는 새로운 깨끗한 지표면을 만든다.

곡류 하천과 망상 하천은 무엇인가?

범람원 안에서 강의 수로는 종종 곡류 하천^{meandering river}이라고도 하는 곡선을 따라 흐른다. 이러한 곡류하천은 수로의 침식과 퇴적 작용에 따라 범람원에서 천천히 옆으로 이동하면서 범람원의 높이를 더 낮춘다. 이 곡류하천이 퇴적물이나 홍수에 의해 끊어질 때 만들어지는 곡선 형태의 호수를 우각호라고 한다.

퇴적물의 양이 많고 물의 수위가 자주 바뀌면 범람원이 망상 하천^{braided channel}이라는, 서로 겹치는 여러 개의 수로로 나누어지게 된다. 이것은 퇴적물이 쌓여 강이 여러 개의 수로로 나누어지면서 만들어진다.

강은 토양과 기반암을 어떻게 침식시키는가?

강은 세 가지 방법으로 토양과 기반암을 침식시킨다. 첫 번째로 느슨한 입자들을 쓸어간다. 토양이 강이나 하천에 의해 잘 침식당하는 것은 이 때문이다(풍화와 침식에 대한 더 자세한 내용은 '지구 깎아내기' 참조). 두 번째로 모래, 토양, 암설 입자들은 수로와 주변 암석을 계속적으로 깎아내는 연마제 역할을 한다. 폭포나 여울에서 이런 작용이 가장 활발하게 일어난다. 세 번째로 암석층의 경계면을 따라 광물을 녹여내는 물에 의한 화학적 풍화작용을 통해 기반암을 분쇄한다.

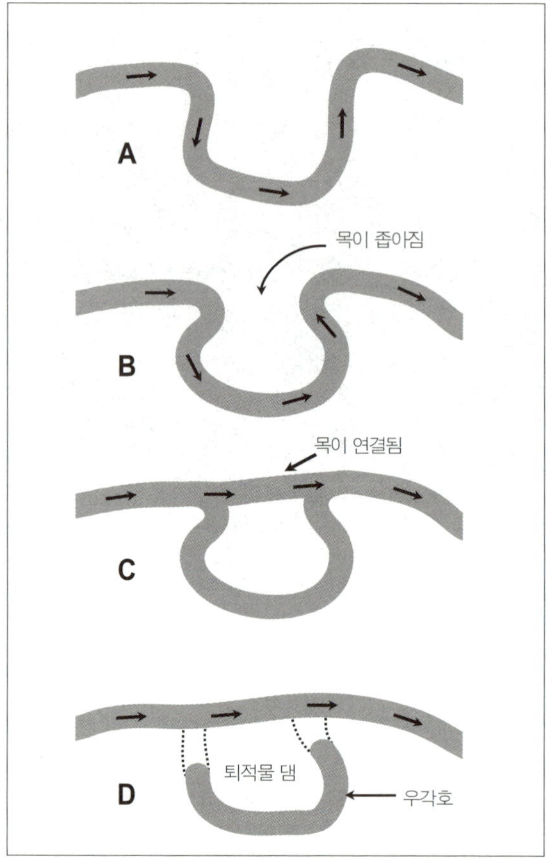

우각호의 형성. 곡류하천(A)에서 시작하여, 곡류의 입구가 좁아져(B), 결국 새로운 수로가 생긴다(C). 그리고 새로운 수로와 예전 수로 사이를 퇴적물이 막아 호수가 만들어진다(D).

댐은 강에 어떤 영향을 미치는가?

댐이 건설되면 하계는 직접적이고 전적으로 영향을 받는다. 이유는 간단하다. 댐이 수로를 막아 수로에 흐르는 물의 양을 줄어들게 하거나 증가시키고, 물의 방향을 바꾸어 놓아 강의 침식작용과 퇴적작용을 완전히 바꾸어버린다. 따라서 수로의 모양이나 지역 환경에 큰 영향을 미친다.

댐은 사람이 많이 사는 지역의 홍수를 방지한다는 긍정적인 효과가 있지만 문제점이 많은 것도 사실이다. 그런 문제 중 하나는 물을 가두는 구조 아래에서 일어나는 침식자용이다. 퇴적물이 더 이상 물 속에서 이동할 수 없기 때문에 물 밑으로 가라앉게 되고, 수로를 통해서 방출되는 물이 아래 수로를 침식시킨다.

또 다른 문제도 발생할 수 있다. 댐이 생기면 강을 따라 이동되는 퇴적물이 적어지기 때문에 강어귀에 형성되는 삼각주가 덜 발달한다. 예를 들면 관개와 발전을 위해 1966년 나일 강에 건설된 아스완 하이 댐의 완공으로 길이가 280㎞나 되는 담수호가 생겼고, 이로 인해 나일 강 삼각주에 흘러들어오는 퇴적물이 크게 줄어들었다. 그 결과 지중해의 해류가 강이 실어주는 퇴적물보다 더 많은 양을 쓸어가게 되어 삼각주가 조금씩 사라지고 있다.

강을 따라 여러 개의 댐을 건설할 때 발생하는 더 심각한 문제는 강 하류의 수량을 줄이거나 아예 없애버린다는 것이다. 예를 들면 콜로라도, 뉴멕시코, 텍사스, 멕시코를 통과해 흐르는 북아메리카에서 다섯 번째로 큰 강인 리오 그란데 강에는 주로 관개를 위해 여러 개의 댐이 건설되어 있다. 이 댐들은 전체 하계를 심각하게 훼손하고 있으며 관개를 위해 많은 물을 사용하게 되자 텍사스의 키트먼에 이르면 종종 말라버리기도 한다.

콜로라도 강의 수량을 조절하는 50개의 댐 중에서 가장 큰 후버 댐은 네바다의 불더시티 부근에 있다.

하천의 종류에는 어떤 것들이 있는가?

하천은 물의 흐름을 기준으로 여러 가지 형태로 구분할 수 있다. 하천의 수로가 연중 대부분 말라 있고 비가 올 때나 비가 온 직후에만 물이 흐르는 하천은 일시하천이라고 한다. 연중 일시적으로만 물이 흐르고 일부에는 물이 흐르지 않지만 수위가 높을 때는 지하수에서도 물을 공급받는 하천을 간헐하천이라고 한다. 그리고 일 년 내내 물이 흐르고 항상 지하수를 공급받는 하천은 영구하천이라고 한다.

강 또는 하천의 배수 형태에는 어떤 종류가 있는가?

강이나 하천의 배수 형태에는 여러 가지가 있다. 다음은 가장 일반적인 강이나 하천의 배수 형태이다.

수지상 배수^{dendritic} 이런 종류의 강이나 하천은 나무 모양으로 갈라진다. 보통 평평한 퇴적물이나 결정화된 암석 위를 흐르는 강에서 이런 형태가 관측된다. 이런 강의 예에는 미국 서부 대평원과 애팔래치아 고원을 흐르는 강들이 포함된다.

직각 형태의 배수^{rectangular} 이런 강이나 하천은 두 방향으로 나 있는 수로가 조밀하고 수직적인 네트워크를 형성한다. 애디론댁 산맥과 자이언 국립공원에 흐르는 강들과 같이 단층을 통해 흐르는 강들이 좋은 예이다.

우상 배수^{pinnate} 이런 강이나 하천은 짧은 지류를 가진 날개 모양으로 흐른다. 이런 강들은 콜로라도 고원과 같이 쉽게 침식되는 물질이 많은 지역에서 발견할 수 있다.

격자형 배수^{trellis} 격자형 배수는 주강이 흐르는 방향이 있고 2차 하천이 이 주강에 수직하게 흐른다. 격자형 배수는 직각 형태의 배수와 비슷하지만 주강을 따라 좀 더 길게 늘어져 있고 덜 조밀하다. 이런 형태의 강은 유럽의 알프스 산맥과 같이 경사진 퇴적층이나 단층 지역 또는 후퇴하는 빙하에 의해 만들어진 빙퇴구라고 하는 언덕 크기의 눈물방울 형태의 퇴적물을 따라 형성된다.

방사상 배수^{radial} 방사상 배수 형태는 말 그대로 강이나 하천이 중심 지점에서 방사상으로 흘러나간다. 하와이의 코코 크레이터나 멕시코의 파리쿠틴 화산과 같은 화산 원뿔구나 화산 돔에서 흘러나오는 강이나 하천이 이에 해당된다.

평행 배수^{parallel} 평행 배수는 일정한 간격으로 나란히 흐르는 많은 수로를 가지고 있다. 메사 베르데 국립공원에서 발견할 수 있는 강들과 같이 경사가 급한 표면을 흐르는 강들이 이에 해당한다.

호수와 지하수

호수는 무엇인가?

일반적으로 호수^{lake}는 물이 차 있고 움푹 들어간 곳이다. 대부분의 호수는 강이나 하천, 샘에 의해 물을 공급받는다. 연못이 아닌 호수라고 불리기 위해서는 물이 어느 정도 있어야 한다. 호수의 크기는 지형에 의해 결정되며 지형은 형성 과정, 기반암, 기후에 따라 달라진다. 그리고 계절에 따른 물의 유입량과 유출량에 따라서도 달라진다.

연못은 무엇인가?

일반적으로 연못^{pond}은 대개 호수보다 작다. 연못은 가장자리에 식물이 자랄 수 있을 만큼 얕다. 때에 따라서는 연못의 한가운데서도 식물이 자란다. 호수는 가장자리를 제외하고는 뿌리를 가진 식물이 자라기에는 너무 깊다. 햇빛을 이용해서도 호수와 연못을 구별할 수 있다. 보통 2m 이상 깊으면 식물이 자라는 데 필요한 햇빛이 투과하지 못하기 때문에 2m보다 얕으면 연못, 깊으면 호수라고 한다.

호수와 연못 사이에는 또 다른 차이가 있다. 연못에서는 위에서 아래까지 물의 온도가 거의 같으며, 대기 온도에 따라 물의 온도가 변하고, 추운 지방에서는 겨울에 연못 전체가 언다. 호수의 여름 물의 온도는 깊이에 따라 달라진다. 윗부분의 온도는 18.8~24.5℃이고, 중간 부분의 온도는 7.4~8.8℃이며, 바닥의 온도는 4~7.4℃이다. 호수에 살고 있는 거의 대부분의 생물들은 여름 동안에는 호수의 윗부분에서 보낸다. 호수의 온도가 좀 더 고른 봄이나 가을에는 호수의 모든 부분에서 생명체들을 발견할 수 있다. 겨울에는 호수의 윗부분은 대개 얼어붙고 아랫부분은 얼지 않는다.

담수호와 염호의 차이는 무엇인가?

호수에는 담수호^{freshwater lake}와 염호^{saline lake}가 있다. 담수호는 민물이 유입되고 출구를 통해 바다로 흘러나가는 호수로, 얼지 않은 민물을 다량 보유하고 있어서 지구상의 생명체들에게 매우 중요하다. 예를 들면 북아메리카에 있는 슈피리어 호는 세계에서 가장 염도가 낮은 민물을 담고 있다. 그리고 시베리아에 있는 바이칼 호는 부피가 가장 큰 담수호인 동시에 가장 깊은 호수이기도 하다.

염호는 유입되는 물이 바다로 흘러갈 수 없고, 증발이 많이 되는 지역에 만들어진다. 염호는 종종 소금 침전물의 매장지로 이용되며 염도가 너무 높아 생명체가 살 수 없기 때문에 지구상에 살고 있는 생물에게는 그다지 중요하지 않다. 반면에 바다는 엄청난 양의 염수를 가지고 있지만 지구상의 생명체들에게 매우 중요하다. 사해는 세계에서 가장 염도가 높은 호수로 이 호숫물의 염도는 바닷물보다 9배나 높다.

바이칼 호는 왜 유명한가?

바이칼 호는 길이가 636㎞이고, 너비가 80㎞인 큰 호수로 러시아의 시베리아와 몽고 사이에 위치해 있으면서 북쪽의 산들과 남쪽의 초원을 갈라놓고 있다. 바이칼 호는 2500만 년 전에 형성된 호수로, 가장 오래된 호수이며 평균 깊이가 1,620m로 세계에서 가장 깊은 호수이자, 부피로는 세계에서 가장 큰 담수호이다. 일부 과학자들은 이 호수가 세계의 얼지 않는 민물의 20%를 담고 있는 것으로 추정한다. 이 호수는 매우 크고 깊어서 세계의 모든 강들이 1년 동안 흘러야 이 강을 채울 수 있다.

세계에서 큰 가장 호수들은 어디에 있는가?

일부 큰 호수들은 북아메리카, 아시아, 아프리카에 있으며 서로 다른 과정을 통해 형성되었다. 현재 세계에서 가장 큰 10개 호수와 이들의 평균 면적은 다음과 같다(참고: 바다는 호수에 포함시키지 않았다).

호수	위치	면적(km²)	비고
카스피 해	아시아	372,002	염호
슈피리어 호	북아메리카	82,103	세계에서 가장 큰 담수호
빅토리아 호	아프리카	69,485	세계에서 두 번째로 큰 담수호
휴런 호	북아메리카	59,570	
미시간 호	북아메리카	57,757	
아랄 해	아시아(러시아)	40,145*	
탕가니카 호	아프리카	32,893	세계에서 가장 긴 호수로 길이는 676km이고 너비는 16~72km이다.
바이칼 호	아시아(러시아)	31,500	
그레이트 베어 호	북아메리카	31,329	
말라위(니아사)	아프리카	28,879	

* 수십 년 동안 관개를 위해 지나치게 사용하여 아랄 해는 세계에서 네 번째로 큰 호수에서 여덟 번째로 큰 호수가 되었다. 면적도 매년 변하고 있어서 이것은 추정치이다.

세계에서 가장 깊은 호수는 어디인가?

세계에서 가장 깊은 호수가 가장 큰 호수는 아니다. 세계에서 가장 깊은 호수의 평균 깊이는 다음과 같다.

호수	위치	깊이(m)
바이칼 호	아시아(러시아)	1,620
탕가니카 호	아프리카	1,435
카스피 해	아시아	995
말라위(니아사) 호	아프리카	695
그레이트 슬레이브 호	북아메리카	614

호수의 종류에는 어떤 것들이 있는가?

세계에는 많은 호수가 있다. 다음은 가장 일반적인 호수의 종류이다.

산악 호수tarn 산악 호수는 대개 과거에 빙하가 덮고 있었던 빙하 지역과 관련이 있다. 이런 호수는 빙하가 언덕과 산비탈을 깎아내 권곡을 만들면서 형성되었다 (빙하에 대한 더 자세한 내용은 '얼음 환경' 참조). 마지막 빙하기 때 만들어진 산악 호수는 애디론댁 산맥의 경사면에서 발견할 수 있고, 유럽 알프스 산맥에서는 최근의 빙하가 만든 호수들을 발견할 수 있다.

지구대 호수ridge valley lake 지구대 호수는 암석이 양쪽으로 벌어지는 단층 지역에 형성된다. 단층의 이동으로 좁은 지역의 땅이 침강하여 좁은 호수가 만들어진다. 아프리카와 아시아를 가로지르는 지구대에는 니아사 호수를 비롯하여 이런 호수들이 많이 분포해 있다.

크레이터 호수crater lake 크레이터 호수는 화산 정상에 형성된다. 사화산이 붕괴되면 정상에 원형의 구덩이가 생긴다. 빗물이나 지표수가 이 구덩이를 채우면 호수가 만들어진다. 오리건에 있는 크레이터 호수는 이런 호수의 대표적인 예이다.

풍식호deflation lake 풍식호는 바람이 모래를 침식시켜 저지대를 만들 때 만들어진다. 이런 저지대가 그 지역 지하수층까지 도달하면 오아시스가 형성된다. 아프리카의 사하라 사막에는 이런 호수가 많이 있다.

우각호oxbow lake 우각호는 곡선으로 흐르는 강이 침식작용에 의해 직선으로 연결되면서 활 모양의 호수가 만들어진다. 미시시피 강 부근에는 이런 호수들이 많다.

인공호수artificial lake 인공호수는 강에 댐을 막아 만들어진다. 이런 호수들은 강의 호수를 조절하고, 식수나 농업용수 또는 공업용수를 안정적으로 공급하기 위해 만든다. 수력 발전용으로 만드는 인공호수도 있다.

지하수란?

지하수^{ground water}는 말 그대로 지하에 흐르는 물이다. 지구에 물이 존재하기 시작한 이래 물은 끊임없이 순환해왔다. 이런 순환과정의 하나가 지하수이다. 지하수는 또한 수자원의 순환에서도 중요한 역할을 한다.

물은 주로 빗물이나 눈으로 지하에 도달한다. 비가 내리거나 눈이 녹으면 물이 토양이나 암석, 모래 틈을 통해 지하로 스며들어 암석 사이의 빈 공간을 채운다. 시간이 흐르면 결국 토양, 모래, 암석 사이의 모든 공간이 물로 채워지게 된다. 물로 포화된 부분을 포화대라고 하고 포화대의 상부를 지하수면이라고 한다. 지하수면은 지표면 바로 아래 있을 수도 있고 수백 미터 지하에 있을 수도 있다. 토양을 통해 침투하는 빗물이 지하수면이 다시 채워지도록 하여 지하수계를 다시 충전한다.

지하수는 모든 곳에 있지만 빙하퇴적물로 이루어진 느슨한 토양이나 암석 지역 아래 다른 곳보다 더 많은 지하수가 있다. 대부분의 지하수는 대수층이라는 거대한 저장소에 자연적으로 저장되어 있다. 사람들은 대수층에 있는 지하수를 식수나 관개용으로 사용하고 있다(대수층에 대한 더 자세한 내용은 아래 참조). 지하수는 호수, 샘을 비롯한 지표수에 물을 공급하기도 한다.

지하수면 높이는 변할까?

그렇다. 지하수면은 여러 가지 요소에 의해 아래위로 변동한다. 비가 많이 오거나 눈이 녹으면 지하수면이 올라가고, 오래 가물면 내려간다.

지하수면은 인간에 의해서도 크게 영향을 받는다. 예를 들면 미국 인구의 50%는 지하수를 식수로 사용하고 있으며 가장 중요한 관개용 수자원이다. 미국의 일부 지역과 전 세계의 많은 지역에서 물이 채워지는 속도보다 더 빠른 속도로 지하수를 사용하고 있어 지하수면이 낮아지고 있다. 주택, 건물, 주차장, 도로와 같은 구조물들이 들어서는 지역의 개발도 그 지역 지하수면을 변화시킨다. 이런 구조물들이 토양을 덮어 지하수에 물이 공급되는 것을 차단하기 때문이다.

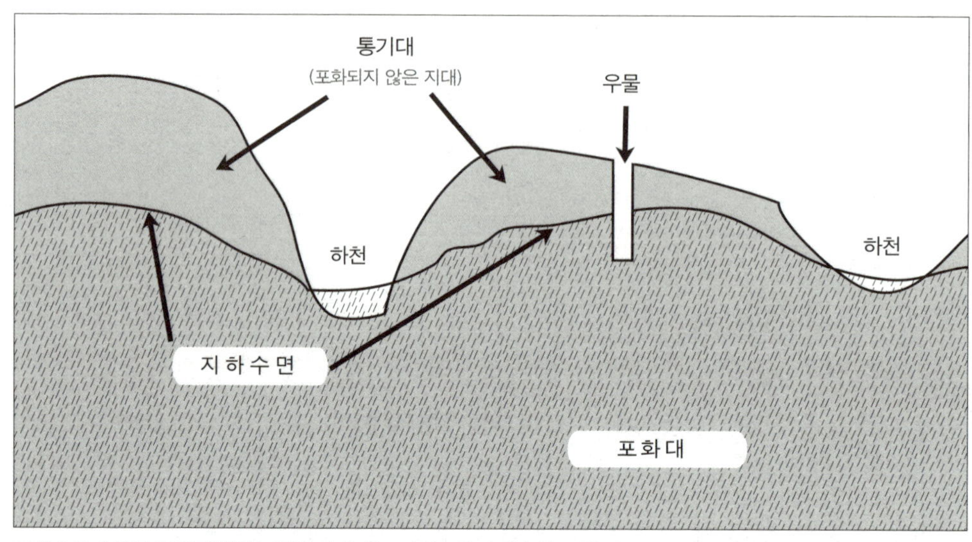

지하수의 수량이 어떻게 변하는지를 나타내는 지하수면의 단순화 모형.

지하 동굴과 공동의 형성에 지하수가 중요한 역할을 하는가?

그렇다. 지하수는 지하 공동과 동굴의 형성에 매우 중요한 역할을 한다. 강과 마찬가지로 지하수도 암석을 깎아내거나 녹여내 운반하여 침전물을 퇴적시킨다. 카르스트 지형은 지하수의 활동에 많은 영향을 받는다. 예를 들면 뉴멕시코의 칼스배드 지하 공동이나 버지니아의 루레이 지하 공동 같은 유명한 지하 동굴이나 공동은 지하수의 활동으로 만들어졌다(카르스트 지형에 대한 더 자세한 내용은 '동굴 탐사하기' 참조).

지하수의 양은 얼마나 되는가?

전 세계에는 많은 양의 지하수가 있다. 지하수는 전체 민물의 3% 미만을 차지하고 있으며 지하수의 75%는 극지방의 빙판에 동결된 상태로 존재한다. 나머지의 95%는 지하수로 저장되어 있다. 지구에는 약 833만 6,364㎦ 의 민물이 저장되어 있으며 이 중 50%는 지표면으로부터 0.8㎞ 이내에 포함되어 있다.

지하수는 어떻게 이용되는가?

다음은 미국지질조사국(USGS)이 추정한 미국에서의 지하수 사용 형태이다.

- 사용되는 민물의 22%는 지하수이다.
- 농업용 관개에 사용되는 물의 37%는 지하수이다.
- 공공시설이 사용하는 물의 37%는 지하수이다.
- 식수의 51%는 지하수이다.
- 시골 지역에서 사용되는 식수의 99%가 지하수이다.

사막 밑에 지하수가 존재한다는 확실한 증거는 무엇인가?

오아시스가 가장 확실한 증거이다. 오아시스는 전 세계 대부분의 사막에서 발견된다. 사막에서 식물들이 사는 오아시스는 지하수면이 지표면에 가까이 있는 지역이다. 큰 오아시스에는 사람과 식물, 야생동물들이 사는데, 이런 지역에서는 지하수를 쉽게 끌어올릴 수 있다. 예를 들면 아랍어로 '샘'을 의미하는 알 아인이라는 아랍에미레이트의 오아시스 도시는 매우 비옥한 지방이다. 이 도시는 수세기 동안 무역상들이 사용해온 남부와 서부를 잇는 중요한 통로의 중간 기착지로 널리 알려졌었다. 현재는 알 아인에서 분리되어 한때 이웃 오만에 속해 있던 부라이미 지역은 음식물과 물을 공급받을 수 있는 장소로 고대 지도에도 표시되어 있다.

대수층은 무엇인가?

지하에 저장된 지하수의 대부분은 토양, 모래, 암석으로 이루어진 대수층aquifer을 통해 천천히 흐른다. 대수층은 투과할 수 없는 단단한 암석과 점토층에 의해 지하에 물이 모여 있는 연못과 같은 곳이다. 대수층은 보통 모래, 자갈, 사암 또는 석회암처럼 쉽게 부서지는 암석으로 이루어져 있다. 이런 물질들은 물질 사이의 공간을 통하여 물을 흐르게 할 수 있기 때문에 투수층이라고도 한다. 대부분의 대수층에는 수천 년 이상 저장된 물이 있으며 사막 지역의 대수층에 저장되어 있는 물 중에는 4만 년이나 된 것도 있다.

대부분의 경우 지하수는 샘을 통해 표면으로 나오거나 호수나 하천으로 흘러간다. 샘을 통해 지표로 나온 물이나 호수로 나온 물은 결국 모두 강으로 흘러간다. 대수층은 샘물, 관개용수 등 공급한다. 대부분의 지하수는 펌프를 사용해 퍼올리지만 어떤 우물은 펌프가 필요 없다. 이러한 자분정에는 간헐천에서와 같이 물을 위로 밀어 올려 지표면으로 흘러나오게 하는 내부 압력이 작용하고 있다.

대수층도 마르는가?

대부분의 대수층은 지하수 함양 과정을 통해 지표면에 내린 빗물이 지하로 침투하여 저장된 물로 차 있다. 그런데 현재 대수층은 점점 고갈되고 있다. 집, 고속도로, 주차장 같은 시설물들이 지하수 함양에 사용될 물의 양을 감소시키고 있어서 지하수의 양이 줄어들고 있는 것이다. 예를 들면 미국 중부에 살고 있는 2000만 명 이상의 사람들이 오갈라라 대수층에서 물을 공급받고 있다. 이 오래된 대수층이 40만 4,000 km^2나 되는 넓은 지역을 덮고 있지만 빠르게 고갈되고 있다. 그 이유 중 하나는 대수층에서 물을 퍼올리는 우물의 수가 15만 개 이상이며 계속 증가하고 있기 때문이다. 기후는 현재 점점 건조해져서 대수층을 충분히 다시 채울 방법이 없는 가운데 인구 증가와 농산품의 수요 증가로 물 소비가 늘어나면 오갈라라 대수층은 계속 말라갈 것이다.

우물은 무엇인가?

지하수와 관련해서 보면 우물^{well}은 단순히 대수층까지 뚫은 구멍이다. 우물에 파이프를 박고 펌프를 이용하여 물을 지표면으로 끌어 올린다. 관을 막을 수도 있는 입자들을 걸러내기 위해 망을 사용하기도 한다. 가정용 또는 상업용으로 우물을 사용하는 사람들은 대개 물을 정화하기 위해 추가적인 필터를 사용한다. 우물은 토양과 암석,

필요로 하는 물의 양에 따라 크기가 달라진다.

지하수에도 오염이 문제가 되는가?

그렇다. 지하수 오염은 큰 문제가 되고 있다. 특히 사람의 활동으로 오염된 지역은 지하수마저도 오염시킨다. 지하수는 매립한 오염물질의 침출수, 부식된 탱크, 쓰레기장, 화학물질의 유출, 광산 지역, 지하 가스나 저장 탱크의 누출 등 여러 가지 오염원에 의해 오염된다. 또한 농경지역에서 흘려보내는 비료와 농약 성분을 포함하고 있는 물에 의해서도 오염된다. 그리고 기름이나 가스 또는 겨울에 뿌린 소금을 비롯하여 기타 오염 물질이 섞인 물을 흘려보내는 수차장이나 도로와 같은 오염원에 의해서도 오염된다.

지하수의 오염은 왜 문제가 될까? 가장 중요한 것은 많은 사람들이 지하수를 식수로 사용하고 있기 때문이다. 미국에서만도 시골 지역에 사는 사람들을 포함하여 50%의 주민이 지하수에 의존하고 있다. 지하 시설의 오염 역시 중요한 문제이다. 시간이 지나면 부식되거나 균열이 생겨 누출이 발생할 수 있는 저장 탱크가 미국에만도 1000만 개나 묻혀 있고, 이 중 다수는 이미 누출되고 있다. 또한 2만 개가 넘는 위험물 쓰레기 처리장이 있으며 매년 더 많은 처리장이 설치되고 있다. 이런 지역에서는 균열되어 누출을 시작한 저장탱크로부터 오염된 지하수가 천천히 넓은 지역으로 퍼지고 있다. 불행하게도 때로는 불확실한 기록이나 회사의 이전, 사람들의 무단 투기 등으로 인해 흘러나오는 오염물질의 종류도 파악하지 못하고 있다.

이런 종류의 오염은 제거하는 것도 쉽지 않다. 지하수가 흐르는 속도가 토양이나 암석 사이의 공간의 크기나 이런 공간의 연결 상태에 따라 달라지기 때문에 지하수에 포함된 오염 물질을 발견해서 추적하는 것은 매우 어렵다. 이런 조건들은 지하수에 지표에서는 알아차릴 수 없는 변화를 가져온다. 오염된 물은 퍼내서 정화해야 되지만 어디에, 얼마나 깊은 지하에 오염물질이 있는지 알 수 없기 때문에 오염된 물을 모두 퍼내는 것은 거의 불가능하다.

있다. 우물에서 너무 많은 물을 퍼내면 땅이 함몰되는 것과 같은 오염과 관계없는 또 다른 문제가 있다. 미국지질조사국(USGS)에 의하면 캘리포니아 남부 모하비 사막의 일부에서 지하수의 고갈로 10㎝ 이상 함몰되었다. 이러한 함몰은 1992년과 1999년 사이에 일어났다. 이것은 지하수를 너무 많이 끌어올려 수위가 낮아졌기 때문에 일어난 것으로 보고 있다.

너무 많은 지하수를 끌어올림으로서 발생하는 또 다른 문제는 염수의 침투이다. 이것은 특히 해안 지방에서 문제가 된다. 뉴욕 같은 대도시에서도 많은 인구의 식수를 공급하기 위해 퍼올리 지하수의 양이 많아지면 대서양의 염수가 지하수 쪽으로 침투해 지하수가 있던 자리를 차지하게 된다. 퍼올리는 지하수의 양이 많거나 수위가 낮으면 염수가 지하수를 침투하여 퍼올리는 지하수가 민물이 아닌 염수가 되는 것이다.

홍수

20세기 미국에서 가장 큰 손해를 입힌 자연 재해의 원인은 무엇인가?

미국지질조사국에 의하면 20세기 가장 많은 손해를 입힌 자연재해는 홍수였다. 특히 인명과 재산 손실 면에서 홍수는 가장 많은 손실을 입혔다.

어디에서 어떻게 가장 많은 홍수가 일어나는가?

홍수는 여러 가지 자연적인 요소와 인간적인 요소로 인해 발생한다. 일반적으로 모든 홍수는 특정한 지역에 짧은 시간 동안 너무 많은 물이 모이는 것이라고 정의할 수 있다. 대부분의 홍수는 수위가 높아져 하천, 호수 또는 해안의 둑 위로 물이 넘쳐흘러 일어난다. 넓은 지역이 물에 잠기는 경우도 있다. 대부분의 홍수는 오랫동안 비가 내리거나 태풍에 의해 해일이 발생하거나 또는 댐이 무너져 발생한다. 인구가 많은 지

2010년 테네시의 네슈빌이 기록적인 홍수로 물에 잠겼다. 사진은 홍수로 물에 잠긴 마을의 모습.

역에 홍수가 나면 큰 손실이 발생한다. 세계 인구 대부분이 해안이나 범람원에 살고 있기 때문에 홍수로 인해 매년 수억 명이 피해를 입고 있다.

어디에서 홍수가 일어나는 걸까? 홍수는 사막에서 우림지역까지 그리고 저지대에서 고지대에 이르기까지 세계 어느 곳에서나 일어난다. 예외가 있다면 그것은 남극과 북극의 일부 지역뿐이다.

100년 홍수란?

100년 홍수는 통계에 근거한 것이다. 지질학자나 수리학자들에게는 특정한 범람원 지역에 100년에 한 번 일어날 수 있는 큰 홍수를 의미하고, 통계적으로는 특정한 지역이 100년에 한 번씩 물에 잠기는 정도의 홍수를 의미한다. 이런 정보를 바탕으로 지질학자들은 도시계획자들이나 개발자들이 사용할 100년 홍수 또는 50년 홍수

지도를 만든다. 그러나 자연의 다른 모든 현상과 마찬가지로 100년 홍수를 예측하는 것 역시 쉬운 일이 아니다. 실제로 1년 동안에도 여러 번의 100년 홍수가 일어날 수 있다. 따라서 100년 홍수 지역에 살고 있지 않다고 해도 홍수로 인한 재산손실에 대비해야 한다.

홍수가 많은 피해를 가져오는 이유는?

홍수는 예측할 수 없고 연중 언제, 어디에서나 발생할 수 있다. 또 대부분의 사람들이 인식하지 못하는 것은 홍수의 힘이다. 큰물은 엄청난 파괴력을 가지고 있다. 측면에 가해지는 힘만으로도 엄청난 침식작용을 일으킬 수 있고, 교량과 구조물의 기초를 파헤칠 수 있으며, 건물에 균열을 야기하거나 붕괴시킬 수도 있다. 홍수는 많은 양의 퇴적물을 운반해 건물 안팎에 쌓을 수 있다. 홍수로 인한 흙탕물이 빠지고 나면 홍수가 남긴 퇴적물을 확실하게 볼 수 있다.

돌발 홍수란?

돌발 홍수flash flood는 보통 몇초에서 몇 시간 사이에 빠르게 물이 불어나는 홍수를 말한다. 돌발 홍수는 강이나 하천의 수위를 빠르게 올라가게 하고 넓은 땅을 쓸어가며, 주변에 있는 거의 모든 것을 파괴한다. 홍수의 파괴력은 강수량의 크기, 지속시간, 표면 상태, 그 지역의 경사도와 같은 요소에 따라 달라진다. 도시 지역은 돌발 홍수에 가장 취약하다. 지표면의 많은 부분이 도로, 지붕, 주차장과 같이 물이 침투할 수 없도록 포장되어 있고, 잘 정비된 배수로가 많은 비가 온 경우 물을 더 빠르게 흘려보내기 때문이다. 산악 지역도 돌발 홍수가 잘 일어난다. 급한 경사, 좁은 계곡, 토양과 식물의 낮은 저항력으로 인해 빗물이 빠르게 흘러내려갈 수 있기 때문이다. 사막이나 건조한 지역에서도 돌발 홍수가 일어날 수 있다. 많은 건조한 지역에도 가끔 강력한 폭풍우가 찾아온다. 짧은 시간 동안에 많은 비가 오면 말라 있던 수로에 빠르게 물이 불어난다.

아이스잼 홍수는 무엇인가?

아이스잼 홍수^{ice jam flood}는 추운 기후 지역에서 이른 봄이나 해빙기에 자주 발생한다. 전체적으로나 부분적으로 얼었던 강이 봄의 지표유출이나 이른 폭풍우로 수위가 높아지면 얼음이 이동하면서 깨진다. 얼음이 흘러내려가기 시작하면 강의 좁은 부분 같은 자연적인 장애물이나 교량과 같은 인공 구조물에 막혀 엉키게 된다. 이렇게 만들어진 아이스잼이 충분히 크면 물의 흐름을 방해하여 물이 위쪽으로 흐르는 홍수가 발생한다. 그러나 아이스잼이 무너지면 한꺼번에 아래로 흘러내리면서 아래쪽에 홍수가 발생한다. 이러한 아이스잼이 아래쪽에 다시 생기면 위쪽에 또 다른 홍수가 발생한다. 아이스잼과 관련된 또 다른 문제는 흘러내리는 얼음이 나무, 식생, 강둑에 있는 구조물들을 파괴한다는 것이다. 두꺼운 얼음이 버터를 자르는 칼과 같은 작용을 한다.

폭풍해일 홍수는 무엇인가?

폭풍해일 홍수^{storm serge flood}는 허리케인이나 강력한 저기압이 해안에 다가올 때 발생한다. 허리케인이 이동하면 저기압 지역에서 많은 물을 위로 끌어당겨 폭풍의 앞쪽으로 밀어낸다. 이와 함께 허리케인의 바람이 물을 해안으로 민다. 해일과 바람으로 인해 수위가 높아진 물이 해안에 도달하면 때로는 66m가 넘는 파도가 해안가를 덮친다. 폭풍해일이 밀물 때 일어나면 피해는 더 커진다. 전체적으로 폭풍해일은 허리케인의 가장 위험한 부분으로 인명 피해의 90%는 폭풍해일에 의해 발생한다(폭풍해일에 대한 더 자세한 내용은 '지질학과 해양' 참조).

댐의 붕괴로 일어난 홍수도 있었는가?

있었다. 홍수 예방을 위해 댐이나 둑이 설치되었지만 많은 홍수가 댐이나 둑의 붕괴로 일어났다. 댐이나 둑은 그 지역의 과거 홍수를 기반으로 하여 설계되었다. 따라서 시간당 수십 ㎝씩 내리는 비에 의한 지표유출은 댐이 감당하기에는 너무 많은 양이다. 댐이나 둑이 무너지거나 쓸려나가면 방출된 물이 돌발 홍수를 일으킬 수 있다. 댐의 붕괴로 인한 손실의 대부분은 갑자기 불어난 물에 의해서 뿐만 아니라 갑작스럽게 방출된 많은 물이 가지고 있는 큰 힘에 의해 발생한다.

미국에서 가장 큰 피해를 남긴 홍수는?

홍수의 피해는 보통 인명 피해와 재산손실을 기준으로 판단한다. 그러나 과거의 폭풍우와 현재의 폭풍우를 비교하는 것은 공정하지 않을 수 있다. 20세기 초에는 그다지 많은 사람들이 홍수의 영향을 받지 않았고 재산의 가격이 지금처럼 비싸지 않았다. 증가된 인구와 현재 경제 상황에서 대부분의 홍수에 의한 재산손실은 수십억 달러에 이른다.

다음은 미국에서발했던 피해가 큰 몇몇 홍수의 목록이다(미국지질조사국 자료).

지역	년월일	상황	인명 피해 재산손실
오하이오 주 전체	1913년 3월~4월	지역적 강우로 인한 홍수	467명 사망 1억 4300만 달러
텍사스 갤버스턴	1900년 9월	폭우에 의한 홍수	6,000명 사망 미확인
미국 북동부	1938년 9월	폭우에 의한 홍수	494명 사망 3억 600만 달러 (추정)
루이지애나 미시시피 걸프 해안	1969년 8월	허리케인 카밀, 미국 최악의 허리케인	259명 사망 14억 달러
웨스트 버지니아 버팔로 크리크	1972년 2월 2일	폭풍우로 댐 붕괴	125명 사망 6000만 달러
오리건 윌로우 크릭	1903년 6월 14일	홍수로 도시 전체 파괴	225명 사망
사우스다코타 래피드시티	1972년 6월 9~10일	5시간 동안 40㎝의 강우로 홍수 발생	237명 사망 1억 6000만 달러

얼음 환경

얼어 있는 지형

주빙하라는 말은 무엇을 의미하는가?

주빙하periglacial는 추운 기후 지역과 이런 지역의 특정한 지형을 만드는 것을 돕는 과정을 말한다. 주빙하 지역의 특징은 강한 서리이다. 서리는 보통 물이 얼마나 오랫동안 땅 속에 얼어 있는가와 관계있다.

일반적인 주빙하 지형은 무엇인가?

주빙하와 관련이 있는 지질학적 지형에는 여러 가지가 있다. 예를 들면 핑고는 여러 해 동안 존재하는 원형 또는 타원형의 커다란 얼음 둔덕으로, 높이는 3～70m이며 지름은 30～600m에 이른다. 과학자들은 아래층 또는 위층 안에 있는 지하수가 표면의 얼음을 밀어 올리는 압력에 의해 핑고가 만들어지는 것으로 보고 있다.

또 다른 주빙하 지형은 열 카르스트이다. 이런 지역에서는 토빙이 녹으면서 저압력 상태가 만들어져 종종 험모키 유형hummocky-like의 지형이 형성된다.

주빙하 지역의 구조토는 어떻게 형성되는가?

구조토 patterned ground 또는 잘 정리된 형태의 표면구조는 동결-해동 과정이 반복되어 형성되는 것으로 주빙하 지형 중 하나이다. 구조토는 캐나다 북부, 시베리아, 남극 대륙, 알래스카와 같은 남극과 북극 지방에서 계속적으로 만들어진다. 구조토는 다양한 기후 조건 하에서 여러 가지 방법으로 만들어질 수 있지만 주빙하 지역에서 발견되는 구조토는 토양 안에 포함된 물이 동결과 해동을 반복하면서 만들어진다. 여러 계절 동안, 때로는 수백 년 동안 이런 과정이 반복되면 토양에서 암석이 추려져 돌로 이루어진 섬, 물결무늬, 다면체 등의 구조가 만들어진다. 구조토에는 암석으로 이루어진 구조의 경계 부분과 돌이 포함되어 있지 않은 구조가 있다.

> ### 화성에도 구조토가 있는가?
>
> 있다. 마스 글로벌 서베이어 탐사선이 보내온 화성 표면 영상에서 화성의 구조토가 발견되었다. 화성의 극지방에 위치해 있는 다면체 모양은 위도 60 ~ 80° 에 형성된 크레이터 바닥에서 발견된다. 이런 구조는 밝은 서리와 어두운 모래가 다면체의 경계를 이루고 있는 골짜기를 덮을 때 가장 잘 보인다.

영구동토층이란 무엇인가?

일반적으로 영구동토층 permafrost 은 영원히 얼어 있는 땅으로, 주로 남극과 북극에서 가까운 지역에서 발견된다. 영구동토층은 토양과 암석이 일 년 내내 0℃ 이하로 유지되는 곳이다. 어떤 과학자들은 계속적으로 2년 이상 이런 상태에 있는 곳을 영구동토층이라고 정의한다. 이것은 전문적인 정의일 뿐이고 여름 잠시 동안 토양 맨 위층의 온도가 0℃ 이상으로 올라가도 영구동토층으로 간주되는 지역이 많이 있다.

영구동토층 형성에는 기후가 가장 중요한 요소지만 얼어 있는 층의 특성은 지면의 온도에 따라 달라진다. 반면에 지표면의 온도는 식생의 종류와 밀도, 덮여 있는 눈, 배수, 토양의 종류와 같은 다른 요소들의 영향을 받는다. 연속적인 영구동토층은 강이나 깊고 넓은 호수를 제외한 모든 땅이 넓고 고르고 두껍게 얼음으로 덮여 있는 지역에서 나타나고, 단속적인 영구동토층은 동토층이 비교적 얇고, 얼어 있지 않은 구역이 여기저기 포함되어 있는 곳에서 나타난다.

영구동토층이 발견되는 곳은?

영구동토층은 전 세계 육지의 20~25%를 차지하고 있다. 알래스카는 82% 이상, 러시아와 캐나다는 50%가 영구동토층이다. 그리고 중국의 20%와 남극 대륙 전체도 영구동토층이다. 극지방과 관계없이 고도가 높은 일부 지역에도 영구동토층이 존재한다.

영구동토층의 두께는 지역에 따라 다르다. 예를 들면 시베리아 북부의 영구동토층의 두께는 1,600m이지만 알래스카 북부의 영구동토층은 650m 정도이다.

토빙은 무엇인가?

토빙$^{ground\ ice}$은 0℃ 이하의 온도에서 토양에 포함된 거의 모든 수분이 얼 때 생긴다. 토빙은 두 가지 형태로 나타난다. 하나는 주변의 퇴적물과 결합하여 구조를 형성하는 얼음이고, 다른 하나는 순수한 얼음의 커다란 덩어리이다. 토빙은 크기와 형성되는 시기에 따라 그 지역의 지형, 더워지는 시기에 녹은 물이 땅을 적시는 것과 같은 지형적 과정, 식생, 자연적인 환경변화, 건물이나 도로의 건설과 같은 인위적 환경 변화에 대한 지형의 반응 등에 영향을 준다. 영구동토층 지역에서는 토빙이 그 지역의 가장 중요한 특징이다. 실제로 토빙의 중요한 영향은 지나치게 얼음이 많은 것에 의한 것이다. 이런 얼음이 녹으면 물의 양이 주변 퇴적물의 토양 입자와 암석 입자들 사이의 빈 공간의 크기를 나타내는 세공 용적보다 많아진다.

토양 위에 생기는 동상작용의 원인은 무엇인가?

동상작용$^{frost\ heave}$은 북쪽의 추운 지방에서 겨울 동안 암석이 표면 위로 올라오는 것을 말한다. 겨울에 압력의 차이로 표면 바로 아래 있는 토양에 포함된 물이 위로 올라와 표면 부근에서 얼어 얼음 결정을 만든다. 얼음 결정과 동상작용의 양은 토양의 종류, 특히 토양 속의 빈 공간의 크기에 따라 달라진다. 예를 들면 작은 크기의 빈 공간을 가지고 있는 점토는 얼음 결정이 성장할 수 있는 더 많은 공간을 가지고 있는 거친 토양보다 동상작용이 더 크게 나타난다.

얼음 결정은 큰 렌즈 모양으로 성장하고, 이것들이 계속 성장하면 토양을 밀어내게 되어 땅이 위로 올라와 암석과 식물 뿌리를 표면으로 밀어낸다. 우리가 봄에 밭에서 많은 암석을 발견할 수 있는 것은 이 때문이다. 그리고 돌로 만든 보도, 울타리, 그 밖의 구조물들을 추운 겨울이 지난 다음에 수리해야 하는 것도 이 때문이다.

러시아와 외국 회사들은 러시아의 툰드라 지대 중 석유 매장지로 보이는 이 고립된 북극 지역의 얼어붙은 호수와 침엽수림 아래를 탐사하고 있다. ⓒ CC-BY-2.0: deDr. Andreas Hugentobler.

북극 환경이란?

북극 환경$^{arctic\ environment}$을 정의하는 데에는 여러 가지 방법이 있다. 지리적으로는 북극 환경을 수목한계선 북쪽에 있는 육지 지역 또는 툰드라의 남쪽 한계선으로 정의 한다. 예를 들면 서반구의 북쪽 지역에서는 서쪽의 알류산 열도에서 동쪽의 그린란드 와 래브라도까지가 포함된다. 지질학적으로는 북극에 고산 지대, 평원, 표면에 드러난 기반암, 저지대와 같이 토양이 전혀 없거나 조금 밖에 없는 지역도 포함시킨다. 다른 사람들은 북극권을 긴 겨울과 짧은 여름으로 인한 추위의 지속기간, 영구동토층, 계 절에 따라 크게 달라지는 태양 빛, 다양한 식물군의 부재 등으로 특징짓는다.

고산 지형의 예. 이 호수는 스위스 남서부의 뢰첸탈 계곡에 있다. 고산 환경은 수목 한계선 위쪽에 있는 지역으로 주로 높은 산과 관련이 있다. ⓒ CC-BY-SA-2.5: Johannes Löw

고산 환경이란 무엇인가?

고산 환경^{alpine environment}은 수목 한계선 위쪽에 있는 지역으로 주로 높은 산과 관련이 있다. 일부 사람들은 고산 환경을 키가 2.4m보다 작은 나무만 자라는 산악 지역이라고 정의한다. 특정한 고산 식물, 특히 바람, 낮은 온도, 짧은 생육기간, 건조한 환경, 자외선과 같은 거친 조건에 잘 적응한 식물에 의해 다른 지역과 구별된다. 폭넓은 식생이 부족하고 환경이 거칠기 때문에 고산 지질학은 노출된 암석의 풍화작용이나 고산에서의 빙하 형성을 주로 다룬다.

세계에는 고산 지질학자들이 관심을 가지는 고산 지역이 많이 있다. 예를 들면 뉴햄프셔에 있는 화이트 마운틴 국유림은 21㎢의 고산 지역을 포함하고 있는데, 로키 산맥 동쪽에서 가장 큰 고산 지역이다. 티베트에서는 가장 더운 달인 7월의 평균 온도가 10℃ 이하인 곳을 고산 지대로 간주한다. 여기에는 인더스 강 남쪽 계곡, 수틀레지, 창포를 제외한 대부분의 티베트 고원과 라샤 계곡이 포함된다.

추운 지역에서는 두 종류의 상고대^{rime ice}가 형성된다. 과냉각된 작은 물방울이 차가운 표면과 만나 만들어지는 우유 색깔의 부서지기 쉬운 얼음을 굳은 상고대라고 한다. 물방울이 아주 빠르게 얼기 때문에 퍼져나갈 시간이 없어서 구형을 유지하며 얼음 알갱이 사이에 공기를 포함하고 있는 얼음 알갱이층을 만든다. 단단한 상고대는 맑은 얼음보다 밀도가 작으며 표면에 단단하게 달라붙지 않는다. 따라서 단단한 상고대는 일반적으로 식생이나 구조물에 경미한 손상을 준다.

물체 위에 떨어지는 물방울에 의해서가 아니라 과냉각된 구름에 의해 차가운 표면에 불투명하고 연한 상고대가 형성된다. 겨울에 산 정상을 찍은 사진에서 자주 볼 수 있는 백상이라고도 하는 연한 상고대는 구름이 지나가는 지역에 형성된다. 이때 얼음의 방향은 바람의 방향을 가리킨다.

빙하

빙하는 무엇인가?

빙하^{glacier}란 큰 얼음을 말한다. 오랫동안 눈이 쌓여 여름에도 녹지 않고 그 자리에 남아 있는 커다랗고 두꺼운 얼음이 만들어진다. 그러나 빙하가 되기 위해서는 얼음이 움직여야 한다. 얼음이 움직인다는 것은 얼음이 원래의 자리에서 빙하의 끝자락까지 나 있는 흐름선의 존재, 얼음 안에 생긴 균열인 크레바스, 최근에 생긴 지질학적 증거를 통해 알 수 있다. 일부 빙하는 160㎞ 이상 크게 자라지만 축구장만큼 작은 것도 있다.

빙하에는 어떤 종류가 있는가?

빙하는 크기, 모양, 성질이 모두 다르다. 지질학자들은 빙하를 다음과 같이 여러 종류로 분류한다.

산악빙하 mountain glacier   '빙하'라고 할 때 가장 일반적으로 떠오르는 산악빙하는 전 세계의 높은 산에서 만들어지는 빙하이다. 가장 큰 산악빙하는 남아메리카의 안데스 산맥, 네팔 국경에 있는 히말라야 산맥, 캐나다 북극권, 알래스카, 남극 등에서 발견할 수 있다.

현수빙하 hanging glacier   현수빙하는 경사가 급한 산의 경사면에 매달려 있는 빙하로 길이보다는 폭이 더 넓다. 이런 종류의 빙하는 스위스에 있는 알프스 산맥의 높은 산들에서 흔히 발견되며 산사태를 일으키기 쉽다.

곡빙하 valley glacier   곡빙하는 빙하기에 크게 발달했었다(빙하기에 대한 자세한 설명은 아래 참조). 이런 빙하는 빙원이나 산에서 시작되어 골짜기를 흘러내리는 긴 혀처럼 보인다. 곡빙하가 바다로 흘러 들어가면 썰물 빙하라고도 하는데 빙하의 끝에서 떨어져 나온 큰 얼음 덩어리는 빙산이 된다. 그리고 곡빙하가 비교적 평평한 평원으로 흘러가 둥근 얼음 덩어리로 갈라지면 산록빙하라고 부른다. 가장 큰 산록빙하인 알래스카 맬러스피나나 빙하는 이 지역의 해안을 5,000 ㎢ 이나 덮고 있다.

권곡빙하 corrie or cirque glacier   권곡빙하는 다음에 설명하는 벽감빙하보다 크고 곡빙하보다는 작다. 대부분의 곡빙하는 권곡빙하로 시작된다. 이런 빙하는 고산 지대에서 기반암이 움푹 들어간 곳에 만들어진다. 어느 정도 두께까지 얼음이 축적되면 침식작용이 기반암을 마모시켜 골짜기 벽을 매끄러운 곡선으로 만든다. 권곡빙하의 특징은 두 개 이상의 권곡빙하가 서로에게 침식작용을 하여 만들어지는 칼날 같은 모양의 얼음 언덕이다. 스위스에서 가장 높은 봉우리인 마터호른에는 서로 침식하는 세 개의 권곡빙하가 바퀴살과 같은 언덕을 만들어 놓았다. 이것이 뿔 모양 또는 피라미드 모양 봉우리로 알려진 유명한 이 산의 모양을 만들었다. 권곡빙하의 또 다른 예는 콜로라도에 있는 로키 산맥에서 발견할 수 있다.

벽감빙하 _niche glacier_ 벽감빙하는 커다란 설원처럼 보인다. 실제로 벽감빙하는 산의 북쪽 사면에 있는 움푹 들어간 곳이나 골짜기를 차지하고 있는 눈으로 덮인 좁은 지역에 생긴다. 벽감빙하는 다른 빙하처럼 광범위하지는 않지만 빙하 얼음이 일 년 내내 쌓여 있으며 표면에 크레바스를 가지고 있다. 벽감빙하는 커다란 권곡빙하 사이에서 발견되며 조건만 맞으면 권곡빙하로 자라난다.

빙하는 어디에 있는가?

빙하는 오스트레일리아를 제외한 모든 대륙에 있다. 고지대와 저지대, 그리고 모든 기후 지역에서 발견되는데, 대부분 겨울에 많은 눈이 오고 여름에도 온도가 높지 않은 만년설 최저 경계선 위에서 발견되며 1년 동안에 녹는 양보다 더 많은 눈이 쌓인다. 빙하는 눈이 녹지 않아야 하고 쌓일 수 있어야 만들어진다. 예를 들면 시베리아에서는 추운 날씨에도 불구하고 내리는 눈의 양이 적기 때문에 빙하가 만들어지지 않는다.

빙하가 가장 잘 만들어지는 지역은 눈이 많이 오는 산악지대나 극지방이다. 적도지방에서는 고도가 높은 곳에서 빙하가 발견되는데 이런 빙하를 온빙하라고 한다. 극지방에서는 만년설 최저 한계선이 낮은 곳에 있기 때문에 낮은 지대에서도 빙하가 발견된다. 예를 들면 아프리카에서는 만년설의 최저 한계선이 5,100m지만 남극에서는 해수면이다.

지구의 얼마나 많은 부분이 빙하로 덮여 있는가?

현재 지표면 육지의 약 10%는 빙하로 덮여 있다. 이 중 대부분은 그린란드나 남극과 같은 극지방에 있다. 빙하로 덮여 있는 육지의 넓이는 1500만㎢로 남아메리카 대륙 전체의 넓이와 비슷하다. 다음은 콜로라도 불더에 있는 국립설빙자료센터가 수집한 지구상의 빙하에 대한 자료이다. 이 자료에는 작은 빙하 지역이나 작은 극지방의 섬들이 포함되어 있지 않기 때문에 이 자료의 빙하를 다 더해도 1500만㎢가 되지는 않는다.

대략적인 위치	km²
남극(아이스 라이즈와 빙붕을 제외한)	11,965,000
그린란드	1,784,000
캐나다	200,000
중앙아시아	109,000
러시아	82,000
미국(알래스카 포함)	75,000
중국과 티베트	33,000
남아메리카	25,000
아이슬란드	11,260
스칸디나비아	2,909
알프스	2,900
뉴질랜드	1,159
멕시코	11
아프리카	10
인도네시아	7.5

빙하는 어떻게 형성되는가?

빙하는 일 년 내내 눈이 남아 있고 얼음이 될 수 있을 만큼 오랫동안 쌓여 있는 지역에서 만들어진다. 여러 해가 지나면 새로 내린 눈층이 과거에 내린 눈층을 누르고, 아래 있는 눈은 결정으로 변해 설탕 모양과 크기의 얼음 입자가 만들어진다. 쌓이는 눈이 많아져 압력이 증가하면 아래 있는 눈은 더 단단히 뭉쳐 밀도가 증가한다. 그렇게 되면 얼음 알갱이가 더 크게 성장하고 눈의 내부에 있던 공기 방울은 점점 작아진다. 압축된 눈이 눈과 빙하 얼음의 중간 단계로 변하는 데에는 두 번의 겨울이 필요하다. 이 시점에는 얼음 결정이 크게 압축되어 안에 포함된 공기 방울이 아주 작아진다. 수백 년이 지나면 얼음 결정의 길이가 수 ㎝까지 성장한다.

빙하의 중요한 세 부분은 어디인가?

다음은 얼음이 균형을 이루고 있는 빙하 지역의 세 부분이다.

축적역accumulation area　축척역은 빙하의 상층부이다. 이 부분은 쌓이는 눈이 녹는 눈보다 많아 눈이 쌓이는 부분이다.

소모역ablation area　소모역은 녹거나 증발하는 얼음과 눈의 양이 쌓이는 눈보다 많은 아랫부분이다.

균형선equilibrium line　축척역과 소모역의 경계선으로 녹는 눈의 양과 쌓이는 눈의 양이 균형을 이루는 부분이다.

지질학자들은 빙하의 건강 정도를 어떻게 측정하나?

지질학자들은 물질의 균형, 다시 말해 매년 얼음이나 눈이 늘어나는 양과 녹는 양을 측정하여 빙하의 건강 정도를 평가한다. 빙하의 건강 정도는 늘어나는 물의 양으로 나타낸다. 빙하는 매년 눈이나 얼음의 양이 늘어나는 양의 물질균형값을 가질 수도 있고, 줄어드는 음의 물질균형값을 가질 수도 있으며, 변하지 않고 균형상태에 있을 수도 있다.

물질균형을 찾기 위해서 지질학자들은 빙하의 면적을 측정하고 기준점보다 얼마나 더 쌓였거나 마모되었는지를 관찰한다. 밀도를 측정한 다음에 늘어나고 줄어든 물의 양을 계산한다. 얻은 물의 양과 잃은 물의 양이 같아지는 균형선은 이번 겨울에 쌓인 눈과 이전의 눈 또는 얼음 표면의 경계로, 눈으로도 확인할 수 있다.

균형선의 높이는 빙하의 물질균형에 따라 매년 변한다. 물질균형이 여러 해 동안 음의 값이면 빙하가 후퇴하는 것이고, 이는 빙하의 끝 부분이 위에서 얼음이 흘러내려오는 것보다 빠르게 녹고 있다는 것을 뜻한다. 반면에 여러 해 동안 양의 값이면 얼음이 두꺼워지면서 빙하가 전진하고 있다는 것을 의미한다.

만년설이란?

만년설^{firn}은 위에 있는 높은 눈층의 압력 때문에 높은 밀도로 압축된 눈과 빙하 얼음 사이의 중간 상태에 있는 오래된 눈이다. 이런 압력 하에서는 개개의 결정이 미끄러져 공간을 다시 채운다. 결정이 만나는 곳에 결합이 생기고 사이에 있던 공기는 밖으로 빠져나가거나 공기 방울을 만든다. 만년설은 무게가 비교적 가볍다. 민물의 밀도가 1이라면 눈의 밀도는 0.1이고, 빙하 얼음의 밀도는 0.89이며, 만년설의 밀도는 민물 밀도의 반 정도인 약 0.55이다.

빙폭이란?

빙폭^{ice fall}은 빙하가 갑자기 아래로 떨어지면서 이동하는 것을 말한다. 예를 들면 얼음이 골짜기 위에 걸려 있으면 경사를 흘러내리는 것처럼 길게 늘어난다. 이렇게 되면 얼음이 불안정한 거대한 덩어리로 분리되어 폭발적인 소리를 내면서 아래로 떨어진다. 얼음이 땅에 떨어져 구르기도 하고 흩어지기도 하면서 밑에 있는 사람이나 지나가는 사람을 다치게 할 수도 있다.

1862년 버송 형제가 몽블랑 등정 중 크레바스를 건너고 있다.

크레바스의 종류는?

빙하에 형성되는 거대한 균

열인 크레바스^{crevass}는 골짜기가 굽어지거나 얼음 폭포가 있는 곳처럼 지형이 얼음 흐름에 영향을 주어 얼음의 속도가 달라지는 지역에 만들어진다.

크레바스에는 세 종류가 있다. 가장자리 크레바스는 얼음의 가장자리를 따라 생긴 평행한 균열이다. 이런 크레바스는 주변 골짜기 벽의 마찰로 얼음의 속도가 느려지거나 멈추어 발생한다. 횡단 크레바스는 빙하의 너비 방향으로 만들어지며 빙하의 흐름이 활동적인 지역에서 발견된다. 또 베르크슈룬트 크레바스도 있는데, 이것은 흐르는 빙하와 정지해 있는 얼음을 갈라놓거나 빙하의 머리가 암석에서 분리되는 부분에 생기는 크레바스이다.

세계에서 가장 두꺼운 온빙하는 어디에 있는가?

현재 세계에서 가장 두꺼운 온빙하는 알래스카에 있는 타쿠 빙하이다. 온빙하는 중위도의 고도가 높은 곳에서 발견되는 빙하이다. 이 빙하의 두께는 놀랍게도 1,645m로 이전에 생각했던 것보다 네 배나 두꺼웠다. 현재 타쿠 빙하보다 두꺼운 빙하는 그린란드와 남극에 있는 극빙하뿐이다. 타쿠 빙하는 알래스카 남동부에 있는 주노 빙원에 물을 공급하는 가장 큰 빙하이며 반 이상이 해수면보다 낮은 지역에 있다.

빙하는 왜 위험한가?

빙하는 인근에 많은 주민이 사는 경우 위험을 초래할 수 있다. 다음은 빙하가 초래할 수 있는 위험들에 대한 설명이다.

눈사태^{avalanche} 아발랑쉬, 즉 눈사태는 아래에 있는 모든 사람들에게 직접적이고 파괴적인 위험을 가한다. 예를 들면 스위스 알프스에서는 여러 세기 동안 많은 눈사태가 발생했다. 1965년에는 알라링글라시아 빙하에서 거대한 얼음이 아무런 경고 없이 분리되었다. 이 눈사태로 새로운 수력발전소 건설을 위해 사용하던

눈사태가 일어나는 모습을 공중에서 촬영했다. © CC-BY-SA-3.0: Scientif38

현장 사무소가 매몰되어 88명의 인부가 목숨을 잃었다.

홍수flooding 따뜻한 계절에 빙하 위에 만들어지는 호수로 인한 홍수 역시 위험을 초래한다. 1941년 빙하 호수가 갑자기 붕괴되면서 페루의 우아리스 마을을 덮쳐 6,000명이 목숨을 잃었다. 빙하가 붕괴되어 발생하는 홍수 역시 위험하다. 이 물은 빙하 아래 있던 호수에서 흘러온 것일 수도 있고, 빙하 사이에 들어 있던 물일 수도 있으며 빙하가 골짜기 안에 만들어놓은 댐에서 흘러나온 물일 수도 있다. 아이슬란드에서 자주 발생하는 이런 홍수는 요쿨홀라우프라고 한다.

빙산iceberg 빙하가 종착역인 바다에 도달하면 얼음 덩어리가 분리되어 빙산이 된다. 빙산은 항해하는 배에 큰 위험이 되는데, 특히 뉴펀들랜드와 그린란드 해안을 따라 항해하는 배들에게 매우 위험하다. 1912년 4월, 호화 여객선 타이타닉 호가 북대서양에서 빙산과 충돌한 후 침몰해 1,503명의 승객이 목숨을 잃었다.

크레바스^{crevasse} 빙하를 건너 여행하는 사람들에게 크레바스는 큰 위험이 된다. 눈이 깊은 균열을 덮어 떨어지기 전까지 보이지 않게 만들기도 한다. 오리건에 있는 3,425m 높으의 후두 산 정상에서 244m 아래 있는 베르크슈룬트 빙하의 크레바스는 많은 등산객이 목숨을 잃은 위험한 곳이다. 이곳은 균열이 더 벌어지는 여름에 특히 위험하다.

빙하는 왜 이동하는가?

압력 때문이다. 압축된 빙하 얼음이 약 18m인 한계 두께에 도달하면 무거운 질량 때문에 변형이 발생하여 이동이 시작된다. 그런 다음에는 중력의 작용으로 산골짜기로 흘러내려 평원에 부채처럼 펼쳐지게 하거나 바다로 흘러들어 가게 된다.

빙하는 아주 천천히 흐르는 얼음 강이다. 강과 마찬가지로 빙하도 흐르는 속도가 변한다. 일반적으로 빙하의 흐름은 가운데 부분이 가장자리보다 빠르고, 바닥보다 윗부분이 빠르다. 이것은 얼음이 흐르면서 발생하는 바닥과의 마찰 때문이다. 빙하의 속도는 얼음의 크기와 경사도에 따라서도 달라진다. 기하학적 구조가 달라지는 경우에도 마찬가지이다. 예를 들면 많은 눈이 내려 두꺼운 얼음덩이가 만들어지면 빙하의 보통 속도보다 훨씬 빠르게 흘러내린다.

빙하의 전진과 후퇴는 무엇인가?

빙하의 전진은 빙하의 끝이 앞쪽이나 아래로 내려가는 것을 말한다. 이것은 쌓이는 눈이나 흘러내리는 얼음의 양이 녹거나 증발하여 줄어드는 양보다 많을 때 일어난다. 빙하가 전진하는 동안 빙하의 돌출부는 볼록한 모양이다. 빙하의 후퇴는 빙하의 끝부분이 뒤나 위로 올라가는 것을 말한다. 빙하의 후퇴는 빙하가 흘러내리는 양보다 빨리 줄어들 때 발생한다. 후퇴하는 빙하의 끝부분은 보통 오목한 모양이다.

빙하는 물질균형에 의해 주기적으로 전진과 후퇴를 반복한다. 이것은 단지 빙하의 끝 부분의 위치를 기준으로 하고 있다는 것을 염두에 둘 필요가 있다. 빙하가 후퇴하는 동안에도 전체 빙하는 아직 아래로 흘러내리고 있으며 얼음도 계속적으로 변형되면서 흘러내리고 있다.

전진과 후퇴는 매우 느리게 일어나기 때문에 오랜 시간이 지나야 알 수 있다. 그러나 때로는 몇 주에서 몇 달 동안 하루에도 몇 m씩 이동하는 경우도 있다. 예를 들면 1986년에 알래스카의 허버드 빙하는 하루에 10m씩 러셀 피오르드 입구를 향해 흘러내렸다. 이 빙하가 피오르 입구를 막아 호수를 만드는 데는 두 달밖에 걸리지 않았다. 빙하의 후퇴 역시 빠르게 진행되어 몇 달이나 몇 년 만에도 눈에 띄게 달라질 수 있다. 예를 들면 알래스카의 글레이셔 만은 조간빙하와 비조간빙하를 모두 가지고 있는데, 이 중 상당수가 1700년 이후 여러 번 빠르게 후퇴했다.

빙하의 특징

빙하를 연구하는 지질학자들에게 크레바스와 빙퇴석은 왜 중요한가?

지질학자들은 얼음의 이동으로 만들어진 크레바스와 빙퇴석을 보고 이 얼음이 빙하인지를 결정한다. 빙하의 이동으로 발생하는 힘이 얼음을 변형시켜 크게 벌어진 크레바스를 만든다. 크레바스는 골짜기가 굽어지거나 얼음 폭포가 있는 곳처럼 얼음의 속도가 변하는 곳에 만들어진다.

빙퇴석은 빙하의 또 다른 증거이다. 빙하의 엄청난 무게가 얼음과 땅이 만나는 곳에 있는 많은 양의 토양과 암석을 갈아낸다. 빙하가 이동하면서 이런 잔해들을 밀어내거나 운반하여 주변 지역에 빙퇴석을 형성한다.

빙퇴석^{glacial morane}은 만들어지는 위치에 따라 측퇴석, 중퇴석, 저퇴석, 종퇴석으로 나눌 수 있다. 빙하가 이동하면서 물질을 밀어내거나 운반하여 빙퇴석을 만드는데 빙하가 후퇴하면 얼음이 녹아 빙퇴석만 남게 된다. 빙하가 녹은 물이 빙퇴석을 이동시키지 않으면 길고 좁은 언덕이 남게 된다. 이런 빙퇴석은 마지막 빙하기에 형성된 뉴욕 주의 핑거 레이크스 지역에서 쉽게 찾을 수 있다. 다음은 중요한 빙퇴석의 종류이다.

측퇴석^{lateral moraine} 빙하의 양쪽에 만들어진 어두운 색깔의 띠이다. 측퇴석은 이동하는 빙하가 밀어내거나 빙하의 둥근 표면에서 떨어져 나와 쌓인 암석과 부스러기들로 이루어져 있다.

중퇴석^{medial moraine} 중퇴석은 빙하의 한가운데를 따라 만들어지며 암석이 좁게 늘어선 모양을 하고 있다. 중퇴석은 측퇴석을 가진 두 개의 빙하가 합쳐질 때 그 사이에 만들어진다.

저퇴석^{ground moraine} 저퇴석은 빙하의 아래쪽에 쌓인 물질이다.

종퇴석^{terminal moraine} 종퇴석은 빙하의 끝자락에서 발견되는 빙퇴석으로, 굳어지지 않은 암석과 잔해들로 이루어져 있다. 종퇴석도 측퇴석과 마찬가지로 이동하는 빙하가 밀어내거나 빙하의 둥근 표면에서 떨어져 나와 쌓인 암석과 부스러기들로 이루어진다.

무거운 빙하가 땅 위에서 이동하면 수백 년에서 수천 년 동안 이동 경로 위에 있는 모든 것이 갈라지고 휩쓸려 찢기기 때문에 큰 침식이 일어난다. 다음은 빙하가 만들어낸 침식 지형의 일부이다.

빙하곡^{glaciated valley} 가장 뚜렷한 빙하 침식의 흔적이다. 세계 곳곳에서 발견되는 빙하곡은 길게 관통된 모양이며 얼음이 옆에 있는 산자락을 깎아내 만든 가파른 절벽이 있다. 가장 좋은 예 중 하나는 깊은 계곡을 수직 절벽이 둘러싸고 있는 요세미티 국립공원이다.

현곡^{hanging valley} 현곡은 주로 곡빙하와 관련이 있으며 옆에 있는 주 계곡과 합쳐진다. 현곡은 주 계곡과 옆에 있는 계곡의 침식 속도가 다르기 때문에 만들어진다. 특히 옆 계곡의 침식이 주 계곡에서보다 천천히 진행되므로 시간이 지나면 주 계곡이 더 빠르게 깊어져 옆 계곡이 높은 곳에 남아 가장자리에 걸림으로써 종종 높은 폭포가 만들어진다. 이린 계곡은 유럽에 있는 알프스와 뉴질랜드에 있는 남알프스에서 흔히 찾아볼 수 있다. 빙하시대의 빙상에 의해 만들어진 현곡을 펑거 레이크스 지역의 일부분인 뉴욕의 이타카 부근에서도 발견할 수 있다.

피오르^{fjord} 피오르는 빙하에 의해 형성된 길고 좁은 해안 계곡으로, 옆면은 경사가 급하고 바닥은 둥근 모양이다. 침식이 해수면보다 낮은 육지 위에서 일어나며, 빙하가 후퇴한 다음에는 물이 다시 계곡을 채운다. 노르웨이의 피오르 해안은 이런 해안의 좋은 예이다.

권곡^{cirque} 권곡은 빙하가 만들어낸 또 다른 지형이다. 얕은 밥그릇처럼 둥글고 깊게 파인 권곡은 빙하에 의한 침식이 산 쪽으로 진행될 때 만들어진다. 두 권곡 빙하의 뒤쪽 벽이 산 위에서 만나면 아레트는 좁은 언덕이 만들어진다.

호른^{horn} 호른은 정상까지 연결되는 하늘을 찌를 것 같은 가파른 봉우리들만 남을 때까지 침식된 여러 개의 빙하 계곡을 가진 산이다. 스위스의 마터호른이 그 예이다.

양군암^{Roche moutonnee} 빙하에 의해 침식된 작은 비대칭 형태의 언덕을 양군암이라고 한다. 언덕의 위쪽은 둥글고 매끄럽지만 낮은 쪽은 빙하에 의해 깨져 울퉁불퉁하다.

찰흔은 무엇인가?

찰흔^{striation}은 빙하에 의해 기반암에 만들어진 흠집이다. 이 흠집들은 빙하의 높은 압력과 이동으로 인해 거친 암석 입자들이 기반암을 긁어내 만들어진다. 빙하의 아래나 주변에 있는 암석과 돌멩이들에서도 종종 찰흔을 발견할 수 있다. 때로 고운 입자가 있는 경우에는 아래 있는 기반암이 매끄럽게 되는데 이런 것을 빙하 연마라고 한다.

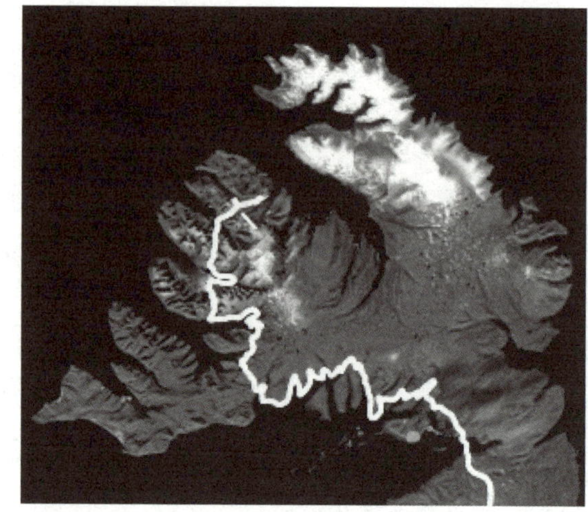

아이슬란드 북서부의 여러 개의 반도를 이루고 있는 웨스트 피오르드의 사진. 이 지역은 이 나라 전체 면적의 8분의 1에 불과하지만 들쑥날쑥한 해안으로 인해 이 나라 전체 해안선 길이의 반 이상을 차지하고 있다.

일반적인 빙하 퇴적물에는 어떤 것들이 있는가?

다음은 빙하 퇴적물의 몇몇 예이다.

표석^{Erratic} 빙하가 녹거나 후퇴하고 나면 그 지역에서는 발견하기 힘든 커다란 암석이 뒤에 남는다. 표석이라고 하는 이 바위는 빙하가 원래의 위치에서 옮겨왔다가 후퇴하면서 남겨 놓은 것이다.

케임^{Kame} 케임은 빙하 부근에 형성된 작고 급한 경사면을 가진, 모래와 자갈로 이루어진 언덕이다. 이 언덕은 빙하에서부터 흐르는 하천이 암석과 토양을 운반하면서 오랜 시간 동안 퇴적되어 만들어졌다.

케틀 호^{Kettle lake} 빙하에서 얼음 덩어리가 분리되어 빙퇴석 또는 빙하 점토에 의해 매몰되면 물로 채워진 웅덩이가 만들어지는데 이것을 케틀 호라고 한다. 이런 호수는 작은 것에서부터 중간 크기의 연못에 이르기까지 다양하지만 이런 경우에도 호수라고 한다.

빙하는 경제적 측면에서 중요한가?

중요하다. 빙하는 여러 가지 이유로 경제적으로 중요하다. 세계의 일부 지역에서는 빙하가 녹은 물이 식수원으로 사용된다. 많은 눈이내림에도 빙하가 없는 일본 같은 지역에서는 인공 빙하를 만들려고 시도하는 과학자들도 있다. 잦은 가뭄에 대비하여 식수원을 확보하기 위해서이다. 해빙수(빙하가 녹은 물)는 농작물을 위한 관개에도 사용된다. 스위스 론 밸리의 농부들은 수백 년 동안 해빙수를 그들의 농장으로 끌어들였다. 해빙수를 저장하는 댐을 만들어 수력발전에 이용하려는 노력이 뉴질랜드, 캐나다, 누르웨이, 유럽의 알프스 지역에서 시도되고 있으며, 관광에도 이용된다. 빙하 지역에는 매년 얼음이 흐르는 거대한 강을 경험하기 위해 수많은 관광객이 오고 있다.

빙하퇴적물, 빙퇴토, 빙력암의 차이점은 무엇인가?

빙하퇴적물^{glacial drift}은 빙하작용으로 분쇄된 암석쇄설물이 굳어지지 않은 채로 섞여 있는 것을 말한다. 빙하퇴적물은 얼음이 녹은 물의 흐름에 의해 퇴적되거나 얼음의 가장자리 또는 얼음에 포함되어 있던 물체가 얼음이 녹으면서 땅에 떨어져 쌓여 만들어진다.

빙퇴토^{till}는 주로 빙하의 가장자리에 빙하에 의해 퇴적된 잔해로 이루어진 퇴적물을 말한다. 빙하표석점토^{glacial till}라고도 하는 빙퇴토는 모래, 점토, 자갈, '빙하 잡석'이라는 바위의 혼합물이다. 이것은 해빙수에 의해 쓸려내려가지 않은 토양이기 때문에 농작물 재배에 좋다. 마지막으로 빙퇴토가 시간이 흐르면서 큰 압력을 받아 굳어진 것을 빙력암^{tillite}이라고 한다.

빙분은 무엇인가?

빙분^{glacial flour} 또는 암분^{rock flour}은 빙하의 바닥에서 암석이 마모되어 만들어진 고운

빙하가 빠르게 줄어들고 있는 탄자니아의 킬리만자로 산 북쪽 빙원. 최근 연구에 의하면 킬리만자로는 지난 세기에 80%의 빙원을 잃었다. ⓒ CC-BY-SA-3.0: Chris 73

입자의 퇴적물을 말한다. 빙하에 의해 운반된 빙분은 원래 암석의 종류에 따라 물의 색깔을 갈색이나 회색 또는 푸른색으로 바꾼다.

빙퇴구는 무엇인가?

빙퇴구^{drumlin}는 빙퇴토로 이루어진 긴 눈물방울 모양의 퇴적층이다. 좁은 지역에 수백 개에서 수천 개의 빙퇴구가 발견되기도 한다. 지질학자들은 빙퇴구가 여러 번의 빙하기 동안 빙상이 이동할 때 빙하바닥에 만들어진 것이라고 믿고 있다. 누구도 정확히 알 수는 없지만 빙퇴구는 빙하가 바닥에 있던 퇴적물을 긁어 올릴 때 해빙수의 침식작용이나 퇴적작용 또는 두 작용의 결합에 의해 만들어졌을 것으로 보인다. 빙하의 이동으로 만들어졌기 때문에 빙퇴구는 모두 같은 방향을 향하고 있는 특정한 빙하와 관련되어 있다. 따라서 빙하의 흐름과 평행한 방향으로 배열되어 있다.

기후 연구에서 빙하는 왜 중요한가?

빙하는 기후에 대한 연구에서 여러 가지로 중요하다. 예를 들면 빙하는 존재하는 기간이 길다. 다시 말해 수천 년에서 수백만 년까지 한곳에 있을 수 있다. 그것은 얼음이 오랜 기간의 기후에 대한 기록을 가지고 있다는 것을 의미한다.

이런 기록 덕분에 지질학자들은 세계 곳곳에서 빙하에 구멍을 뚫고 과거의 샘플을 채취해 지구의 기후를 연구하고 있다. 아시아, 남극, 유럽, 그린란드, 페루, 캐나다 등지에 있는 빙하에서 이런 샘플을 채취하고 있으며, 연구소로 옮겨온 후에 정밀한 분석이 이루어진다. 그중 가장 중요한 정보는 빙하의 얼음에 포함된 작은 공기 방울에 보존되어 있다. 이런 공기 방울에는 오래전의 대기가 보존되어 있기 때문에 이를 분석하여 지질학자들은 과거 대기의 상태, 식생의 종류, 세계 여러 지역의 수천 년에서 수백만 년에 걸친 온도 변화를 알아낼 수 있다. 또 과거의 기후를 재구성하여 기후가 왜, 그리고 어떻게 변해왔는지를 밝혀낼 수 있다.

빙하가 기후 연구에 중요한 또 다른 분야는 지구 온난화와의 관련성이다. 빙하의 크기와 무게는 기후와 온도 변화에 따라 달라진다. 지질학자들은 인간 활동이 기후에 주는 영향을 알아보고, 간빙기에 얼마나 따뜻해졌는지 알아보기 위해 빙하를 연구한다. 그들은 세계 빙하의 대부분이 20세기 초 이후 급격하게 후퇴하고 있다는 것을 발견했다. 빙모와 빙붕을 포함하여 일부 빙하는 완전히 사라졌고, 일부는 수십 년 내에 사라질 것으로 보인다.

일부 지질학자들은 전 세계적인 빙하의 후퇴가 1760년경에 시작된 산업혁명 때문이라고 보고 있다. 산업혁명 이후 산업 활동으로 이산화탄소와 다른 온실기체가 대기 중에 방출되었다. 또 에너지 사용량과 교통수단의 증가로 온실기체 배출량이 크게 증가하여 지구의 온도가 올라갔다. 지질학자들은 인간의 활동이 빙하 후퇴의 주범인지, 아니면 빙하 후퇴가 자연적으로 일어나는 주기적 현상의 하나인지 또는 두 가지 원인이 결합된 결과인지를 알아내기 위해 빙하에 대한 연구를 계속하고 있다.

빙상

빙상은 무엇인가?

빙상$^{ice\ sheet}$은 5만km²이 넘는 넓은 지역을 덮고 있는 거대한 얼음으로, 지구상에 존재하는 모든 얼음의 99%를 차지하고 있다. 가장 크고 가장 잘 알려진 빙상은 그린란드와 남극에 있다. 일반적으로 빙상은 아래 있는 땅을 완전히 덮고 있으며 아이스 돔, 빙설, 분출빙하로 이루어져 있다.

빙상의 종류에는 어떤 것이 있나?

빙상은 육지를 기반으로 하는 빙상과 바다를 기반으로 하는 빙상으로 나눌 수 있다. 육지를 기반으로 하는 빙상은 빙상의 대부분이 해수면보다 높은 지점에 있다. 예를 들면 남극 동부 빙상은 육지를 기반으로 하는 빙상이다. 이 빙상의 무게가 육지를 누르고 있지 않다면 이 지역의 땅은 위로 올라와 해수면보다 고도가 높고 넓은 지역이 되었을 것이다. 바다를 기반으로 하는 빙상은 얼음의 대부분이 해수면 아래 있는 빙상이다. 예를 들면 남극 서부 빙상은 바다를 기반으로 하는 빙상으로 어떤 지점에서는 해수면 아래 2km나 된다. 이 빙상이 제거되면 대부분의 기반암은 해수면 아래 있을 것이고 커다란 섬과 바다가 그 자리를 차지할 것이다.

세계에서 가장 큰 빙상은?

빙하기 동안에는 빙상이 북아메리카, 유럽 북부, 아시아에서 엄청난 크기로 성장했다. 현재 있는 빙상 크기는 빙하기에 만들어졌던 빙상의 반도 안 된다. 가장 큰 빙상은 남극과 그린란드에 있는 것으로 육지의 10%를 덮고 있으며, 전 세계 민물의 77%를 포함하고 있다.

남극 빙상은 남극 횡단 산맥을 제외한 남극 대륙을 거의 전부 덮고 있다. 남극 빙상은 두 부분으로 나눈다. 동남극 빙상의 넓이는 1000만km²이고, 서남극 빙상의 넓이는

200만㎢ 이다. 서남극 빙상의 일부 지점에서는 얼음의 두께가 약 4㎞ 나 된다. 현재 많은 과학자들이 이 두 빙상이 환경 변화를 결정하는 데 매우 중요하다고 믿고 있다. 동남극 빙상은 상당히 안정해서 천천히 이루어지는 환경 변화와 관계가 있다. 이와는 대조적으로 서남극 빙상은 빠른 변화를 가져올 가능성이 있다. 따라서 이 빙상의 변화는 전 세계 환경의 급격한 변화를 나타내는 것일지도 모른다.

빙하와 빙상의 차이는 무엇인가?

빙하와 빙상의 가장 뚜렷한 차이는 크기이다. 또 다른 차이는 빙상은 두께에 비해 상대석으로 평평한 땅 위에 머물러 있고, 빙하는 산들로 둘러싸인 골짜기와 같은 수로 안에 있어서 얼음의 두께가 위치에 따라 많이 다르다.

빙붕은 무엇인가?

빙붕^{ice shelf}은 빙상이 바다 위로 연장되어 얼음이 바다 위에 떠 있을 때 만들어진다. 이렇게 떠 있는 얼음은 적어도 가장자리 한쪽이 해안에 붙어 있다. 다른 형태의 빙하 바닥은 보통 땅에 접촉되어 있다. 빙상이 더 이상 땅에 부착되어 있지 않고 공중에 떠 있기 시작하는 곳을 접지선이라고 한다. 빙붕의 두께는 몇 미터에서 수천 미터까지 다양하다.

남극 대륙은 빙붕으로 둘러싸여 있다. 미국 기지가 설치되어 있는 맥머도가 위치한 로스 빙붕은 현재까지 알려진 가장 큰 빙붕으로 텍사스 크기와 비슷하다. 또 다른 남극 빙붕은 라슨 빙붕이다. 이 빙붕은 1998년 봄 이래 크기가 줄어들면서 커다란 빙산을 바다에 낙하시켜 그 지역의 환경을 바꿔놓고 있다. 일부 과학자들은 이것을 기후 변화의 징조라고 보고 있다.

빙붕 조각이 떨어져 나가면 무슨 일이 일어나는가?

빙붕에서 떨어져 나간 얼음 조각은 부근의 바다나 만에 떨어져 윗면이 평평한 빙상이 된다. 이런 빙산은 대개 곡빙하에 의해 만들어진 빙산보다 깨끗하다.

남부와 북부 항로를 운항하는 배들은 빙붕에서 떨어져 나온 빙산의 영향을 많이 받는다. 이런 빙산은 또 다른 문제를 만들기도 한다. 예를 들면 최근에 남극의 라슨 빙붕에서 떨어져 나온 너비 40km, 길이 80km의 빙산이 주변 지역의 환경을 바꾸어 놓고 있다. 이로 인해 이 빙산이 남부 항로에 주는 영향을 알아내기 위해 인공위성과 비행기로 감시하고 있다.

아이스 돔은 빙상과 관계가 있는가?

있다. 아이스 돔ice dome은 빙상에서 높게 쌓인 얼음이 천천히 바깥쪽으로 이동하는 지역이다. 아이스 돔은 거의 대칭적이고 단면이 돔 형태이다. 빙상은 여러 개의 아이스 돔을 가지고 있을 수 있다. 아이스 돔은 모두 지형적으로 높은 지점이다. 가장 큰 아이스 돔은 남극에서 발견된다. 예를 들면 동남극 빙상은 로스 빙붕 가까이에 시플 돔을 가지고 있고, 남극 횡단 산맥의 내륙에는 테일러 돔이 솟아 있다. 테일러 돔은 테일러 밸리와 맥머드 사운드로 들어가는 빙하가 시작되는 곳이다.

빙모와 빙원은 무엇인가?

빙모$^{\text{ice cap}}$는 빙상보다 작으며 높은 고도의 있는 비교적 평평한 곳에 만들어진다. 빙상과 마찬가지로 빙모는 아래 있는 땅을 완전히 덮고 있고 아이스 돔, 갈래, 빙하 출구를 가지고 있다. 예를 들면 아이슬란드에서는 많은 빙모를 발견할 수 있다. 빙원$^{\text{ice field}}$은 빙모와 비슷하지만 크기가 더 작다. 이들의 흐름은 아래 있는 지형의 영향을 받지 않는다.

오늘 모든 빙상과 빙하가 녹는다면 무슨 일이 일어날까?

만약 모든 빙상과 빙하가 오늘 녹는다면 커다란 재앙이 될 것이다. 얼음이 녹은 물이 해수면을 80m 상승시켜 인구의 50%가 살고 있는 해안 지방을 바다에 잠기게 할 것이다.

일부 과학자들은 현재 해수면이 매년 2mm씩 높아지고 있는 것으로 추정하고 있다. 가장 정확한 측정을 통해서도 현재 빙상이 줄어들고 있는지 아니면 늘어나고 있는지 알아내기는 어렵다. 매년 전체 바다의 8mm 높이의 물이 그린란드와 남극에 눈으로 쌓인다. 그러나 과학자들은 해빙수나 빙상에서 떨어져 나간 빙산의 형태로 얼마나 많은 물이 바다로 돌아가는지 알지 못한다. 혹독한 환경에서 시간에 따라 빙상의 부피가 어떻게 변하는지를 직접 측정하기는 어렵기 때문이다.

남극 빙상 밑에서 거대한 호수가 있을까?

그렇다. 과학자들은 최근에 남극 빙상 밑에서 거대한 호수를 발견했다. 남극 대륙을 덮고 있는 수천 m 두께의 빙상 아래에는 70여 개의 호수가 있는데 가장 큰 호수는 보스톡 호이다. 과학자들이 레이더와 인공적으로 발생시킨 지진파를 이용하여 발견한 거대하고 따뜻한 호수는 러시아의 보스톡 기지 아래에 있으며 길이 250㎞, 너비 40㎞, 깊이 400m로 오대호 중 하나인 온타리오 호와 비슷하다.

이 호수는 4㎞ 두께의 얼음 아래에 있지만 물이 얼지 않을 정도로 따뜻하다. 지구에서 가장 추운 지역에 있는 이 호수가 얼지 않는 이유는 아직 확실하게 밝혀지지 않았다. 이에 대해 지구가 내는 지열이 이 호수를 따뜻하게 유지시켜 얼지 않는다는 이론과 빙상이 추운 표면으로 열을 빼앗기지 않도록 보호하고 있다는 이론, 빙상의 높은 압력이 물을 액체 상태로 유지한다는 이론이 있다.

과학자들은 보스톡 호수에 미생물이 있을지에 관심을 가지고 있다. 지금까지의 조사에 의하면 이 호수는 50만 년에서 100만 년 동안 얼음 아래 있었으므로 만약 이 호수에 미생물이 있다면 그것은 고대 미생물일 것이다. 그러나 이 호수를 연구하는 것은 쉽지 않다. 보스톡 기지는 지구상에서 가장 접근하기 어려운 동남극 빙상 한가운데 있는 자남극 부근에 위치해 있다. 해발 3,500m에 있는 이 기지에서는 1983년 7월 21일에 지구상에서 가장 낮은 온도인 −89.2℃를 기록했다.

빙하기

빙하기란?

지질학자들은 빙하기$^{ice age}$를 지구 표면의 많은 부분이 현재보다 더 큰 빙상으로 덮이거나 낮은 온도가 상당한 기간 계속되어 극지방의 얼음이 위도가 낮은 온대지방으로 진출하는 기간이라고 정의하고 있다. 얼음이 육지의 약 32%와 바다의 30%를 덮었던 마지막 빙하기를 영어에서는 첫 글자를 대문자로 쓴 '빙하기$^{Ice Age}$' 또는 '대빙하시대$^{Great Ice Age}$'라고 한다.

누가 처음으로 빙하기라는 아이디어를 제안했는가?

여러 세기 동안 많은 과학자들이 빙하기라는 생각에 근접했다. 스코틀랜드의 자연학자 제임스 허튼은 스위스의 제네바 부근에서 이상한 모양의 빙하 표석을 발견했다. 이를 바탕으로 그는 1795년에 과거에 산악 빙하가 훨씬 심했다는 이론을 발표했다.

1824년 옌스 에스마르크$^{\text{Jens Esmark}}$(1763~1839)는 과거 빙하작용이 훨씬 큰 대륙 규모로 일어났었다고 주장했다.

그러나 1837년에 스위스 출신 미국 지질학자 루이 아가시가 과거 빙하기의 상태를 설명한 유명한 연설이 빙하기에 대한 가장 설득력 있는 주장이었다. 그는 북부 유럽 전체와 영국이 한때 얼음으로 뒤덮였다고 제안하고 자신이 주장한 이론의 증거를 뉴잉글랜드에서 찾아냈다.

그 뒤를 이어 다른 학자들이 더 많은 증거를 찾아냈다. 1839년 미국 지질학자 티모시 콘라드$^{\text{Timothy Conrad}}$(1803~1877)는 뉴욕 주 서부 지역에서 빙하작용이 전 세계적이었다는 아가시 이론의 증거가 되는 마모된 암석, 찰흔, 표석 등을 발견했다. 1942년에는 프랑스 과학자 조셉 에드헤마르$^{\text{Joseph Adhemar}}$(1797~1862)가 빙하기를 천문학적인 현상과 연계하여 설명하려고 시도했다. 그는 빙하기는 2만 2000년을 주기로 하는 지구 자전축의 세차운동 때문이라고 설명했다. 자전축의 세차운동으로 인해 수천 년을 주기로 계절이 바뀐다.

빙하기의 원인은 무엇인가?

빙하기가 왜 생기는지는 밝혀내지 못했지만 이에 대한 여러 가지 이론이 제안되었다. 한 가지 가능성은 태양에서 방출되는 에너지의 세기가 변하기 때문이라는 것이다. 태양 에너지가 줄어들 때마다 지구의 온도가 내려가는 빙하기가 발생한다는 이론이다. 또 다른 가능성은 화산분출이나 운석의 충돌로 공기 중에 포함된 먼지의 양이 증가하여 더 많은 태양 빛을 우주로 반사하기 때문에 대기의 온도가 내려가 눈과 얼음이 더 많이 만들어진다는 것이다. 더 많은 얼음이 지구를 덮으면 표면에서 더 많은 태양빛을 반사하게 된다. 그러나 다른 이론들과 마찬가지로 이 이론도 문제점을 안고 있다. 이 이론으로는 빙상이 후퇴하는 원인을 설명할 수 없다.

지구에 있었던 중요한 빙하기는?

지질학적 기록에서 얻은 증거들은 지구 역사에 비교적 적은 수의 빙하기가 있었다는 것을 보여주고 있다. 최초의 대규모 빙하기는 약 23억 년 전에 있었다. 최근 6억 7000만 년 동안에 빙하기는 1% 미만이었다. 지질학자들은 다섯 번의 중요한 빙하기가 있었다고 믿고 있다. 다음은 지구 역사에 있었던 다섯 번의 중요한 빙하기이다.

- 23억~17억 년 전(휴로니안 빙하기, 선캄브리아기)
- 6억 7000만 년 전(원생대, 선캄브리아기)
- 4억 2000만 년 전(고생대, 오르도비스기와 실루리아기 사이)
- 2억 9000만 년 전(고생대, 석탄기 후반과 페름기 전반 사이)
- 1700만 년 전(신생대, 4기, 플라이스토세)

마지막 빙하기는 어떻게 시작되었고 어떻게 끝났는가?

지질학자들은 신생대 4기의 플라이스토세가 시작되던 약 1700만 년 전에 북아메리카 평원의 온도가 내려간 것으로 보고 있다. 결과적으로 대규모의 빙상이 캐나다의 허드슨 만 지역에서 남쪽으로, 그리고 로키 산맥에서 동쪽으로 진출하기 시작했다. 이 빙상은 1만 년에서 10만 년 간격으로 플라이스토세 말까지 전진과 후퇴를 반복했다. 최근에 있었던 이 마지막 빙하기는 얼음이 현재 위치인 극지방으로 후퇴한 1만 년 전에 끝났다. 현재 지구는 따뜻한 간빙기의 끝 무렵에 있다. 그것은 수천 년 내에 또 다른 빙하기가 올 수 있다는 것을 의미한다.

주빙하기와 작은 빙하기는 무엇인가?

모든 과학자들이 빙하기를 구분하는 방법에 동의하는 것은 아니다. 일부 과학자들은 기간과 온도를 좀 더 엄격하게 적용해서 구분해야 한다고 주장한다. 예를 들면 주빙하기는 지속 기간이 10만 년이 넘고 빙하기와 간빙기의 온도차가 5℃ 이상 되어야 한다고 주장한다. 작은 빙하기는 1만 2000년 정도 계속되고 온도는 2.8℃ 정도 하락하는 것을 말한다. 그리고 더 작은 빙하기는 1000년 정도 계속되며 온도는 1.7℃ 정도 하락한다.

마지막 빙하기의 빙하기와 간빙기는 무엇이었나?

마지막 빙하기 동안에 얼음이 육지를 덮은 빙하기와 비교적 따뜻한 간빙기가 주기적으로 반복되었다. 이 주기를 따라 빙하가 전진하기도 하고 후퇴하기도 했다. 과학자들이 플라이스토세 빙하기라고 하는 마지막 빙하기에는 여덟 번의 전진과 후퇴가 있었던 것으로 보고 있다. 다음은 북아메리카에 있었던 빙하기의 단계들이다. 유럽에서는 각 단계를 다른 명칭으로 부른다. 모든 연대는 근삿값이다.

년 전(근삿값)	북아메리카 단계
7만 5000~1만	위스콘신*
12만~7만 5000	상고모니안(간빙기)
17만~12만	일리노이
23만~17만	야머스(간빙기)
48만~23만	캔자스
60만~48만	아프토니아(간빙기)
80만~60만	네브라스카
160만~80만	선-네브라스카

* 참고: 위스콘신 빙하 단계 동안에 간빙기라고 부를 수 있을 정도로 따뜻하지도 않고 오래 지속되지도 않은 간빙기가 있었다.

채널드 스캐블랜드는 무엇인가?

채널드 스캐블랜드 channeled scabland 는 마지막 빙하기의 빙상이 후퇴하면서 만들어진 얼음으로 막혔던 댐인 미줄라 빙하호에서 갑작스럽게 방출된 물에 의해 침식된 워싱턴 주 동부 지역을 말한다. 미줄라 호는 몬태나 주 서부의 넓은 지역을 차지하고 있었다. 아이다호 북부의 빙하호가 반복적으로 붕괴되면서 엄청난 물을 쏟아냈다. 이로 인한 홍수는 여러 가지 지질학적 증거에 잘 기록되어 있다. 이 홍수로 인해 고원의 북쪽 가장자리까지 물이 찼고, 침식작용으로 커다란 수로, 폭포, 여러 강들이 형성되었다. 이렇게 만들어진 강과 보통 강 사이의 가장 큰 차이점은 강의 크기이다. 예를 들면 드라이 폭포는 너비가 5.5㎞나 되고, 높이가 120m인 거대한 폭포로, 높이 5m 정도의 거대한 연흔이 100m 간격으로 나 있다.

보너빌 호는 무엇인가?

보너빌 호Lake Bonneville는 마지막 빙하기 말에 유타 주의 북서부를 덮고 있던 또 하나의 거대한 빙하호이다. 마지막 빙하기가 끝난 후 빙상이 후퇴하자 호수가 줄어들어 그레이트 솔트 레이크를 그 흔적으로 남겨 놓았다.

핑거 레이크스는 무엇인가?

핑거 레이크스Finger Lakes는 뉴욕 주 중심부에 길게 연결되어 분포되어 있는 호수군을 말한다. 이 호수들은 미지막 빙하기에 빙하의 작용으로 형성되었다. 이 호수군에는 열한 개의 좁고 긴 호수들이 남북 방향으로 대략 평행하게 배열되어 있다. 모든 호수들의 남쪽 끝은 가파른 협곡에 의해 잘려진 절벽이 있다. 세네카와 카유가 호수는 북아메리카에서 가장 깊은 호수로, 바닥은 해수면보다 낮다. 핑거 레이크스에서 가장 긴 호수이고, 두 번째로 깊은 호수인 카유가 호수는 길이가 61㎞이고, 가장 깊은 곳은 131m로 바닥은 해수면보다 16m 낮다. 현재는 305m 높이의 빙하 퇴적물로 채워진 깎여나간 암반의 깊이가 호수 깊이의 두 배가 넘는다.

이 호수들은 지난 200만 년 동안에 형성되었으며 북쪽으로 흐르는 여러 강들의 발원지가 되고 있다. 허드슨 만에서 빙상이 남하하면서 이전의 하천이 흐르던 계곡을 깎아냈다. 수만 년 동안 여러 번 빙하가 남하와 후퇴를 반복하는 동안에 얼음이 깊은 계곡을 만들었다. 약 1만 9000년 전에 기후가 따뜻해지고 빙하가 후퇴를 시작하자 해빙수가 호수를 채우게 되었다.

여러 번의 빙하기 동안에 지구의 얼마나 많은 부분이 얼음으로 덮였나?

심한 침식작용으로 예전 지형이 남아 있지 않아 여러 번의 빙하기 동안에 지표면을 덮었던 빙상의 크기를 알아내기는 매우 어렵다. 그러나 과학자들은 마지막 빙하기인 플라이스토세 빙하기에 지구의 10%가 두께 1.6㎞의 얼음으로 덮였었다는 것을 밝혀냈다. 가장 많이 얼음에 덮여 있던 시기에는 캐나다의 대부분, 뉴잉글랜드 전체, 미드웨스트의 위쪽 대부분, 알래스카의 광범위한 지역, 그린란드의 대부분, 아이슬란드, 스발바르 제도, 북극의 섬들, 스칸디나비아, 영국과 아일랜드의 대부분, 구 소련연방의 북서부가 북반구의 빙하와 빙상으로 덮였다. 남반구에서는 빙하가 훨씬 작았고 온노가 내려가는 가운데 건조한 날씨가 계속되었다.

미국에서는 위스콘신 단계라는 빙하기의 마지막 단계에 유라시아의 일부와 북아메리카의 대부분, 그리고 펜실베이니아까지 빙상이 덮였다. 그러다 기후가 온난해지면서 해수면이 약 125m 상승한 것으로 추정되고 있다. 이것은 해수면이 약 5000년 동안 매년 2.5㎝씩 상승했다는 것을 의미한다. 흥미로운 점은 대부분의 거대한 북반구 빙상이 녹았지만 남극 대륙의 빙상은 10% 정도 줄어드는 데 그쳤다는 것이다.

'소빙기'는 무엇인가?

'소빙기^{little ice age}'는 1450년에 시작되어 1890년까지 계속된 비교적 온도가 낮았던 시기를 말한다. 가장 추웠던 시기는 1450년과 1700년으로 보통 두 개의 소빙기로 나누기도 한다. 소빙기는 현재의 따뜻한 간빙기 사이에 있었다. 그러나 북반구의 육지가 대부분 영구적인 얼음으로 덮이지 않았기 때문에 빙하기라고 보지는 않는다.

하지만 이 기간 동안에 전 세계의 평균 온도가 적어도 1℃는 내려가는 추운 날씨를 경험했다. 또한 유럽, 아시아, 북아메리카에서 새로운 빙하가 만들어졌고, 바다의 얼음이 그린란드와 아이슬란드의 여러 지역에서 많은 문제가 되었다. 영국에서는 템즈강이 얼고, 프랑스에서는 사제들이 빙하의 진출을 막는 기도를 했다. 몇몇 역사학자들은 낮은 온도가 식량 생산량을 감소시켜 사회적 대립을 야기했다고 보고 있다. 즉 이것이 그 시기에 있었던 전쟁과 굶주림의 부분적인 원인일 가능성이 있다.

빙하기와 마찬가지로 소빙기의 원인이 무엇인지는 아무도 모르고 있다. 일부 과학자들은 지구의 온도가 내려간 원인을 화산분출, 태양 에너지 방출량의 변화, 해양 대류의 변화, 지구 궤도의 변화, 지구 자전축의 흔들림, 심지어 지구가 성간 먼지 구름을 통과한 것 등에서 찾고 있다.

지진 조사하기

지진의 역사

지진은 왜 중요한가?

역사적 기록을 보면 지진으로 인해 수많은 사람들이 목숨을 잃었고 재산상의 피해를 입었다. 지진은 수많은 도시를 파괴했으며, 한 지역의 지도를 바꾸어 놓았고, 여러 문명의 몰락을 가져오기도 했다. 지진은 과거에 일어났던 사건이나 먼 곳에서 일어난 사건이 아니다. 최근에도 수많은 생명을 앗아갔고 구조물을 파괴했으며 심지어 역사적으로 지진과 관계없던 곳에도 많은 피해를 입히고 있다.

최초의 지진은 언제 발생했나?

과학적 추론에 불과하기는 하지만 최초의 지진은 지각이 고체가 될 수 있을 정도로 식었을 때인 약 45억 5000만 년 전에 발생했을 것이다. 약 5500년까지 거슬러 올라가는 인류가 기록한 역사에는 지진에 대한 고대의 기록이 그리 많지 않다. 예를 들면, 중국의 특정 지역은 자주 지진을 경험하지만 지진에 대한 가장 오래된 기록은 B.C.E.

1177년의 것이고 유럽에서는 B.C.E. 580년에 기록된 것이다.

고대에는 지진의 원인을 어떻게 설명했나?

고대 문명에서는 지진을 설명하기 위해 자신들의 종교적 믿음이나 특정한 상황을 이용했다. 예를 들면, 어떤 사람들은 지진이 춤추는 신이나 굴을 파는 거인들 때문에 발생한다고 믿었다. 일본에서는 메기가 지구 내부에서 요동을 쳐서 지진이 발생한다고 설명했다. 또 다른 사람들은 동굴을 통해 부는 바람이 지진의 원인이라고도 했다. 그런가 하면 지구가 개구리나 거북이를 닮은 거대한 생물의 등에 업혀 다니는데 이들의 움직임으로 인해 지진이 발생한다고 하는 사람들도 있었다.

지중해 지역은 지진 활동이 활발한 지역이었기 때문에 기원전 약 7세기부터 그리스인들은 지진에 관심을 가지기 시작했다. 고대 그리스의 철학자 밀레의 탈레스는 B.C.E. 600년경에 강력한 파도가 해안을 때려서 지진이 발생한다는 이론을 제안했다. 그러나 그의 이론은 내륙 깊숙한 곳에서 일어나는 지진을 설명할 수 없었다. 다른 사람들은 지진이 덥고 추운 날씨, 동굴 내부에서 일어나는 산사태, 지구 내부로부터 높은 압력 상태의 기체 방출 등으로 발생한다고 믿었다. 또 바다의 신 포세이돈이 사람들에게 화가 났을 때 지구를 흔든다고 생각하기도 했다.

기원전 4세기에 그리스의 철학자이자 과학자였던 아리스토텔레스는 그 이후 여러 세기 동안 많은 사람들이 받아들인 지진에 대한 이론을 제안했다. 그는 뜨거운 공기가 지구 내부에 있는 커다란 지하 동굴로 들어가 그곳에 있는 불에 의해 압축되어 압력이 충분히 높아지면 기체가 지상으로 분출되면서 지진과 화산을 만들어낸다고 설명했다.

역사를 통해서 많은 사람들이 지진의 원인에 대한 많은 이론을 제안했다. 이 중에는 유명한 과학자이자 발명가였던 레오나르도 다빈치도 포함된다. 그는 지진이 무너지는 동굴에서 높은 압력으로 배출되는 공기 때문에 발생한다고 믿었다. 1750년대 중반까지는 지진에 대한 설명이 종교적이거나 초자연적이거나 문화적 설명에 한정되어 있었다. 예를 들면, 1755년에 포르투갈의 리스본에서 발생하여 약 7만 명의 목숨을 앗아간 지진을 리스본이 지은 죄에 대한 신의 형벌이라고 설명했다. 그로 인해 죄에 대한 심문을 통해 생존자들이 처형되기도 했다.

지진에 대한 현대적인 연구는 언제 시작되었나?

지진에 대한 현대적인 연구는 1700년대 중엽에 시작되었다. 많은 연구가 1755년 포르투갈의 리스본에서 발생했던 지진과 쓰나미를 조사하는 과정에서 시작되었다. 최초의 과학적 연구 중에는 영국의 목사 존 미첼^{John Mitchell}(1724~1793)의 지진이 일어난 시간과 지진의 강도에 연구가 있다. 스위스의 과학자 엘리 베르트랑드^{Elie Bertrand}(1713~1797)는 독립적으로 지진의 원인에 대해 연구하고 563년까지 거슬러 올라가는 지진의 역사를 기록하기도 했다.

알렉산더 폰 훔볼트^{Alexander Von Humboldt}(1769~1859)의 연구는 지진에 대한 연구가 고대에서 현대로 넘어오는 분기점이 되었다. 그는 최초로 지진과 화산의 관계를 이해한 사람이다. 1850년대에 로버트 맬릿^{Robert Mallet}(1810~1881)은 화약의 폭발을 이용하여 지진파의 속도 측정 방법을 알아냈다. 이것을 토대로 그는 지진파의 속도 변화는 지구의 다양한 성질을 나타낸다고 생각했다. 현재에도 그가 사용했던 방법이 사용되고 있으며 특히 석유 탐사에 응용되고 있다. 다른 과학자들도 그의 영향을 받아 지진의 깊이를 측정하고, 지진 목록을 만들었으며, 지진이 단층을 따라 발생한다는 것을 알아냈다.

'지진학의 아버지'는 누구인가?

많은 과학자들이 '지진학의 아버지'를 영국의 목사이자 지질학자였던 존 미첼이라는 것에 동의하고 있다. 1760년에 미첼은 물이 지하의 불을 만나 지각에 파동을 만드는 힘을 발생시켜 지진이 일어난다는 이론을 제안했다. 〈지진 현상의 원인과 관측에 대한 추론〉이라는 논문에서 그는 지진 활동으로 발생한 두 가지 파동이 다른 시간에 도달한다고 주장했다. 또한 현재 진앙이라고 부르는 지진의 중심과 지진의 속도를 서로 다른 지점에 두 파동이 도달하는 시간의 차이를 이용하여 결정할 수 있다고 주장했다. 개선되기는 했지만 이 방법은 오늘날에도 사용되고 있다. 지진의 메커니즘에 대한 그의 설명이 옳은 것은 아니지만 지진파가 지구를 통해 전달되는 데 대한 그의 생각은 옳았다.

'현대 지진학의 아버지'는 누구인가?

많은 과학자들은 영국의 지질학자 겸 천문학자이며 '지진 밀른'이라고도 불리는 존 밀른[John Milne](1850~1913)이 '현대 지진학의 아버지'라는 칭호를 받을 자격이 있다고 생각한다. 밀른은 1880년에 지진이 일어나는 동안 땅의 흔들리는 정도를 측정하는 수평진자 지진계를 발명했다. 그는 영국의 과학자 제임스 알프레드 유잉[Sir James Alfred Ewing](1855~1935), 토마스 그레이[Thomas Gray]와 함께 20년 동안 일본에 머물면서 세계 최초로 지진 연구소를 설립했다.

지진 정의하기

지진은 무엇인가?

일반적으로 지진은 지구 표면에서 측정되거나 느껴지는 진동으로 지진파나 충격파를 발생시킨다. 이 파동은 지표면 아래 있는 암석이 응력이나 마찰에 의해 파열되면서 에너지를 방출하여 발생한다. 대부분의 지진은 지하 약 800㎞ 안쪽에 있는 지각이나 상부 맨틀의 단층이나 균열을 따라 발생한다.

지진은 여러 가지 원인에 의해 발생한다. 대부분은 두 지각판의 상호작용에 의해 발생하며(지각판에 대한 더 자세한 내용은 '지구의 층들' 참조) 그 밖에도 마그마가 지각을 통해 표면으로 분출되는 화산에 의해서도 발생한다. 예를 들면 하와이에서 발생하는 대부분의 지진은 화산으로 인한 것이다. 그리고 핵실험과 같은 인위적인 원인에 의해 발생하는 지진도 있다.

전진, 본진, 여진은 무엇인가?

지진은 대개 전진^{foreshock}, 본진^{mainshock}, 여진^{aftershock}의 형태로 진행된다. 전진은 같은 지역에 큰 지진인 본진이 발생하기 전에 오는 작은 지진들이다. 모든 본진의 4분이 1은 전진이 온 지 1시간 내에 본진이 발생한다. 본진과 여진은 전진보다 잘 알려져 있다. 본진은 쉽게 이해할 수 있다. 본진은 보통 가장 강도가 높은 지진의 중심이 되는 부분이다. 여진은 대규모 전진이 발생하고 난 후 며칠, 긴 경우에는 몇 년까지 본진이 있었던 지역에 발생하는 작은 규모의 지진이다. 일부 여진은 본진과 비교할 수 있을 정도의 강도를 보이는 경우도 있다. 여진은 지진으로 형성된 단층을 따라 발생하기도 하고, 부근에 있는 단층에서 발생하기도 한다. 일반적으로 큰 지진일수록 여진이 많다. 대개의 경우 여진은 얕은 곳에서 발생한 지진 후에 발생하며, 본진으로 형성된 단층을 따라 미세한 재조정이 이루어지는 과정으로 보인다.

해저 산사태가 지진을 발생시키나?

그렇다. 해양학자들은 해저 산사태가 지진을 일으킬 수 있다는 것을 알고 있다. 예를 들면 하와이 섬들 주변에는 15차례의 거대한 산사태가 있다. 이 산사태들은 지구상에 존재하는 모든 산사태 중에서 가장 큰 사태들로 과거 400만 년 동안에 일어난 것들이다. 이 중에 가장 최근에 일어났던 것은 10만 년 전에 일어난 산사태이다. 사태가 일어나면 거대한 섬의 토양이 바다로 미끄러져 들어가 지진이 발생하고 쓰나미라고 하는 거대한 파도가 해안을 덮친다. 최근에 일부 과학자들이 커다란 하와이 땅이 다시 미끄러지기 시작했다는 증거를 발견했다. 만약 이런 해저 산사태가 발생한다면 엄청난 인명 피해와 재산손실을 가져올 것이다.

매년 얼마나 많은 지진이 발생하는가?

미국지질조사국에 의하면 전 세계적으로 매년 수백만 번의 지진이 발생한다. 지구 표면에는 사람이 살지 않는 곳이 많아 지진을 측정할 장비가 설치되어 있지 않기 때문에 측정되지 않는 지진이 많아 이 숫자는 추정치일 뿐이다. 다음 표는 1900년 이래 매년 발생한 지진의 수를 리히터 규모에 따라 분리해놓은 것이다(리히터 규모에 대한 더 자세한 내용은 아래 참조).

설명	진도	평균 발생수
초대형 지진	8 이상	1
대형 지진	7~7.9	18
강한 지진	6~6.9	120
중간지진	5~5.9	800
가벼운 지진	4~4.9	6,200 (추정)
경미한 지진	3~3.9	49,000 (추정)
매우 경미한 지진	3.0 이하	진도 2~3: 약 1,000/일 진도 1~2: 약 8,000/일

단층은 무엇인가?

단층^{fault}은 지각의 균열이다. 단층은 두 지각판 사이의 경계나 지각판의 조각들 사이에서 엄청난 양의 암석이 이동하는 장소이다. 지표면에서 보일 수도 있고 보이지 않을 수도 있다. 대부분의 단층은 지각 깊은 곳에 숨겨져 있다.

지진은 왜 단층을 따라 발생하는가?

대부분의 단층은 내부의 지각 이동으로 만들어진다. 단층의 양쪽 지표면이 마찰로 인해 달라붙으면 압력과 변형이 축적되기 시작한다. 마침내 충분한 에너지가 축적되면 마찰력이 더 이상 버티지 못하고 땅이 단층의 한 방향이나 양방향으로 이동하게 된다.

두 표면을 지탱하는 마찰력이 작으면 땅의 이동 역시 작다. 반대로 마찰력이 커서 표면을 단단히 붙잡고 있으면 축적되는 에너지가 커져서 결국에는 단층을 따라 크고 갑작스런 이동이 발생한다. 이러한 땅의 이동은 큰 지진을 발생시켜 심각한 파괴와 손상을 초래한다.

단층에는 어떤 종류가 있는가?

지진과 관련이 있는 단층에는 세 종류가 있다. 단층의 종류와 단층 지역은 다음과 같다.

경사이동단층 *dip-slip fault* 경사이동단층은 수평으로 이동하지 않고 대부분 상하방향으로만 이동하여 형성된 단층이다. 경사이동단층은 '정단층'과 '역단층'으로 나눌 수 있다. 정단층은 상반이 단층

1994년 1월 17일 발생한 노스리지 지진으로 파괴된 집과 도로들. 리히터 규모 5.3의 강한 지진으로 이와 같은 모습이 되었다.

면을 따라 하반보다 아래로 이동하여 형성된 단층으로 암석이 분리될 때의 인장력에 의해 만들어진다. 정단층을 따라 발생한 지진으로는 1959년 옐로스톤 지진, 1954년 네바다 딕시 밸리 지진, 1993년 캘리포니아 클래머스 폴스 지진 등이 있다. 역단층은 상반이 하반보다 위로 이동하여 만들어진 단층으로 횡압력에 의해 만들어진다. 역단층을 따라 발생한 지진으로는 1700년 유레카 시애틀 지진, 1964년 알래스카 지진, 기록된 가장 강력한 지진이었던 1960년 칠레 지진,

1988년 아르메니아 지진, 1994년 캘리포니아 노스리지 지진 등이 있다.

주향이동단층 ^{strike-slip fault} 주향이동단층은 수평방향으로 이동한 단층을 말하는데, 캘리포니아의 샌 안드레아스 단층이 그 예이다. 1857년과 1906년에 발생했던 큰 지진을 비롯하여 지난 수 세기 동안 수많은 지진이 이 단층을 따라 발생했다. 이런 단층에 의해 발생한 지진의 또 다른 예로는 1992년에 캘리포니아의 빅 베어와 랜더스에서 발생했던 지진이 포함된다.

교차이동단층 ^{oblique-slip fault} 교차이동단층은 수평이동 성분과 수직이동 성분을 모두 가지고 있는 단층이다. 이런 단층에서 발생한 지진으로는 1989년 캘리포니아 로마 프리에타 지진과 1995년 일본 고베 지진이 있다.

지구와 지루는 무엇인가?

단층 사이의 지반이 수직하게 아래로 이동하여 형성된 것이 지구^{gaeben}이다. 지표면에서 지구는 아프리카에서 발견되는 것과 같은 열곡으로 나타난다. 지루^{horst}는 가운데 지반은 그대로 있고 양쪽의 암반이 아래로 이동하여 만들어진다. 지표면에서는 이것을 지괴산지라고 한다.

샌 안드레아스 단층은 무엇인가?

샌 안드레아스 단층은 북아메리카 서부에 있는 길이가 1,300㎞ 나 되는 하나의 주향이동단층이라고 생각했다. 그러나 실제로는 대부분 서로 평행하게 형성된 우수주향이동단층의 집단이 있다. 이 단층은 두 지각판의 경계가 충돌하여 서로 반대 방향으로 이동해서 만들어졌다. 태평양 판은 북서쪽으로, 북아메리카 판은 남동쪽으로 매년 2.5～4㎝씩 이동했다. 이단층은 지난 200만 년 동안에 16㎞ 이동한 것으로 추정된다.

탄성반발이란 무엇인가?

탄성반발^{elastic rebound}은 지질학자들이 지진의 발생과 깊은 단층의 이동이 지표면을 분리시킬 때 나타나는 지표면 파열을 설명하는 메커니즘으로 표면 단층작용이라고도 말한다. 이 이론은 1907년 미국의 지진학자 겸 빙하학자인 헨리 빅터 레이드^{Henri Victor Reid}(1859~1944)가 처음 제안했다. 레이드는 1906년에 발생했던 샌프란시스코 대지진을 바탕으로 이론을 제안했으며, 지진이 발생하기 여러 해 전부터 울타리, 하천, 도로 등이 변형되는 것을 관측했다. 지진이 발생하기 전에는 정상 위치에서 벗어났던 것들이 지진이 발생한 후에는 대부분 정상 상태로 돌아갔지만 처음 위치에서 6.4m 정도 벗어나 있었다.

이러한 관측 자료를 바탕으로 레이드는 땅은 마찰력으로 인해 단층에 함께 묶여 있지만 단층의 양쪽에 있는 지층은 서로 반대 방향으로 서서히 이동해 땅에 탄성 변형을 일으킨다고 주장했다. 에너지가 단층의 마찰력을 극복하기에 충분한 정도로 축적되면 땅이 갑자기 이동하게 된다는 것이다. 땅은 원래의 상태로 되돌아가려 하지만 여러 해 동안 양쪽 방향으로 이동했었기 때문에 원래의 위치에서 벗어나게 되는 것이다.

수정되기는 했지만 레이드의 아이디어는 오늘날에도 사용되고 있다. 과학자들은 탄성반발에서 지각판의 역할을 설명할 수 있게 되었다. 판이 서로 상대적으로 이동하면서 에너지가 단층면의 암석을 따라 축적된다. 단층면은 매끄럽지 않기 때문에 암석이 판의 이동을 '잠가' 많은 에너지를 축적시킨다. 암석에 가해지는 응력이 암석이 지탱할 수 있는 한계에 도달하면 지진이 일어난다.

지진의 진원은 무엇인가?

지진의 진원^{focus or hypocenter}은 땅이 처음 이동한 정확한 장소를 말한다. 진원은 보통 지각 아래 수㎞ 되는 깊은 곳에 있다. 이 지점에 축적되었던 탄성 에너지가 지구 내부를 통해 전달되는 파동 에너지로 바뀐다.

1906년 4월 18일에 발생한 캘리포니아 샌프란시스코 지진으로 파괴된 현장. 강력한 지진이 발생한 후 도시 전체에 화재가 일어나 남아 있는 구조물의 대부분이 파괴되었다.

지진의 진앙은 무엇인가?

지진의 진앙^{epicenter}은 훨씬 더 잘 알려진 개념이다. 진앙은 진원 바로 위에 있는 지표면이다. 진앙은 진원에서 가깝기 때문에 지진파가 가장 큰 에너지를 가지고 도달하는 지점이다. 다시 말해 진앙에서는 지진파가 가장 큰 에너지를 가지고 있고 따라서 가장 심한 인명 피해와 재산 피해를 볼 가능성이 있다.

지진에 의해 발생하는 지진파에는 어떤 종류가 있는가?

지진은 실체파와 표면파의 두 종류의 지진파를 발생시킨다. 실체파는 진원에서 땅이 움직이면서 발생되어 지구 내부를 통해 모든 방향으로 퍼져나가며 P파와 S파로 나눌 수 있다(P파와 S파에 대한 더 자세한 내용은 '지구의 층들' 참조). 가장 빠른 지진파는 P파로, P파는 진원으로부터 7㎞/s의 속력으로 전달되어 지진계에 가장 먼저 기록된다. 음파와 마찬가지로 P파는 파동이 진행하는 방향으로 물질을 압축하고 잡아 늘이는 것을 반복하면서 전파되는 종파이다. P파가 표면에 도달했을 때 나타나는 땅의 운동은 아래위로 움직이는 수직 운동이다. 진도가 높은 지진의 경우 P파가 강력하면 공기를 압축시켜 기차소리 같은 소리를 발생시킨다.

S파는 P파보다 느린 속도로 지구를 통하여 전달되어 두 번째로 지진계에 기록된다. S파는 바다에서 전파되는 물결파처럼 물질이 옆으로 움직이는 횡파로 지구 표면에 도달하면 땅이 아래위 또는 옆으로, 다시 말해 수직 방향과 수평 방향으로 움직이게 된다. 이렇게 복잡한 운동 때문에 S파는 사람이나 기반 시설에 가장 파괴적이다.

지진은 어떤 종류의 표면파를 만들어내는가?

지진파가 표면에 도달하면 러브파와 레일리파의 두 가지 표면파가 만들어진다. 1800년대 말에 영국의 수학자이자 물리학자 아우구스투스 에드워드 휴 러브Augustus Edward Hough Love(1863~1940)가 러브파를 발견했고, 1884년에 영국 물리학자 존 윌리엄 스트루트 레일리Lord John William Strutt Rayleigh(1842~1919)가 레일리파를 측정했다. 러브파는 뱀이 지나가는 것과 비슷한 방법으로 땅이 흔들리면서 전파되는 파동이다. 지진파가 진행하는 방향과 수직 방향, 즉 옆으로 흔들리며 지진계에 수평 운동으로 기록된다. 레일리파는 물결파와 같은 방법으로 전달된다. 땅을 좌우와 상하로 흔들기 때문에 지진계에는 수평운동과 수직운동이 기록된다.

지진 측정하기

최초로 지진 측정 장치를 만든 사람은 누구인가?

중국의 장형이 최초 지진 측정 장치를 만든 기록을 가지고 있다. 132년경 장형은 그릇 안에 밖으로 연결된 진자를 달고 주변은 용의 형상으로 장식했다. 지진이 그릇을 흔들어도 진자는 정지해 있도록 고안되어 있었다. 그릇이 흔들리는 운동으로 용의 입에 물려 있던 구슬 중의 하나가 아래 있는 개구리 상의 입으로 떨어지도록 만들었다. 지진 중심의 방향은 어떤 구슬이 떨어졌는지를 보고 알 수 있었다. 이 장치를 이용하여 장형은 말을 탄 사람이 지진 소식을 전하기 훨씬 전에 640㎞ 떨어진 낙양에서 지진이 발생했다는 것을 알 수 있었다.

간이 지진계는 무엇인가?

장형의 장치도 기술적으로는 지진의 흔들림을 측정하는 장치이므로 지진계 seismoscope라고 할 수 있을 것이다. 그러나 여기에는 땅의 진동이나 진동 시간에 대한 기록 장치가 없었다. 오랜 세월 동안 많은 사람들이 지진계 발전에 공헌했기 때문에 지진계 발명의 역사는 복잡하다. 일부 과학자들은 이탈리아의 자연학자이면서 시계 제작자였던 아스카니오 필로마리노 Ascanio Filomarino(1749~1799)에게 1795년 최초의 간이 지진계를 발명한 공로를 돌리고 있다. 이 지진계는 1700년 전에 만든 장형의 원리를 바탕으로 무거운 진자와 종, 시계를 달아놓았다. 지진이 일어나고 있는 동안에 진자는 정지해 있고, 장치의 다른 부분이 흔들려 종이 울리고 시계가 가기 시작했다. 안타깝게도 필로마리노는 그 장치를 개선할 기회를 갖지 못했다. 그의 실험을 반대했던 성난 군중들에게 베수비오 산 위에서 살해당했기 때문이다. 폭도들은 그의 지진계를 파괴하고 작업장을 불태워버렸다.

세스모미터, 세시모그래프, 세시모그램은 무엇인가?

세시모미터 Seismometer와 세시모그래프 seismograph는 모두 지진계를 뜻한다. 지진계는 지진파를 측정하여 시간에 따른 땅의 운동을 그래프를 이용하여 나타낼 수 있다. 초기의 지진계는 연기를 쬐어 까맣게 만든 유리나 종이, 테이프, 필름 또는 회전하는 드럼에 자료를 기록했지만 현대의 지진계는 디지털 방식으로 기록한다. 그러한 기록을 세시모그램 seismogram이라고 하는데 진동도라고 번역할 수 있다.

진동도를 분석하면 많은 정보를 알 수 있다. 예를 들면 지질학자들은 전 세계에 있는 지진계에 도달한 시간 차이를 비교하여 진원에서 방출된 에너지의 양이나 지진의 정확한 위치를 결정하며, 지진의 강도와 지속 시간을 알 수 있다.

최초의 지진계를 발명한 사람은 누구인가?

지진계^{seismograph}의 정의에 따라 최초로 지진계를 발명한 사람이 달라질 수 있다. 1855년에 이탈리아의 지진학자 루이지 팔미에리$^{Luigi\ Palmieri}$(1807~1896)는 최초의 전기 지진계를 발명했는데 이 지진계는 사람이 감지할 수 없는 지진을 일상적으로 측정할 수 있는 최초의 지진계였다. 베수비오 산 지진관측소의 책임자이기도 했던 팔미에리는 땅의 작은 흔들림을 측정할 수 있는 장치가 임박한 화산분출을 예측하는 데 도움이 된다고 생각했다. 그가 만든 장치의 첫 부분은 지진을 감지하는 진자, 수은 관, 용수철로 이루어져 있었다. 두 번째 부분은 시계와 진동을 종이 위에 기록하는 장치들로 이루어져 있었다. 이 기록이 최초의 진동도였다. 팔미에리는 작은 전진이 대형 지진의 전조라는 것과 화산분출이 땅의 흔들림을 동반한다는 것을 발견했다.

많은 이견이 있기는 하지만 이탈리아의 과학자 필리포 체키$^{Filippo\ Cecchi}$도 1875년경에 만든 장치로 최초 지진계 발명자로 거론되고 있다. 체키는 수평운동을 측정하기 위해 하나는 동서로, 다른 하나는 남북으로 흔들리는 두 개의 단진자를 이용하여 진자와 지구의 상대 운동을 시간의 함수로 기록했다. 이것은 이런 종류 중에서는 최초의 지진계였다.

현대적 지진계는 누가 발명했나?

대부분의 과학자들은 영국의 지질학자 존 밀른이 최초로 현대적 지진계^{seismograph}를 발명했다고 인정한다. 일본 제국공업대학 교수로 재직하던 시기에 글로 쓴 보고서를 이용하여 지진 자료를 수집하는 것에 대한 불만이 컸던 밀른은 1890년대에 동료였던 제임스 유잉과 토마스 그레이, 같은 대학에 근무하던 오모리의 도움을 받아 지진과 관계된 진동 감지와 동시에 기록하는 장치를 개발했다.

미국 하와이의 킬라우에아 화산을 관측하고 있는 하와이 화산국
립공원 방문자 센터의 지진계 모습

지진계는 지진의 수평운동과 수직운동을 측정할 수 있도록 배치된 지지대에 지탱되는 세 개의 진자를 가지고 있다. 지지대는 땅에 박혀 있어 지진이 일어나는 동안 움직이지만 진자는 상대적으로 정지해 있다. 묵지가 감겨 있는 회전하는 드럼이 지지대와 함께 움직인다. 각각의 진자에 달려 있는 펜이 이 운동을 따라 움직이면서 드럼 위에 흔들림을 기록한다.

1893년에 밀른은 관측 자료를 회전하는 사진 건판 위에 기록할 수 있도록 지진계를 개량했다. 밀른의 수평진자 지진계는 제2차 세계대전 후에 더 개량되었다. 여기에는 밀른의 동료인 제임스 유잉의 이름을 딴 장기간의 파동을 기록하는 프레스-유잉 지진계도 포함된다. 아직도 사용되고 있는 이 지진계는 밀른의 지진계와 비슷하지만 진자를 지지하는 축이 탄성이 있는 철사로 대치되어 마찰을 줄일 수 있었다. 이 외에도 지진 정보의 다른 면을 기록할 수 있도록 수정된 다른 지진계들도 있다.

지진의 연구에서 진동도 seismograph 는 왜 중요한가?

현대적 지진계의 출현으로 지진과 관련된 진동을 나중에 연구하고 분석할 수 있도록 정확하게 측정하고 기록할 수 있게 되었다. 이러한 발전을 통해 지질학자들은 이

제 지진의 지속 시간, 진도, 진원과 진앙의 정확한 위치를 결정할 수 있게 되었다. 지구 내부에 대한 정보와 함께 단층의 방향, 길이, 정도 등에 대한 자세한 정보도 알 수 있게 되었다(지진을 이용한 지구내부를 연구 방법에 대한 더 자세한 내용은 '지구의 층들' 참조).

최초로 지진지도를 제작한 사람은 누구인가?

로버트 맬릿은 새롭게 등장하던 지진학 분야에 두 가지 면에서 크게 공헌한 아일랜드의 공학자이다. 1857년 지진이 이탈리아의 나폴리를 강타하자 맬릿은 이 지역을 조사하고 피해와 강도의 등고선을 그린 등지진도를 제작했다. 또한 세계 지진 지도를 작성하기 위해 20여 년 동안 지진 자료를 모았다. 이런 종류 중에서는 최조인 이 지도는 지진이 특정한 지역에 편중되어 발생한다는 것을 보여주었다.

지진의 진도는 무엇인가?

진도^{magnitude}는 지진이 방출하는 에너지의 양을 객관적으로 나타낸 것이다. 진도는 진앙에서 특정 거리만큼 떨어진 지점에서 지진파의 진폭을 측정하여 결정한다. 관측 자료는 지진계를 이용하여 기록된다. 관측 자료는 세계 어디에서나 측정되고 계산될 수 있다. 따라서 진도의 결정은 특정한 지역에서의 관측에 의존하지 않는다.

수정 메르칼리 강도 규모는 무엇인가?

진도와 함께 지진은 강도로도 측정할 수 있다. 특히 진도를 기록할 수 있는 지진 관측 장치가 없는 외딴 장소에서는 강도를 이용하여 측정하는 것이 편리하다. 강도는 지진의 세기를 지역에 사는 사람들이나 구조물에 주는 영향을 바탕으로 주관적으로 측정한 것이다. 지진의 강도를 측정하는 데 널리 사용되는 규모 중 하나는 수정 메르칼리 강도 규모^{Modified Mercalli Intensity Scale}이다. 이것은 1902년 이탈리아의 지진학자 주세페 메르칼리^{Giuseppe Mercalli}(1850~1914)가 처음 개발했고, 곧 수정되었다. 다음은 수정 메르칼리 강도 규모를 설명하는 표이다.

수	설명
I	특별히 조용한 환경에 있는 소수의 사람을 제외하고는 느끼지 못한다.
II	건물 위층에서 쉬고 있는 사람만이 느낄 수 있다. 매달려 있는 물체가 아주 살짝 흔들린다.
III	실내, 특히 위층에서 뚜렷하게 느낄 수 있지만 많은 사람들이 지진인지 모른다. 서 있는 자동차가 조금 흔들린다. 트럭이 지나갈 때와 같은 진동을 느낀다.
IV	낮에는 실내에 있는 많은 사람들이 느끼지만 실외에서는 일부만 느낀다. 밤에는 일부 사람들이 잠에서 깬다. 접시, 창문, 문이 흔들린다. 벽에 금이 가는 소리가 난다. 큰 트럭이 건물을 들이박은 듯한 느낌을 받는다. 서 있는 자동차가 눈에 띌 정도로 흔들린다.
V	거의 모든 사람들이 느낀다. 많은 사람들이 잠에서 깬다. 일부 접시와 창문이 깨진다. 어떤 경우에는 회반죽에 금이 가고 불안정한 물체가 넘어진다. 나무, 전봇대, 키가 큰 물체가 눈에 띄게 흔들린다. 괘종시계가 멈출 수도 있다.
VI	모든 사람들이 지진을 느낀다. 많은 사람들이 놀라 밖으로 달려나간다. 일부 무거운 가구가 움직인다. 어떤 경우에는 굴뚝이 무너진다. 경미한 피해가 발생한다.
VII	모든 사람들이 밖으로 달려 나간다. 잘 설계된 건물이나 구조물의 피해는 무시할 수 있을 정도이다. 잘 지어진 보통 건물에는 경미한 피해가 발생한다. 잘못 설계된 구조물에는 상당한 피해가 발생한다. 일부 굴뚝이 넘어진다. 자동차를 운전하던 사람이 알아차린다.

수	설명
VIII	특별히 설계된 구조물에 경미한 피해가 발생한다. 보통의 건물에 상당한 피해가 발생하여 부분적으로 붕괴된다. 잘못 설계된 건물은 많은 피해를 입는다. 판넬 벽이 구조물에서 떨어져 나간다. 굴뚝, 기념물, 벽이 넘어진다. 무거운 가구가 넘어진다. 모래와 진흙이 소량 지표면으로 나온다. 우물의 수위가 변한다. 자동차를 운전하던 사람이 방해를 받는다.
IX	특별하게 설계된 구조물도 상당한 피해를 입는다 잘 설계된 골조 구조물도 크게 흔들린다. 튼튼한 건물도 일부가 붕괴하는 큰 피해를 입는다. 건물이 기초 옆으로 기울어진다. 땅이 뚜렷하게 갈라진다. 지하 파이프가 파괴된다.
X	일부 잘 지어진 목재 구조물이 파괴된다. 대부분의 주택과 골조 구조물이 기초와 함께 파괴된다. 땅이 심하게 갈라진다. 철길이 휘어진다. 강둑이나 경사가 급한 경사면에서 산사태가 발생한다. 모래와 진흙이 이동한다. 둑에 물이 넘친다.
XI	일부 주택만 쓰러지지 않고 서 있다. 교량이 파괴된다. 땅에 넓은 균열이 생긴다. 지하 파이프라인이 완전히 파괴된다. 무른 땅이 미끄러진다. 철도가 심하게 휜다.
XII	완전히 파괴된다. 지표면에서 파동을 볼 수 있다. 시선과 높이가 뒤틀어진다. 물체가 하늘로 던져진다.

리히터 규모는 무엇인가?

리히터 규모는 지진이 방출하는 에너지의 양을 객관적으로 나타내는 방법이다. 1935년 미국의 지진학자 찰스 리히터$^{\text{Charles Francis Richter}}$(1900~1985)와 독일 출생의 지진학자 베노 구텐베르크가 천문학자들이 별의 밝기를 나타내는 데 사용하던 등급을 빌려와 지진의 진도를 나타내는 데 사용했다. 그들은 지진으로부터 일정하게 떨어진 지점에서 특정 지진계가 측정한 땅이 흔들리는 정도로 진도를 정의했다.

널리 사용되는 진도 규모를 최초로 개발한 미국 지진학자 찰스 리히터의 모습.

리히터 규모는 수학적인 개념으로, 길이를 재는 자처럼 물리적인 것이 아니며 선형적인 것이 아니라 로그 함수적이었다. 숫자는 지진의 진앙으로부터 100㎞ 떨어진 지점에서의 지진파의 최대 진폭을 나타낸다. 실제 측정에서는 P파와 S파가 도달하는 시간 차이를 감안한다. 진도 1이 증가한다는 것은 일률이 10배 증가한다는 것을 뜻한다. 예를 들면 리히터 규모로 진도 8인 지진은 진도가 7인 지진보다 일률이 10배 더 크고 방출하는 총에너지는 31배 더 많다.

과학자들이 지진을 측정하는 새로운 방법은 무엇인가?

과학자들은 리히터 규모가 지진의 모든 면을 나타내지 못한다는 것을 알게 되었다. 따라서 다양한 지진의 '차원'을 다양한 진도 규모를 이용하여 측정하고 있다. 각 규모는 다른 거리에서 땅이 움직이는 정도를 다양한 진동수 영역에서 측정한다. 각각의 규모는 용도가 다르지만 실제로 땅의 움직임을 일부만 측정하기 때문에 제한적이다.

자료들 사이의 이런 차이를 메우기 위해 과학자들은 이전의 많은 한계를 제거한 '모멘트 규모$^{\text{Moment magnitude}}$'라는 새로운 규모를 개발하고 있다. 모멘트는 지진이 방출하는 총에너지와 관련이 있는 물리량이다. 과학자들은 야외에서 단층의 구조를 조사하거나 지진파 기록을 분석하여 모멘트 규모를 추정할 수 있다. 이것은 과거나 미래 지진을 연구하는 데 큰 장점이 된다. 이 방법을 이용하여 과거 지진에 관한 정보를 수집하여 지진계를 이용해 기록한 현대 지진과 비교하면 지진이 어떻게 일어나는지를 조금 더 알게 될 것이다.

그러나 미디어에서 지진을 언급할 때 '모멘트 규모'를 이용했다는 이야기는 듣지 못할 것이다. 왜냐하면 이 단위는 일반인들이 이해하기 어려워서 모멘트 규모를 리히터 진도로 바꾸어 전달하기 때문이다.

동물은 지진을 감지할 수 있는가?

사람들은 오랫동안 고양이, 개, 말, 뱀 같은 동물들이 지진을 예측하거나 감지할 수 있다고 생각했다. 어떻게 가능한지는 알 수 없지만 동물은 지구 깊은 곳의 운동과 관련된 소리를 듣고 진동을 느끼거나 인간보다 전자기장의 변화를 더 잘 감지할 수 있을 것이라고 생각했고, 아직도 많은 사람들은 동물 행동의 변화는 지진과 관련이 있다고 믿고 있다.

이런 생각은 세계 곳곳, 특히 지진이 자주 발생하는 지역에서 수 세기 동안 관측된 기록에 근거하고 있다. 예를 들면 동물과 지진의 관계에 대한 최초의 기록은 지진이 자주 발생하는 그리스에서 B.C.E. 373년에 기록된 것이다. 이 기록에 의하면 파괴적인 지진이 발생하기 여러 날 전부터 개가 짖고, 쥐, 뱀, 지네가 안전한 곳으로 대피했다.

좀 더 최근에는 캘리포니아 샌프란시스코 지역 남부에서 실시한 조사에 의하면 지역 신문에 실종되거나 습득된 개나 고양이의 수가 증가하면 지진이 일어날 확률도 증가한다고 한다. 또 일본과 중국에서는 고도로 발달된 지진 관측 장치와 함께 동물을 지진 경고 체계의 핵심적인 부분으로 간주하고 있다. 1975년에는 중국 하이청의 공무원들이 동물들의 이상한 행동을 보고 지진 경고를 발령하여 9만 명의 주민이 도시를 탈출하기도 했는데, 몇 시간 후 진도 7.3의 지진이 발생하여 도시 건물의 90%를 파괴했지만 인명 피해는 거의 없었다. 반면 과학자들은 지진이 발생하기 전에 보이는 동물 행동의 변화는 일정하지 않으며 그것이 사실인지를 밝혀줄 자료가 충분하지 않다고 보고 있다.

'예측'의 정의에 대해 이견이 있기는 하지만 북경 국립지진연구소의 과학자들이 중국 랴오닝 성 남부에서 발생했던 지진을 성공적으로 예측한 기록이 있다.

1974년 초 만주에 있는 이 성에서 여러 차례의 흔들림과 자기장의 변화, 융기가 감지되었다. 이런 현상들을 바탕으로 지진학자들은 중간 정도에서 강한 지진이 2년 내에 발생할 것이라고 예측했다. 1974년 말에 있었던 또 다른 일련의 흔들림은 자신들의 예측을 정교하게 다듬을 수 있게 했다. 그들은 만주의 잉커우 부근에서 1975년 전반에 리히터 규모 5.5~6의 지진이 일어날 것이라고 예측했다. 1975년 초에 진도 4.8의 미진이 발생한 후에 조용해지자 탈출 명령이 내려져 1975년 2월 4일 오후에 랴오닝 성 남부에서 300만 명 이상이 집을 떠났다. 오후 7시 36분에 예측했던 대규모 지진이 발생해 도로와 교량이 파괴되고, 잉커우와 하이청의 대부분의 건물이 붕괴되었다. 하지만 정확한 예측과 적절한 대피로 사망자는 300명에 그쳤다.

이런 예측은 또 있었다. 1980년대에 그리스 과학자들은 임박한 지진에 의한 땅에 흐르는 자연적인 전류의 변화를 조사했다. 그 결과 1988년과 1989년에 그리스에서 여러 차례 발생한 지진의 진도와 위치를 성공적으로 예측할 수 있었다.

이처럼 몇몇 짧은 시간 안에 발생한 지진을 정확하게 예측하는 데 성공하기는 했지만 대부분의 예측은 실패로 끝났다. 지진을 예측하기 위해서는 아직 연구해야 할 것이 많이 남아 있다. 알려져 있는 지진의 전조에는 땅에 가해지는 압력의 변화, 땅의 기울어짐, 전기 저항과 고도의 변화, 전진, 지하수의 수위 변화, 중력과 자기장의 변화, 라돈 기체의 방출, 섬광의 발생, 소리, 동물의 행동에 이르기까지 다양하다. 이 모든 자료를 수집해야 할 뿐만 아니라 정확하게 해석해야 한다.

안타깝게도 현재 과학자들은 장기간이나 단기간의 지진 예측을 정확하게 할 수 없다. 현재 더 많은 과학자들이 지진을 성공적으로 예측하는 데 노력을 쏟는 대신 건물의 구조적인 안전을 증진시켜 지진 피해를 최소화하는 데 집중하고 있다.

지진의 위험과 피해

지진은 어떻게 느껴지는가?

강도에 따라서 다르기는 하지만 지진이 일어날 때 우리가 느낄 수 있는 특정한 움직임이 있다. 작은 지진에서는 18개의 바퀴가 달린 트럭이 집 옆 도로 위를 달리는 듯한 소리를 듣고 느낄 수 있다. 강한 지진의 경우에는 옆으로 쏠리거나 잡아당기는 것 같은 운동을 느끼다가 잠시 잠잠해졌다 다시 좀 더 강하게 잡아당기는 것을 느끼게 된다.

지신이 일어날 때 문틀 밑에 있는 것은 안전한가?

지진으로 모든 것이 파괴된 다음에 문틀만 서 있는 사진을 여러 번 본 적이 있을 것이다. 그러나 이 사진들은 서로 다른 사진이 아니라 같은 사진을 반복해서 보았을 가능성이 크다. 만약 우리가 벽돌집에 살고 있다면 문틀이 가장 안전한 장소겠지만 현대의 집들은 다른 방법으로 짓는다. 현대 주택의 문은 집의 다른 부분보다 더 강하지 않고, 문이 흔들리면서 닫혔다 열렸다 하기 때문에 부상을 당할 수 있다. 지진 관계 당국은 사람들에게 지진이 나면 식탁이나 책상 밑에 숨으라고 권고하고 있다.

지진의 지속시간에 영향을 주는 요소는 무엇인가?

대부분의 지진은 몇 초 정도로 짧은 순간이지만 지진을 겪는 사람들에게는 몇 시간처럼 느껴진다. 실제 지진의 지속 시간은 지진이 일어난 위치와 지진을 느끼는 지점의 물리적 조건에 따라 달라진다.

일반적으로 단층의 길이가 길수록 더 강력한 지진이 발생하고 지진의 지속시간도 길어진다. 예를 들면, 1857년 1월 9일에 캘리포니아 포트 테혼에서 발생한 진도 7.8의 지진은 길이가 360km나 되는 단층에서 발생했고 지속시간이 130초나 되었다. 이것은 미국에서 기록된 가장 긴 지진 지속 시간이었다. 1906년 4월 18일 발생했던 샌프란시스코 지진은 길이 400km의 단층에서 발생했고 지속시간은 110초였다.

그러나 이런 규칙이 항상 적용되는 것은 아니다. 1989년 캘리포니아 로마 프리에 타에서 발생한 지진은 길이 40㎞인 단층에서 발생한 지진으로 지속시간은 7초였지 만, 1994년 1월 17일 캘리포니아 노스리지에서 발생한 지진은 길이 14㎞의 단층에 서 발생했지만 지속시간은 마찬가지로 7초였다.

지진의 지속시간에 영향을 미치는 또 다른 중요한 요소는 진앙으로부터의 거리, 지 진의 강도, 지진을 관측하는 지점의 암석의 종류 등이다. 예를 들면, 진앙에서 가까운 곳에서는 지진을 길고 강하게 감지한다. 지진의 지속 시간은 일반적으로 작은 규모의 지진인 경우에는 몇 초, 큰 지진의 경우에는 1분 정도이다. 암석의 종류 또한 중요하 다. 모래 위에 있다면 화강암과 같은 기반암 위에 있을 때보다 거의 3배 정도 긴 시간 동안 지진을 감지할 것이다.

지진이 일어나는 동안에 단층이 사람을 삼켜버릴 수 있을까?

아니다. 지진이 일어나는 동안에는 단층이 사람을 삼키지는 않는다. 이런 일은 책이 나, 텔레비전 쇼 또는 영화에서만 가능하다. 단층이 벌어지면 층 사이에 마찰이 존재하 지 않고 마찰이 없으면 지진도 발생하지 않는다. 운동은 단층면을 따라 일어나는 것이 지 단층면에 수직한 방향으로 일어나지는 않는다. 표면에 나타나는 대부분의 균열은 땅 의 흔들림, 경사면의 붕괴, 땅의 자리 잡기, 도로의 파괴, 물이 포화된 토양의 무너짐, 느 슨해진 퇴적물, 특히 가파른 경사와 물 등의 작용으로 만들어진다.

지진의 위험에 노출된 도시는 어디인가?

지진 활동이 활발한 지역에 위치한 유명한 도시에는 로마, 샌프란시스코, 이스탄불, 카이로, 홍콩, 싱가포르, 자카르타, 로스앤젤레스, 베이징, 아테네, 마닐라, 테헤란, 멕 시코시티, 도쿄가 포함된다. 그러나 활발한 지진 활동에도 불구하고 이 도시들의 인 구는 계속 증가하고 있다.

일본인들은 어떻게 지진에 대비하는가?

지진에 대비하는 것은 쉬운 일이 아니다. 일본은 매년 지구 전체의 지진 에너지의 10%를 받고 있으며, 사람이 감지할 수 있는 지진이 매년 약 1,000회 정도 발생할 정도로 지진의 피해가 일상적인 일이 되었다. 1995년 1월 17일 새벽 5:46에 대규모

1995년 1월 17일 일본 고베와 한신에서 발생한 리히터 규모 7.2의 대지진으로 초토화된 주택가.

지진이 고베에서 발생했다. 이 지진은 히로시마에 투하되었던 원자폭탄의 8배나 되는 에너지를 20초 동안에 방출했다. 이 지진으로 인한 인명 피해는 약 6,425명에 달했고, 수만 명이 부상을 당했다. 목숨을 잃은 사람들 중 80%는 낙하하는 물체에 희생되었다. 또한 24만 932채의 가옥이 전파되거나 반파되었다. 고베 시 당국에서는 지진에 잘 대비하고 있다고 생각했지만 결과는 그렇지 않았다. 내진 설계가 잘 되었다고 인정받았던 건물도 쓰러졌고, 중요 고속도로도 붕괴되었다.

고베 지진은 일본인들에게 지진 대비에 대한 교훈을 안겨주었다. 그 이후 일본인들은 내진 설계가 강화된 건물과 기반시설을 갖추고 있다. 정부는 지속적인 지진대피 훈련을 통해 사람들을 준비시키는 한편 대규모 지진이 일어날 확률을 결정하는 데에도 심혈을 기울이고 있다. 도쿄 재난방지센터에는 모든 형태의 재난 시나리오가 컴퓨터에 입력되어 있다. 심지어는 지진이 일어날 경우의 예상 사상자의 수까지 예측하고 있다.

그러나 지진은 경고 없이 발생하기 때문에 이렇게 많은 사람들이 사는 대도시에서 대피 같은 조치는 가능하지 않다. 많은 시나리오는 1923년에 발생했던 진도 7.9의 관동대지진으로 도시가 황폐화되었던 도쿄를 모델로 한 것이다. 도쿄 시 당국의 연구에 의하면 만약 비슷한 규모의 지진이 다시 발생한다면 그 피해는 재앙 수준이 될 것이라고 한다. 한 시나리오는 날씨가 맑고 바람이 약하게 부는 주중 오후 6시에 관동지진과 같은 규모의 지진이 발생하면 15만 6,431명이 사망하고 15만 6,5416채의 가옥이 파괴되며, 도쿄의 12%가 화재로 소실될 것으로 예측하고 있다.

지진에 위험한 곳은 어디인가?

1999년 끝난 국제 암석권 프로그램에 의해 세계 지진위험 측정 프로그램(GSHAP)이 1992년 시작되었다. 전 세계 과학자들이 가지고 있는 지진에 대한 자료가 수집되어 새로운 세계 지진 지도가 만들어졌다. 지진 관측소의 관측자료, 지질학적 자료와 역사적 자료 등 다양한 자료가 수집되었고, 각 지점에는 최대지반가속도(PGA)라고 하는 측정치를 기반으로 하여 지진위험도가 부여되었다.

지도에 의하면 지진의 90%는 예상했던 대로 판의 경계면을 따라 발생하는데 놀라운 결과도 보여준다. 예를 들면 이 지도에는 미국 중부에 있는 미시시피 강 부근의 뉴 마드리드 지진 지역에 지진 발생 가능성이 높은 것으로 나타나 있다. 사우스캐롤라이나 찰스톤 역시 지진 가능성이 있는 지역이다. 두 지역은 미국 역사상 가장 강력한 지진을 경험한 곳이다. 아메리카 대륙에서 발생한 가장 강력한 지진은 1960년의 칠레 지진과 1964년의 알래스카 지진이지만 아메리카 대륙에서 지진위험도(PGA)가 가장 높은 지역은 샌 안드레아스 단층을 따라 있는 캘리포니아 남부이다.

지진은 왜 그렇게 많은 피해가 발생하는가?

지진으로 피해를 발생시키는 직접적이거나 간접적인 많은 요소들이 있다. 다음은 지진이 피해를 발생시키는 일반적인 요인들이다.

땅의 흔들림^{ground shaking} 지진이 일어나는 동안에 지각이 수평방향과 수직방향으로 흔들리면서 많은 피해가 발생한다. 이것은 투우장의 날뛰는 소 위에 구조물을 얹어놓은 것과 같다. 땅의 이동이 건물과 기반시설에 균열을 발생시킨다. 이러한 균열은 여진이나 또 다른 지진에 의한 더 심각한 피해를 입는 원인이 되기도 한다.

쓰나미^{tsunami} 쓰나미는 지진으로 인해 해양에서 발생하는 거대한 파도이다. 이 거대한 파도가 해안을 강타하면 구조물에 엄청난 피해를 입히고, 많은 인명 피해도 발생시킨다.

산사태^{landslide} 산사태는 지진의 간접적인 결과이다. 지진으로 인해 땅이 미끄러지거나 이동한 곳이 여진으로 인해 불안정해져서 구조물이 가라앉거나 부서지고, 균열이 생긴다. 또는 토양과 함께 경사면을 따라 흘러내리면서 구조물이 산산조각나기도 한다.

침하^{subsidence} 침하, 다시 말해 땅이 가라앉는 것 역시 지진의 간접 결과이다. 산사태와 마찬가지로 토양과 함께 침하되면서 구조물이 부서질 수 있다.

화재, 가스 누출, 파이프라인 파괴 땅의 흔들림이 구조에 균열을 발생시킬 뿐만 아니라 지상이나 지하의 파이프나 전선에 힘을 가한다. 이런 힘이 가스파이프나 전선을 파괴해 화재를 발생시킨다. 파이프라인이 파괴되면 환경에 많은 피해를 주는 화학물질이나 원유가 유출된다. 수도 파이프라인도 지진이 일어나는 동안에 파괴될 수 있다.

액상화는 무엇인가?

액상화^{liquefaction}는 지진이 일으킬 수 있는 또 다른 종류의 손상이다. 액상화의 가장 일반적인 정의는 기체나 고체를 액체로 바꾸는 것이다. 이런 현상은 지진이 일어났을 때 일부 지역에서 일어나는 현상과 유사하다. 흔들리는 땅이 토양의 강도를 약화시킨다. 이에 가장 민감한 퇴적물은 점토가 섞이지 않은 모래와 실트로 이루어진 것이다. 때로는 자갈도 액상화된다. 대부분의 경우 액상화는 강수나 지하수에 의해 물이 포화된 토양에서 발생한다.

안전한 상태에서는 낮은 수압이 토양 입자에 작용한다. 그러나 지진이 시작되면 수압이 높아져 입자들이 서로 상대적으로 이동을 시작할 수 있게 된다. 따라서 준고체 토양이 점성이 큰 액체처럼 된다. 이로 인해 지반이 미끄러지거나 이동하여 가옥이나 고속도로 또는 댐과 같은 지상 구조물이나 전선, 파이프라인과 같은 지하 설비를 파괴한다. 그리고 액상화된 모래층이 균열을 통해 표면으로 올라와 지상에 모래 언덕을 만든다. 이 모래 언덕은 한가운데 화산과 같은 분출구를 가지고 있다.

역사적으로 액상화는 전 세계에서 엄청난 피해를 입혔다. 1971년에 발생했던 샌프란시스코 지진 당시 지진이 자주 발생하는 캘리포니아의 로어 산페르난도 댐이 액상화로 발생한 산사태로 어려움을 겪었다. 다행히 댐이 붕괴되지 않아 댐 아래의 지역이 홍수를 피할 수는 있었다. 1989년에는 로마 프리에타 지진 후 액상화가 매립지 위에 건설된 샌프란시스코의 마리나 지역에 많은 피해를 입혔다.

대부분의 캘리포니아 도시들이 지진으로 인한 피해를 줄이기 위해 건축물에 엄격한 조건을 요구하고 있지만 아직도 액상화로 인해 가스 공급 라인이나 전선과 같은 기반시설에 피해가 발생할 가능성이 있다.

바다에서 지진이 발생하면 무슨 일이 일어나는가?

지진이 단층 부근의 해저 지반을 이동시키면 지진에 의한 파도인 쓰나미를 발생시킬 수 있다. 일본어로 '쓰'는 항구를 뜻하고 '나미'는 파도를 뜻한다. 때로는 쓰나미를 '조석 파도'로 잘못 알고 있는 경우가 많다. 대형 쓰나미는 강한 지진에 의해 발생하며, 하나의 파동이거나 연속적인 여러 파동이다.

넓은 해양에서는 이런 거대한 파도가 피해를 주지 않으며 배 위에서는 느낄 수도 없다. 마루와 마루 사이의 거리가 수㎞나 되고, 마루에서 골까지의 높이가 몇 ㎝밖에 안 되기 때문이다. 쓰나미는 큰 에너지와 해양 표면 공기의 압축효과로 인해 깊은 바다를 통해 매우 빠르게 이동한다. 쓰나미가 해안에 도달하면 위험해진다. 얕은 바다에서 파도의 속도가 느려지면 파도의 높이가 높아져 골과 마루 사이의 높이가 30~50m에 이르게 된다. 강력한 지진은 높이가 60m나 되고 240㎞/h의 속력으로 이동할 수 있는 쓰나미를 발생시킬 수 있다. 이런 큰 파도가 해안에 부딪히면 마을 전체를 쓸어버릴 수도 있다.

2011년 3월 11일 동일본에 발생한 진도 9.0에 육박하는 대지진과 쓰나미로 마을까지 배가 올라와 있다. 도로와 주택, 건물 모두 파괴되어버린 모습.

해변 가까이에서 발생한 지진은 왜 위험한가?

해변 가까이에서 발생한 지진은 해변에 산사태를 유발할 수 있기 때문이다. 이런 산사태는 거대한 쓰나미를 발생시켜 경고할 시간적 여유 없이 해안을 덮치게 된다. 1998년 7월에 파푸아 뉴기니아 북서쪽 해안 가까이에서 발생한 진도 7.0의 지진이 해변의 산사태를 유발했다. 이로 인해 발생한 거대한 쓰나미가 지진 후 10분 내에 해안을 덮쳐 마을을 파괴하고, 3,000명이 넘는 사람들의 목숨을 앗아갔다. 이것은 20세기의 가장 많은 인명 피해를 낸 쓰나미 중 하나였다.

유명한 단층과 지진

지금까지 기록된 가장 강한 지진은 어떤 지진인가?

100여 년 전까지만 해도 지진의 강도를 측정하지 않았기 때문에 인류 역사상 기록된 가장 강한 지진이 어느 것이었는지는 알기 어렵다. 현재까지 측정된 가장 강한 지진은 1960년 5월 22일에 칠레에서 발생했던 지진으로 진도는 9.5였다. 미국에서 발생한 지진 중에 가장 강한 지진은 1964년 3월 28일에 알래스카의 프린스 윌리엄 사운드에서 발생했던 굿 프라이데이 지진으로 진도는 9.2였다. 이 지진으로 131명이 목숨을 잃었다.

어떤 지진이 가장 많은 인명 피해를 냈나?

가장 많은 인명 피해를 낸 지진은 1556년 1월 23일 중국 산서에서 발생했던 지진이었다. 고대 기록에 의하면 진도가 8 정도였던 이 지진으로 83만 명의 인명 피해가 났다고 한다. 그러나 이 중 얼마나 많은 사람이 지진으로 인해 목숨을 잃었고, 얼마나 많은 사람들이 지진과 관련된 다른 원인으로 목숨을 잃었는지는 확실하지 않다.

1999년 캐나다의 새로운 주가 처음으로 겪은 지진은?

누나부트는 1999년 4월 1일에 캐나다의 새로운 영토가 되었고 이틀 후인 4월 3일에 진도 3.1의 지진이 발생했다. 물론 이 지진이 이 지역에서 발생한 첫 번째 지진은 아니었다. 다만 누나부트가 공식적으로 캐나다의 영토가 된 후 처음 발생한 지진이었을 뿐이다. 실제로 이 지역은 지진이 잘 일어나는 지역이었다. 넓이가 200만㎢ 정도인 이 지역에서 지난 80년 동안 발생한 지진의 수는 2,000회나 된다. 지난 10년 동안에도 이 지역에서는 매년 40번의 지진이 발생했다. 이 지역에서 발생한 지진 중 가장 강한 지진은 1933년에 배핀 만에서 발생한 지진으로 진도는 7.3이었다. 이 지진은 북극권에서 발생한 가장 강한 지진이었다.

고대의 유명한 지진에는 어떤 것이 있나?

다음은 잘 알려진 고대 지진들이다.

위치	발생연도	인명 피해 추정(명)
소아시아 안티오크	115 458 526 (약 500회 심한 지진)	알 수 없음
이란 담간	856	20만
이란 아르다빌	893	15만
시리아 알레포	1138	23만
중국 즈리	1290	10만
소아시아 실리시카	1268	6만
중국 산시	1556	83만
코카서스, 샤마흐	1667	8만
인도 캘커타	1737	30만*
포르투갈 리스본	1755	7만

* 참고: 최근 연구에 의하면 인명 피해는 지진이 아니라 태풍에 인한 것임

진도로 보았을 때 미국에서 발생했던 10대 지진은 무엇인가?

미국에서 발생했던 10대 지진은 다음과 같다.

위치	연도	진도
알래스카 프린스 윌리암 사운도	1964	9.2
알래스카 앤드리아노프 제도	1957	9.1
알래스카 랫 아일랜드	1965	8.7
알래스카 슈마긴 제도 동부	1938	8.2
미주리 뉴마드리드	1811	8.1
알래스카 야쿠타 만	1899	8.0
알래스카 앤드리아노프 제도	1986	8.0
미주리 뉴마드리드	1812	8.0
알래스카 케이프 야카타가 부근	1899	7.9
캘리포니아 포트 테혼	1857	7.9

1900년 이후 인명 피해가 5000명을 넘었던 지진은 어떤 지진인가?

미국 국토부 소속인 미국지질조사국은 20세기가 시작된 이래 가장 많은 인명 피해를 야기한 지진을 파악하기 위해 여러 가지 자료를 사용했다. 다음 표에는 인명 피해가 많았던 지진이 일어난 위치, 날짜, 인명 피해, 진도 등이 정리되어 있다.

위치	날짜	인명 피해(명)	진도	기타
인도 캉그라	1905. 4. 4	1만 9,000	8.6	
칠레 산티아고	1906. 8. 17	2만	8.6	
중앙 아시아	1907. 10. 21	1만 2,000	8.1	
이탈리아 메시나	1908. 12. 28	7만~10만	7.5	지진과 쓰나미로 인명 피해
이란	1909. 1. 23	5,500	7.3	
이탈리아 아베차노	1915. 1. 13	29,980	7.5	
중국 광동	1918. 2. 13	1만	7.3	
중국 간수	1920. 12. 16	20만	8.6	심각한 균열, 산사태
중국 시닝	1923. 9. 1	20만	8.3	
일본 관동, 요코하마	1929. 5. 1	14만 3,000	8.3	도쿄 대화재
중국 윈난	1925. 3. 16	5,000	7.1	타리푸 거의 전파
중국 간수	1932. 12. 25	7만	7.6	
중국	1933. 8. 25	1만	7.4	
네팔-인도 비하르	1934. 1. 15	1만 700	8.4	
파키스탄 쿠에타	1935. 5. 30	3만~6만	7.5	쿠에타 거의 전파
칠레 치얀	1939. 1. 25	2만 8,000	8.3	
터키 에르진잔	1939. 12. 25	3만	8.0	
아르헨티나 산 후안	1944. 1. 15	5,000	7.8	
일본 후쿠이	1948. 6. 28	5,390	7.3	
소련 (투르크메니스탄, 아슈하바트)	1948. 10. 5	11만	7.3	
에콰도르 암바토	1949. 8. 5	6,000	6.8	대규모 산사태, 지형학적 변화
모로코 아가디르	1960. 2. 29	1만~1만 5,000	5.9	도시 아래에서 발생
칠레	1960. 5. 22	4,000~5,000	9.5*	지진, 쓰나미, 화산, 홍수
이란 카즈빈	1962. 9. 1	1만 2,230	7.3	
이란	1968. 8. 31	1만 2,000~2만	7.3	

* 다시 계산된 진도

위치	날짜	인명 피해(명)	진도	기타
중국 윈난성	1970. 1. 4	1만	7.5	
페루	1970. 5. 31	6만 6,000	7.8	암석이 무너짐, 홍수
이란 남부	1972. 4. 10	5,054	7.1	
중국	1974. 5. 10	2만	6.8	
파키스탄	1974. 12. 28	5,300	6.2	
중국	1975. 2. 4	1만	7.4	
과테말라	1976. 2. 4	2만 3,000	7.5	
중국 탕산	1976. 7. 27	25만 5,000 (655,000까지 추정)	8.0	
필리핀 민다나오	1976. 8. 16	8,000	7.9	
이란	1978. 9. 16	1만 5,000	7.8	
멕시코 미초아칸	1985. 9. 19	9,500 (3만 추정)	8.1	
터키-소련 국경	1988. 12. 7	2만 5,000	7.0	
이란 서부	1990. 6. 20	4만~5만	7.7	
일본 혼슈 서부의 남해	1995. 1. 16	5,502	6.9	산사태. 액상화
터키	1999. 8. 17	17,118	7.4	
인도	2001. 1. 26	20,023	7.7	부상 16만 6,836명 노숙자 60만 명
일본 동북-관동지방	2011. 3. 11	18,526 (실종자 포함)	9.0	지진과 쓰나미로 인명 피해, 후쿠시마 원자력 사고로 피해가 커짐.

진도가 낮은 지진이 어떻게 많은 인명 피해를 가져오는가?

진도가 낮으면서도 많은 인명 피해와 재산상 큰 손실을 가져온 지진이 여러 번 있다. 예를 들면, 1960년 1월 29일 모로코 아가디르에서 발생했던 지진은 진도가 5.9에 불과했지만 1만~1만 5,000명의 인명 피해가 발생했다. 이렇게 큰 인명 피해가 발생한 원인은 지진이 일어난 위치와 관련이 있다. 이 지진은 도시 아래 깊지 않은 곳에서 발생하여 말 그대로 구조물을 흔들었고, 이로 인해 수천 명이 매몰되었다. 도시 바로 아래에서 발생했던 또 다른 지진은 1963년에 유고슬라비아의 스코페에서 발생했던 진도 6.0의 지진으로 1,100명이 목숨을 잃었다.

화산분출

화산의 역사

최초의 화산은 언제 형성되었나?

지질학자들은 지구에 최초로 지각이 만들어진 45억 5000만 년 전에도 화산이 존재했다고 믿고 있다. 일부 과학자들은 이 초기 화산이 수증기와 이산화탄소를 공기 중에 배출하여 지구에 큰 변화를 가져왔으며, 거대한 화산분출과 그에 따른 먼지가 주기적으로 태양빛을 가려 지구 기후를 변화시켰다고 생각한다.

화산에 대한 초기의 설명에는 어떤 것들이 있는가?

고대 문화는 활화산을 신화, 종교, 미신 등을 이용하여 설명했다. 대부분의 문화는 화산활동의 격렬함으로 인해 화산분출이나 땅의 흔들림이 사람의 잘못 때문이라고 믿어 그중에는 사람을 포함한 제물을 바쳐 신이나 괴물을 달래려고 했다. 다음은 화산에 관한 여러 문화의 믿음들에 대한 설명이다.

- 폴리네시아 사람들은 늙고 추한 여성이나 아름답고 젊은 여성의 모습으로 나타날 수 있는 여신 펠레가 화산을 관장한다고 믿었다.
- 칠레 사람들은 화산 안에 거대한 고래가 살고 있다고 믿었다.
- 일본인들은 거대한 거미가 활화산 속에 숨어 있다고 생각했다.
- 인도네시아 사람들은 혼토보고 뱀이 세상을 들고 있으며, 이 뱀의 운동이 땅을 흔들거나 산에서 뿜어져 나오는 불을 만든다고 믿었다.
- 인도에서는 화산 안에 거대한 멧돼지나 두더지가 살고 있다고 생각했다.
- 고대 그리스인들은 화산분출이 제우스가 산 아래 묻어버린 거인 타이탄이 숨을 내쉬는 것이라고 믿었다.
- 러시아의 캄차카 반도에 살고 있는 사람들은 화산들이 아름다운 소녀를 놓고 다투는 젊은 청년들로, 평화를 위해 주술사가 그들을 땅에 파묻었다고 믿었다.

화산분출에 대한 가장 오래된 기록은 무엇인가?

화산분출에 대한 가장 오래된 기록은 기원전 5세기에 시인 핀다로스가 쓴 타이폰의 신화에 대한 노래에 포함되어 있다. 이 시에서 핀다로스는 시칠리아의 에트나 화산을 큰 소리와 함께 불을 내뿜는 '하늘의 기둥'이라고 묘사했다. 또한 희고 뜨거운 암석이 어떻게 바다나 땅에 떨어지며 용암이 어떻게 화산 아래로 흘러내리는지에 대해 이야기했다. 지질학자들은 핀다로스가 B.C.E. 479년에 있었던 에트나 화산의 분출을 정확하게 묘사했다고 보고 있다.

화산에 대한 초기 과학적 설명은?

제일 먼저 그리스 철학자들이 과학적인 방법으로 화산을 설명했다. 플라톤^{Plato}(B.C.E. 429~B.C.E. 347)은 화산분출이 지구 내부를 통해 흐른다고 생각했던 피리플레게톤 강에서 나오는 공기에 의한 것이라고 설명했다. 한편 아리스토텔레스는 '압축 공기' 이론을 제안했다. 그는 해안에서 부서지는 파도가 공기를 압축하여 지구 깊은 곳에 있는 동굴 속으로 밀어 넣는다고 주장했다. 이 공기가 역청이나 황과 접촉하여 불을 발생시켜 화산의 화구를 통해 분출되는 연기, 용암, 재, 불꽃을 만든다고 했다. 그리스의 지리학자 스트라보는 B.C.E. 30~20년에 《지리학》을 출판했다. 그는 이 책에서 에트나와 베수비오 같은 화산을 자세하게 묘사했으며 화산의 정확한 성격을 인식하고 있었다. 그러나 그의 이런 생각은 후세에 잊혀졌다.

중세에는 다시 종교나 미신을 이용해 화산을 설명했다. 그러나 르네상스 시대에 과학적 연구가 시작되어 1546년 독일 지질학자 게오르기우스 아그리콜라는 지구 지하의 열이 화산에 집중되는 것이라는 이론을 제안했다. 그는 이 열이 역청, 황, 석탄에 매우 뜨거운 증기로 불이 붙어 연소되면서 발생한 것이라고 설명했다. 1583년에는 화산의 탄생과 진화과정에 대한 최초의 과학적 연구가 새로 분출을 시작한 이탈리아 캄파니아 포주올리 부근에 위치한 몬테누오보 화산에서 수행되었다. 이 연구는 종교 지도자와 과학자들 사이의 토론을 가열시켰다.

언제 화산에 대한 현대적 연구가 시작되었나?

1700년대 중반에 새로운 과학 탐구의 시대가 시작되어 화산이나 지진과 같은 자연현상에 대한 관심을 가지게 되었다. 예를 들면 1750년대 초에 프랑스 지질학자 게타르Jean-Etienne Guettard(1715~1786)는 에트나와 베수비오 화산에서 발견한 검은 암석과 오버린 도로 건설에 사용된 암석 사이에 유사성이 있다는 것을 알아냈다. 도로 건설에 사용된 암석이 볼빅 채석장에서 채석되었다는 것을 알아낸 그는 이 암석이 고대 화산의 잔해가 풍화되어 만들어진 암석이라고 결론지을 수 있었다. 1752년에 게타르는 프랑스 과학 아카데미에 '한때 화산이었던 프랑스의 특정한 산에 대한 논문'이라는 제목의 논문을 제출했다. 그 후 그는 수십 년 동안 프랑스의 사화산에 대한 연구를 하고 지도를 작성하면서 보냈다.

지진학에 대해서 최초로 현대적 연구를 한 사람은 누구인가?

월리엄 해밀턴^{Sir William Hamilton}(1730~1803)은 1772년에 영국왕립협회 회장에게 보낸 일련의 편지들을 통해 최초의 현대적이고 과학적인 지진학 연구 결과를 발표했다. 1764년부터 1800년까지 나폴리에 파견된 영국의 외교관이었던 해밀턴의 편지에는 이탈리아 베수비오 산에 대한 관찰 결과가 포함되어 있었다. 그는 이 화산을 200번 이상 찾아갔으며 9번의 분출을 조사했고 과거 분출 목록도 만들었다.

용융됨 암석이 결정을 이루는 방법을 최초로 연구한 사람은 누구인가?

1790년대에 스코틀랜드 지질학자 제임스 홀(1761~1832)은 용융된 암석이 식으면서 어떻게 결정을 이루는지를 알아보기 위한 일련의 실험을 했다. 홀은 그 지역 현무암을 구해 대장간에서 녹여 얻은 액체를, 끈적끈적한 물질을 나타내는 데 사용되던 라틴어의 화학 용어를 따라 마그마라고 불렀다. 그런 다음 이 용융된 암석을 다른 조건 아래서 식혔다. 빠르게 식히면 마그마는 유리를 형성했다. 그리고 여러 시간에 걸쳐 식히면 결정 구조가 만들어졌다. 홀은 식히는 시간을 바꾸면 결정의 크기를 바꿀 수도 있다는 것을 발견했다. 또한 온도와 함께 암석에 가해지는 큰 압력의 영향을 알아보기 위한 실험도 했다.

화산 정의하기

화산은 무엇인가?

화산은 지표면에 나 있는 구멍으로 먼지, 기체, 마그마가 분출되는 곳이다. 화산은 육지나 해저에 형성된다. 화산을 분출시키는 힘은 지각 아래 있는 맨틀에서 용융된 암석이 올라오는 압력에 의한 것이다. 이런 활동의 결과로 화산 부스러기들이 쌓여 보통 화산이라고 생각하는 원뿔구나 언덕이 만들어진다.

화산학이란?

화산을 연구하는 학문을 화산학 volcanology 이라고 한다. 화산학자들은 화산이 분출하는 기체, 화산의 구조, 현재와 고대 기후에 주는 영향, 화산의 위험을 줄이는 방법, 활화산의 감시를 포함하여 화산에 대한 전반적인 것을 연구한다.

화산이라는 말은 어디서 유래했나?

화산을 뜻하는 volcano는 고대에 화산활동이 활발했던 지중해의 불카노라는 섬에서 유래했다. 로마인들은 티레니아 해에 있는 시칠리아의 북쪽 끝에서 조금 떨어진 곳에 있는 이 화산을 지구 아래 있는 지역으로 들어가는 입구라고 생각했다. 이곳은 신들을 위한 무기를 만들고 주피터를 위해 번개를 만드는 불의 신 불카누스가 지배하는 영역이었다.

마그마는 무엇인가?

마그마 magma 는 지구 깊은 곳에서 나온 뜨거운 액체 상태의 암석이다. 암석을 마그마로 바꾸는 에너지에 대해서는 지질학에서 아직도 많은 토론이 진행되고 있다. 이것을 설명하는 이론 중에는 지구의 천연방사성동위원소의 붕괴, 지구 깊은 곳에서의 높은 압력, 과거의 운석 충돌, 지구가 형성될 때부터 있었던 열 등이 있다.

용암는 무엇인가?

마그마가 화산의 분출구를 통해 지표면으로 나와 흐르는 것을 용암^{lava}이라고 하며, 이것이 식으면 굳어서 화산암이 된다. 용암에는 하와이 원주민들이 사용하는 이름으로 불리는 두 종류의 용암이 있다.

파호이호이 용암$^{pahoehoe\ lava}$ 밧줄 모양의 표면이 부드러운 용암을 파호이호이 용암이라고 한다. 이 용암은 높은 온도와 적은 양의 화산분출 시에 나오며, 잘 흘러내려 땅을 얇게 덮는다. 파호이호이 용암은 보통 1분에 1m의 속도로 천천히 흘러내리지만 분출되는 양이 많거나 경사가 급히면 한 시간에 23㎞를 흘러내리기도 한다. 파호이호이 용암류의 두께는 대략 30㎝ 정도이다.

아아 용암$^{aa\ lava}$ 아아 용암의 이름은 이 용암의 날카로운 표면에 넘어지거나 밟았을 때 느끼는 것을 나타낸다. 아아 용암은 파호이호이 용암과는 반대로 분출되는 양이 많은 화산에서 흐르는 온도가 낮은 용암으로, 표면이 거친 용암이다. 흐름이 갑자기 늘어나면 앞쪽에서는 시간당 몇 m 정도로 천천히 이동하고 있으므로 용암이 높이 쌓였다가 다시 흩어진다. 이런 아아 용암류는 몇 분 사이에 수백 m씩 진행하여 땅을 덮게 될 정도로 매우 커서 축구장의 길이보다 길고 두께는 2~5m 정도이다.

다른 종류의 용암도 있는가?

있다. 파호이호이 용암과 아아 용암 외에도 몇 종류가 더 있다. 예를 들면 펠레의 머리카락은 매우 점성이 큰 용암이 작은 구멍을 통해서 나와 바람과 만날 때 만들어진다. 자연적으로 형성된 유리로 용암으로 간주되는 흑요석은 용암이 매우 빠르게 식어 밀도가 크고, 어두운 색깔의 유리질 물질로 굳어서 형성된다. 부석은 빠르게 식으면서 안에 공기를 포함하고 있는 용암으로, 밀도가 작고 가벼워서 물에 뜨는 몇 안 되는 암석이다.

여러 가지 이유로 위험하다. 많은 사람들이 활화산 가까이 살고 있는 것 역시 화산이 위험한 이유 중 하나이다. 약 5억 명의 사람들이 화산재와 용암이 다갈올 수 있을 정도로 화산 가까이에 살고 있다. 워싱턴 주의 시애틀은 캐스케이드 산맥에 있는 레이니어 화산의 파괴 가능 범위 안에 위치해 있고 멕시코의 거대한 포포카테페틀 화산은 멕시코 시티에서 보이는 거리에 있다. 즉 인구 3000만 명이 살고 있는 세계 최대 도시가 화산의 영향권에 들어가 있다.

인간은 화산재와 화산 가스로 인한 질식, 용암의 흐름, 안이 아직 녹아 있는 화산탄의 분출, 분출 시의 충격파에 의해 목숨을 잃는다. 화산은 산 밑의 마을을 뒤덮어 사람의 목숨을 앗아가거나 집과 땅을 영원히 쓸어가는 이류를 유발할 수도 있다. 분출하는 화산이 내뿜는 거대한 화산재 구름은 항공기 운항에 영향을 줄 수 있다. 그리고 공기 중으로 방출되는 화산 잔해의 양에 따라 그 지역이나 지구의 기후가 영향을 받을 수도 있다.

화산은 어떻게 형성되는가?

화산은 충돌하거나 분리되고 있는 지각판의 경계에서 일어나는 지질학적 현상이다. 지각판이 분리될 때는 경계면에 틈이 생기고 이 틈을 따라 마그마가 지표면으로 올라와 화산을 만든다. 예를 들면 북아메리카 판과 유라시아 판이 서로 멀어지고 있는 대서양중앙해령을 따라 많은 화산이 분포해 있다(지각판에 대한 더 자세한 내용은 '지구의 층들' 참조).

지각판이 충돌하면 하나의 판이 다른 판의 밑으로 들어가는 섭입이 일어난다. 판이 뜨거운 맨틀로 가라앉으면 녹게 된다. 이렇게 만들어진 마그마가 표면으로 올라와 화산을 형성하게 된다. 이런 화산은 남아메리카의 안데스 산맥 같은 대륙의 가장자리나 일본 열도와 같이 바다에서 올라오고 있는 지역에서 찾아볼 수 있다.

판의 중심부에서 화산섬이 만들어지기도 한다. 이런 화산은 대부분 마그마가 지표로 뚫고 올라오는 '열점'에 만들어진다(열점에 대한 더 자세한 내용은 다음 참조).

화산암에는 어떤 것들이 있는가?

화산암의 종류는 화산암이 형성된 장소가 지상이냐 지하냐에 따라서 구분하거나 이산화규소(SiO_2), 즉 실리카의 함량에 따라 구분한다. 예를 들면 현무암(45~54%의 실리카), 안산암(54~62%의 실리카), 석영안산암(62~70%의 실리카), 유문암(70% 내지 78%의 실리카)은 지구 표면에서 굳어진 화산암이다. 이런 암석들은 많은 양의 실리카와 소듐, 포타슘을 포함하고 있지만 철, 칼슘, 마그네슘은 적게 함유하고 있다. 마지막 세 원소는 어두운 색이다. 따라서 이런 원소를 많이 함유하고 있는 현무암은 어두운 회색이거나 검은색이다. 안산암은 중간 회색이고, 석영안산암과 유문암은 밝은 황갈색이거나 회색이다. 이런 규칙이 적용되지 않는 것이 검은색에 가까운 흑요석, 유리질 유문암이다.

지표면 밑에서 굳어진 화산암에는 반려암(45~54%의 실리카), 섬록암(54~62%의 실리카), 화강섬록암(62~70%의 실리카), 화강암(70~78%의 실리카)이 있다.

활화산, 휴화산, 사화산은 어떻게 다른가?

화산은 정기적으로 분출하고 있는 활화산, 현재 분출이 일어나고 있지 않는 휴화산, 더 이상 분출할 가능성이 없는 사화산으로 구분한다. 그러나 평균적으로 5년마다 하나의 '사화산'이 분출하기 때문에 이러한 분류는 100% 확신할 수 없다.

화산의 종류에는 어떤 것이 있는가?

화산은 형성되는 과정, 모양, 크기, 주요 암석의 종류 등에 따라 여러 가지로 분류할 수 있다. 그러나 대부분의 화산이 복합 칼데라처럼 여러 가지 종류의 특징을 다 가지고 있기 때문에 화산을 분류하기는 쉽지 않다. 화산을 크게 두 종류로 나누면 다음과 같다.

성층화산 strato volcano　　성층화산은 전체 화산의 60%를 차지하는 가장 흔한 화산이다. 용암과 화산쇄설물이 번갈아 층을 이루고 있기 때문에 복합화산이라고 한다. 온도가 낮고 점성이 큰 용암으로 인해 기체가 쌓여 폭발적인 분출을 하게 되는 이런 화산에서 흘러나오는 용암은 거의 흐르지 않기 때문에 배출구에 쌓여 화산 돔을 형성한다. 때로는 돔 위에 또 다른 돔이 만들어지기도 한다. 이런 화산으로는 미국의 세인트헬렌스 산과 레이니어 산, 필리핀의 피나투보 산, 일본의 후지 산 등이 있다.

순상화산_shield volcano_ 순상화산은 거의 대부분이 현무암으로 이루어졌으며, 유동성이 큰 용암에 의해 형성된다. 이런 화산은 경사가 급하지 않고, 화산의 90%가 화산쇄설물이 아닌 용암으로 이루어졌다. 지구상에서 가장 큰 화산들 중에는 순상화산이 많다. 하와이의 킬라우에아 화산과 마우나 로아 화산은 순상화산이다.

화산이 화산 같아 보이지 않을 때는?

이 질문은 좀 이상해 보이지만 정상적인 화산과는 다른 화산이 세 종류 있다. 그중 하나가 지구에서 가장 폭발적인 유문암 칼데라 복합체이다. 이런 화산은 폭발적인 힘으로 보통의 화산처럼 높이 쌓이는 것이 아니라 깊게 함몰된다. 분출 지점의 함몰 지역은 거대한 마그마 체임버와 관련있는 커다란 칼데라가 된다. 칼데라 복합체를 이루는 화산재의 낙하와 흐름이 칼데라 중심에서 모든 방향으로 수천 ㎢ 이나 덮는다. 와이오밍의 옐로스톤 국립공원이 좋은 예이다.

단성화산은 일반적인 화산과는 또 다른 종류의 '화산'이다. 단성화산은 적은 양의 마그마가 느리게 이동하여 만든 수백 또는 수천 개의 독립적인 분화구와 용암의 흐름으로 이루어져 있다. 각각의 마그마는 다른 경로를 통해 지표로 흘러나와 넓은 지역에 각각의 화산분출구가 퍼져 있는 것처럼 보인다. 유명한 단성화산 중에는 넓이가 4,662㎢ 이나 되는 애리조나 북부의 샌프란시스코 화산 지역이 있다.

또 다른 이상한 형태의 '화산'에는 수천 ㎢ 이 면적을 50m 가 넘는 두께로 뒤덮고 있는 두꺼운 현무암성 용암의 흐름이 만든 현무암 대지가 포함된다. 유명한 화산으로는 워싱턴 주 남동부 대부분과 오리건 주의 일부를 덮고 있는 컬럼비아 강 현무암 지역이다. 이보다 더 큰 현무암 대지로는 인도 북서부에 있는 데칸 트랩과 시베리아 고원이 있다. 일부 과학자들은 데칸 트랩을 형성한 화산활동이 공룡의 멸종에 원인을 제공한 것으로 보고 있다.

어떤 종류의 화산이 가장 큰 희생자를 내는가?

과거의 기록과 화산에 대한 현재의 관찰 결과에 의하면 성층화산이 가장 많은 희생자를 낸다. 통계적으로 보면 다른 종류의 화산보다 성층화산의 수가 많기 때문에 성층화산 주변에 더 많은 사람들이 살고 있을 가능성이 크다. 성층화산의 경사면에는 화산재와 용암 부스러기들이 쌓여 있어서 많은 비가 오거나 지진이 발생하면 쉽게 흘러내리거나 붕괴하여 위험한 화산이류, 산사태 또는 화산 잔해 사태가 일어날 수 있다.

또 이런 화산은 경사면 전체가 붕괴할 수도 있다. 예를 들면 1792년에 일본의 운젠 화산이 붕괴되면서 엄청난 양의 흙이 얕은 내해로 떨어져 강한 파도를 일으켰고, 이로 인해 인근 주민 1만 5,000명이 목숨을 잃었다. 또는 1980년에 화산분출이 끝난 후 이 화산의 북쪽 사면이 붕괴한 세인트헬렌스 산에서 찾아볼 수 있다.

화산분출의 두 가지 주요 특징은 무엇인가?

화산분출에는 격렬한 분출과 넓은 범위의 용암류를 만드는 덜 폭발적인 분출이 있다. 일반적으로 화산분출의 특징은 마그마에 포함된 실리카와 물의 양에 의해 결정된다.

테프라는 무엇인가?

테프라 tephra 는 용암을 제외하고 화산에서 분출되는 모든 물질을 이르는 말이다. 테프라는 여러 가지 형태와 크기를 가지고 있으며, 화산쇄설물이라고도 한다. 화산쇄설물은 화산분출 시 작은 조각 형태로 방출된 물질이다. 땅에 떨어지기 전에 서로 붙어버릴 정도로 뜨거운 화산쇄설물은 화산 응회암이라고 한다. 지질학자들은 크기를 이용하여 테프라를 분류한다. 다음은 가장 일반적인 테프라의 종류이다.

화산재[ash] 화산재는 화산에서 분출되는 크기가 2㎜ 이하인 물질을 말한다. 화산재에는 크기가 2~64㎝ 사이의 화산자갈이 포함되어 있을 수 있다. 대규모 분출에서는 매우 두껍게 쌓일 수 있으며 바람이 부는 방향으로 넓은 지역에 퍼질 수 있다.

화산암괴[block] 화산암괴는 화산에서 분출된 단단한 암석으로, 야구공에서 집채만 한 바위에 이르기까지 다양한 크기이다.

화산탄[bombs] 화산탄은 화산에서 분출된 암석 중에서 아직 내부가 녹아 있는 암석이다. 화산탄의 모양은 통과하는 공기의 경로에 의해 결정된다. 화산탄은 화산분출을 찍은 영상에서 밝은 호를 그리면서 날아가며 크기는 보통 야구공에서 농구공 사이인데 간혹 집채만 한 것도 있다. 화산탄이나 화산암괴는 화산에서 1,600㎞/h 이상의 초기 속도로 분출되어 5㎞ 이상 날아갈 수 있다. 화산탄이 지상에 충돌하면 폭발하거나 용암을 튕겨낸다. 화산탄은 유동성이 큰 마그마 덩어리로 이루어져 있어 공기 중에서 날아갈 때 용암의 흐름이 만들어지는 방추 화산탄과, 점성이 큰 마그마로 이루어져 있어 둥근 방울을 이루고 있으며 표면이 갈라져 있는 빵껍질 화산탄이 있다.

화산의 주요 지형에는 어떤 것이 있는가?

화산과 관련된 주요 지형에는 지하에서 마그마를 공급하는 마그마 체임버, 마그마를 지표면으로 이동시키는 작거나 큰 화산분출구, 마그마 체임버에서 지표면으로 용융된 암석을 이동시키는 긴 관 모양의 통로인 중심 분출구, 화산 정상에 위치한 크레이터나 가장 큰 화산분출구인 칼데라, 크레이터에서 흘러나온 용암류, 주화산에서 떨어져 있는 분출구인 분기공, 화구구, 사이드 피더, 열하, 점성이 큰 마그마가 칼데라 가까이에 쌓여서 만들어지는 경사가 급한 둔덕인 화산 또는 용암 돔 등과 같이 화산과 관련된 지형들이 포함된다.

간헐천이란?

대부분의 간헐천^{geyser}은 매우 뜨거운 물과 수증기를 번갈아 분출하는 온천이다. 세계 간헐천의 대부분은 화산활동이 활발해 지하수를 끓이는 데 필요한 열 공급 가능 지역과 관계있다. 일부 '시원한' 간헐천은 끓는 물에 의해서가 아니라 기체의 압력에 의해 분출되는 차갑거나 따뜻한 온천이다. 일반적으로 화산과 관련이 있는 간헐천은 세 가지 필요 조건을 갖추고 있다. 제한된 공간 안에서 지하수를 데우는 데 필요한 내부 열원이 있어야 하고, 물이나 압력에 견딜 수 있는 자연적인 통로가 있어야 하며, 간헐천이 지속적으로 분출하는 데 필요한 충분한 물이 있어야 한다.

간헐천은 매우 드물어 지구상에 1,000개 정도가 있다. 세계에서 가장 유명한 간헐천 지역은 아이슬란드,

옐로스톤 국립공원의 30m 높이까지 뿜어 올리는 올드페이스풀 간헐천.

뉴질랜드, 와이오밍의 옐로스톤 국립공원 등 이다. 옐로스톤 국립공원에는 유명한 '올드페이스풀' 간헐천을 비롯해 지구상에 존재하는 모든 간헐천의 절반에 가까운 400여 개가 있다.

수증기 분화는 무엇인가?

수증기 분화 phreatic eruption 는 지하수나 표면의 물이 마그마, 용암, 뜨거운 암석 또는 화산 퇴적물에 의해 가열되었을 때 만들어지는 수증기의 폭발에 의한 분출을 말한다. 이러한 물질의 강한 열이 물을 끓여 수증기를 만들고 이 수증기가 폭발하면서 수증기, 물, 화산재, 화산암괴, 화산탄이 함께 분출된다.

상승하는 마그마가 물을 만나면 어떤 화산 지형이 만들어지는가?

지하수와 바닷물이 상승하는 마그마와 만나 폭발하는 증기를 발생시키면 마르 maar 와 응회환 tuffring 형태의 지형이 형성된다. 마르는 약한 폭발적 분출에 의해 형성된, 바닥이 평평하고 넓은 화산성 크레이터를 말한다. 폭발은 마그마가 지하수층에 침투하여 지하수가 수증기로 바뀌었을 때 일어난다. 이렇게 생긴 크레이터의 가장자리는 새로운 화산암이 아니라 대부분이 크레이터를 형성하고 있던 암석이다. 마르는 종종 물로 채워져 둥근 모양의 호수가 된다. 독일에 있는 아이펠 크레이터가 마르의 예이다.

응회환은 뜨거운 물질이 분출되다가 물과 접촉하여 폭발하면서 폭발 크레이터 주변에 원형으로 물질이 쌓여 만들어진다. 가장 자리 물질은 주변 암석과 새로운 화산 물질의 혼합물이다. 가장 유명한 응회환은 호놀룰루 와이키키 해변의 동쪽에 있는 다이아몬드 헤드로, 용암이 바닷물과 상호작용하여 오아후 섬을 만든 화산분출이 있은 후 300만 년 뒤에 형성되었다.

지열은 활화산이나 지질학적으로 젊어서 아직 활동적이지는 않지만 열을 방출하는 화산이 지하의 액체를 가열하여 발생한다. 고온의 지하 액체에서 나오는 증기는 발전이나 터빈을 돌리는 데 이용할 수 있다. 낮은 온도의 액체는 온실의 난방이나 산업용으로 사용할 수 있으며, 뜨거운 물이 나오는 온천은 휴양지 스파로 이용된다.

평균적으로 0.8㎡의 지구 표면은 약 16분의 1W의 지열을 방출한다. 이는 축구장 넓이의 표면이 방출하는 에너지로 60W 전구를 켤 수 있는 셈이다. 따라서 지열을 이용하려면 '에너지 생산성이 높은' 화산 지역을 개발해야 한다. 간헐천과 온천이 가장 많이 분포하는 지역에는 70% 이상의 가정에서 지열로 난방을 하는 아이슬란드, 엘로스톤, 뉴질랜드 등이 포함된다.

플루톤은 무엇인가?

화산은 마그마가 지구 표면으로 나오는 것이지만 때로는 지하에 머물러 있는 경우도 있다. 지구 표면 아래에서의 마그마의 이동을 관입이라고 한다. 용융된 암석이 지각에 나 있는 수많은 균열을 통해 흘러들어가 모여서 굳어지면 플루톤[pluton]을 형성한다. 주형 안에 넣은 젤리처럼 각각의 플루톤은 주변의 모양과 같은 모양을 가지게 된다. 다음은 모양을 바탕으로 분류한 일반적인 플루톤의 종류이다.

저반[batholith] 때로는 수백 ㎢에 이르는 거대한 마그마로, 지표 아래 깊은 곳에 만들어진다. 식은 다음에 표면에 노출된 저반은 로키 산맥이나 시에라네바다 산맥에서 발견할 수 있다. 넓이가 75㎢ 이하인 저반은 스톡이라고 한다.

병반[laccolith] 주로 마그마 체임버에서 뻗어 나와 지표면에 도달하지 못한 커다란 마그마 덩어리를 병반이라고 한다.

분상암체[lapolith] 숟가락 모양의 마그마 관입을 말하며 아래 암석이 아래로 처지기 때문에 지붕과 바닥이 아래로 처져 있다.

파콜리스^{phacolith} 암석 안에서 언덕 모양으로 접힌 배사구조의 위나 골 모양으로 접힌 향사구조의 바닥에 형성된 마그마 관입이다.

암맥^{dike} 암맥은 마그마가 암석층을 통해 수직으로 관입되지만 표면에 도달하지 못했을 때 형성된다.

암상^{sill} 암상은 마그마가 암석층을 통해 수평으로 관입되지만 표면에 도달하지 못할 때 형성된다.

화산은 어떤 기체를 배출하나?

마그마가 주배출구나 분기공 또는 열하를 통하여 지구 표면에 도달하면 마그마에 함유되어 있던 기체를 공기 중으로 배출한다. 화산이 배출하는 기체 중 가장 많이 포함된 것은 이산화탄소(CO_2)와 황화수소(H_2S)이다. 이산화탄소는 눈에 보이지 않고 냄새도 없지만 몇 분 안에 질식사할 수 있는 위험한 기체이다. 화산 기체가 위험하다는 것을 증명하는 예로는 디엥 고원이라고도 불리는 인도네시아 자바의 디엥 복합화산이 있다. 두 개의 화산과 20개의 크레이터가 있는 이 지역은 일부 크레이터에서 독성이 강한 기체를 내뿜는 것으로 잘 알려져 있다. 1979년에 시닐라와 시글루둥 분화구의 화산분출을 피해 달아나던 149명이 화산 기체로 인해 목숨을 잃었다.

화산이류는 무엇이며 왜 그렇게 위험할까?

화산이류^{lahar}는 모래, 실트, 점토가 혼합된 화산 잔해가 화산 부근의 골짜기를 따라 흘러내리는 것이다. 이류라고도 하는 화산이류는 먼저 분출된 화산분출물이 느슨하게 쌓인 곳에 많은 비가 와서 쓸려 가거나 지진이 흔들어놓아 느슨해진 물질이 쓸려 내려가 발생한다.

예를 들면 1991년 필리핀 피나투보 화산분출은 20세기에 있었던 화산분출 중에서 1912년에 있었던 카트마이 화산분출 다음으로 큰 화산분출이었다. 이 화산분출로

엄청난 양의 물질이 화산의 급
한 경사면에 느슨하게 쌓였다.
이 화산 퇴적물에 이 지방의 많
은 강우량이 더해져 화산분출
이 있은 후 수백 개의 화산이류
가 만들어졌다. 1991년 화산분
출로 사망한 사람들보다 더 많
은 사람들이 피나투보 부근에
서 발생한 화산이류로 목숨을
잃었다.

화산 쇄설류는 무엇인가?

프랑스어로 '자라나는 구름'
이라는 뜻의 열운 ^{neee ardendent}
이라고도 하는 화산 쇄설류
^{pyroclastic flow}는 뜨거운 화산재,

1991년 6월 12일 피나투보 화산이 연기와 화산재를 분출하고 있
는 모습.

부석, 암석 쇄설물, 결정, 화산 유리파편, 화산기체가 소용돌이치면서 흘러내리는 것
을 말한다. 화산 쇄설류의 온도는 500℃에 이르기 때문에 화산의 가파른 경사면을
80~160㎞/h 의 속력으로 흘러내리면서 주변에 있는 모든 것을 태워버린다. 종종 높
은 온도와 압력으로 서로 엉겨 붙어 있기도 한 화산 퇴적물을 화산 쇄설류라고도 한
다. 더 많은 에너지를 가지고 있는 화산기체와 암석 쇄설물의 혼합물은 쉽게 산등선
을 넘을 수 있기 때문에 화산 해일이라고도 한다.

역사에는 화산분출로 만들어진 화산 쇄설류로 인한 피해가 많이 있었다. 1902년 5
월 8일 서인도제도의 펠레 화산을 흘러내린 화산 쇄설류가 해안 도시인 세인트 피에
르를 덮쳤다. 불과 몇 분 동안에 이 도시의 모든 것이 파괴되었고 2만 8000명의 주민

중 단 두 명만이 살아남았다. 1980년에 불출한 세인트헬렌스 화산에도 화산 쇄설류가 있었지만 다행스럽게도 큰 비극은 일어나지는 않았다.

분기공은 무엇인가?

화산 기체는 화산활동이 활발한 지역에서 분기공이나 분출구를 통해 배출된다. 분기공fumarole은 작은 균열이나 화산의 긴 열하에서 여러 개가 함께 만들어지기도 하며, 용암이나 화산쇄설물의 표면에 만들어지기도 한다. 분기공은 수 세기 동안 계속 화산기체를 내뿜기도 하고, 열원이 빠르게 식으면 몇 주나 몇 달 내에 사라지기도 한다. 예를 들면 옐로스톤 국립공원과 킬라우에아 화산은 많은 분기공과 이와 관련된 퇴적물을 가지고 있다. 이런 분기공 중 일부는 수년 동안 존재했지만 일부는 최근에 나타났다.

해 저 화 산

대양저에서 화산은 왜 중요할까?

화산은 깊은 바다에서 솟아오른 새로운 육지를 만들기 때문에 대양저에서 중요한 지형이다. 특히 일부 화산은 해저확장이라는 지각판이 확장되는 경계면에서 판을 확장시키고 질량을 더해준다. 이 때문에 판구조론이라고 알려진 과정을 통해 판들이 계속 이동할 수 있다(판구조론에 대한 더 자세한 내용은 '지구의 층들' 참조).

깊은 바다 밑에 남아 있든, 해수면 위로 올라오든 해양화산은 생태계의 기반이 된다. 활화산은 열의 형태로 주변 환경에 에너지를 계속 공급한다. 이 에너지는 화산활동이 활발한 지역에서만 살아가는 생물을 비롯하여 많은 생명체들에게 없어서는 안 될 에너지이다.

해저에서는 얼마나 많은 화산활동이 있는가?

우리가 볼 수 없을 뿐이지 해저에서는 엄청난 수의 화산활동이 일어나고 있다. 일부 지질학자들은 지구에서 일어나는 모든 화산활동 중 80%가 해저에서 일어나고 있다고 추정한다.

베개용암은 무엇인가?

베개용암^{pillow lava}은 해수면 아래서 형성되며 파호이호이 용암이 변형된 형태로(용암의 종류에 대한 더 자세한 내용은 위 참조), 해저가 융기되어 형성된 마른 땅 위에서도 발견된다. 베개용암은 해저 세계의 독특한 지형으로 깊은 바다의 낮은 온도와 높은 압력으로 인해 만들어진다. 마그마가 해저 분출구를 통해 배출되면 표면이 물에 식어 베개와 같은 형태의 유연한 표면을 형성한다. 표면은 단단하지만 내부는 녹아 있다. 더 많은 마그마가 베개에 들어가면 표면의 일부가 파열될 때까지 팽창한다. 그러면 마그마가 파열된 곳을 통해 흘러나와 또 다른 베개를 형성한다. 분출이 끝날 때까지 이런 과정이 반복된다. 분출이 일어나고 있는 동안에 두꺼운 베개 용암의 퇴적물로 덮인 넓은 해저 지역이 형성되는 것은 흔한 일이다.

해산은 무엇인가?

해저 화산활동이 만들어내는 놀라운 지형 중의 하나가 해산^{seamount}이라고 하는 거대한 화산이다. 이 고립된 해저 화산은 대양저에서의 높이가 900~3,000m에 이르지만 해수면 위로 올라올 정도로 높지는 않다.

해산은 전 세계 모든 대양에 존재하며 태평양에 가장 많은 수가 분포되어 있다. 2,000개가 넘는 해산이 확인되었고, 그중 일부는 아직도 활동 중이다. 알래스카 만에도 수많은 해산이 있다. 오리건 주의 북쪽 해안에서 조금 떨어진 곳에 있는 활화산인 액시얼 해산은 현재 대양저에서의 높이가 1,372m지만 정상은 해수면에서 1,219m 아래 있다.

화산섬이 만들어지는 것을 실제로 본 사람이 있는가?

있다. 과학자들은 대서양중앙해령 위에 있는 쉬르트세이에서 화산섬이 만들지는 것을 실제로 관찰했다. 쉬르트세이는 1963년 11월 16일 아이슬란드 서쪽 해안에 처음 나타났다. 수증기와 분출하는 마그마가 장관을 이루는 가운데 물 위로 모습을 드러낸 쉬르트세이는 다음 4년 동안 해수면 위 150m까지 높아졌고, 넓이는 5㎢까지 넓어졌다. 그 뒤 이제 식물이 자라고 해양 생물로 둘러싸인 영구적인 섬이 되었다.

쉬르트세이 부근에 만들어진 두 개의 작은 섬은 그다지 운이 좋지 않았다. '작은 쉬르트세이'라고도 불렸던 시르트링거는 1965년 5월에 만들어졌고, '크리스마스 아일랜드'라고도 불렸던 졸니르는 1965년 12월에 나타나 화산분출이 끝난 후에 침식작용으로 곧 사라졌는데, 세상에 모습을 드러낸 지 불과 8개월만이었다.

새로운 섬이 될 가능성이 큰 해저화산은 무엇인가?

때로는 해수면 위로 올라올 정도로 화산이 커서 섬이나 섬들로 이루어진 열도를 만들 수 있다. 섬을 이룰 것으로 기대되는 화산 중의 하나가 하와이 빅아일랜드 해안에서 약 32㎞ 떨어진 곳에서 현재도 자라고 있는 로이히 해산이다. 현재 이 화산은 대양저에서의 높이가 5,812m로 해수면 아래 914m까지 올라왔다. 현재의 성장 속도라면 로이히는 수천 년 안에 하와이의 새로운 섬이 될 것이다.

해양 화산섬은 무엇인가?

해양 한가운데 화산으로 만들어진 많은 섬들이 있다. 가장 유명한 해양 화산섬_{volcanic mid-ocean island}은 그린란드 남동해안에서 조금 떨어져 있는 대서양중앙해령을 따라 위치해 있는 아이슬란드이다. 대서양중앙해령을 따라 발생하는 분출로 인해 아이슬란드에는 약 200개의 활화산이 분포해 있다. 이 화산들은 모두 아이슬란드의 형성을 돕고 있다.

포르투갈 해안에 있는 아조레스 제도도 대서양중앙해령을 따라 형성된 섬들이고 남대서양에 있는 트리스탄다쿠나의 섬들도 해양 섬들이다.

'길이 7만㎞'의 화산으로 간주되는 것은 무엇인가?

대서양중앙해령과 태평양-남극 해령, 칠레 해령, 인도양 해령, 후안 데 푸카 해령을 포함하는 해양 확장중심을 때로는 길이 7만㎞의 화산으로 간주하기도 한다. 이 해령들을 따라 지각판이 벌어지고 있어 마그마가 지각 표면으로 흘러나와 화산을 만든다.

열점은 무엇인가?

열점^{hot spot}은 고정된 지역에서 지각판이 약한 지점을 통해 마그마가 배출되는 지역이다. 판 경계면을 따라 있는 대부분의 화산과 달리 열점은 지각판의 중심부에 위치하고 있으며, 예상 지점에서 멀리 떨어진 곳에 화산을 만든다. 열점이라는 개념은 캐나다의 지구물리학자 투조 윌슨이 판 중심부에 화산이 발생하는 것을 설명하기 위해 처음 제시했다. 정확한 메커니즘에는 이견이 있지만 오늘날의 많은 지질학자들은 이 이론에 동의하고 있다.

마우나 로아의 특징은 무엇인가?

하와이 빅아일랜드에 있는 해저화산에서 만들어진 마우나 로아^{Mauna Loa}는 세계에서 가장 큰 화산이며, 지구에 있는 모든 산 중에 가장 큰 산이다. 마우나 로아의 부피는 4만 1,682㎦이며 해저로부터의 높이는 9,144m이다. 해수면 위의 높이만 해도 4,169m에 이른다.

열점이 분포해 있는 곳은 어디인가?

열점은 세계 모든 곳에 있으며 이 중 몇몇 지역은 매우 잘 알려져 있다. 예를 들면 와이오밍에 있는 옐로스톤 국립공원도 열점 위에 있다. 많은 열점이 해양에 분포해 있으며, 해저 화산을 발생시키고 있다. 이런 화산 중의 일부는 해수면 위까지 올라와 섬을 만들기도 한다. 예를 들면 갈라파고스 제도, 소사이어티 제도, 하와이 제도는 모두 열점에 위치해 있다.

하와이 섬의 특이점은 무엇인가?

지질학자들은 하와이 제도가 태평양 아래 깊은 곳에 있는 오래된 열점이 만들어낸 것이라고 믿고 있다. 약 7500만 년 동안 지각판이 정지해 있는 열점 위로 서서히 이동하면서 북서쪽으로 늘어선 200여 개의 화산을 만들어냈다. 대부분의 화산은 현재 해수면 아래 있지만 해수면 위로 나와 있는 화산들이 오늘날의 하와이 제도를 이루고 있다. 하와이 열점은 아직도 매우 활동적이다. 최근에 만들어진 섬은 하와이의 빅아일랜드이고, 로이히라는 해산이 하와이 해안에 또 다른 화산섬을 만들고 있다.

하와이 열점 아래에는 무엇이 있는가?

지질학자들은 지진파 단층촬영법을 이용하여 하와이 제도의 열점을 조사했다. 그들은 피지와 통가에서 발생한 지진의 지진파를 이용했다. 이들이 이용한 지진파는 열점 아래 있는 맨틀의 깊은 곳을 통해서 캘리포니아와 오리건에 위치한 관측소까지 전달된 지진파였다.

이 자료에서 지질학자들은 하와이 제도를 탄생시킨 열점이 맨틀과 금속으로 이루어진 핵의 경계면에 그 기원을 두고 있다는 것을 발견했다. 마그마 플룸은 맨틀 바닥에서 암석이 녹아 있는 핵의 바깥층에 의해 가열되는 지각 아래 약 2,900㎞ 되는 곳에서 시작되고 있다. 지진파 자료는 마그마 플룸이 처음에는 열점의 바닥을 향해 수평으로 흐르다가 열점에서 표면을 향해 수직으로 올라온다는 것을 보여주었다.

열점과 관계있는 다른 섬들은?

정지해 있는 열점과 이동하는 지각판이 만들어낸 섬들은 인도양에서도 찾아볼 수 있다. 6700만 년 전 인도는 열점 위에 위치해 있었다. 그 당시에는 많은 양의 현무암 용암이 분출되어 데칸 트랩이라는 화산지대를 만들었다. 인도 판이 서서히 북동쪽으로 이동하면서 5700만 년 전 몰디브 제도를 만들었고, 4800만 년 전에는 차고스 제도를 만들었으며, 4000만 년 전에는 마스카렌 제도를 만들었고, 1800만 년 전부터 2800만 년 전 사이에는 마우리티우스 제도를 형성했다. 그리고 지난 500만 년 동안 피통 데 네쥐와 피통 데 라 프루네이즈 화산으로 이루어진 레위니옹 섬을 만들었다.

용암 기둥은 무엇인가?

용암 기둥lava pillar은 깊은 해양저에서 발견되는 검은 화산암인 현무암으로 이루어진 해저 기둥이다. 이 원통형 기둥은 높이가 15m 정도 되며, 크기는 아주 가는 것에서부터 굵은 것까지 다양하다. 모양도 가는 막대형에서 아치 모양에 이르기까지 다양하다. 이 기둥의 바깥쪽은 종이처럼 얇고 검은 화산유리로 덮여 있으며 안쪽은 가는 균열이 나 있고 색깔은 회색이다. 용암 기둥은 심해 잠수정의 빛을 이용해 처음으로 확인되었다.

용암 기둥이 형성되는 방법에 대해서는 아직 토론이 진행되고 있다. 한 이론에 의하면 수중 분출이 일어나는 동안에 커지고 있는 마그마 층 아래 갇힌 물이 용암류의 틈을 통해 빠져 나온다. 더 많은 마그마가 흘러나오면 용암이 두꺼워지고 빠져나오는 물 위로 자라게 되며 차가운 물이 용암을 빠르게 ‘얼려’ 관 모양의 기둥으로 만든다.

블랙스모커는 무엇인가?

블랙스모커black smoker는 심해 열수공으로 해저에 만들어진 ‘굴뚝’ 모양의 열수공에서 검은 연기 같은 물질이 배출되기 때문에 붙은 이름이다. 이 물질은 실제로는 황을 포함한 광물이나 중앙해령의 화산 용암에서 온 황화물과 같은 광물이 많이 용해되어 있는 350℃ 정도까지 과열된 물이다. 뜨거운 물이 차가운 바닷물을 만나면 광물이 석출되어 주변 암석 위에 쌓인다. 시간이 지나면 구멍이 뚫린 굴뚝이 더 길게 자라 더 많은 광물이 석출된다.

블랙스모커는 지름이 수십 미터 정도이고, 넓이는 당구대에서 테니스장 크기까지 다양한 넓이의 화산 열수공 지역에서 발견된다. 예를 들면 태평양에 있는 중앙해령의 일부인 후안 데 푸카 해령에서 열수공 지역이 발견되었다. 1977년 갈라파고스 제도에서 작은 연구용 잠수정 앨빈이 처음 열수공 지역을 발견한 이래 수많은 열수공이 발견되었으며 아직도 발견되지 않은 많은 열수공이 있을 것이다. 과학자들이 지금까지 탐사한 곳은 지구의 중앙해령 중 극히 일부분일 뿐이다.

블랙스모커는 지구 생명체의 기원과 관계가 있는가?

심해 열수공 블랙스모커black smoker가 지구 생명체의 기원과 관련이 있는지는 아무도 모른다. 그러나 과학자들은 이 열수공이 실마리를 제공할 것이라고 믿고 있다. 예를 들면 초기 지구의 환경은 운석과 혜성이 계속적으로 충돌하는 혹독한 환경이고 아직 대기가 형성되지 않아 생명체가 존재하기는 더 어려웠다. 화산분출과 운석의 충돌로 햇빛은 훨씬 흐릿하게 비쳤을 것이다. 해저 깊은 곳에 있는 해양 열수공 부근에 살던 작은 생명체들이 오늘날 블랙스모커 부근에서 살고 있는 생명체들과 비슷한 방법으로 살아남지 않았을까? 초기의 열수공들이 다양한 형태의 생명체들에게 지구 표면의 혹독한 환경으로부터 숨을 수 있는 안전한 피난처가 되지 않았을까? 과학자들은 아직도 이것에 대해 토론을 벌이고 있다.

화산 측정하기

어떻게 화산을 감시할까?

과학자들은 다양한 방법으로 화산을 감시한다. 예를 들면 화산 주변에서 발생한 지진이 화산분출의 초기 경보인 경우가 많다. 대개의 경우 화산분출 직전에 지진이 증가한다. 과학자들은 또한 정밀한 장비를 이용하여 땅이 흔들리는 모양을 관측하고, 이동하고 있는 지하 마그마의 압력으로 인해 발생한 화산의 표면 모양의 변화를 측정한다. 화산분출 전에 종종 마그마가 저장된 지역에서 위나 바깥쪽으로 이동하는데, 주변 크레이터 호수의 수위 변화나 화산 균열의 크기 변화를 측정하는 것처럼 간단한 방법으로 마그마의 이동을 감지하기도 한다. 전기전도도, 자기장의 세기, 중력의 세기 변화를 측정하는 것도 마그마의 이동을 추적하는 데 도움이 된다. 이런 측정을 통해 지진과 같은 측정 가능한 변형이 일어나기 전에 마그마의 이동을 알 수 있다.

지진을 감시하는 또 다른 방법은 배출되는 기체의 성분 변화를 조사하는 것이다. 이런 변화는 기체가 배출되는 통로가 바뀌었거나 마그마의 종류나 양의 변화에 의한 것임으로 마그마의 이동을 나타낸다. 마지막으로 그 지역의 지하수 온도 변화, 하천의 변화, 강의 퇴적물 양의 변화, 호수의 수위 변화, 강수량과 강설량의 변화 등의 물과 관련된 변화를 감지한다. 이 모든 변화들은 화산활동이 활발한 지역에서 화산분출 가능성을 나타낼 수 있다.

화산 관측소는 무엇인가?

전 세계 화산활동이 활발한 지역에는 수많은 화산 관측소가 설치되어 있다. 이름에서 알 수 있듯이 화산 관측소의 과학자들은 그 지역의 화산 지역을 관측하고 있다. 대부분의 관측소는 지진파와 지구 물리학적 변화, 땅의 이동, 기체 화학, 수계의 변화, 화산이 분출하고 있는 동안에 일어나는 일들에 대한 자료를 수집하여 제공한다.

화산 관측소는 진행 중인 분출과 관련된 자세한 정보 중에서도 특히 분출의 종류,

무엇이 분출을 유도했는지, 분출 중이나 후에 위험을 줄일 수 있는 방법과 관련된 정보를 제공한다. 마지막으로 모든 관측소는 화산 연구의 중심지로 세계 전역의 과학자들이 자료와 관측 결과를 교환하는 곳이다. 그러한 연구는 화산분출 시나리오에 대한 모델을 만들어 언젠가 화산분출을 좀 더 정확하게 예측하는 데 사용할 수 있도록 할 것이다.

화산분출은 지구 기후에 영향을 주는가?

대부분의 화산분출은 비교적 짧은 기간 동안이기는 하지만 지구 기후에 영향을 미친다. 대규모 화산분출은 지구 기후에 큰 재앙을 가져올 수도 있다. 성층권까지 기체와 먼지를 배출하기 때문에 성층권에서 바람을 타고 기체나 먼지 입자가 전 세계로 퍼져 때로는 심각한 결과를 초래한다. 예를 들면 1815년에 자바 인근에 있는 숨바와 섬의 탐보라 화산이 분출하여 역사상 가장 많은 재를 방출했고 지구의 기후가 잠시 바뀌었다. 엄청난 양의 화산 먼지가 대기 중에 올라가 지구 전체에 퍼지면서 화산분출물이 몇 년 동안 햇빛을 가려 지구 온도가 내려갔다. 유럽과 북반구의 일부 지역에서는 겨울이 끝날 것 같지 않았고 여름에도 서리가 내렸다.

세계의 화산들

환태평양화산대는 무엇인가?

환태평양화산대^{ring of fire}는 활발하게 섭입이 진행되고 있는 지각판의 가장자리를 따라 있는 화산 지역과 지진 지역을 포함하는 태평양 주변 지역을 가리키는 말이다. 환태평양화산대는 시계 반대 방향 순서로 보면 남아메리카 끝에서 알래스카에 이르며, 서쪽으로는 아시아에서 남쪽으로 일본을 통과해 필리핀 제도와 인도네시아, 뉴질랜드에 이른다.

정상이 눈으로 덮여 있는 높이 3,775m의 일본 후지 산을 미니 지진을 촉발시키는 지하 폭발을 이용하여 조사하고 있다. 과학자들은 이런 조사를 통해 지하의 마그마 지도를 만들어 화산의 분출 가능성을 알아낸다.

이 지역에는 일본의 77개 화산, 칠레의 75개 화산, 미국 서부의 69개 화산, 알래스카와 알류산 열도의 68개 화산, 캄차카 반도의 65개 화산을 포함하여 전 세계 화산의 반 이상이 분포해 있다. 환태평양화산대에 있는 유명한 화산으로는 미국 워싱턴 주의 세인트헬렌스 화산과 알래스카의 카트마이 화산과 어거스틴 화산, 인도네시아의 갈룽궁 화산과 일본의 후지 산이 있다.

세계적으로 유명한 화산에는 어떤 것들이 있는가?

전 세계에는 많은 화산이 있다. 다음은 가장 크거나 널리 알려진 화산들이다.

이름, 위치	높이(m)	특징
에콰도르 코토팍시	5,897	가장 높은 활화산
이탈리아 시칠리아 에트나	3,323	200회 이상 분출
하와이 칼라우에이	1,243	현재 활동 중
인도네시아 크라카타우	813	1883년 분출은 4,700㎞거리에서도 들림
하와이 마우나 로아	4,169	세계에서 가장 넓은 화산
일본 후지 산	3,776	거의 대칭적인 원뿔형 분화구
알래스카 카트마이	2,047	1912년 분출된 화산재가 만연한 골짜기 형성
마르티니크 몸 플레	1,397	1902년 분출이 몇 분 만에 서인도 제도의 세인트 피에르 시 파괴
워싱턴 세인트헬렌스	2,550	1980년에 분출
멕시코 파리쿠틴	2,740	1943년부터 작은 균열이 성장
이탈리아 스트롬볼리	926	최소 2000년 동안 계속 분출
아이슬란드 쉬르트세이	173	1963년에 처음 바다 위로 나타남
인도네시아 타모라	2,851	1815년 분출 시 가장 많은 화산분출물 기록
이탈리아 베수비오	1,281	79년 분출로 폼페이를 비롯한 여러 도시가 매몰됨

세인트헬렌스 화산이 분출했을 때 무슨 일이 있었는가?

1980년 5월 18일 아침 진도 5.1의 지진이 워싱턴 주에 있는 세인트헬렌스 화산 밑에서 발생했다. 그날 오후 화산이 폭발하여 이 산의 북쪽 경사면에는 역사상 가장 큰 산사태가 일어났다. 이로 인해 원뿔형의 이 화산은 높이가 2,950m에서 2,550m로 낮아졌고, 많은 양의 기체와 먼지를 공기 중으로 배출했다. 뜨거운 수증기, 기체, 암석 부스러기로 이루어진 화산쇄설물이 1,100㎞/h의 속력으로 경사면을 흘러내려 갔으며 짧은 시간 동안 화산재가 워싱턴 주 중부 지역을 뒤덮었다. 이 산사태로 60여 명이 목숨을 잃었고 주변 숲에서 1000만 그루 이상의 나무가 쓰러졌으며, 5억 4,000만t의 화산재가 넓이 5만 7,000㎢의 미국 서부 지역으로 날아갔다. 이것은 현대에 미국 본토에서 있었던 몇 차례의 강력한 화산 폭발 중 하나였다.

과학자들은 이 화산 폭발에 별로 놀라지 않았다. 화산 폭발이 있기 두 달 전부터 1만 번 이상의 지진과 수백 번의 소규모 수증기 폭발, 그리고 이 화산의 북쪽 경사면이 80m 이상 바깥쪽으로 부풀어 오르는 등의 활발한 전조 증상이 관측되었기 때문이다.

세인트헬렌스 화산이 분출된 후에 무슨 일이 일어났나?

세인트헬렌스 화산은 엄청난 양의 화산분출물을 공기 중에 배출했다. 이것은 대부분의 화산 폭발에서 늘 있는 일이지만 이 경우에는 사람이 많이 살고 있는 지역 가까이에서 일어났다. 화산쇄설류가 산 아래로 쓸려 내려왔고, 해빙수와 화산 물질이 섞이면서 이류도 발생했다. 가장 큰 이류는 화산에서 113㎞ 떨어져 있는 컬럼비아 강까지 도달해 배가 나니는 수로를 막아버렸다.

미세한 화산재와 먼지는 22㎞ 높이의 성층권 상층부까지 올라가 서풍을 타고 동쪽으로 날아가 전 세계로 퍼져나갔다. 이웃 도시에 살고 있는 사람들은 물론 몬태나 서부처럼 멀리 떨어진 곳에 살고 있는 사람들도 화산재가 섞인 비의 영향을 받았다. 자동차의 라디에이터가 막히고 호흡기 질환이 심해졌으며 지상교통과 항공 운항이 차질을 빚었다. 그리고 실외에 있는 모든 것이 화산재로 덮였다. 경제적인 손실도 매우 커서 화산 부근 지역뿐만 아니라 화산재의 영향을 받은 주들도 어려움을 겪었다.

1980년 7월 22일 워싱턴 주에 있는 세인트헬렌스 화산이 분출했다. 이로 인한 지진은 강도 5.1로 중간 규모였지만 역사상 가장 큰 산사태를 일으켜 산의 높이가 2,950m에서 2,550m로 낮아졌다.

미국에는 활화산이 많이 있는가?

미국지질조사국에 의하면 미국은 인도네시아와 일본 다음으로 활화산이 많은 나라이다. 그리고 지난 1만 년 동안 전 세계에서 분출했던 1,500개 이상의 화산 중 약 10%가 미국에 있다. 이런 화산의 대부분은 알류산 열도와 알래스카 반도, 하와이 제도, 태평양 북서 연안의 캐스케이드 산맥에서 발견된다. 나머지는 미국 서부에 널리 분포해 있다. 캐스케이드 산맥의 화산은 하와이나 알류산 열도의 화산들보다 분출 횟수가 적지만 이 화산들이 더 위험한 것으로 보인다. 이 화산들은 좀 더 폭발적인 형태의 화산이고 워싱턴, 오리건, 캘리포니아처럼 인구 밀집 지역 가까이에 있기 때문이다.

알래스카는 화산활동이 활발한 지역인가?

알래스카 반도와 알류산 열도는 80개의 주요 화산 중심부가 있는데 모두 한 개 이상의 화산을 가지고 있다. 알래스카에서는 1900년 이래 매년 한두 개의 화산이 분출했다. 지난 1만 년 동안 적어도 20번의 재앙에 가까운 분출이 있었으며 가장 최근에는 1912년에 카트마이 국립천연기념물 안에 있는 노바럽타 화산에서 대규모 분출이 있었다. 알래스카 주의 대부분 지역이 인구 밀도가 낮기는 하지만 화산에 의한 피해 가능성이 있다. 과학자들은 알래스카 인구의 60%가 살고 있는 쿡만 지역이 화산의 영향을 받을 가능성이 있다고 지적하고 있다.

네바도 델 루이즈 화산 왜 유명할까?

콜롬비아에 있는 네바도 델 루이즈 Nevado del Ruiz 화산은 현대인들에게 화산의 위험에 대하여 관심을 갖게 했다. 1985년 11월 이 화산의 분출로 2만 명 이상이 목숨을 잃었다. 그러나 용암이나 화산재 때문이 아니었다. 화산의 정상을 덮고 있던 얼음의 약 5~10%가 녹아서 화산 부스러기와 섞여 만들어진 화산이류가 경사를 타고 흘러내려 아래 있는 마을을 덮쳤기 때문이었다.

크라카타우 화산은 왜 유명할까?

1883년 자바와 수마트라 섬 사이에 위치한 해협에 있는 크라카타우 화산이 폭발했다. 이 화산 폭발로 대양중앙해령에서 일 년 동안 분출하는 양과 맞먹는 많은 양의 화산분출물이 공기 중으로 퍼져나가 4만 명이 목숨을 잃었고, 4,800㎞ 떨어진 곳에서도 폭발음을 들을 수 있었다(크라카타우에 대한 더 자세한 내용은 '남반구의 지형' 참조).

20세기에 일어났던 가장 크고 가장 놀라운 화산분출은 필리핀 루손 섬에서 일어난 화산분출이다. 1991년 4월 2일에 삼벨레 산맥의 서쪽에 있는 피나투보 화산이 500년 만에 처음으로 분출했다. 화산학자들은 이 화산이 휴화산이라고 생각했었지만 매우 활동적이라는 것이 밝혀졌다!

최초의 분출은 시작에 불과했다. 1991년 6월 14일에 피나투보 화산은 20세기 최대의 화산분출로 루손 섬의 서부 해안 대부분을 파괴했다. 이 지역에는 화산재가 눈처럼 내렸으며, 성층권까지 올라가 동남아 쪽으로 부는 바람을 타고 서쪽으로 퍼졌다. 초기에 소규모 화산분출이 있자 화산학자들은 이 화산을 자세히 관찰했고, 빠른 시간 내에 거의 25만 명이 대피했기 때문에 가장 파괴적이었던 두 번째 분출에서의 희생자는 350명 미만에 그쳤다.

과학자들은 왜 시칠리아의 에트나 화산을 자세히 관찰하고 있는가?

유럽에서 가장 크고 활동적인 에트나 화산에 대한 역사적 기록은 B.C.E. 1500년경까지 거슬러 올라가는 가장 오래된 화산 기록이다. 에트나 화산에서는 정상 크레이터에서 일어나는 용암의 흐름이 적은 폭발식 분출과 화산 경사면의 균열에서 일어나는 산복분출을 모두 볼 수 있다. 2002년 10월 이후 과학자들은 에트나 화산에서 150년 만에 일어난 가장 폭발적인 산복분출을 자세하게 관찰할 수 있었다.

가장 최근에 있었던 분출은 3개월 2일 동안 계속되었고 2003년 1월 28일에 끝났다. 피아노 프로벤자나의 관광단지와 스키 휴양지가 용암의 흐름으로 거의 완전히 파괴되었고, 많은 테프라가 낙하하여 카타니아와 인근 마을의 공공시설이 마비되었으며 활주로에 내린 화산재로 인해 폰타나로사 카타 국제공항이 2주 동안 폐쇄되었다.

지난 100년 동안에 일어났던 대부분의 에트나 화산분출은 비교적 조용했고, 주로 용암만 흘려보냈기 때문에 지역 사람들은 에트나 화산이 큰 위협이 되지 않는다고 생각했다. 그러나 과학자들은 이제 에트나가 20세기에 폭발적인 분출을 하지 않은 것

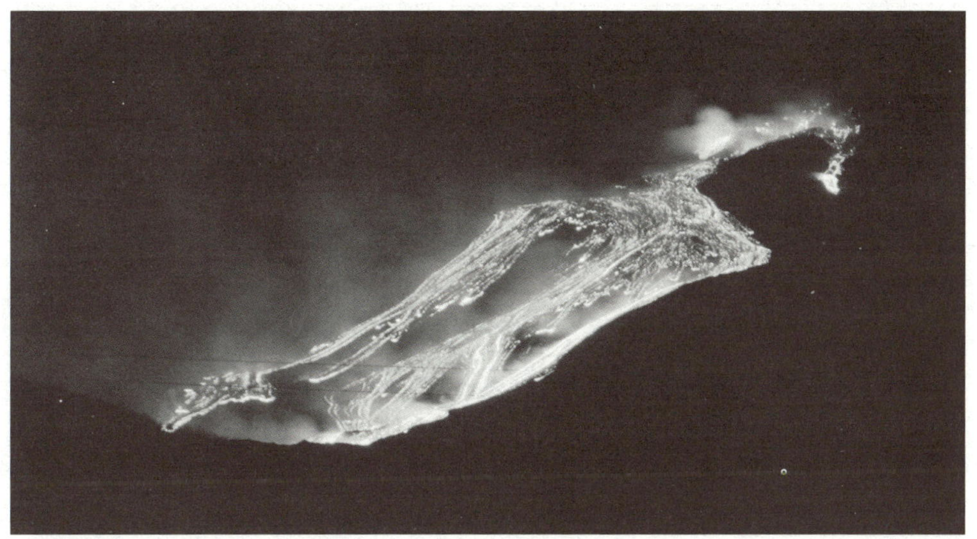

1999년 10월 이탈리아 시칠리아에 있는 에트나 화산의 경사면을 따라 밝게 빛나는 용암이 흘러내리고 있다.

이 오히려 이례적이라는 것을 알게 되었다.

프랑스의 과학자들은 최근 이 화산을 잘 감시해야 할 또 다른 이유를 발견했다. 그들은 에트나 화산이 지구 내부에서 마그마가 솟아오르는 '열점' 화산에서 마그마가 지각판의 충돌로 형성되는 '호상열도' 화산으로 서서히 바뀌고 있는 것 같다고 보고했다. 최근의 화산분출 전에 시칠리아 동부 지방에서 발생한 수백 번의 작은 지진과 같은 지각판의 활동을 나타내는 사건들은 이것이 사실일 가능성을 시사하고 있다. 호상열도 화산은 마그마가 흘러나오는 화산분출보다 훨씬 폭발적이기 때문에 이 화산이 변하고 있다면 주변에 살고 있는 사람들에게 더 큰 위험이 될 수 있다.

주요 화산분출에는 어떤 것들이 있는가?

오랜 세월에 걸쳐 중요한 화산분출은 수없이 많았다. 다음은 미국지질조사국의 자료를 바탕으로 1500년대 이후의 중요한 화산분출을 정리한 것이다.

연도	화산	사망자(명)	주요 사망 원인
1586	인도네시아 켈루트	10,000	미상
1683	시칠리아 에트나	60,000	화산재와 먼지
1669	시칠리아 에트나	20,000	화산재와 먼지
1784	아이슬란드 라카기가르(스캅타르 산)	9,800	기아(유독가스로 인해 가축과 곡식이 죽음)
1792	일본 운젠	15,000	화산 붕괴, 이류로 인한 쓰나미
1815	인도네시아 탐보라	92,000	기아
1883	인도네시아 크라카타우	36,000	쓰나미
1902	마르티니크 몽 펠레	30,000	화산쇄설암의 흐름
1980	워싱턴 세인트헬렌스	61	화산재로 인한 질식
1985	컬럼비아 네바도 델 루이즈	25,000	이류
1991	필리핀 피나투보	350	지붕 붕괴, 질병, 분출 후 폭우로 인한 이류

동굴 탐사하기

지하 탐사하기

동굴은 무엇인가?

간단히 말해 동굴^{cave}은 땅에 있는 구멍이다. 그러나 모든 구멍이 동굴은 아니다. 좀 더 구체적으로 말하면 동굴은 자연적으로 형성된 지하 공기가 차 있는 열린 공간이다. 이 공간은 밖으로 향하는 한두 개의 입구가 있거나 단 하나의 주 입구만 있는 길고 복잡한 미로 같은 터널을 포함할 수 있다. 동굴은 특정한 형태의 생명체를 가지고 있을 수 있으며, 대개 사람이 탐험할 수 있을 정도로 충분히 크다.

동굴 체계는 동굴들의 네트워크이거나 많은 '터널'을 가지고 있는 복잡한 동굴이다. 이들은 터널이 아니라 물리적 또는 화학적 침식작용에 의해 암석에 난 틈이다. 동굴 체계는 지표수나 지하수와 직접 연결되어 있지 않더라도 이들과 관련이 있다.

'동굴'은 지하 공동을 가지고 있지 않은 지형을 가리킬 때도 사용된다. 예를 들면 해식동굴은 바닷가 절벽 바닥에 쉽게 침식될 수 있는 암석이 파도에 의해 침식되어 만들어진 빈 공간을 말한다. 이런 동굴은 보통 작고 해수면에 위치하며 조석작용의 영

사람들이 뉴멕시코에 있는 칼즈배드 캐번의 종유석을 관찰하고 있다. 현재 화성에 생명체가 존재할 수 있는지를 알아보기 위해 세계에서 가장 혹독한 환경인 동굴에 대한 연구가 진행되고 있다.

향을 받는다. 바다 캐즘은 깊고 좁은 해식동굴이다. 그리고 해안동굴은 멕시코의 시스테마 옥스벨하처럼 수면 아래 있는 경우도 있다.

동굴 탐험가는 어떤 사람들인가?

동굴 탐험^{spelunker}과 관련된 용어들은 서로 섞여 사용되고 있지만 동굴 탐험가란 동굴 탐험을 취미나 레크리에이션의 일환으로 하는 사람들을 말하고, 동굴을 전문적으로 탐사하는 과학자들은 동굴학자라고 한다. 만약 그런 과학자들이 지질학자라면 동굴지질학자라고 한다.

동굴 내부 환경을 독특하게 만드는 것은 무엇인가?

동굴 내부 환경을 독특하게 만드는 두 가지 일반적인 특징이 있다. 첫 번째는 대형 동굴 내부에 햇빛이 도달하지 못한다는 것이고, 두 번째는 동굴을 둘러싸고 있는 암석층이 외부 기후로부터 동굴 내부를 차단하여 동굴 내부의 기후를 비교적 안정하게 유지시킨다는 것이다.

동굴에서 발견되는 네 부분은?

대부분의 동굴은 햇빛의 양과 온도나 습도와 같은 동굴 기후 요소의 변화를 바탕으로 네 부분으로 나눌 수 있으며 다음과 같다.

입구^{entrance} 동굴 입구는 보통 습도가 높고 햇빛이 잘 비추지 않는 동굴이 시작되는 부분이다. 이 부분은 상자거북이, 거미, 뱀, 라쿤 등 많은 동물의 은신처가 되기도 한다.

약광지대^{twilight zone} 약광지대를 나타내는 영어 트와일라잇존은 유명한 텔레비전 프로그램의 제목이기도 하지만 동굴의 약광지대는 드라마에 나오는 이상한 사건과는 아무 관계가 없다. 약광지대는 밖에서 새들어오는 햇빛을 이용하여 맨눈으로 사물을 볼 수 있는 지역으로, 온도가 시원하고 습도가 높아 동굴에서 가장 쾌적한 부분이다. 이 지역의 온도와 습도는 외부 기후에 따라 변하며, 새, 개구리, 뱀, 그 밖에 다양한 종류의 무척추동물이 발견된다.

중간지대^{Middle zone} 가변온도대라고도 하는 이 지역은 온도와 습도가 비교적 안정적이다. 일부 동굴에서는 온도가 그 지역의 계절에 따라 달라지기도 한다. 이 지역은 매우 어두운 부분으로 박쥐, 곱등이 같은 동굴 무척추동물, 그 밖에 다양한 종류의 갑각류가 살고 있다.

암흑지대^{Dark zone} 암흑지대는 대부분의 동굴의 깊은 내부에 있다. 이 부분에서는 온도가 거의 12.8℃로 일정하게 유지된다. 이곳은 완전히 어둡고 습도는 100%

에 가까우며 주로 특정한 종류의 단각류, 갈루아벌레류, 톡토기류처럼 시력이 없고 색소가 없으며 지상에서 찾아보기 힘들며 이 지역에서만 발견되는 것들이다.

있다. 일부 동굴은 자체 기후를 가지고 있다. 대부분의 동굴에서는 공기 온도가 낮고, 습도가 높아 증발이 잘 일어나지 않는다. 사우스다코타의 윈드 케이브 같은 일부 동굴에서는 동굴 내부의 공기 흐름의 방향이 외부의 기압 변화에 따라 달라진다. 때로 '동굴 기후'는 사람들에게 유익하다. 예를 들면 1901년에 테오도르 클레이 노르스코트 대령이 버지니아에 있는 루레이 동굴 바로 위에 요양원을 짓고 동굴을 자연 에어컨으로 사용했다. 동굴 안에 1.5m짜리 말뚝을 박고 여러 개의 선풍기를 달아 동굴의 공기로 요양원 전체를 냉방했으며 가장 더운 버지니아의 여름날에도 요양원은 21℃로 쾌적하게 지낼 수 있었다.

미국에는 얼마나 많은 동굴이 있는가?

미국에는 3만 개가 넘는 동굴이 있는 것으로 추정되며 매년 새로운 동굴이 발견되고 있다. 대부분의 동굴은 개인이 관리하거나 국립공원에서 관리하고 있다. 관광용으로 개발된 동굴은 일반에게 공개되며 야생동굴은 일반에게 공개되지도 탐사되지도 않은 채 남아 있는 동굴이다.

동굴의 이해

1차 동굴과 2차 동굴은 무엇인가?

대부분의 1차 동굴^{primary cave}은 암석이 형성될 때 함께 만들어진다. 예를 들면 용암 동굴이나 암초 동굴은 암석이 형성될 때 동굴도 형성된다, 암석이 형성될 때 만들어지지는 않지만 지각의 이동으로 만들어지는 구조 동굴은 종종 1차 동굴로 분류된다. 1차 동굴에도 여러 종류가 있는데 자주 발견되지는 않는다.

가장 일반적인 동굴은 물질을 이동시키는 물리적이거나 화학적 메커니즘에 의해 만들어진 2차 동굴^{secondary cave}이다. 우리 주변에서 발견되는 대부분의 동굴은 2차 동굴로, 석회암, 백운석, 석고, 대리석 같은 광물이 물에 녹아서 형성되는 메커니즘이다.

이런 동굴을 용액 동굴 또는 카르스트 동굴이라고 한다. 이런 동굴에는 이스라엘의 세돔 동굴 등의 암염 동굴, 독일의 바바로사 동굴 등의 석고 동굴, 뉴멕시코 칼스배드 동굴의 '자매 동굴'인 레추길라 동굴 등의 석회암 동굴, 칼스배드 동굴 같은 석회암 카르스트가 포함된다.

석회암 동굴과 카르스트 동굴의 차이점은 무엇인가?

석회암 동굴^{limestone cave}과 카르스트 동굴^{karst cave}을 같은 것으로 알고 있는 사람들이 많지만 다른 종류의 암석으로 이루어진 카르스트 동굴도 있고 카르스트 동굴이 아닌 석회암 동굴도 있다. 두 동굴의 정확한 정의는 다음과 같다.

석회암 동굴은 석회암으로 이루어진 동굴이고, 카르스트 동굴은 물에 용해되는 암석에 물이 작용하여 만들어진 동굴이다.

두 동굴을 혼동하는 것에는 그럴 만한 이유가 있다. 거의 대부분의 카르스트 동굴이 석회암 동굴이고 대부분의 석회암 동굴이 카르스트 동굴이기 때문이다. 그러나 카르스트 동굴에는 석고 동굴과 암염 동굴도 포함되지만 구조 동굴이나 산호초 동굴은 카르스트 동굴이 아니다.

카르스트 동굴이 형성되는 가장 좋은 조건은 무엇인가?

카르스트 동굴이 형성되기 위해서는 여러 가지 조건이 갖추어져야 한다. 특히 충분한 양의 물이 있어야 하고, 수천 m 두께의 용해될 수 있는 암석이 있어야 한다. 그리고 카르스트 지역으로 침투해 들어갈 충분한 물을 확보하기 위해 연강수량이 114㎝ 정도는 되어야 하며, 기반암에 융기나 지진 활동에 의해 형성된 단층과 같은 균열이나 갈라진 틈이 있어야 한다. 그리고 다양한 기후가 필요하다.

그러나 카르스트 지역이 모두 똑같지는 않다. 예를 들면 해안을 따라 형성된 카르스트 지역은 내륙에 형성된 카르스트 지역과 다르며, 극지방에 가까운 곳이나 온대 지방에 형성된 카르스트 지역은 열대 지방에 형성된 카르스트 지역과 다르다. 지진에 의해 만들어진 카르스트 지역의 지형과 지진 활동이 활발하지 않은 지역에 형성된 카르스트 지역의 지형도 서로 다르다.

카르스트 지역과 카르스트 동굴은 어떻게 형성되는가?

카르스트 지역은 기후, 암석의 종류, 그 밖의 여러 가지 변수에 따라 형성 방법이 달라지기는 하지만 카르스트 석회암 동굴 지역의 발전 과정은 다음과 같다.

인디애나 주 크로포드 카운티에 있는 마렌고 동굴. 관광용으로 개발된 카르스트 동굴이다.

1. 빗물이 공기 중의 이산화탄소와 토양에 들어 있는 죽은 식물의 잔해에서 탄소를 흡수한다. 탄소 혼합물인 탄산을 포함한 이 빗물이 토양으로 스며들어 석회암으로 이루어진 기반암의 균열 속으로 침투한다. 일부 카르스트 지역에서는 위에서 침투하는 탄산 대신에 아래에서 올라오는 황산에 의해 형성되기도 한다. 미국 서부의 여러 지역에는 두 가지 과정에 의해 형성된 카르스트 지역이 섞여 있다.

2. 기반암이 물로 포화되면, 물이 수평으로 만들어진 균열을 따라 옆으로 이동하면서 계속적으로 용해시켜 암석층에 틈이 만들어진다. 오랜 시간 동안 중력

과 자연적인 수압에 의해 물이 계속 움직이면 주로 용해와 마모에 의해 통로가 커진다. 그렇게 되면 더 많은 물이 흐르게 되어 지하수가 나오는 샘이 동굴 입구를 형성한다.

3. 카르스트 지역에서는 지하수의 수위가 낮아지고 더 많은 지하 통로가 공기에 노출된다. 이 공간은 동굴이 발견되었을 때 사람들이 사용하는 통로가 된다. 자연적으로 입구가 만들어지지 않아 공기 중에 노출되지 않은 카르스트 지역은 종종 사람들의 식수원으로 사용된다.

4. 이 과정에서 동굴의 화학적 평형에 여러 차례 변화가 있다. 그 결과 동굴퇴적물이라고 부르는 용해된 광물로 이루어진 퇴적물이 형성된다. 시간이 지나면 동굴이 물에 다시 잠기기도 하고 마르기도 하며, 수위의 변화에 따라 두 과정이 주기적으로 반복되기도 한다. 지역 날씨나 강수량과 같은 요소에 따라 다양한 강도로 침식이 계속 진행된다.

모든 동굴의 90% 이상이 석회암 카르스트 동굴이다. 석회암 카르스트 동굴이 이렇게 많은 이유는 설명하기 쉽다. 석회암은 모든 종류의 동물의 잔해로 형성되는 가장 일반적인 퇴적암이다. 석회암은 산호나 해면동물로 이루어진 적도 지방의 산호초, 얕은 바다인 대륙붕, 큰 호수를 포함하여 지구상의 모든 곳에서 형성된다. 대부분의 석회암 카르스트 지역은 조산 운동 등의 융기 과정에서 암석이 표면에 노출된 후 풍화작용을 통해 카르스트 지역으로 발전된다.

그렇다면 석회암이 일반적이지 않은 곳은 어디일까? 주로 점토로 이루어진 해양저에서는 바닷물이 위에서 떨어지는 석회암 성분을 흡수하기 때문에 석회암이 잘 형성되지 않는다.

카르스트 지역이 식수를 제공하는가?

그렇다. 특히 석회암으로 이루어진 대부분의 카르스트 지역이 주민, 산업체, 농경, 상업 지역에 물을 공급하는 대수층을 포함하고 있다. 실제로 세계 인구의 25% 이상이 카르스트 대수층에서 얻은 물로 살아가고 있다. 미국의 경우에도 육지의 20%가 카르스트 지형이고, 카르스트 대수층이 식수의 40%를 공급하고 있다.

어떤 종류의 석회암이 석회암 카르스트 동굴을 형성하는가?

석회암 카르스트 동굴은 백악이라고도 하는 탄산칼슘(또는 석회암), 탄산마그네슘(또는 백운석), 석회암이 고압과 암석을 녹이거나 전체적인 화학적 조성을 바꿀 정도로 높지는 않은 고온 하에서 형성된 변성암(또는 대리석) 같은 암석에서 형성될 수 있다.

암염 동굴이란?

암염 동굴^{salt cave}은 지구상에서 가장 희귀한 동굴이다. 석회암 동굴과 마찬가지로 암염 동굴도 물에서 석출되어 암염이 형성된 곳에 만들어진다. 바닷물에는 많은 양의 소금이 함유되어 있다. 석회암 동굴과는 달리 암염 동굴은 물이나 토양, 암석에 소금이 많이 포함되어 있고 건조한 기후를 가지고 있는 특정한 지리적 조건에서만 만들어진다. 암염 동굴이 흔하지 않은 또 다른 이유는 이런 특별한 조건 외에 수명이 몇 년에서 수천 년 정도로 매우 짧기 때문이다.

석고 카르스트 동굴 gypsum karst cave 은 무엇인가?

암염 동굴과 마찬가지로 석고 동굴도 매우 희귀하다. 석고가 물에 잘 녹기 때문이다. 이것은 석고 동굴이 지질학적으로 젊다는 것을 의미한다. 오래된 석고 동굴은 쉽게 깎여나가기 때문이다. 석고 동굴은 대개 매우 크다. 세계에서 가장 긴 석고 동굴은 우크라이나에 있는 옵티미스티치나 동굴로 165㎞ 나 되는 통로가 있다.

암염 동굴과 마찬가지로 석고 동굴이 형성되기 위해서는 특별한 조건이 필요하다.

황산칼슘($CaSO_4$)인 석고와 설화석인 경석고를 붙잡아둘 함몰 지역이 있어야 하고, 바닷물이 증발되어야 한다. 소금과 마찬가지로 석고도 바닷물이 증발될 때 석출되어 나오기 때문이다. 그리고 일시적으로 바다와 연결되어 많은 양의 석고가 침전될 수 있어야 한다. 마지막으로 빠르게 증발이 일어날 수 있는, 세계에서 가장 건조한 지역에 있어야 한다.

카르스트 지역에 형성되는 지형의 형태는?

카르스트 지역에는 동굴 외에도 다양한 지형이 만들어진다. 예를 들면 동굴의 천장이 무너지면 싱크홀이 만들어진다. 토양의 아래쪽에 있는 석회암이 서서히 물에 녹아버릴 때도 싱크홀이 형성된다. 대부분의 침식이 지하에서 일어나기 때문에 싱크홀을 찾아내기는 어렵다. 충분히 많은 동굴 물질들이 침식된 후에야 천장이 얇아져 붕괴가 일어난다.

카르스트 지역에서 볼 수 있는 또 다른 지형으로는 동굴 안에서 침식이 되지 않던 물질이 붕괴할 때 만들어지는 자연교와 터널이 있다. 이런 지형은 기반암이 잘려나간 다음 바람이나 얼음 또는 빗물에 의해 침식되어도 만들어질 수 있다. 또 작은 하천이 구멍을 통해 지하로 흘러들어가 지표면에 흐르던 하천이 완전히 또는 부분적으로 사라지는 지형도 있다. 카르스트 지형에서는 실제로 하천이 지하로 흘러들어가기도 하고 흘러나오기도 한다. 그리고 암석이나 암석 위에 있는 토양에서 표면이나 지표수로 물이 흘러나오는 샘이 있다. 사라진 하천은 샘을 통해 다시 나타나기도 한다.

그 밖의 동굴들

사암 동굴은 무엇인가?

사암 동굴 ^{sandstone cave}은 사암 절벽면에 만들어진다. 대부분의 사암 동굴은 물리적이고 역학적인 풍화작용을 통해 형성된다. 물이나 바람이 균열이나 연결 부분을 넓혀 덜 단단한 사암 안에 길고 좁은 공간을 만든다. 이렇게 해서 동굴이나 돌출부가 만들어지지만 깊지 않고 지하 터널이 없다.

고내 산호초에도 동굴이 만들어질 수 있는가?

있다. 고대에 형성된 산호초에도 동굴이 만들어질 수 있다. 예를 들면 카리브 해의 아이티 해안에서 조금 떨어진 나바사 섬 부근의 해수면 아래 형성된 고대 산호초가 융기되어 해수면 위로 올라왔다. 나바사는 산호 환초였을 것이다. 그러나 마이오세인 약 500만 년 전에 산호초가 융기되어 위로 올라오기 시작했다. 이로 인해 탄산칼슘 퇴적물이 아라고나이트에서 칼슘마그네슘 탄산염 암석인 백운석으로 변했고 얼마 지나지 않아 섬 둘레에 단구가 만들어졌다. 그리고 이 단구에 화학적 풍화작용이 일어나 여러 개의 동굴이 만들어졌다.

지각판의 운동이 어떻게 동굴을 만드는가?

카르스트 동굴과 달리 지각판 운동에 의한 동굴은 용액이나 침식에 의해 형성되지 않으며 암석의 종류가 동굴의 형성에 중요하지 않다. 동굴을 만드는 중요한 힘은 판 이동으로 인해 바위를 밀어내는 역학적인 힘이다. 지진과 같이 암석을 이동시킬 수 있는 모든 종류의 힘은 이런 동굴을 만들 수 있다.

빙하 동굴과 얼음 동굴은 어떻게 다른가?

빙하 동굴 ^{glacier cave}은 얼음 동굴과 달리 얼음 내부에 만들어진다. 해빙수가 흐르면 물길 주변의 얼음을 녹인다. 얼음에 균열이 있으면 물이 빙하에서 흘러나오면서 얼음 안에 긴 통로를 만든다. 아이슬란드, 뉴질랜드, 알래스카, 그린란드, 노르웨이에 만들어지는 대부분의 빙하 동굴은 계절에 따라 만들어진다. 아이슬란드에서는 화산 주변에 있는 빙하가 녹을 때 만들어지거나 따뜻한 샘에 의해 만들어진다. 빙하 아래에 따뜻한 물이 나오면 안에 공동이 만들어진다. 그리고 물이 흐르는 통로가 물이 아닌 공기로 차 있으면 빙하 동굴이 형성된다.

얼음 동굴^{ice cave}은 얼음 안에 만들어진 동굴이 아니라 벽에 얼음을 포함하고 있는 암석 동굴이다. 이 얼음은 위에서 떨어지는 물과 낮은 온도로 인해 만들어지며 카르스트 동굴이나 지각운동에 의해 만들어진 동굴에도 있을 수 있다. 얼음 동굴은 매우 추워서 대부분 영하권이다. 얼음이 있는 지역에 동굴 탐험가들이 영구 통로를 만드는 것은 불가능하다. 얼음이 매년 이동하기 때문이다. 전체적으로 얼음 동굴은 차가운 공기를 잡아둘 수 있도록 특별한 모양을 하고 있다. 동굴의 입구는 따뜻한 공기보다 무거운 차가운 공기가 안으로 흘러들어갈 수 있어야 한다. 또 바깥의 온도가 너무 높지 않아야 하고, 따뜻한 계절과 추운 계절의 변화가 있어 동굴이 차가운 공기를 가두어둘 수 있어야 한다. 마지막으로 가장 중요한 것은 동굴 안의 공기 온도는 영하인 반면, 동굴 안에 있는 암석의 온도는 영상이어야 한다.

화산에서 흘러내리는 용암도 동굴을 만드는가?

그렇다. 화산 주변에서 가장 자주 발견할 수 있는 동굴을 용암 동굴이라고 한다. 재미있는 점은 용암 동굴 많은 중 많은 동굴이 차가운 공기를 붙잡고 있어 춥다는 것이다. 용암 동굴의 붕괴된 부분을 통해 물이 흘러 들어와 벽이나 바닥에 얼음이 얼 수도 있다. 이런 얼음들은 한여름까지도 그대로 남아 있는 경우가 많다. 예를 들면 후지 산 주변에 있는 나루사와 얼음 동굴은 원래 용암 동굴이었지만 얼음이 얼면서 침식되어 넓어진 동굴이다.

공통적인 동굴 지형

스펠레오뎀은 무엇이며 어떻게 형성되는가?

동굴을 장식하고 있는 형상들을 다른 말로 스펠레오뎀 speleothem 이라고 한다. 스펠레오뎀은 동굴을 뜻하는 그리스어 splaion과 '퇴적물'을 뜻하는 그리스어 thema에서 유래한 말이다. 이러한 형상들은 석회암을 구성하는 광물인 방해석으로 이루어져 있다.

스펠레오뎀이 자라나는 데 중요한 두 가지 요소는 물과 온도이다. 물의 경우 더 많은 비가 내리면 스펠레오뎀이 더 빠르게 성장한다. 그리고 외부 온도가 높을수록 식물과 동물의 분해 속도가 빨라지기 때문에 토양 안에 포함된 이산화탄소의 양에 영향을 준다. 물이 토양을 통과하는 동안 이산화탄소를 흡수하여 산성을 띄게 된다.

석회암 동굴에서는 토양으로 스며드는 빗물에 포함된 약한 탄산 용액이 균열이나 빈 공간을 통해 동굴로 내려오는 동안에 적은 양의 석회암을 용해시킨다. 이 물이 공기가 차 있는 동굴에 떨어지면 용해되었던 이산화탄소가 날아간다. 칼슘을 많이 포함한 물이 이산화탄소를 잃었기 때문에 많은 양의 칼슘을 포함하고 있을 수 없기 때문에 여분의 칼슘이 주로 방해석 형태로 동굴 벽이나 천정에 석출되면서 종유석이나 석순과 같은 다양한 형태의 스펠레오뎀이 형성된다.

종유석과 석순은 무엇인가?

동굴에 나 있는 균열 사이에 모여 있는 방해석을 많이 함유하고 있는 물은 유석이나 점적석을 침전시킨다. 이런 암석에는 동굴 안에서 가장 흔히 발견할 수 있는 두 가지 형태인 종유석 stalactite 과 석순 stalagmite 이 포함된다. 종유석은 동굴 천장에 고드름처럼 달린 방해석으로 이루어진 암석이다. 종유석과 같은 물질로 이루어진 석순은 바닥에 거꾸로 서 있는 고드름 형태로 만들어진다.

슬로바카아의 바제츠카 동굴. 1922년에 발견되어 전체 길이 530m 중 230m가 일반인에게 공개되고 있다. 동굴 길이는 짧지만 동굴에 사는 동물군과 종유석, 석순이 많다.

석회암 동굴에서 발견할 수 있는 또 다른 방해석 형상은 무엇인가?

석회암 동굴에서는 방해석으로 이루어진 여러 가지 형상을 발견할 수 있다. 다음은 그런 형상들 중 일반적인 것들이다.

동굴 팝콘popcorn　동굴 벽에 작은 혹처럼 자라는 방해석을 동굴 팝콘이라고 한다. 팝콘은 석회암에 물이 스며나와 방해석이 석출되어 자라거나 물이 동굴 벽이나 천장에서 바닥으로 떨어지면서 벽에 튀어 방해석 결정을 형성하여 만들어진다.

석화Frostwork　이 방해석은 섬세한 바늘 모양으로 자란다. 석화는 방해석이나 아라고나이트 또는 이들과 관련된 광물로 만들어진다. 석화가 형성되는 과정은 잘 알려져 있지 않다. 이론 중에는 석화는 동굴에 바람이 불고 있으면 물이 빨리 증발되어 바늘 모양의 형상이 만들어진다는 것이 있다.

곡석덤불helictite bush　이 방해석은 뒤틀리고 휘어진 '가지'를 가진 비틀린 나무 모양으로 자란다. 곡석덤불은 동굴 바닥에서 성장하며, 물이 공기구멍을 통해 아주 조금씩 스며들어 흐름이 중력에 의해서가 아니라 모세관 현상에 의해 일어날 때 만들어지는 것으로 보인다. 모세관 현상은 중력과는 반대로 방해석 침전물을 따라 물이 올라가도록 한다. 또 다른 이론은 이 곡석덤불이 물 밑에서 만들어졌을 것이라고 설명한다. 아래에서 올라오는 물이 다른 성분을 가진 동굴의 물과 섞이면서 이런 구조가 만들어졌다는 것이다.

송곳니 섬광석^{dogtooth spar} 송곳니 섬광석이라고 하는 창처럼 생긴 방해석 결정이 석회암 안에 작은 주머니 모양으로 늘어서 있다. 이런 결정은 블랙 힐스와 주얼 케이브 국립천연기념물 보호지역에 있는 주얼 케이브에서 발견되는 독특한 구조물이다.

유석^{Flowstone} 유석은 동굴의 벽이나 바닥에 물이 흐르면서 침전되어 만들어진 모든 종류의 광물 침전물을 말한다. 유석은 종종 트래버타인이라고도 한다.

쉬운 동굴 탐사

미국국립공원에는 얼마나 많은 동굴과 카르스트 지역이 있는가?

120개의 국립공원에 동굴과 카르스트 지형이 있다. 81개 국립공원은 동굴을 포함하고 있고, 39개의 국립공원은 카르스트 지형을 가지고 있다. 현재 3,900개 이상의 동굴이 알려져 있으며 11개 공원은 안내원을 동반한 정규 동굴관광 프로그램을 운영하고 있다.

일부 인기 있는 카르스트 동굴에는 뉴멕시코에 있는 칼스배드 동굴 국립공원, 네바다의 그레이트 베이슨 국립공원, 켄터키의 매머드 케이브 국립공원, 사우스 다코타에 있는 주얼 케이브 국립천연기념물 보호지역, 앨라배마의 러셀 케이브 국립천연기념물 보호지역, 캘리포니아의 세코아 국립공원, 유타에 있는 팀파노고스 케이브 국립천연기념물 보호지역 등이 있다. 용암 동굴에는 아이다호의 크레이터 어브 문 국립천연기념물 보호지역, 하와이의 하와이 화산 국립공원, 캘리포니아의 라바 베즈 국립천연기념물 보호지역, 애리조나의 선셋 크레이터 화산 국립천연기념물 보호지역 등에서 발견되는 동굴이 포함된다. 해식동굴은 캘리포니아의 포인트라이스 국립 해안에서 발견할 수 있다.

카르스트 지형 중에서 인기 있는 곳은 버지니아의 콜로니얼 국립역사공원, 플로리다의 에버글레이즈 국립공원, 미주리의 오자크 국립 경관 강길, 펜실베이니아의 밸리포지 국립 역사 공원 등이다.

1878년에 루레이 동굴로 알려진 석회암 동굴이 발견되었다. 루레이 동굴에는 오르도비스기 초기의 백운석이 포함되어 있다. 1956년 전자공학자이자 유명한 오르간 연주자인 리랜드 스프링클Leland Sprinkle (1908~1990)은 루레이 동굴의 '캐더럴' 부분에서 채취한 36개의 종유석을 사용하여 정확한 음을 내는 오르간을 만들었다. 보통 오르간 같은 키보드를 이용하여 연주하면 끝에 고무를 단 막대가 종유석을 부드럽게 처서 소리를 만들어냈다. 이 놀라운 악기는 1988년 세계에서 가장 큰 자연물 악기로 세계기록 기네스북에 등재되었다.

레추길라 동굴과 칼스배드 동굴의 다른 점은 무엇인가?

레추길라 동굴 Lechuguilla Cave 은 오랫동안 칼스배드 동굴 Carlsbad Cavern 의 자매 동굴이라고 생각해왔다. 레추길라 동굴의 입구는 공원 뒤쪽에 있는 오지에 있다. 이 입구는 1914년에 구아노 박쥐를 위해 개방했지만 단 1년뿐이었다. 거의 모든 사람들이 막다른 동굴이라고 생각했던 이곳에서 1950년대에 어떤 동굴 탐험가가 동굴 깊은 곳에서 들려오는 바람소리를 들었다. 막다른 동굴에서 들려온 바람 소리에 탐험가는 동굴 입구에서 멀지 않은 곳에 있는 돌무더기 아래 더 많은 통로가 있을지도 모른다는 생

뉴멕시코에 있는 칼스배드 동굴 국립공원은 이 주의 가장 유명한 관광지이다. 이 동굴은 천천히 떨어지는 산성물이 석회암을 깎아내면서 형성되었다.

각을 하게 되었다. 하지만 1984년이 되어서야 국립공원 관리소가 콜로라도 동굴 탐험가들에게 동굴을 탐사할 수 있도록 허가했다.

탐사결과는 놀라웠다. 1984년 이래 탐험자들은 160㎞가 넘는 동굴의 지도를 작성했고, 동굴의 깊이는 480m나 되었다. 레추길라 동굴은 세계에서 다섯 번째이자 미국에서는 세 번째로 긴 동굴이 되었으며, 미국에서 가장 깊은 석회암 동굴에 등극했다.

전체적으로 레추길라 동굴은 크기나 깊이, 스펠레오뎀의 다양성에서 칼스배드 동굴을 능가한다. 단지 칼스배드에 있는 넓은 공동의 경쟁자는 아직 레추길라에서는 발견되지 않았다.

가장 많은 용암 동굴을 보유하고 있는 지역은 어디인가?

캘리포니아 국립천연기념물 보호지역인 라바 베즈에 있는 라바 베즈 케이브는 수많은 분석구가 분포해 있는 용암류로 덮인 넓은 지역이다. 이 천연기념물 보호지역에는 500개의 용암 동굴^{lava cave}이 있으며 이 동굴들은 많은 화산과 분석구가 활동 중이던 시기에 동시에 형성되었다.

윈드 케이브는 왜 특별한가?

사우스다코타의 윈드 케이브^{Wind Cave} 국립공원에 있는 윈드 케이브는 일곱 번째 국립공원이고, 국립공원 안에서 보호를 받고 있는 첫 번째 동굴이다. 윈드 케이브는 이름과 관련된 흥미로운 특징을 가지고 있다. 이 동굴은 터널과 동굴 입구, 그리고 동굴 외부와 내부의 기압 차이가 상호 작용하여 숨을 쉰다. 2.6 ㎢가 조금 넘는 면적에 길이 173.97㎞의 동굴이 자리 잡고 있는 세계에서 가장 긴 동굴 중 하나이자 가장 복잡한 이 동굴은 공룡이 진화하던 3억 년 전에 만들어진 것으로 추정되어 세계에서 가장 오래된 동굴 중 하나이다.

카르스트 지역과 카르스트 동굴은 왜 쉽게 오염되는가?

카르스트 지역과 카르스트 동굴이 빠르게 오염되는 데에는 여러 가지 이유가 있다. 카르스트 지역에는 균열이 많고 입구가 많아 물이 쉽게 지하로 흘러들어갈 수 있다. 특정한 지역에서 지하수가 오염되면 카르스트의 공간은 파이프 역할을 하여 오염물이 빠르게 유입된다. 그리고 카르스트 지역은 자연적인 여과 능력이 없기 때문에 오염에 취약하다. 일부 시골에서는 동굴 입구를 자연적 배수구로, 움푹 꺼진 싱크홀은 쓰레기 처리장으로 사용하고 있어 그 지역의 식수원인 우물을 오염시키고 있다. 카르스트 지역에 건설된 도시에서는 많은 주택과 쓰레기를 처리할 쓰레기 매립장으로 사용할 토지가 부족하다. 또 정화조, 지하 파이프라인, 전선을 설치하는 데 어려움이 있다.

기록을 보유하고 있는 동굴들은 어떤 동굴들인가?

세계에는 여러 가지 기록을 보유하고 있는 동굴이 있다. 가장 긴 동굴이나 가장 깊은 동굴의 기록을 보유하고 있는 동굴은 탐사가 진행됨에 따라 계속 바뀌고 있다. 다음은 최근의 기록 보유 동굴들이다.

세계에서 가장 긴 카르스트 동굴 실제로는 매머드 동굴과 플린트 리지로 이루어진 켄터키의 매머드 동굴이 길이 56만 3,270㎞로 세계에서 가장 긴 동굴이다. 이 동굴은 다른 동굴의 길이보다 훨씬 길기 때문에 다른 동굴에게 기록을 빼앗길 염려는 거의 없다.

세계에서 가장 깊은 동굴 현재 가장 깊은 동굴은 러시아 근처에 있는 게오르기아 아브하지아의 보로냐(크루베라) 동굴로 깊이는 1,710m이다. 한때 깊이가 1,632m인 오스트리아의 람프레히트조펜 동굴이 세계에서 가장 깊은 동굴의 기록을 보유하고 있었지만, 2001년에 새롭게 발견된 보로냐 동굴이 람프레히트조펜 동굴을 2위로 밀어냈다.

동굴 안에 있는 가장 큰 공동 말레이시아 사라와크에 있는 구능 물루 국립공원의 사라와크 공동이 세계 최대의 공동이다. 이 공동의 길이는 700m이고, 너비는 300m이며, 높이는 70m이다.

세계에서 가장 길고 깊은 용암 동굴 하와이 킬라우에아에 화산의 동쪽에 위치한 카즈무라 동굴이 가장 깊고 가장 긴 용암 동굴의 기록이라는 두 개의 기록을 보유하고 있다. 이 동굴의 길이는 6만 5,500m이고 화산의 가장 깊은 지점과 가장 높은 지점의 차이는 1,101m 이다.

지질학과 대양

해양 설명하기

해양지질학은 무엇인가?

해양의 지질을 연구하는 것을 해양지질학^{marine geology}이라고 한다. 해양지질학에는 여러 분야가 있다. 물리 해양지질학과 화학 해양지질학은 물리적, 화학적 방법으로 해양의 지질학이 어떻게 변화되는지를 연구한다. 해양생물학자들은 지질학자들의 영역에서 크고 작은 다양한 생명체들이 어떻게 해양 지형을 만들고 변화시키는지를 연구한다. 지질학자들은 지진이나 화산이 해양 환경에 어떻게 형성하고 영향을 주는지를 연구하는 반면 해양지질학자들은 시간이 흐름에 따라 해안선이 어떻게 변화하는지를 연구하고, 새로운 석유자원이나 광물자원을 발견하기 위해 해양 관련 자료를 분석한다.

지구의 몇 %가 바다로 덮여 있나?

일반적으로 지구는 바다와 육지로 나눌 수 있다. 육지는 지구 표면의 29.22%를 차지하고 바다는 70.78%를 차지한다. 면적으로 보면 육지의 면적은 1억 4,890만㎢이고, 바다의 면적은 3억 6,090만㎢이다. 육지와 바다의 분포는 북반구와 남반구가 다르다. 북반구에서는 바다와 육지의 비율이 3 : 2로 바다가 61%, 육지가 39%이지만 남반구에서는 바다와 육지의 비율이 4 : 1로 바다가 81%, 육지가 19%이다.

바닷물은 해양지질학에 어떻게 영향을 미치는가?

바닷물은 해양 지형을 만든다. 예를 들면 파도, 해류, 조석작용, 폭풍이 대륙의 해안을 깎아내 다른 곳에 퇴적물을 쌓는다. 파도와 해류는 암석이나 생물의 잔해를 바다 전체로 운반하여 떨어지는 퇴적물 '눈송이'로 대양저를 계속 덮는다. 심해에서는 강한 해류가 대륙대, 해령, 골짜기의 아래위로 흐르면서 입자들을 운반한다. 이러한 운동이 암석의 균열이나 열하를 깎아내어 해저 지형을 만들 뿐만 아니라 화학 원소를 추출하여 바닷물의 화학적 조성을 바꾸어 놓는다.

대양은 무엇인가?

대양은 큰 바다를 말하는 것으로 지구 표면의 70.78%를 차지한다. 큰 대양 안에 여러 개의 작은 '대양'들이 있다. 모나코에 있는 국제수로기구에 의해 태평양, 대서양, 인도양, 남빙양, 북극해가 규정되었다. 재미있는 것은 영어로 대양을 나타내는 ocean이 강을 의미하는 그리스어 okeanos에서 유래했다는 점이다. 고대 그리스인들은 대양이 전 세계 주변을 흐르는 거대한 강이라고 믿었기 때문이다(대양에 대한 더 자세한 통계 자료는 '지구 측정하기' 참조).

바닷물에 녹아 있는 입자들은 어디에서 왔는가?

바닷물에 녹아 있는 입자나 이온은 바다에서 일어나는 두 종류의 과정을 통해 바닷물에 함유되었다. 하나는 화학적 침식작용에 의한 것으로 주로 소듐, 칼슘, 마그네슘,

황, 포타슘, 브롬 같은 입자들이 여기에 속한다. 다음은 대양 아래에 있는 맨틀의 마그마에서 분출된 기체가 녹은 것으로 염소나 황이 여기에 속한다. 일부 이온의 농도가 높아지면 화학반응을 통한 석출, 식물과 동물의 생물학적 작용, 점토 물질로의 흡수 등을 통해 제거된다.

바다에 포함된 소금의 양은 일정한가?

소듐과 염소 이온이 풍부하게 포함되어 있기 때문에 많은 양의 소금이 바닷물에서 만들어진다. 그러나 모든 바다의 염도가 같은 것은 아니다. 일반적으로 강수량이 많은 적도 지방에서는 염도가 낮고 중위도 지방에서는 강수량보다 증발되는 물의 양이 많아 염도가 높다. 그리고 민물이 유입되는 강어귀에 가까운 바다에서는 염도가 낮다.

바다에서 얻을 수 있는 자원에는 어떤 것들이 있는가?

지질학적인 면에서 보면 대양저나 바닷물에는 많은 자원이 있다. 대양저에서는 오랫동안 자원을 채취하고, 얕은 대륙붕에서는 건축이나 사회 기반시설 건설에 사용되는 모래와 자갈을 채취했다. 멕시코 만과 미국의 캘리포니아 해안, 걸프 해안에서는 많은 양의 석유를 생산했다. 암석이나 조개껍데기 주변에 있는 산화망간을 비롯한 그 밖의 금속염이 석출하여 만들어진 망간과 산화철로 이루어진 망간단괴도 해저에서 수집되어 이용되고 있다. 바닷물에 함유된 염분, 마그네슘, 브롬 같은 원소 화합물도 중요한 자원이다. 예를 들어 바닷물을 햇빛으로 증발시켜 만든 천일염은 중국, 오스트레일리아, 멕시코, 인도를 비롯한 60개국에서 생산되고 있다.

그러나 모든 화합물이 추출할 만한 가치가 있는 것은 아니다. 바다에는 약 60여 종의 가치 있는 화합물이 존재하며, 더 많은 종류의 화합물이 포함되어 있지만 그중에는 농도가 낮아 경제적인 가치가 없는 것도 있다.

탈염 과정을 통해 이스라엘이나 쿠웨이트 같은 건조 지역에 민물을 공급할 수 있기 때문에 바닷물 자체도 상업적으로 유용하다. 미래에 핵융합로가 개발되면 바다에 함유된 많은 양의 중수소는 무한한 에너지를 공급하게 될 것이다.

조석작용

조석작용은 무엇인가?

조석작용^{tide}은 달의 중력작용과(훨씬 작은 크기이기는 하지만) 태양의 중력에 영향을 받아 주기적으로 바닷물의 수위가 높아졌다 낮아졌다 하는 현상이다. 중력작용으로 인해 달을 향하고 있는 쪽의 바다가 약간 부풀어 올라 밀물이 되고, 동시에 관성으로 인해 달과 반대쪽도 부풀어 올라 밀물이 된다. 지구가 회전하더라도 달을 향한 쪽 부분과 반대쪽 부분은 부풀어 오른 채로 있다. 이로 인해 해안선에 바닷물이 들어오고 나가는 밀물과 썰물이 나타나는데 이것을 조석작용이라고 한다. 멀리 있는 태양도 조석작용에 영향을 미치지만 달의 영향이 훨씬 크다. 따라서 지구의 조석작용은 달의 공전 주기를 따른다.

조석은 지구 주위를 29.5일을 주기로 공전하고 있는 달을 따라간다. 지구의 자전과 달의 공전의 영향으로 매일저녁 달이 약 50분씩 늦게 떠오른다. 따라서 조석현상도 매일 50분씩 늦어진다.

조금과 사리는 무엇인가?

조금$^{neap\ tide}$과 사리$^{spring\ tide}$는 지구, 달, 태양의 위치 변화로 인해 발생한다. 보름달이나 그믐달에는 태양과 달, 지구가 직선상에 위치해 달과 태양의 중력 효과가 가중되어 조석현상이 커지는 사리가 나타난다. 그러나 반달일 때는 조석현상이 작아지는 조금이 나타난다.

시애틀 알키 비치 공원 해안가는 조석 간만의 차가 커서 밀물과 썰물 때의 해수면의 높이 차가 5m 가까이 된다. 썰물 때 어린아이가 조개를 잡으며 놀고 있다. ⓒ 저작권 명시 안되어 있음 확인요

조석현상은 지질학에 왜 중요한가?

조석현상은 퇴적물을 운반하고, 해안선을 깎아낼 수 있기 때문에 지질학에서 중요하다. 바닷물이 들어오고 나가는 조석현상으로 인해 오랜 기간에 걸쳐 해안선이 변하고 강어귀가 퇴적물로 채워지며 해변이 변한다. 이것은 해안선이나 해변이 계속적으로 변한다는 것과 사람이 살기에 적당하지 않다는 것을 의미한다.

조석에는 어떤 종류가 있는가?

전 세계에서 일어나는 모든 조석이 똑같지는 않다. 일주조는 캐리브 해의 해안처럼 밀물과 썰물이 하루에 한 번 있는 조석현상을 말한다. 반일주조는 플로리다 남서부 해안처럼 밀물과 썰물이 하루 두 번 나타나는 것을 말한다. 혼합조는 플로리다 북서 지역의 애팔래치콜라 만처럼 일주조와 반일주조의 영향을 함께 받는 지역에서 나타난다. 부등조는 하루 동안에 나타나는 두 번의 밀물 높이가 다른 조석현상을 말한다.

밀물와 썰물는 어떻게 계산하는가?

그 지역의 밀물 $^{high\ tide}$ 과 썰물 $^{low\ tide}$ 시간을 알아내기 위해서는 많은 요소를 고려해야 한다. 과학자들은 태양과 달의 위치, 북반구에서는 조석을 우측으로 움직이게 하고 남반구에서는 좌측으로 움직이게 하는 코리올리 효과, 대양분지의 깊이, 대양분지의 모양, 그 밖의 여러 변수들을 고려하여 밀물과 썰물 시간을 계산해야 하기 때문이다. 이렇게 해서 만든 조석 달력은 과학자들뿐만 아니라 군인, 어부, 배, 그 밖의 바다에 관련된 직업 종사자들도 이용한다.

태양과 태양계의 다른 행성들도 조석작용에 영향을 수는가?

그렇다. 특히 태양은 지구의 조석작용에 어느 정도 영향을 주고 있다. 태양의 질량은 달의 질량보다 2억 배나 크지만 달보다 400배나 더 먼 곳에 있기 때문에 태양보다 달이 지구 조석작용에 2.2배 더 큰 영향을 미친다. 다시 말하면 평균적으로 태양에 의한 조석적용은 달에 의한 조석작용의 반 정도밖에 안 된다. 지구에 가장 큰 조석현상이 나타나는 것은 달과 태양이 일렬로 늘어서는 보름달과 그믐달 때이다. 이때를 사리라고 한다. 지구의 조석작용에 영향을 미치는 요소는 이 밖에도 50가지가 넘는다. 그러나 이 모든 요소들의 영향은 달이나 태양의 영향보다 훨씬 적다.

태양계의 행성들은 태양을 돌고 있어서 지구의 조석작용에 미미한 영

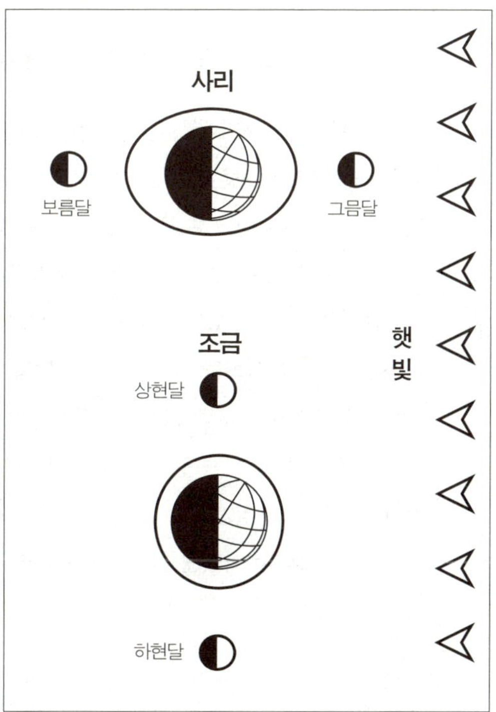

달의 중력이 지구의 조석작용에 미치는 영향은 공전 궤도상에서 달의 위치에 따라 달라진다.

향을 준다. 태양의 중력을 1, 달의 중력을 2.2라고 한다면 금성의 중력은 약 1.13×10^{-4}이고, 화성의 중력은 2.3×10^{-6}, 목성의 중력은 1.31×10^{-5}, 그리고 가장 멀리 있는 명왕성의 중력은 1×10^{-13}이다! 따라서 많은 사람들의 생각과 달리 모든 행성들이 지구 한쪽으로 늘어선다고 해도 지진, 돌발홍수 등의 파괴적인 사건은 일어나지 않을 것이다. 실제로 행성들과 달, 태양, 지구가 일렬로 배열되는 일은 자주 일어나는 현상이다. 예를 들면 1962년 2월 4일에 태양, 달, 수성, 금성, 지구, 화성, 토성이 하늘의 같은 장소에 있었고 개기일식이 일어났지만 지구에 나쁜 영향을 주지는 않았다. 그리고 1953년 2월 26일에 맨눈으로 볼 수 있는 행성들이 하늘의 좁은 지역에 모였을 때 과학자들이 바다의 조석을 측정한 결과 평소보다 100분의 1인 0.003㎝ 정도 높아졌다는 것을 알 수 있었다.

다른 행성이나 위성에도 조석작용이 있는가?

있다. 위성을 가지고 있는 모든 행성들은 조석작용을 경험하고 있다. 여기에는 수성과 금성을 제외한 모든 행성들이 포함된다. 과학자들은 달이 지구에 큰 영향을 미치는 것은 달의 크기가 비교적 크기 때문이라는 것을 알고 있다. 조석작용의 크기 면에서 지구와 비슷한 천체는 이제는 왜행성으로 분류된 명왕성이다. 명왕성도 자신에 비해 비교적 큰 위성을 가지고 있다. 그러나 명왕성의 크기가 작고 지구로부터 멀리 떨어져 있어서 명왕성의 조석작용을 관찰하지는 못했다.

목성의 경우에는 목성이 위성들보다 훨씬 커서 반대로 조석작용에 영향을 미치고 있다. 예를 들면 목성의 큰 위성들 중 하나인 이오에는 목성의 중력에 의해 큰 조석작용이 일어나고 있고, 그 영향으로 많은 양의 용융된 황을 포함한 물질을 방출하고 있다. 현재 이오는 태양계에서 화산활동이 가장 활발한 천체 중 하나이다.

달의 조석작용이 지구의 다른 부분에도 영향을 미치는가?

그렇다. 지구의 많은 현상이 달의 중력에 영향을 받고 있다. 해양과 비교하면 그 크기가 작기는 하지만 지구의 육지도 조석작용의 영향을 받고 있다. 육지의 조석작용은 하루에 두 번 일어난다. 큰 대륙에서는 달이 바로 머리 위에 있을 때 땅이 15cm 정도 위로 올라온다. 과학자들은 나무도 조석작용의 영향을 받는다는 사실을 발견했다. 많은 나무들이 하루에 두 번 조석작용에 맞추어 부풀었다가 수축한다. 하지만 나무가 부풀어나고 수축하는 정도는 몇 mm에 불과하다.

조석 간만의 차이가 가장 작은 지역과 가장 큰 지역은 어디인가?

간만의 차이는 지역에 따라 다르다. 조석 간만의 차이는 해저 지형, 해안선의 모양, 바람, 해류 등 여러 가지 요소에 따라 달라진다. 일반적으로 물이 들어오고 나가는 좁은 만이나 강어귀에서 간만의 차가 크고, 넓은 바다에 면해 있는 해안에서는 간만의 차가 작게 나타나다. 밀물과 썰물 때의 수위의 변화는 하루에 1cm가 안 되기도 하고 10m가 넘기도 한다.

가장 작은 간만의 차가 나타나는 지역은 지중해처럼 육지로 둘러싸인 지역으로, 거의 간만의 차이를 볼 수 없다. 가장 큰 간만의 차가 나타나는 지역은 펀디 만에 있는 노바 스코샤의 번트코트 헤드로, 미나스 분지에서 16.27m나 되는 간만의 차가 관측되었다. 펀디 만의 평균 간만의 차이는 14.5m이다. 간만의 차이가 크게 나타나는 또 다른 지역들에는 간만의 차이가 13.5m인 프랑스의 랑스 강어귀, 9.03m 알래스카 앵커리지, 8.27m인 영국의 리버풀, 7.22m인 캐나다의 뉴브런스윅, 5.67m인 영국의 도버 등이 있다.

조석작용에 의해 만들어지는 파도도 있는가?

있다. 조석작용에 의해 파도가 만들어지기도 한다. 노바 스코샤에 있는 미나스 분지에서는 조석 파도가 발생한다. 밀물이 들어올 때는 바닷물이 강으로 밀려 올라와 흘러내리는 강물과 만나 강의 흐름과 반대 방향으로 이동하는 것처럼 보이는 조석 파도를 만든다. 밀물일 때 미나스 분지의 여러 강에서 이런 파도가 만들어진다. 중국 북부에 있는 훈춘 강에서는 시간당 25㎞의 속도로 물이 강을 거슬러 올라오는 높이 8m의 조석 파도가 만들어진다.

해안을 따라서

바다의 파도는 어떻게 만들어지는가?

대부분의 파도는 바람에 의해 만들어진다. 바다 표면에서 물이 진동하는 파도는 대개 바람의 마찰력에 의해 일어나며 바람의 방향으로 이동한다. 단면에서 보면 파도치는 물은 대략 원운동을 한다. 파도가 지나갈 때 물은 앞으로 나가면서 위로 올라왔다가 다시 뒤로 돌아가면서 아래로 내려간다.

그러나 모든 파도가 바람에 의해 만들어지는 것은 아니다. 행성파라고도 하는 로스비파는 지구의 모양과 자전으로 인해 만들어진다. 이 파도는 항상 지구 동쪽에서 서쪽으로 이동하고 속도는 $10\,㎝/s$이다. 중위도에서 이 파도가 태평양을 가로지르는 데는 몇 달 또는 몇 년이 걸리기도 한다. 이 파도의 높이는 불과 몇 ㎝밖에 안 되지만 길이는 수천 ㎞에 이를 수도 있다. 일반적이지는 않지만 바다에서 일어나는 파도에는 지진, 산사태, 운석 충돌, 주로 물의 온도 차이에 의해 발생하는 밀도 차이, 기압 차이에 의해 발생하는 파도들도 있다.

파도는 해안의 지질학에 어떤 영향을 미치는가?

파도는 해안을 계속적으로 침식시키거나 퇴적물을 해안에 쌓아 해안 지질학에 영향을 미친다. 파도의 침식작용으로 물질이 이동하고, 파도가 운반해온 모래나 암석에 의해 마모가 발생한다. 해안을 이루고 있는 물질의 종류에 따라 파도의 침식작용으로

전문 서퍼가 2010년 매버릭스 서핑 대회에 참가해 파도를 타고 있다. ⓒ CC-BY-SA-3.0: Jacobovs

해마다 적은 양의 물질이 소실될 수도 있지만 수천 톤의 물질이 소실될 수도 있다. 예를 들면 연한 백악으로 이루어진 절벽이나 모래 해안은 해마다 2m씩 침식될 수도 있다. 침식작용만큼 중요한 것이 파도에 의한 퇴적작용으로, 물이 침식된 물질을 운반하여 해안에 쌓아 놓는다.

해안의 종류에는 어떤 것들이 있는가?

해안선은 그 지역의 암석에 따라 다양한 모양이 된다. 예를 들면 루이지애나 해안에는 강이 실어온 모래, 실트, 진흙이 퇴적되어 진흙해안이 만들어졌다. 오리건과 메인 주의 해안에서는 단단한 암석이 풍화작용에 의해 작은 바위로 부서진 후 파도가 이 바위들을 둥글게 만들어 조약돌 해안이 만들어졌다. 플로리다 해안에서 조금 떨어져 있는 섬을 둘러싸고 있는 해안과 같은 일부 해안은 전체가 작은 조개껍데기로 이루어져 있다.

모래 해안은 파도가 바위를 잘게 부수어 만들어진 것이다. 지역에 따라서는 해안을 이루고 있는 모래가 밝은 색깔의 석영이나 장석 입자일 수도 있고, 산호 지역에서는 핑크색을 띤 모래일 수도 있으며, 화성암에서 온 검은 모래거나 감람석 광물을 포함하고 있는 화성암이 풍화된 녹색 모래일 수도 있다.

해안선에는 어떤 지질학적 지형이 있는가?

해안선에는 바람, 물, 기후, 해류에 의해 형성되었고, 또 끊임없이 이들의 영향을 받고 있는 다양한 지질학적 지형이 있다. 퇴적 지형에는 모래나 작은 입자들로 이루어졌으면서 완만한 경사를 가진 해변, 주로 강어귀에 형성되는 삼각형 모양의 퇴적지인 삼각주, 육지에서 바다로 길게 뻗어 있는 모래와 자갈로 이루어진 사취, 만을 가로질러 생성된 사취인 만구사주, 육지와 섬을 연결하는 사취인 육계사주, 해안에 평행하게 형성되며 계속적으로 변하는 섬인 평행사도 등이 있다. 침식작용으로 만들어진 지형에는 절벽, 해식동굴, 시스택, 해식동 등이 있다.

모래나 다른 퇴적물은 어떻게 해안에 퇴적되는가?

모래나 퇴적물은 파도가 도달하는 부분과 도달하지 않는 부분이 번갈아 나타나는 해안의 경사진 부분인 쇄파대에 주로 퇴적된다. 파도가 해안에 부딪혀 만들어지는 쇄파는 모래와 자갈을 육지 쪽으로 밀어낸다. 바다로 돌아가는 후류는 모래와 자갈을 바다 쪽으로 이동시킨다. 해안을 따라 옆으로 움직이는 파도에 의해 퇴적물이 옆으로 이동하는 것을 해안선 표사라고 한다. 이 운동은 모래를 여러 개의 아치형 해안을 따라 운반한다. 따라서 해안을 따라 멀리까지 물질을 이동시킬 수 있다.

파도는 심해의 지질학에 영향을 미치는가?

아니다. 심해 퇴적물은 천해에서처럼 파도에 의해 이동하지 않는다. 파도의 마루와 마루 사이의 거리인 파장의 2분이 1보다 바다의 깊이가 더 깊은 곳에 있는 물은 파도에 의해 움직이지 않는다는 것이 알려졌다. 이 깊이를 파랑작용 한계심도라고 하며, 이 한계심도 아래에 있는 퇴적물은 파도에 휩쓸려 이동하거나 침식되지 않는다. 예를 들어 파장이 600m인 태평양의 해양 파도의 경우 300m보다 깊은 곳에 있는 물은 이 파도가 지나가도 영향을 받지 않는다. 그러나 이 파도가 해저의 깊이가 200m 밖에 안 되는 얕은 대륙붕에서 발생한다면 많은 침식을 일으킬 수 있다.

어떤 큰 파도가 해양지질학에 영향을 주는가?

해양지질학에 영향을 주는 큰 파도는 많이 있다. 다음은 일반적인 파도의 종류이다.

거대파^{rogue wave} 넓은 바다에 이는 거대한 파도를 뜻하는 거대파는 높이가 30m에 이르며 어느 곳에서나 나타난다. 이 파도가 일어나는 원인은 잘 알려져 있지 않다. 일부에서는 여러 개의 작은 파도들이 합쳐 거대한 파도를 만든다는 이론을 제시했다. 해안에 도달하기 전에 흩어지기 때문에 육지에 거의 문제를 일으키지 않는다. 그러나 넓은 바다에서는 항해 중인 배에 피해를 입힐 수 있다. 이 파도가 해양지질학에 미치는 영향은 잘 알려져 있지 않다.

쓰나미^{tsunami} 넓은 바다에서뿐만 아니라 해안을 따라서도 발생할 수 있는 또 다른 커다란 파도가 쓰나미이다. 쓰나미를 조석작용으로 잘못 알고 있는 사람도 있지만 실제로는 해저에서 일어난 지진으로 물이 갑자기 이동하면서 발생하는, 지진에 의한 파도이다(쓰나미에 대한 더 자세한 내용은 '지진 조사하기' 참조). 이 파도는 넓은 바다에서는 거의 문제를 일으키지 않는다. 그러나 쓰나미가 해변에 도달하기 전에 흩어지지 않으면 해안을 따라 사람과 해안에 큰 피해를 입힐 수 있다.

내부파^{internal wave} 밀도가 다른 해수층 사이에서 발생하는 내부파 역시 또 다른 큰 파도이다. 이 내부 해양 파도는 종종 해안선을 지나 육지까지 밀려들어 해안선 지질학에 영향을 준다.

왜 태풍은 해안에 큰 피해를 주는가?

태풍은 두 가지 이유로 해안에 큰 피해를 준다. 우선 119$^{km}/_h$나 되는 바람이 높이 10~13m나 되는 파도를 일으킬 수 있다. 이 파도는 35$^{km}/_h$의 속력으로 해안을 덮쳐 해안 구조물을 파괴하고 해안에 퇴적물을 쌓아놓는다. 두 번째는 태풍이 폭풍에 앞서 불어난 물의 돔이 육지로 향하는 폭풍 해일을 만들 수 있기 때문이다. 강력한 진공청소기와 마찬가지로 태풍의 낮은 기압이 바닷물의 표면과 상호작용하여 회전하는 폭풍의 중심에서 엄청난 물을 위로 끌어올려 돔을 만든다. 이 돔이 물이 얕은 해변에 도달하면 바람이 물을 더 높이 쌓아올려 엄청난 물을 해안으로 밀어낸다. 일반적으로 해안의 경사가 완만할수록 폭풍 해일이 발생할 가능성이 높고 더 많은 피해를 입힐 수 있다.

연안류는 무엇인가?

연안류$^{longshore\ current}$는 해안선에 평행하게 흐르는 흐름이다. 파도가 해안에 비스듬하게 부딪힐 때 해안을 따라 흐르는 약한 흐름인 연안류가 발생한다. 대개의 경우 연안류는 위험하지 않지만 모래와 실트를 해안을 따라 운반하여 해안의 침식과 퇴적에 중요한 역할을 한다.

해변에 만들어 놓은 방사제가 문제를 해결하기보다는 더 큰 문제를 만드는 것은 연안류와 다른 해류 때문이다. 방사제는 대개 모래가 해안을 따라 이동하는 것을 막기 위해 해안에 수직으로 설치한다. 그러나 이런 해류에 의해 방사제 한쪽에 모래가 쌓이는 동안 반대쪽의 모래는 쓸려나간다.

표사란 무엇인가?

표사^{littoral drift}는 파도와 연안류가 해안을 따라 퇴적물을 운반하여 해안선을 만드는 것을 말한다. 직선 해안선이나 곡선 해안선은 바람이 모래를 특정한 방향으로 운반했다는 것을 의미한다. 그리고 표사는 사취 지형을 만든다. 사취는 육지에서 바다 쪽으로 뻗어 나온 모래나 자갈로 이루어진 낮은 자연 제방이다.

해안선 너머

대륙주변부는 무엇인가?

과학자들은 육지와 바다의 경계를 대륙주변부^{continental margin}라고 정의한다. 여기에는 지역에 따라 크기와 길이가 달라지는 대륙붕, 대륙사면이 포함된다. 전체적으로 전 세계 대륙의 대륙주변부 모양은 암석의 종류, 지각판 운동의 역사, 시간에 따른 해수면의 변화, 물과 얼음, 바람의 힘 등에 따라 달라진다.

대륙붕은 무엇인가?

대륙붕^{continental shelf}은 모든 대륙의 해안에서 조금 떨어진 곳의 물에 잠겨 있는 경사가 완만한 평원이다. 대륙붕 아래에는 해양 지각이 아닌 대륙 지각이 있다. 대륙붕의 크기는 매우 다양한데, 평균적으로 해안에서 78㎞까지 펼쳐져 있다. 예를 들면 북극해에 있는 시베리아 대륙붕은 너비가 약 1,500㎞이며, 남아메리카 서부 해안의 대륙붕은 너비가 1.6㎞에 불과하다. 대륙붕은 대개 평평하지만 대륙붕단이라고 하는 대륙붕의 가장자리에서는 경사가 갑자기 커져서 4°나 된다.

대륙붕에는 어획, 석유, 모래, 자갈에 이르기까지 경제적 가치가 있는 자원이 다양하다. 대륙붕의 깊이는 평균 130m 정도이고 전체 대륙붕의 깊이는 20～550m로 사람들이 쉽게 접근할 수 있다. 가장 깊은 대륙붕 중 하나는 얼음이 대륙붕을 눌러놓은 남극 대륙의 대륙붕으로 깊이가 350m에 이른다.

대륙붕은 대륙의 일부인가?

그렇다. 일부 과학자들은 대륙붕을 대륙의 일부로 간주한다. 대륙붕을 대륙에 포함시키면 대륙의 넓이는 지구 표면의 47%가 된다. 그러나 실제로 우리가 육지 면적을 말할 때는 물에 잠기지 않은 29%만을 뜻한다. 다시 말해 대륙붕을 포함하지 않은 육지만을 대륙이라고 한다.

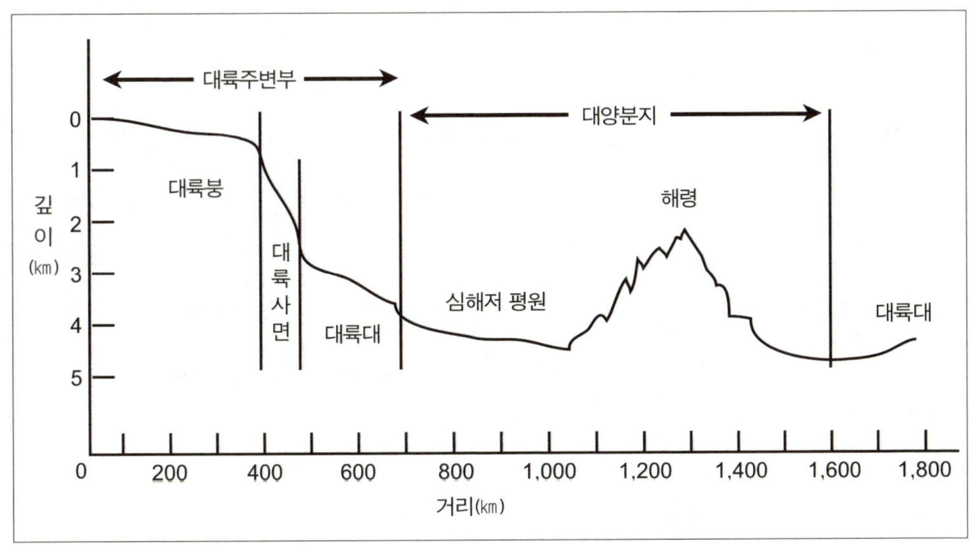

대륙붕과 해저를 이루고 있는 다양한 지형의 거리와 깊이를 나타내는 그림

대륙사면은 무엇인가?

대륙사면^{continental slope}은 대륙붕이 끝나는 곳에서 시작되어 깊은 곳에 있는 대륙대로 가면서 갑자기 깊이가 깊어지는 경사가 급한 지역이다. 대륙사면은 대륙 지각과 해양 지각의 경계면으로 평균 경사도는 $3 \sim 6°$이다. 대륙사면의 기원에 대해서는 아직 밝혀지지 않았다. 대륙이 균열 부분에서 끌어당겨져 작고 큰 해양분지를 따라 경사면이 만들어졌다는 이론과 대륙붕 가장자리에서 땅이 융기하여 경사면이 만들어졌다는 이론이 있다. 화산이 원인이 되었을 가능성도 있다.

해저 협곡은 무엇이고 어떻게 형성되었는가?

해저 협곡^{submarine canyon}은 주요 대륙의 대륙사면에서 발견되는 해저 골짜기로 때로는 콜로라도 강의 그랜드 캐니언과 비교할 수 있을 정도의 크기를 가지기도 한다. 대부분의 경우 여러 갈래로 갈라져 있는 이 깊은 해저 협곡은 때로 대륙붕이나 큰 강의 입구까지 이어져 있는 경우도 있다. 예를 들면 북아메리카의 허드슨 강, 남아메리카의 아마존 강, 아프리카의 콩고 강에는 모두 대륙붕을 통과해 경사면과 심해저까지 이어져 있는 캐니언이 있다.

해저 협곡은 육지의 협곡과 거의 같은 방법으로 만들어진다. 물과 퇴적물이 섞인 혼합물이 경사면을 따라 흘러내리면서 V자 형태의 협곡을 만든다. 대륙붕에 형성된 많은 해저 협곡은 마지막 빙하기에 형성된 것으로 보인다. 그 당시 바다가 후퇴하며 땅이 노출되자 지표수가 협곡을 만들었다가 해수면이 다시 높아지자 물에 잠기게 되었다. 현재에도 이런 협곡은 해저 산사태의 일종인 저탁류에 의해 계속 만들어지고, 변해가고 있다.

해저 산사태와 저탁류는 무엇인가?

해양에는 두 종류의 사태가 있다. 대부분의 해저 산사태^{submarine landslide}는 경사면에 불안정하게 쌓인 퇴적물에서 일어난다. 경사면을 따라 물질이 흘러내리는 산사태는 지나치게 급해진 경사, 퇴적물 아래 갇혀 있던 기체의 방출, 지진이나 폭풍에 의한 파도 등에 의해 촉발된다. 오래전 과학자들 중에는 거대한 해저 생물이 경사면에 충격을 가해 산사태가 일어난다고 주장하는 사람들도 있었지만 해저에 서식하는 큰 동물이 거의 없어 이것은 사실이 아닐 것으로 보인다.

해저 산사태는 강어귀에 느슨한 퇴적물이 많이 쌓여 있는 삼각주 부근에서 자주 일어난다. 예를 들면 미시시피 강에서 엄청난 양의 물질이 실려와 쌓이는 멕시코 만의 경사면에서 발생하여 해안에 설치한 석유 시추시설에 위험을 초래하기도 한다.

저탁류^{turbidity current} 또는 밀도류는 해안을 따라 이동하는 퇴적물에 의한 것이다. 육지에서 바다를 향해 혀 모양으로 뻗어 나온 퇴적물과 물로 이루어진 슬러리는 슬럼프 구조의 퇴적물과 거의 비슷한 방법으로 만들어지지만 훨씬 빠르게 만들어졌다가 빠르게 사라진다. 저탁류도 다른 해저 산사태와 비슷한 메커니즘으로 촉발되는 것으로 보인다. 저탁류는 잠수함 협곡과 관계있으며 마지막 빙하기 이후 협곡을 더 깊게 깎아내는 역할을 한 것으로 보인다.

대륙대는 무엇인가?

완만한 경사와 평평한 표면을 가진 대륙대^{continental rise}는 대륙사면이 끝나는 곳에서 시작된다. 대륙대의 경사는 $0.5°$ 이하이고 두꺼운 퇴적물이 쌓여 있다. 이 퇴적물은 수천 년 동안 낙하된 퇴적물과 대륙붕과 대륙사면에서 흘러내린 저탁류에 의해 형성된 것으로 보인다. 인더스, 갠지스, 아마존, 미시시피와 같은 큰 강어귀에 있는 대륙대에서는 해저선상지나 원뿔구 같은 지형도 발견된다. 육지의 선상지나 수로가 물에 의해 깎이는 것과 마찬가지로 해저선상지에도 구불구불한 형태나 쇠뿔 모양으로 깎인 지역이나 둑이 만들어진다.

대륙대에는 빙하에 의해 운반되어 쌓이거나 빙하가 녹은 물에 의해 운반되어 쌓인 퇴적물인 드리프트와 모래나 진흙이 쌓인 표면에 물결 모양의 구조를 보이는 리플과

같은 지형도 발견된다. 대륙대에서는 심해 서안경계류가 물 위에 떠 있는 퇴적물을
운반해 와 만든 긴 해령 형태의 드리프트, 해류에 의해 깎인 고랑, 퇴적물로 이루어진
큰 규모의 구릉인 리플과 같은 지형도 형성된다.

심 해

주요 표층해류와 심층해류에는 어떤 것이 있는가?

주요 온난한 표층해류에는 북적도 해류, 쿠로시오 해류, 걸프 해류, 남적도 해류가
있다. 그리고 적도반류와 북대서양해류도 온난한 표층해류에 속한다. 차가운 표층해
류에는 오야시오 해류, 캘리포니아 해류, 래브라도 해류, 훔볼트 해류라고도 하는 페
루 해류, 벵겔라 해류, 카나리아 해류, 남극순환류 등이 있다. 모두 차가운 해류인 심
층해류에는 크롬웰 해류, 웨델 해 저층수, 가장 큰 심해해류인 서안 경계류, 북대서양
심층수 등이 있다.

무엇이 심해 해류가 전세계를 흐르도록 하는가?

심해 해류는 온도와 물에 함유된 염류 양의 차이에 의해 발생하는 열염순환에 의해
흐른다. 차갑고 염분을 많이 함유하고 있는 물은 따뜻한 물보다 무거워서 해양 아래
로 가라앉고, 이 자리를 메우기 위해 따뜻한 물이 이 지역으로 흘러들어온다. 그리고
이 물이 식으면 다시 이런 순환이 반복된다. 물의 계속적인 이동은 거대한 지구적인
컨베이어벨트나 펌프처럼 물을 천천히 전 세계 바다로 순환시킨다.

예를 들면 따뜻한 걸프 해류는 햇빛에 의해 데워지는 카리브 해에서 '출발'한다. 그
다음에는 북아메리카의 동부 해안, 다시 말해 주로 미국의 동부 해안을 따라 북쪽으
로 흘러 북대서양의 극지방 가까이까지 도달한다. 그린란드와 노르웨이 사이에서 차
가운 북극 바람은 염분을 많이 함유한 이 물을 빙점 가까이까지 식힌다. 이제 차가워

진 엄청난 양의 무거운 소금물이 5~8.5㎞ 깊이로 가라앉아 대서양 서부 분지에서 남극순환류를 거쳐 인도양과 태평양에 이르는 남쪽으로 향하는 다음 단계의 여행을 시작한다. 이런 여행은 몇 년이나 걸린다. 또 페루와 캘리포니아 해안에서 떨어진 곳에서는 수세기 전에 깊은 곳으로 가라앉았던 물이 위로 솟아오르기도 한다.

심해 수로는 무엇인가?

심해 수로^{deep sea channel} 또는 중앙대양 협곡은 대륙대 바깥쪽에 있는 심해저에 생긴다. 이들은 보통 U자 형태를 이루고 있는 얕은 골짜기로, 몇 개의 분지로 나누어지기도 한다. 심해 수로는 대륙주변부와 평행하거나 각도를 이루고 있다. 예를 들면 북서대서양중앙대양 협곡은 뉴펀들랜드에서 조금 떨어진 곳에 있는 래브라도 해 밑에 있는 심해 수로이다.

대양저의 침전물 성분은 무엇인가?

대양저 침전물은 유기물과 무기물로 이루어져 있으며 모래에서 진흙, 조개껍데기에 이르기까지 다양하다. 침전물의 크기, 밀도, 모양은 바다에서 침전물이 어떻게 이동하는지를 결정한다. 크고 밀도가 높은 물질은 진흙처럼 해류에 쓸려가기 쉬운 입자보다 빠르게 대양의 바닥으로 낙하한다. 그리고 태풍과 같은 바람, 빙산이 녹아서 생긴 얼음, 바다로 흘러드는 강물이 운반해온 물질도 바닥으로 가라앉는다.

얕은 바다에서는 침전물이 1000년마다 5~30㎝의 속도로 빠르게 쌓인다. 그러나 깊은 바다에서는 1000년에 1~25㎜의 속도로 느리게 쌓인다. 영원히 물에 떠 있는 물질과 물에 녹는 물질을 제외한 대부분의 물질은 결국 바다 밑으로 가라앉는다. 수백만 년의 시간이 흐르면 이 입자들이 압축되어 결정을 이루거나 서로 달라붙어 단단한 암석이 된다.

어떤 종류의 유기물이나 무기물이 해양 퇴적물의 형성을 돕는가?

해양 퇴적물의 대부분은 생명체에 기원을 둔 물질로 형성된다. 이런 물질에는 단단해서 결국 대양저에 퇴적되는 물고기, 산호, 갑각류나 조류 등의 해양 생물의 골격이나 껍질, 이빨 등이 포함된다. 심해의 유기 퇴적물은 대부분 실리카나 탄산칼슘으로 이루어진 작은 조개껍데기를 포함하고 있으며, 심해 연니를 만든다. 이러한 연니의 명칭은 가장 많이 포함된 유기물의 이름을 이용하여 유공충 연니 등으로 칭한다. 유공충 연니는 해양에 가장 널리 퍼져 있는 생명체 중 하나인 유공충의 작은 껍질로 이루어진 탄산칼슘 연니이다.

예상할 수 있는 것처럼 해양 퇴적물을 이루는 대부분의 무기물은 육지에서 오고, 대부분의 유기물은 해안 가까이에서 온다. 일반적으로 심해에서는 적은 양의 육지에서 온 점토 입자만 발견된다. 이 점토는 대부분 육지의 암석이 물리적, 화학적 또는 역학적 침식작용을 받아 만들어진 것으로 보인다.

생명체나 육지에서 온 퇴적물 외에도 해양 퇴적물에는 화산재와 바다에서 화학적 또는 생물학적 작용에 의해 만들어진 지질학적 입자들도 있다. 이런 퇴적물의 대부분은 대륙 주변부에서 발견된다. 심해에는 퇴적물이 적다. 재미있는 점은 작은 유리질 심해 '퇴적물'은 우주에서 온 미세한 크기의 운석으로 보인다는 것이다. 이런 작은 입자들은 1억 년에 2㎜씩 높아질 만큼 매우 느린 속도로 퇴적된 것으로 추정된다.

대양저 또는 대양분지는 무엇인가?

대양저^{ocean floor} 또는 대양분지^{ocean basin}는 대륙대 끝이나 해구가 있는 경우에는 해구에서 대양중앙 산맥 바닥까지 펼쳐져 있다. 대양분지에는 심해저 평원과 심해저 구릉을 포함하여 많은 지형이 있다.

심해저 평원과 심해저 구릉은 무엇인가?

심해 분지^{abyssal plain}에 있는 심해저 평원은 지구상에서 가장 크고 가장 평평한 지역이다. 심해저 평원은 대개 대륙대의 바닥에 있으며 밑에는 해양 지각이 있다. 심해저 평원은 대서양의 30%, 태평양 대양저의 75%를 차지하고 있다. 심해저 평원은 전 세계 대부분의 대양에 분포하며 평균 깊이는 4,000~6,000m이다. 많은 과학자들은 혼탁한 해류가 미세한 퇴적물을 깊은 대양저로 실어와 해양저 평원이 형성되었다고 믿고 있다. 수백만 년 동안 이루어진 이런 퇴적물이 대부분의 굴곡과 거친 표면을 평평하게 만들었을 것이다.

심해저 평원에는 심해저 구릉^{abyssal hill}이라는 높이 100~200m, 지름 10m 정도 되는 낮은 타원형 모양 언덕에 있다. 심해저 구릉은 화산작용으로 만들어진 현무암 언덕이다. 최근에 형성된 심해저 구릉은 중앙해령 부근에 있고, 심해저 평원보다 퇴적물이 덜 쌓여 있다. 오래된 심해저 구릉은 보통 더 많은 퇴적물로 덮여 있으며 중앙해령에서 멀리 떨어진 평원이나 분지에서 발견된다.

중앙해령은 무엇인가?

중앙해령^{mid-ocean ridge}은 대륙판의 이동으로 형성된 해저 화산 산맥이다. 지각판이 해령을 중심으로 서로 멀어지면서 마그마가 표면으로 올라온다(판구조론에 대한 더 자세한 내용은 '지구층을 통해서' 참조). 대륙판의 이동은 산맥을 '밀어내' 매년 수 ㎝씩 멀어지는 확장 중심을 만든다. 중요한 해양 확장 중심에는 대서양 중앙해령, 태평양-남극 해령, 칠레 해령, 인도양 해령, 후안 드 푸카 해령 등이 포함된다(화산에 대한 더 자세한 내용은 '화산분출' 참조).

해구는 어떻게 만들어졌는가?

해저 확장 중심에서 해저 지반이 확장되면 판의 오래된 부분은 다른 판 아래로 섭입된다. 이런 작용으로 마그마가 위로 올라와 화산이 만들어진다. 반면에 판이 섭입된 부분에는 V자 형태의 깊은 해구가 만들어진다. 대부분의 해구는 길이가 수천 ㎞나 되고 너비는 수백 ㎞이며, 주변 해양저보다 3~4㎞나 깊다(해구에 대한 더 자세한 내용은 '지구 층을 통해서' 참조). 예를 들면 태평양 판이 필리핀 판과 충돌하여 오래되고 밀도가 높은 태평양 판의 섭입이 일어나 세계에서 가장 깊은 해구인 마리아나 해구가 만들어졌다.

널리 알려진 해구에는 어떤 것들이 있는가?

태평양에서의 활발한 지각판 운동으로 태평양에는 많은 해구가 있다. 이들 중 일부는 환태평양화산대를 따라 분포하고 있다. 다음은 태평양에 있는 중요한 해구들이다.

해구	깊이(m)
마리아나	11,033
통가	10,822
케르메덱	10,047
일본	10,554
쿠릴	10,542
민다나오	10,497
부겐빌	9,140
페루-칠레	8,065
알류샨	7,822

푸에토리코의 작은 섬 부근에 있는 깊이 9,200m의 푸에토리코 해구, 남극 부근에 있는 깊이 8,428m의 사우스 샌드위치 해구는 대서양에 있다. 기록 보유 해구들 중

일부를 살펴보면 다음과 같다. 뉴질랜드와 사모아 사이의 서태평양에 있는 통가-케르마덱 해구는 가장 크고, 가장 좁고, 가장 직선적이다. 이 해구에는 여섯 개의 그랜드 캐니언이 들어갈 수 있다. 지구상에서 가장 깊은 해구는 마리아나 해구이며, 가장 넓은 해구는 쿠릴 해구이다. 가장 짧은 해구는 길이가 241㎞인 일본 해구이며, 가장 긴 해구는 남아메리카 해안에서 가까운 5,899㎞의 페루-칠레 해구이다.

해산은 무엇이며 어떻게 형성되는가?

육지에 홀로 서 있는 화산과 마찬가지로 해산^{seamount}은 해저에서 솟아오른 화산이다, 많은 해산이 고립된 산이지만 여러 산들이 연계되어 있는 경우도 있다. 대부분의 경우 해산은 해저에서의 높이가 900～3000m 정도지만 아직 수면 아래 잠겨 있다. 세계의 모든 바다에서 해산이 발견되지만 태평양이 가장 많은 해산을 가지고 있다. 2,000개나 되는 태평양 해산 중 상당수가 활화산이다.

현재 해산은 죽은 해저 화산의 잔유물로 인식된다. 대부분의 해산이 화산에서 볼 수 있는 원뿔 모양이며 정상에는 칼데라라는 작은 크레이터가 있기 때문이다. 기요라고도 하는 평정해산도 해산이다. 기요는 정상이 평평하며 대개 3000만 년 전에 형성되었다. 기요의 형성 과정에 대해서는 여러 가지 이론이 있지만 그중 한 이론은 계속적인 마그마의 흐름이 쌓이면서 해산 정상의 칼데라가 메워져 평평한 정상이 만들어졌다고 한다.

지구 온난화, 해양, 그리고 지질학

지구 온난화는 무엇인가?

어떤 면에서 지구 온난화는 꼭 필요하다. 태양에서 오는 복사 에너지를 지구 대기 안에 묶어두는 특정한 기체의 작용이 없다면 지구는 차가운 얼음 행성이 되었을 것이다. 온실의 유리 같은 작용을 하기 때문에 온실기체라고 한다. 온실기체가 지구 표면에서 반사되거나 방출되는 복사선을 가두어 지구를 따뜻하게 유지시킨다. 따라서 식물과 동물을 비롯한 모든 생명체들이 살아갈 수 있다.

그런데 최근에는 지구 온난화라는 말이 자연적이 아닌 과정으로 인해 세계의 온도가 상승하는 것을 나타내는 말로 사용되고 있다. 많은 과학자들은 사람들이 이산화탄소, 메테인, 산화질소와 같은 온실기체를 너무 많이 대기 중으로 방출하여 지구의 온도가 상승하고 있다고 믿고 있다. 지난 100년 동안 지구 표면의 온도는 1℃ 정도 높아졌는데 과학자들은 이것이 인간에 의한 결과라고 생각한다.

지구 온난화와 지질학은 관계가 있는가?

있다. 지구 한 부분의 변화는 복잡한 지구계의 다른 부분에 영향을 주기 때문에 지구 온난화와 지질학은 간접적으로 연계되어 있다. 특히 지구 대기권의 변화는 암석의 주기에 영향을 줄 수 있다. 해수면이 상승하면 빙하의 양을 변화시키고, 사막의 위치를 바꾸며, 해안이 바닷물에 잠긴다. 이러한 변화들은 지구에서 일어나는 침식작용의 속도와 종류를 변화시킨다.

또 다른 중요한 관계는 바닷물과 민물에 용해되어 있는 이산화탄소와 관련이 있다. 이 기체는 생명체들이 사용하기도 하지만 바닷물이나 민물에서 석출되어 특정한 형태의 퇴적암을 형성한다. 이산화탄소는 암석이나 조개껍데기에 포함된 탄산염 광물의 용해, 탄산염 광물의 풍화, 화산분출과 온천수, 공기와의 상호작용, 생명체의 호흡, 그리고 지하수와 하천 등을 통해 다시 돌아온다. 대부분의 과학자들은 환경으로 들어오고 나가는 이산화탄소 양의 큰 변화는 우리 모두에게 영향을 줄 수 있다는 데 동의하고 있다. 인간을 비롯한 생명체들뿐만 아니라 세계 지질학과 관련이 있는 자연 과정도 이산화탄소의 흐름에 영향을 받는다.

또 다른 지질학과 지구 온난화의 관계는 날씨와 기후에서 발견할 수 있다. 지구 온난화가 계속되면 좀 더 강력한 기상현상이 발생한다. 초대형 태풍은 내륙의 수많은

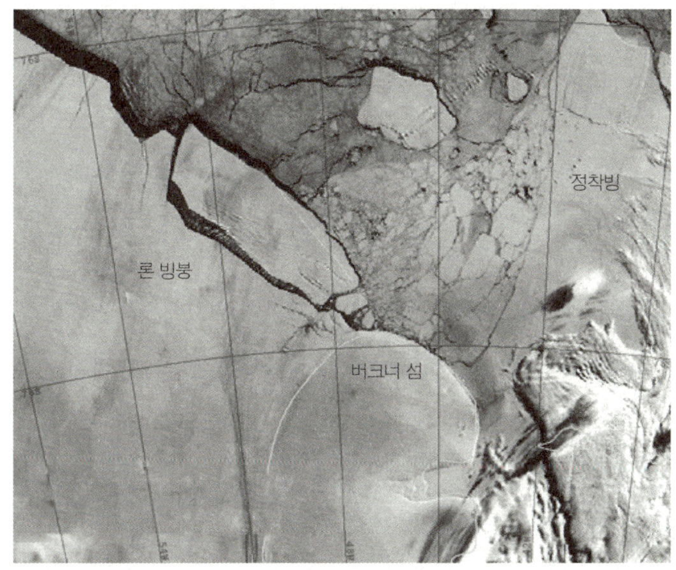

길이가 147km이고 너비가 48km
나 되는 거대한 빙산으로 델라웨
어 주보다 큰 이 빙산은 남극 빙붕
에서 떨어져 나왔다. 일부 과학자
들은 빙산이 떨어져 나오는 것은 지
구 온난화를 뜻한다고 보고 있다.

강과 하천의 홍수를 유발하는 것 외에도 해안을 엄청나게 침식시킨다. 많은 지역에서
날씨의 변화로 인한 식생의 변화는 더 많은 침식을 초래하며, 빙하, 극지방, 바다의 얼
음에도 큰 변화를 가져올 수 있다. 또한 날씨의 변화는 표면에서 반사하는 햇빛의 양
을 변화시켜 지구 온난화를 가속시키고, 물의 순환을 변화시켜 하천의 흐름과 지하수
수위를 변화시킬 수 있다.

빙상이 녹는다면 해수면은 얼마나 상승할까?

만약 극지방의 빙상과 그린란드와 아이슬란드의 얼음, 그리고 높은 산 정상의 빙모를
비롯하여 모든 빙상이 녹는다면 전 세계 바다의 평균 수위는 76m 높아질 것이다. 해수
면이 이 정도 상승하면 거의 모든 해안 도시들이 물에 잠겨 모든 대륙의 거주지가 줄어
들 것이고, 기후가 크게 변해 우리의 생활을 영원히 바꾸어놓을 것이다.

과거에도 지구 온난화가 있었다는 증거가 있는가?

있다. 과거에도 지구 온난화가 있었다는 증거는 매우 많다. 잘 알려진 몇몇 지구 온난화는 다음과 같다.

백악기 중엽 약 1억 2000만 년에서 9000만 년 전까지 계속된 이 기간 동안에 새로운 해양 지각이 다른 때보다 두 배나 만들어졌다. 해양 분지에 커다란 화산 고원이 만들어졌고, 바닷물의 온도가 높게 올라갔다. 이 시기에 전 세계적으로 가장 많은 석유가 만들어졌다. 그중에서도 놀라운 점은 당시의 해수면이 현재보다 100~200m나 높았다는 것이다. 온도가 이렇게 높게 올라간 이유는 화산분출로 대기 중에 온실기체인 이산화탄소가 증가해 '초온실효과'가 나타났기 때문이다. 이로 인해 지구 대기의 평균온도가 현재보다 10~12℃ 정도 높아졌다. 흥미로운 점은 해양저 화산에서 분출된 많은 현무암도 바닷물을 밀어내 해수면이 상승하는 데 일조했다는 것이다. 그리고 해수면과 온도가 상승함에 따라 생명체들이 번성하게 되어 석유 형성에 필요한 유기물을 제공하게 되었다.

에오세 5500만 년에서 3800만 년 전까지 계속된 이 시기에도 지구의 온도는 열대지방의 식생이 지금보다 15℃나 북쪽이나 남쪽으로 올라가 위도 45℃에서 55℃ 지역까지 올라갔다. 암석 시료를 분석한 결과, 이 당시에는 대기가 현재보다 2~6배 많은 이산화탄소를 가지고 있었던 것으로 보인다. 과학자들은 이때의 지구 온난화는 대륙의 충돌로 많은 양의 이산화탄소를 대기 중으로 방출해서 일어난 것으로 믿고 있다. 이것은 암석의 주기와 판의 이동이 기후에 어떻게 영향을 미치는지를 보여주는 예이다.

지질학과 태양계

태양계 만들기

태양계를 구성하는 여덟 개의 행성은?

태양계의 여덟 개 행성은 태양에서 가까운 순서대로 수성, 금성, 지구, 화성, 목성, 토성, 천왕성, 해왕성이다. 네 개의 내행성은 지구와 마찬가지로 대부분 암석으로 이루어졌기 때문에 지구형 행성이라고 한다. 외행성은 모두 기체로 이루어졌기 때문에 기체행성 또는 목성형 행성이라고 한다. 2006년까지 행성으로 분류되었다가 이제는 왜행성으로 분류되고 있는 명왕성은 주로 얼음으로 이루어진 지구형 행성이나 목성형 행성과도 다른 천체이다. 최근에 해왕성 바깥에 있는 에지우드 카이퍼 벨트에서 태양을 돌고 있는 이런 천체들이 많이 발견되었다.

천문단위는 무엇인가?

1천문단위[AU]는 1억 5000만㎞이다. 이 거리는 지구에서 태양까지 평균거리보다 약간 짧은 거리이다.

지구에서 가장 가까운 곳에 있는 행성은?

금성이 지구에서 가장 가까이 있는 행성으로 태양에서 금성 궤도까지의 평균 거리는 0.7천문단위(0.7AU)이다. 금성은 지구에 0.267AU까지 다가온다. 이에 비해 2003년 8월 28일 화성이 지구에 가장 가까이 다가왔을 때 지구와 화성 사이의 거리는 0.373AU였다.

금성 표면을 나타낸 이 지도에는 금성의 북반구가 보이고 있다. 지구에 가장 가까이 있는 금성은 맑은 날 맨눈으로 쉽게 관측할 수 있으며, 밤하늘에 가장 먼저 보이고 밝게 보이는 별이다. ⓒ NASA

명왕성은 어떤 천체인가?

지구에서 명왕성까지의 평균 거리는 약 43억 4500만㎞ 또는 29AU이다. 따라서 명왕성은 큰 망원경으로 보아도 희미한 점으로 보인다. 태양에서 명왕성까지의 거리는 59억㎞이다. 명왕성은 황도면과 비스듬한 각도를 이루는 타원 궤도를 따라 태양을 도는데, 한 바퀴 도는 데 247.7일이 걸린다.

명왕성은 해왕성 바깥쪽에 있는 천체로 알려져 있지만 항상 그런 것은 아니다. 1979년부터 1999년까지는 명왕성의 이심률이 큰 타원 궤도로 인해 해왕성보다 태양에 더 가까이 있었다. 명왕성의 궤도가 황도면과 17° 각도를 이루고 있어 명왕성과 해왕성이 가까이 접근하는 일이 없기 때문에 두 행성이 충돌할 가능성은 전혀 없다. 2231년에서 2245년 사이에도 같은 일이 일어나 명왕성이 해왕성보다 안쪽으로 들어올 것이다.

에지우드 카이퍼 벨트 천체는 무엇인가?

해왕성 밖 천체들이라는 의미에서 TNO라고도 하는 에지우드 카이퍼 벨트 천체 KBOs는 해왕성과 명왕성 궤도 바깥쪽에 있는 얼음으로 이루어진 커다란 천체들이다.

이들은 50천문단위에서 100천문단위 사이에서 태양을 돌고 있다. 다시 말해 해왕성 궤도에서 50억㎞ 바깥쪽에서 태양을 돌고 있다. 지난 수십 년 동안 500개 이상의 KBOs가 발견되었는데, 몇 개를 제외하면 대부분은 명왕성보다 훨씬 작다. 가장 큰 KBOs 천체는 에리스이다(아래 참조). 발견 당시에는 2003UB 313 또는 제나라고 불렸던 이 KBOs 천체는 명왕성보다 크다.

직접적인 측정보다 확실하지는 않지만 과학자들은 대개 이런 천체들의 밝기를 측정하여 이들의 지름을 결정한다. KBOs 천체들의 반사율에 대한 가정을 바탕으로 밝기로부터 크기를 계산해내는 것이다. 그렇다면 KBOs는 행성일까? 에리스가 발견되기 전까지는 대부분의 과학자들은 KBOs를 행성이라고 부르기에는 너무 작다고 생각했다. 그러나 에리스의 발견으로 '행성'에 대한 새로운 과학적 정의가 필요하다는 생각을 하지 않을 수 없다. 명왕성이 행성이라면 명왕성보다 더 큰 에리스도 당연이 행성에 포함시켜야 하기 때문이다. 그러나 행성의 지위는 크기 이외의 다른 요소도 고려해 결정해야 한다.

현재까지 발견된 가장 큰 에지우드 카이퍼 벨트 천체는?

2003년에 천문학자들이 명왕성 궤도 밖에서 태양을 돌고 있는 커다란 물체를 발견했다. 처음에 2003UB 313이라고 불렸던 이 천체의 지름은 2,600㎞로 명왕성보다 크며 위성을 가지고 있는 것으로 확인되었다. 따라서 이 천체의 발견자들은 텔레비전 연속극에 등장하는 신화 속 주인공 이름을 따서 이 천체와 위성을 제나와 가브리엘이라고 부르기도 했다. 후에 IAU는 발견자들의 제안을 받아들여 에리스^{Eris}와 디스노미아^{Dysnomia}로 공식 결정했다.

명왕성은 행성인가, 아니면 에지우드 카이퍼 벨트 천체인가?

에지우드 카이퍼 벨트에서 명왕성보다 더 큰 에리스가 발견된 후 과학자들은 명왕성이 행성인가 아니면 에지우드 카이퍼 벨트 천체[KBOs]인가를 놓고 많은 토론을 벌였다. 명왕성의 행성 지위를 놓고 토론을 벌이는 데에는 여러 가지 이유가 있다. 우선 명왕성은 다른 행성들보다 훨씬 작다. 명왕성은 지구의 6분의 1 정도이며 태양계의 위성인 달, 목성의 유로파, 가니메데, 이오, 칼리스토, 토성의 타이탄, 해왕성의 트리톤보다도 작다. 명왕성의 위성 샤론은 행성과 위성의 크기 비로 보면 태양계에서 가장 크다. 명왕성의 궤도는 이심률이 큰 타원 궤도로 다른 행성들의 공전면과 큰 각도를 이루고 있다. 그리고 마지막으로 명왕성은 암석과 얼음으로 이루어져 있다. 모든 다른 암석 행성은 태양에서 가까운 곳에 위치해 있다. 이런 이유들로 이미 불안해진 명왕성의 지위를 결정적으로 위협한 사건은 명왕성보다 큰 에리스의 발견이었다.

이 문제를 해결하기 위해 2006년 8월 24일 개최된 국제천문협회[IAU]에서는 행성의 지위에 관한 문제를 놓고 열띤 토론을 벌인 끝에 다음과 같은 조건을 만족시키는 천체를 행성으로 인정하기로 했다.

행성은 (a) 태양 주위를 공전하고 있는 천체여야 하고, (b) 구에 가까운 형태를 유지할 수 있을 정도로 중력이 충분히 커야 하며, (c) 자신의 궤도나 주변에서 다른 천체들을 끌어들여 정리할 수 있는 천체여야 한다.

명왕성은 (a)와 (b)의 조건은 만족시키지만 (c)의 조건은 만족시키지 못한다. 주기적으로 해왕성보다 안쪽으로 들어오기 때문이다. 따라서 명왕성은 행성의 지위를 잃고 왜소행성으로 다시 분류되었다. 명왕성과 함께 왜소행성으로 분류된 천체에는 명왕성의 위성 카론, 소행성 세레스, 에지우드 카이퍼 벨트 천체인 에리스와 콰오아가 있다.

곳곳에서 일어나는 충돌

아니다. 충돌로 만들어진 거대한 충돌 크레이터는 태양계 안의 모든 행성과 위성에서 발견된다. 어떤 행성은 다른 행성보다 더 많은 충돌 크레이터를 가지고 있다.

충돌 크레이터는 소행성이나 혜성과 같은 거대한 우주 암석이 행성이나 위성에 출동하면서 충돌 지점의 먼지, 토양, 암석을 날려 보내 만들어진다.

충돌 크레이터는 달에서 쉽게 찾아볼 수 있으며, 태양계의 가장 작은 천체인 소행성에서도 발견된다. 달의 뒤쪽 남극 지역에 있는 아티켄 분지는 지름 2,600㎞, 깊이 12㎞인 태양계에서 가장 큰 충돌 분지이다.

아폴로 11호가 찍은 달 뒷면 사진에 따르면 오른쪽에 보이는 크레이터는 지름이 93㎞ 정도 된다. ⓒ NASA

소행성이란?

소행성은 큰 암석에서부터 지름이 950㎞에 이르는 소행성에 이르기까지 다양한 크기의 천체들이다. 지름이 950㎞인 소행성 세레스는 달 지름의 4분의 1 정도로 소행성 중에서 가장 크다. 일반적으로 소행성은 탄소가 많이 함유된 암석으로 이루어진 소행성과 철이 많이 함유된 금속으로 이루어진 소행성으로 분류한다. 대부분의 소행성은 화성과 목성 사이에 있는 소행성대 안에서 발견되지만 때때로 목성 중력의 영향이나 소행성들 사이의 충돌로 인해 소행성대를 벗어나 태양계 안쪽으로 들어오는 경우도 있다.

혜성은 무엇인가?

한때 더러운 눈덩이라고도 불렸던 혜성은 먼지, 기체, 암석, 얼음이 혼합된 것으로 태양 주위를 돌고 있다. 여러 차례 탐사위성을 통한 조사와 지구에 근접하는 혜성에 대한 조사를 통해 과학자들은 혜성이 얼음보다 진흙을 더 많이 포함하고 있는 진흙 덩이라는 것을 알게 되었다. 대개의 혜성은 이산화탄소, 얼음, 메테인, 암모니아, 규산염과 유기 화합물을 포함하고 있다.

혜성은 온도가 낮은 태양계 바깥쪽에서 만들어진다. 200년에 못 미치는 공전 주기로 태양을 돌고 있는 단주기 혜성은 해왕성 바깥쪽에 있는 소행대인 에지우드 카이퍼 벨트에서 만들어지는 것으로 보인다. 공전 주기가 수천 년이 넘거나 한 번 왔다간 후에는 다시 돌아오지 않는 장주기 혜성은 오르트 구름에서 만들어진다. 오르트 구름은 태양에서 10만 AU 떨어진 곳에 있는 것으로 추정된다.

2002년 4월 1일 촬영한 이케야-장 혜성. 이 혜성은 1661년에도 태양계 안쪽을 방문했을 것으로 보고 있다.

지구근접천체는 무엇인가?

지구근접천체[NEOs]는 지구 궤도에 가까이 접근하는 혜성이나 소행성을 말한다. NEOs는 목성을 비롯한 행성들의 중력작용에 의해 태양계 안쪽으로 들어와 지구의 이웃이 된 천체들이다. 이런 혜성과 소행성은 45억 5000만 년 전 태양계의 형성 당시 모습을 비교적 그대로 간직하고 있는 잔유물들이다. 지구근접천체에는 단주기 혜성만 포함된다. 대부분의 지구근접천체는 소행성으로, 이들을 지구근접소행성[NEAs]이라고 한다. 지구근접소행성은 지구에 가까이 다가오거나 지구 궤도를 가로지르며 공전 궤도, 특히 지구 궤도에서 가장 가까운 지점과 가장 먼 지점까지의 거리에 따라 아텐, 아폴로, 아모르 그룹으로 분류한다. 그 밖에 다른 그룹에 대해서는 아직 의견의 일치가 이루어지지 않고 있다.

지구 궤도 안쪽에서 발견된 소행성도 있는가?

있다. 2003년 초에 처음으로 천문학자들은 수성과 금성을 제외하고 공전 궤도가 완전히 지구 공전 궤도 안쪽에 있는 천체를 발견했다. 2003 CP20이라는 이름이 붙여진 이 천체는 지름이 몇 km 정도인 것으로 보인다.

지금까지 얼마나 많은 지구근접천체를 발견했는가?

2003년 3월까지 약 2,269개의 지구근접천체가 발견되었다. 이 중 642개가 지름이 1 km가 넘는 소행성이다. 과학자들은 2,000여 개의 이런 소행성들이 지구 궤도 가까이에서 태양을 돌고 있을 것으로 보고 있다(2013년 현재 201 ; MZ5까지 1만 개를 넘어섰다).

지구위협소행성이란?

지구위협소행성^{Potentially Hazardous Asteroid, PHAs}은 지구에 가깝게 접근할 위험성이 있는 소행성을 말한다. 지구에 접근하는 거리가 0.005AU 이하인 모든 소행성을 지구위협소행성으로 분류한다. 0.005AU는 748만㎞이다. 또 다른 기준은 지름이 50m 이상인 소행성으로, 지금까지 500여 개의 소행성이 지구위협소행성으로 분류되었다.

지구에 가까이 다가올 가능성이 지구에 충돌한다는 것을 의미하는 것은 아니다. 충돌 가능성이 있다는 것을 뜻할 뿐이다. 많은 사람들이 궤도를 확인하고 새롭게 지구에 다가오는 천체를 찾아내면서 PHAs를 감시하고 있다. 이것은 NEOs가 지구에 충돌할 확률을 더 잘 예측하기 위해서이다.

소행성과 혜성은 지구에 어떤 영향을 주었나?

과거에 소행성과 혜성은 지구에 많은 영향을 주었다. 망원경이 등장하기 전까지 소행성을 볼 수는 없었지만 혜성은 수천 년 동안 관찰해왔다. 고대 문명에서는 태양을 도는 혜성의 출현을 종말이나 파멸의 전조로 여겼으며, 실제로 그런 경우도 있었다.

현재 과학자들은 거대한 소행성이나 혜성이 지구에 충돌하여 거대한 충돌 크레이터를 만들었다는 것을 알고 있다. 대규모 충돌은 많은 생명체들의 멸종을 가져왔다. 이에는 2억 5000만 년 전에 90%의 육지와 해양 생명체가 멸종한 '페름기 멸종'도 포함된다. 일부 과학자들은 공룡이 멸종된 백악기 말에도 우주에서 날아온 천체의 충돌이 있었던 것으로 보고 있다.

지구에 있는 중요한 충돌 크레이터에는 어떤 것이 있는가?

다음은 지구에서 발견된 주요 충돌 크레이터들이다.

장소	지름(km)
남아프리카 브레드포트	300
캐나다 온타리오 주 서드베리	250
멕시코 유카탄 칙술루브	170*
캐나다 퀘벡 마니쿠아 강	100
러시아 포피가이	100
사우스 오스트레일리아 아크라만	90
미국 버지니아 주 체서피크 만	85
러시아 푸체-카툰키	80
남아프리카 모록웽	70
러시아 카라	65
미국 몬태나 주 비비헤드	60

* 공룡의 멸종과 관련이 있는 것으로 생각됨.

커다란 혜성이나 소행성의 지구 충돌을 막기 위해 우리는 무엇을 할 수 있을까?

이 문제는 많은 토론이 필요하다. 대부분의 과학자들은 지구로 다가오는 지구근접 천체를 폭파시키는 영화 속의 해법이 답은 아니라는 데 동의하고 있다. 작은 조각들이 지구에 비처럼 쏟아질 것이므로, 천체를 폭파시키는 것은 더 많은 문제를 일으킬 수 있다. 그리고 많은 천문학자들은 NEOs를 폭파시키는 것이 불가능하고 믿고 있다. 특히 소행성의 경우에는 더 그렇다. 최근에 소행성에 가까이 다가갔던 탐사선의 조사와 지구 근처를 지나간 소행성을 망원경으로 관찰한 자료에 의하면 '암석 더미'인 이 천체를 폭파시키는 것은 매우 어렵다.

다가오는 NEOs를 제거하기 위해서는 폭파가 아니라 지구로부터 부드럽게 밀어내야 한다. 과학자들은 NEOs가 지구에 충돌할 경로로 다가오고 있는 경우 충분히 미리 그것을 경고할 수 있다. 만약 이들의 충돌을 몇 년 전에 예측할 수 있다면 현재 가지고 있는 기술로도 이것을 지구로부터 멀리 밀어낼 수 있다. 이런 일을 해내기 위해서는 많은 나라들이 여러 대의 우주선을 이 천체로 보내는 국제적인 협력이 있어야 할 것이다. 일부 과학자들은 표면에 설치해 놓은 핵융합 무기가 NEOs를 파괴하지 않고 속도를 바꿀 수 있을 것이라고 제안했다. 수 ㎝/s 정도의 속도를 바꾸는 것만으로 도 지구에서 멀어지도록 경로를 바꿀 수 있다는 제안도 있다. 이 천체 위에 태양풍 돛 대를 설치하면 태양에서 불어오는 고에너지 입자인 태양풍이 이 천체를 밀어내 지구 로 향하던 길을 바꾸게 할 수 있을 것이라는 것이다.

현재 지구를 위협하는 지구근접천체가 있는가?

현재 지구에 충돌할 것으로 보이는 지구근접천체는 없다. 많은 과학자들은 질병에 걸릴 확률이나 자동차 사고를 당할 확률 또는 다른 자연재해를 당할 확률이 NEOs가 지구에 충돌할 확률보다 훨씬 높다고 지적한다.

NEOs의 충돌 위험을 결정하는 데 가장 어려운 부분은 천체의 궤도를 정확하게 결 정하는 일이다. 천체의 정확한 위치와 운동을 알기 전까지는 위협을 결정할 수 없다. 이 때문에 미디어에서 종종 충돌 가능성이 있는 NEOs의 발견을 보도한다. 예를 들 면 1997년에 발견된 지름이 약 1㎞인 소행성 1997XF11이 1998년 3월에 미디어 의 집중 조명을 받았다. 궤도 자료에 의하면 이 소행성이 2028년 10월 26일에 지구 에 아주 가까이 다가오는 것으로 알려졌기 때문이다. 그러나 더 많은 자료와 궤도 측 정 결과 충돌확률이 0%라는 것이 확인되었다. 2002년에는 많은 연구자들이 지름이 약 1㎞인 또 다른 소행성 1950DA가 2880년 3월 16일에 지구와 충돌할 가능성이 있다고 발표했다. 그러나 그런 일이 실제로 일어난다고 해도 그것은 먼 미래의 일이 다. 그리고 또 다른 소행성 2002NT7이 2019년 2월 1일에 지구와 충돌할 가능성이 있는 것으로 알려졌지만 더 많은 자료를 검토한 결과 지구와 충돌 가능성이 없는 것 으로 확인되었다.

대형 혜성이나 소행성이 지구에 충돌하면 어떤 일이 일어날까?

지구 표면의 70% 정도는 바다이기 때문에 소행성이나 혜성이 육지에 충돌할 가능 성은 30%이다. 작은 물체가 바다에 떨어지면 용융된 암석을 호수에 던지는 것처럼

애리조나 윈슬로우에 있는 지름 1.6㎞의 운석 구덩이. 이 크레이터는 5만 년 전에 1000만t짜리 운석이 충돌하여 3억t의 암석을 날려 보내 만들어졌다. 이 크레이터의 깊이는 180m이고 둘레는 4.8㎞이다. ⓒ CC-BY-3.0 : Neil

큰 영향을 주지 않을 것이다. 수증기가 발생하고 주변의 생명체가 피해를 보겠지만 그 밖에 다른 영향은 크지 않을 것이다.

그러나 지름이 0.8㎞ 이하인 작은 혜성이나 소행성이 육지에 충돌한다면 그 지역의 사람, 동물, 식생, 그리고 구조물에 큰 피해를 가져올 것이다. 예를 들면 4만 9000년 전에 애리조나에 지름 1.2㎞의 충돌 크레이터를 만든 소행성 충돌은 주변 수 ㎞ 내에 있는 모든 생명체를 파괴했을 것이다.

만약 지름이 1㎞ 이상 되는 물체가 지구에 충돌하면 거대한 해양 파도를 만들어 수십억 명의 사람들이 희생될 것이라고 과학자들은 믿고 있다. 과학자들은 지구에 충돌할 가능성이 있는 이런 크기의 지구근접소행성의 수가 700~1,000개 정도 되며, 이 중에서 50만에서 1000만 년에 하나 꼴로 지구에 충돌하는 것으로 추정하고 있다.

그러한 충돌로 야기되는 것 중 하나는 충돌로 만들어진 먼지가 지구 대기 전체에 퍼져 기후를 변화시키는 것이다. 식물은 산성비와 차단된 햇빛 때문에 어려움을 겪을 것이고, 지구 표면으로 떨어지는 뜨거운 충돌 잔해들로 인해 곳곳에서 화재가 발생할 것이다. 지름이 10㎞가 넘는 소행성의 충돌은 지구에 살고 있는 모든 생명체를 멸종시킬 수 있을 것이다. 그러나 이로 인해 생명 보험의 보험료가 올라가지는 않을 것이다. 이런 충돌은 1억 년에 한 번 정도로 일어날 것이기 때문이다.

지구에 근접하는 혜성이나 소행성을 감시하는 사람이 있는가?

있다. 지구에 근접하는 커다란 소행성 감시 프로그램이 여러가지 있으며 과학자들이 이 지구위협소행성을 감시하고 있다. 임박한 소행성의 충돌이 예상되어 있지도 않고, 과거에 예측된 적도 없지만 이 목록에 포함된 물체는 먼 미래의 어느 시점에 지구에 충돌할 가능성이 있기 때문에 과학자들은 알려진 소행성의 잠재적 파괴력의 강도를 1에서 10 사이의 숫자로 나타내는 토리노 스케일을 만들었다. 토리노 스케일이 1로 분류된 소행성은 큰 피해를 주지 않겠지만 10으로 분류된 소행성은 지구의 모든 생명체를 파괴할 것이다.

다른 행성에 충돌하는 것을 목격한 적이 있는가?

있다. 1994년 7월 16일에서 7월 22일 사이에 부서진 혜성 조각들이 목성에 충돌했다. 이것은 사람들이 목격한 첫 번째 두 천체의 충돌이었다. 이 혜성을 발견한 팀의 이름을 따서 슈메이커 레비 – 9 $^{Comet\ P/Shoemaker-Levy\ 9}$라고 명명된 이 혜성의 지름 2㎞ 정도 되는 잔해가 목성의 상층 대기에 충돌하여 장관을 연출했다. 충돌 지점에 만들어진 검은색의 '고리'들을 갈릴레오, 허블우주망원경, 율리시즈 같은 여러 탐사위성들이 몇 주일 동안이나 관찰해 충돌 영상과 자료를 수집했다. 또한 많은 아마추어 천문가나 직업적 천문학자들도 이 충돌을 목격하고 충돌 결과를 조사했다.

달에 충돌하는 것을 본 적이 있는가?

있다. 1956년에 아마추어 천문가 레온 스튜어트$^{Leon\ H.\ Stuart}$가 달에서 불빛이 반짝이는 것을 관측하고 사진을 찍었다. 이것이 달 표면에 소행성 크기의 물체가 충돌하는 것을 직접 목격한 단 하나의 사례이다. 1994년에 클레멘타인 탐사선이 스튜어트가 관측한 충돌 지점을 포함하는 달 표면의 사진을 찍었다. 2000년대 초에 과학자들은 이 충돌로 만들어진 지름 1.5㎞의 충돌 크레이터를 찾아냈다. 최근에 만들어진 분출물로 덮여 있고, 주변에 있는 다른 젊은 크레이터들보다 더 젊어 보이는 크레이터 지역을 찾아낸 것이다. 충돌한 암석의 크기는 약 40m 정도 되는 것으로 추정된다. 달에서 이런 크기의 충돌은 10~50년마다 한 번씩 일어난다.

지구는 다른 행성과 어떤 점이 유사한가?

지구는 위성을 가지고 있는 유일한 행성인가?

아니다. 태양계의 수성과 금성을 제외한 모든 행성은 하나 이상의 위싱을 가지고 있다. 태양계의 행성들은 적어도 124개 이상의 위성을 거느리고 있으며 그중 지구는 하나의 위성인 달을 가지고 있다. 또 화성은 2개, 목성은 58개, 토성은 30개, 천왕성은 21개, 해왕성은 11개의 위성을 가지고 있다. 현재까지 목성이 태양계에서 가장 많은 위성을 가지고 있으며 망원경의 성능이 향상되면서 계속 새로운 위성을 발견하고 있기 때문에 목성의 위성 수는 앞으로도 늘어날 것이다. 가장 큰 위성은 목성의 위성인 가니메데로 수성이나 명왕성보다도 크다. 토성의 위성 타이탄 역시 수성이나 명왕성보다는 크지만 가니메데보다는 작다. 목성의 위성인 칼리스토는 수성과 비슷한 크기이다. 그리고 지름이 수 km에 불과한 가장 작은 위성이 토성의 고리 안에서 발견되었다.

모든 행성들의 자전축이 흔들리는가?

그렇다. 지구의 자전축을 포함하여 모든 행성의 자전축은 팽이처럼 조금씩 흔들린다. 과학자들은 이러한 자전축의 흔들림은 행성 내부의 물질 분포 때문에 발생한다고 보고 있다. 예를 들면 행성 핵의 조성과 크기가 자전축의 흔들림을 유발할 수 있다. 화성의 경우 과학자들은 이 행성의 반을 차지하고 있는 철로 된 중심핵으로 인해 자전축이 흔들린다고 생각하고 있다.

지구 외에 극관 얼음$^{polar\ ice\ cap}$을 가지고 있는 행성은 화성이다. 지구의 극관 얼음은 북극과 남극에 있다. 남극 극관은 남극 대륙을 덮고 있으며 지구 전체 민물의 90%를 차지하고 있다(극관 얼음에 대한 더 자세한 내용은 '얼음 환경' 참조).

화성 역시 남극과 북극에 영구 얼음적인 극관을 가지고 있다. 화성의 극관은 주로 드라이아이스라고 하는 고체 이산화탄소로 이루어져 있다. 북극과 남극의 극관은 얼음과 검은 먼지가 교대로 쌓여 만들어졌는데, 이런 층이 이루어진 이유에 대해서는 아무도 모르고 있다. 이에 대한 이론 중에는 이 층이 화성의 장기적인 기후 변화를 반영한다는 주장이 있다. 북반구가 여름일 때 극관의 이산화탄소가 승화되고 물이 언 얼음층만 남는데 남극의 극관에도 같은 일이 일어나는지는 과학자들도 알지 못하고 있다. 왜냐하면 남극 극관의 이산화탄소 층이 절대로 사라지지 않기 때문이다.

행성의 지위를 잃기는 했지만 명왕성에도 극관이 있다. 현재까지 허블우주망원경이 찍은 영상에는 북극에서만 극관을 볼 수 있으며, 아직 이 극관의 성분은 알 수 없다. 그러나 과학자들은 이것이 물이라고는 생각하지 않는다.

지구는 대기를 가지고 있는 유일한 행성인가?

아니다. 대부분의 다른 행성들도 대기를 가지고 있다. 그러나 지구는 탄소 화합물로 이루어진 생명체를 유지할 수 있는 대기를 가진 유일한 행성이다. 다음은 다른 행성들의 대기에 대한 설명이다.

수성^{Mercury} 수성은 태양계에서 대기를 가지고 있지 않은 유일한 행성이다. 과학자들은 수성에 있던 대기는 태양계가 형성된 후에 타버렸을 것이라고 생각한다.

금성^{Venus} 금성은 97%의 이산화탄소, 3%가 안 되는 질소, 그 밖의 미량 원소로 이루어진 두꺼운 대기를 가지고 있다. 온실기체인 이산화탄소로 이루어진 두꺼운 대기는 태양으로부터 받는 대부분의 에너지를 가두어 금성을 뜨겁게 유지하고 있다. 따라서 금성의 표면온도는 477℃나 된다.

화성^{Mars} 화성의 대기는 지구의 대기와 매우 비슷할 수도 있었지만 화성의 크기와 태양에서의 거리가 지구와 달라 대기도 달라졌다. 화성의 얇은 대기는 95.3%의 이산화탄소, 2.7%의 질소, 1.6%의 아르곤, 0.15%의 산소, 0.05%의 수증기로 이루어져 있다.

목성^{Jupiter} 목성의 대기는 약 90%의 수소, 약 10%의 헬륨, 약간의 메테인과 수증기, 암모니아, 먼지로 이루어졌다. 목성의 구성 성분은 태양계를 탄생시킨 성운의 구성 성분과 아주 비슷할 것으로 생각된다.

토성^{Saturn} 목성의 대기와 마찬가지로 토성의 대기도 대부분 수소(약 75%)와 헬륨(약 25%), 그리고 약간의 수증기, 메테인, 암모니아로 이루어져 있으며 암석으로 된 핵을 가지고 있다. 토성의 대기 조성도 태양계를 만든 성운의 성분과 유사할 것으로 보인다.

천왕성^{Uranus} 천왕성의 대기는 83%의 수소, 15%의 헬륨, 약 2%의 메테인으로 이루어졌다.

해왕성^{Neptune} 해왕성의 대기는 주로 수소와 헬륨으로 이루어졌으며 약간의 메테인을 포함하고 있다. 해왕성이 푸르게 보이는 것은 메테인이 주로 붉은색을 흡수하기 때문이다. 그러나 과학자들은 해왕성의 구름을 짙은 푸른색으로 보이게 하는 아직 발견되지 않은 원소도 있을 것으로 믿고 있다.

명왕성^{Pluto} 더 이상은 행성이 아니지만 명왕성의 대기는 주로 질소로 이루어져 있으며 약간의 일산화탄소와 메테인도 포함하고 있는 것으로 보인다. 명왕성은 매우 작기 때문에 대기는 매우 얇고, 명왕성이 태양에 가장 가까이 다가올 때에만 기체 상태가 된다. 일부 기체는 명왕성의 위성 카론과의 상호작용으로 우주로 날아가고 있을 것이다. 그러나 긴 명왕성의 일 년 중 대부분의 기간 동안에는 기체가 얼어붙어 있을 것이다.

과거 화성은 지구와 비슷했을까?

그렇다. 화성은 과거에 훨씬 지구와 비슷했다. 생성 초기에 화성은 초기 지구처럼 대부분의 이산화탄소를 탄산염 암석을 만드는 데 사용해버렸다. 그러나 화성의 표면은 지구 표면과는 달리 판으로 분리되어 이동하지 않기 때문에 암석을 형성한 이산화탄소를 다시 대기로 돌려보낼 수 없었다. 이 때문에 화성에는 화성을 따뜻하게 유지할 수 있을 정도의 온실효과가 일어날 수 없어 화성 표면은 지구 표면보다 차갑게 되었다. 이 때문에 화성이 태양으로부터 지구와 같은 거리에 있다고 해도 지구보다 훨씬 더 추울 것이다.

화성이 지구와 닮은 또 다른 면은?

화성은 지구의 반보다 약간 크지만 지구와 가장 유사한 행성이다. 화성의 크기는 지구보다 훨씬 작지만 육지의 넓이는 지구와 비슷하다. 그리고 화성에서 일어나고 있는 기후 변화도 지구에서와 비슷한 특징을 가지고 있으며 지형적 특징도 비슷하다. 예를 들면 화성에서는 화성 전체를 뒤덮는 먼지 폭풍이 발생하며, 높이 8㎞에 이르는 먼지 악마라고 부르는 토네이도도 발생하여 화성의 지형을 바꿔놓는다. 과거에 화성에는 표면을 흐르던 물이 있었다. 바이킹 오비터와 다른 탐사선이 화성에서 보내온 자료들은 강에 의해 깎인 거대한 수로가 있다는 증거를 보여주고 있다. 화성의 여러 지역에서 물에 의해 퇴적되어 형성된 것으로 보이는 층을 이루고 있는 암석도 발견되었다.

화성에도 지구에서와 같은 물이 최근까지 있었다는 것이 사실인가?

2000년에 과학자들은 NASA의 마스 글로벌 서베이어 탐사선이 관측한 화성 지형에 관한 사료를 검토했다. 이 지형은 화성 표면이나 표면 가까운 곳에 있는 액체 상태의 물이 흐르기 시작한 곳으로 추정되었다. 자세한 영상에는 화성 궤도에서 관측한 가장 작은 지형이 나타나 있다. 이 지형은 지구의 홍수가 만들어낸 지형과 유사했다. 예를 들면 흐르는 물에 의해 만들어진 우곡을 닮은 장소가 있고, 흐름이 운반해온 암석과 토양의 퇴적물도 보인다. 이 물이 지구의 강처럼 흐르지는 않지만 화성 위에서 관측되는 많은 강줄기 같은 지형을 만들었을 것으로 보인다.

NASA의 허블우주망원경이 찍은 화성의 모습.
ⓒ NASA

지구는 다른 행성들과 어떻게 다를까?

수성의 표면은 지구의 표면과 어떻게 다를까?

수성의 표면은 지구 표면과 크게 다르다. 표면 대부분의 지역에 수많은 크레이터가 분포되어 있으며, 매우 천천히 자전하고 있다. 수성의 자전주기는 59일이고, 공전주기는 88일이다. 수성은 태양이 비치는 부분에서는 온도가 400℃까지 올라가 매우 뜨겁고, 태양이 비치치 않는 뒤쪽에서는 −170℃까지 내려가 매우 춥다.

금성과 지구는 어떻게 다른가?

크기가 비슷하다는 이유로 금성을 지구의 '자매' 행성이라고 부르지만 금성 표면은 지구 표면과 전혀 다르다. 금성은 매우 혹독한 환경을 가지고 있는 행성으로 탈주온실효과가 일어나고 있다. 두꺼운 구름이 이산화탄소 기체의 바다를 만들어 태양 복사선을 가둬둔다. 이로 인해 표면 온도가 477℃까지 올라간다. 이것은 납을 녹이고 암석이 붉게 보이도록 할 수 있는 높은 온도이다. 열과 공기 중에서 내리는 황산비가 암석을 부식시킨다. 금성의 표면에는 충돌 크레이터가 흩어져 있고, 활화산에서 시작된 긴 용암의 강이 흐르고 있다.

지구도 언젠가는 금성에서와 같은 온실효과가 일어날까?

금성의 대기는 온실과 비슷하다. 햇빛이 이산화탄소 기체로 이루어진 공기를 통과하면 일부는 표면에서 흡수되고 나머지는 열의 형태로 다시 방출된다. 이산화탄소가 이 열을 흡수하여 우주로 나가는 것을 막는다.

현재 지구의 대기 중에는 금성의 대기와 같이 많은 이산화탄소가 포함되어 있지 않고, 금성만큼 태양에 가까이 있지도 않다. 그러나 평균 지구 표면 온도를 측정한 결과는 대기의 온도가 올라가고 있었다. 지구 온난화의 원인이 자연적인 주기에 의한 것인지 아니면 사람의 활동에 의한 것인지 확실하지는 않지만 사람이 원인을 제공하고 있다고 믿는 사람들이 많다. 그들은 주로 산업적 또는 상업적으로 배출된 이산화탄소 뿐만 아니라 사람이 만들어낸 다른 온실기체도 지구 온난화를 가속시킨다고 주장한다(지구 온난화와 온실기체에 대한 더 자세한 내용은 '지질학과 해양' 참조).

화성의 지형은 지구의 지형과 어떻게 다른가?

지구와 화성 사이에는 많은 지질학적 차이가 있다. 대부분의 차이는 크기와 관계있다. 마스 글로벌 서베이어와 같은 탐사선이 수집한 자료에 의하면 화성의 내부는 반지름이 약 1,700㎞인 핵과 지구의 맨틀보다 약간 밀도가 높은 용암인 맨틀로 이루어져 있다. 맨틀 위에는 남반구에서는 두께가 약 80㎞ 정도이고 북반구에서는 약 35㎞인 얇은 지각이 있다.

화성에는 화성 전체의 25%에 달하는 거대한 발스 마리너리 협곡이 있는데, 길이는 4000㎞에 깊이는 2∼7㎞이다. 미국을 예로 들자면, 뉴욕에서 로스앤젤레스에 이르는 거리이다.

화성에는 태양계에서 가장 큰 화산인 올림푸스 화산도 있다. 그러나 이 거대한 지형의 실제 크기에 대해서는 이견이 있다. 대부분의 측정값은 마리너 9호가 찍은 사진을 바탕으로 추정한 것으로 이 산의 높이는 22∼29㎞이다. 다른 측정에서는 산의 바닥에서부터 측정한 것도 있고, 일부는 올림푸스 산에서부터 주변에 있는 크레이터 높이를 측정한 것이다.

마스 글로벌 서베이어호 덕분에 과학자들은 올림푸스 산의 높이가 8,850m로 지구에서 가장 높은 에베레스트 산보다 세 배나 높으며 지름은 전체 하와이 제도 지름과 비슷한 550㎞나 된다는 것을 믿게 되었다.

화성과 지구의 온도는 어떻게 다른가?

화성과 지구의 온도는 많이 다르다. 지구는 온실효과로 인해 평균 표면 온도가 15℃ 정도이다. 만약 대기에 의한 온실효과가 없다면 지구의 평균 온도는 -18℃가 되어 대부분의 생명체가 살아갈 수 없을 것이다. 온실기체가 가둬두지 않는다면 지구 표면에서 복사되는 열의 대부분이 우주로 날아가버리기 때문이다.

화성에서는 지구에서보다 온도가 훨씬 빠르게 변한다. 화성의 평균 온도는 -55℃이다. 화성 표면의 온도는 변화가 심해 겨울 극지방의 온도는 -133℃이고 여름 낮 기온은 27℃이다. 화성의 자전축도 지구의 자전축처럼 기울어져 있어 자전축의 북극이 태양에서 먼 곳을 가리킬 때 북반구는 겨울이다. 화성 표면의 온도가 이렇게 큰 차이를 보이는 것은 화성 궤도가 이심률이 큰 타원 궤도이기 때문이다. 지구의 궤도는 화성 궤도보다 이심률이 작아 그다지 큰 온도 변화가 나타나지 않는다. 지구가 근일점을 지나가는 1월에 원일점을 지나가는 7월보다 지구와 태양 사이의 거리가 약 3% 더 가까워진다.

왜 화성의 지형이 지구의 지형보다 큰가?

화성과 지구의 지형이 '크기'에서 차이가 나는 것에는 두 가지 중요한 이유가 있다. 첫 번째는 지구보다 표면에서의 중력이 작기 때문이고 두 번째는 화성에 판구조의 증거가 없다는 것이다. 지구의 대륙은 수십 억 년에 걸쳐 이동한다. 중력이 작기 때문에 화성의 화산은 강한 중력으로 표면에서의 이동에 제한을 받지 않아 지구에서보다 더 큰 지형을 형성할 수 있다. 올림푸스 산이 그 예이다.

목성, 토성, 천왕성, 해왕성은 지구와 어떻게 다른가?

목성, 토성, 천왕성, 해왕성은 여러 면에서 지구와 다르다. 가장 큰 차이점은 크기, 태양으로부터의 거리, 구성 성분이다. 이 기체 행성들은 지구와는 달리 고체로 된 표면이 없다는 것도 큰 차이점 중 하나이다. 기체로 이루어진 이 행성들은 표면으로부터의 깊이가 깊어질수록 밀도가 높이질 뿐이다. 이 외행성들은 모두 두께와 밝기가 다른 고리를 가지고 있는데, 토성의 고리가 가장 밝고 가장 유명하다. 이 고리가 어떻게 만들어졌는지 아무도 모르지만 이전에 있던 큰 위성이 부서져 흩어진 잔해들로 이루어졌을 가능성이 있다. 다음은 이 행성들의 중요한 특징들이다.

목성 목성은 다른 모든 행성을 합한 질량보다 두 배나 큰 질량을 가지고 있으며, 지구의 질량보다는 318배나 크다. 목성의 적도 지름은 14만 2,984km이고 태양으로부터 7억 7,833만km 또는 5.2AU 떨어져 있다. 지난 300년 동안 지구의 관측자들이 관측해온 목성의 대적반은 지구 지름의 두 배나 되는 거대한 폭풍이다. 그 밖에도 목성은 목성궤도 바깥까지 영향을 미치는 지구의 자기장보다 훨씬 강한 자기장을 가지고 있다

토성 토성은 태양계의 여섯 번째 행성으로 태양과의 거리는 평균 14억 2,940만 km 또는 9.54AU이다. 태양계에서 두 번째로 큰 토성은 모든 행성 중에서 가장 밀도가 낮아 비중은 0.7이다. 이것은 토성을 넣을 수 있는 큰 물통을 구할 수 있다면 토성을 물 위에 띄울 수 있다는 것을 의미한다. 토성의 두 밝은 고리 A와 B, 그리고 조금 희미한 고리 C는 지구에서도 볼 수 있다.

천왕성 천왕성은 태양에서 일곱 번째 행성으로 태양과의 평균 거리는 약 28억 7,099만km 또는 19.22AU이다. 태양계에서 세 번째로 큰 천왕성의 지름은 해왕성보다 크지만 질량은 해왕성이 더 크다. 대부분의 행성들은 태양계의 황도면에 거의 수직한 자전축을 중심으로 자전하고 있지만 천왕성의 자전축은 황도면과 평행하다. 보이저 2호 탐사선이 천왕성을 지나갈 때 천왕성의 극지방이 태양을

향하고 있었다.

해왕성 해왕성은 태양에서 여덟 번째 행성으로 태양과의 평균 거리는 45억 4,000만㎞ 또는 30.06AU이다. 태양계에서 네 번째로 큰 해왕성의 지름은 천왕성보다 작지만 질량은 천왕성보다 크다. 해왕성은 태양계에서 가장 빠른 2,000㎞/h의 속력으로 부는 바람을 가지고 있으며, 태양으로부터 받는 에너지보다 2배나 많은 에너지를 방출하고 있다.

명왕성과 지구는 어떻게 다른가?

명왕성은 지구와 비슷한 암석으로 이루어진 천체이지만 유사점은 그것뿐이다. 명왕성은 지구와 달리 사람들이 살기에 적당한 장소가 아니다. 명왕성에서는 낮에 지구에서 받는 빛의 1500분의 1밖에 받지 못함에도 불구하고 어둡지는 않다. 명왕성에서 보는 햇빛은 보름달의 달빛보다 약 250배나 더 밝다.

태양에서 멀리 떨어져 있어서 명왕성의 표면 온도는 -200℃ 정도로 낮아 만약 피부가 노출된다면 건드리기만 해도 유리처럼 깨질 것이다. 1994년에 허블우주망원경이 명왕성 표면의 85% 정도 되는 지역의 영상을 얻었는데 이 영상에는 밝은 지역과 어두운 지역이 나타나 있었다. 밝은 지역은 얼어붙은 질소가 덮고 있으며, 어두운 지역은 골짜기, 최근에 만들어진 충돌 크레이터 또는 햇빛과의 상호작용에 의해 색깔을 띠게 된 메테인 얼음일 것으로 생각된다. 표면도 방문해볼 만한 장소가 아닌 것이다. 이 영상들은 명왕성이 태양으로부터 가장 멀어졌을 때는 상당한 크기의 극관을 가지고 있다는 주장을 지지해주었다. 이것이 지구와 명왕성의 유사점 중 하나이다.

이처럼 작은 명왕성을 천문학자들은 어떻게 발견했을까?

미국 천문학자 퍼시빌 로웰^Percival Lowell (1855~1916)은 천왕성의 운동에 약간의 영향을 주는 또 다른 행성이 해왕성 바깥쪽에 있을 것이라고 가정했다. 1905년 로웰은 이 행성을 찾아내기 위해 현재 가장 훌륭한 천문관측소 중 하나인 로웰 천문대를 애리조나 주의 플래그스태프에 설치했다. 로웰은 그 밖에도 화성에서 관측한 운하와 같은 '구조'를 설명하기 위해 화성인을 찾으려고 시도하기도 했다.

로웰의 사망 후에도 로웰 천문대 연구원들은 새로운 행성을 찾는 일을 계속하면서 전문적으로 이 일을 수행할 사람을 찾았다. 1928년 22살이었던 클라이드 톰보^{Clyde William Tombaugh}(1906~1997)가 로웰 천문대의 요청을 받아들여 망원경으로 찍은 사진을 몇 시간씩 들여다보는 새로운 행성 수색작업을 시작했다. 톰보는 한 장의 사진 건판에 5만~40만 개의 별과 은하, 소행성이 찍힌 많은 사진 건판들을 조사했다. 그리고 하나의 화면에 두 사진이 교대로 나타나도록 하여 이동한 점들을 찾아내는 점멸비교기를 이용하여 마침내 하늘에서 '움직이고 있는' 작은 점을 찾아냈다. 1930년 2월 18일 톰보는 로웰이 예측했던 지점에서 가까운 쌍둥이자리에서 명왕성을 발견한 것이다.

재미있는 점은 과학자들은 명왕성이 천왕성이나 해왕성의 궤도 운동에 변화를 가져올 정도로 크지 않다는 사실을 알아냈다는 것이다. 톰보와 다른 천문학자들은 행성 X라고 부르는 다른 행성을 더 찾아보았지만, 그러한 행성은 찾을 수 없었고 앞으로도 찾지 못할 것이다. 보이저 2호에 의해 해왕성의 정확한 질량이 알려지자 모든 궤도 운동의 차이 문제가 해결되었다.

태양계의 위성 중에서 지구와 같이 대기를 가지고 있는 위성은?

태양계의 몇 개의 큰 위성은 대기를 가지고 있다. 그러나 이런 위성들의 대기는 지구의 대기와는 전혀 다르다. 예를 들면 수성이나 명왕성보다 큰 토성의 위성인 타이탄은 두꺼운 대기층을 가지고 있다. 타이탄 표면에서의 대기압은 지구의 대기압보다 50% 더 높다. 타이탄의 대기는 지구의 대기와 마찬가지로 주로 질소로 이루어져 있으며 약 6%의 아르곤, 약간의 메테인, 그리고 시안화수소, 이산화탄소, 물을 비롯한 그 밖의 10여 종의 성분으로 이루어져 있다. 유기물은 타이탄 대기 상층부에서 주로 발견되는 메테인이 태양빛에 의해 파괴되면서 만들어진다. 이것은 지구의 대도시 부근에서 발견되는 것과 비슷한 스모그지만 타이탄의 스모그는 훨씬 강하다. 일부 과학자들은 타이탄의 대기는 생명체가 살기 시작하기 전 지구의 대기와 비슷할 것으로 보고 있다. 그러나 지구의 경우에는 태양 열기와 빛에 가까이 있어서 생명체가 존재하기에 유리했을 것이다.

얇기는 하지만 대기를 가지고 있는 또 다른 위성은 해왕성의 가장 큰 위성 트리톤이다. 대부분이 질소와 약간의 메테인으로 이루어진 트리톤의 대기는 표면에서 5~10㎞까지 뻗어 있는 옅은 안개이다.

대기라고 할 수 있는 것을 가지고 있는 또 다른 위성은 화산활동이 활발한 목성의 위성 이오이다. 이오의 대기를 구성하고 있는 성분은 화산에서 분출된 이산화황과 다른 기체들이다. 얼음으로 뒤덮인 목성의 위성 가니메데와 유로파도 산소가 함유된 옅은 대기를 가지고 있다. 그러나 지구와 달리 이 위성들의 대기에 포함된 산소는 생명체에서 유래한 것이 아닐 가능성이 높다. 아마도 햇빛이나 전하를 띤 입자가 얼음 표면에 부딪히면서 만들어낸 수증기로부터 만들어졌을 가능성이 높다. 이 수증기가 수소와 산소로 분리된 후 가벼운 수소는 우주 공간으로 날아가고 산소만 남았을 것으로 보고 있다.

북반구의 중요한 지형들

빙하 지형

세계에서 가장 큰 섬은 어디인가?

세계에서 가장 큰 섬은 그린란드이다. 넓이가 217만 5,590㎢ 인 그린란드의 대부분은 북극권 안에 있다. 그린란드의 동쪽에는 그린란드 해가 있고, 서쪽에는 데이비스 해협과 배핀 만이 있으며, 북쪽에는 북극해, 남쪽에는 대서양이 있다.

지질학적으로 그린란드는 북아메리카 대륙에서 선캄브리아기의 핵심이었던 캐나다 순상지의 일부이기 때문에 북아메리카의 일부로 간주되기도 한다. 동쪽과 서쪽 해안을 따라 있는 산지에는 그린란드 남동 지역에서 가장 높은 산인 높이 3,700m의 군비요른 산이 포함되어 있다. 주로 해안과 해안에 있는 섬으로 이루어진 그린란드는 41만 450㎢ 의 면적만이 얼음으로 덮여 있지 않다. 얼음으로 덮여 있지 않은 이 지역의 절반은 선캄브리아기 암석을 포함하고 있다. 대부분 화강암과 편마암인 이 암석들은 화산과 지각판 이동의 영향을 얼마나 많이 받았는지를 나타내는 증거이다. 거대한 빙상과 작은 규모의 빙모, 빙하가 이 섬의 대부분을 덮고 있다.

그린란드의 빙하는 북대서양 항해에 어떤 영향을 미치는가?

그린란드의 빙하는 빙산을 만들어내기 때문에 북대서양 항해에 많은 영향을 준다. 그린란드의 많은 얼음, 특히 그린란드 서쪽 지방에서는 조석작용에 의해 얼음덩이가 분리되어 바다로 떨어진다. 야콥스헤이븐 빙하와 훔볼트 빙하 사이에 위치한 20여 개의 빙하로부터 매년 1만~1만 5,000개의 빙산이 만들어지고 있다. 이런 얼음덩이 는 북대서양 항로에 직접적인 영향을 미친다.

유럽에서 가장 아름다운 빙하는 어디인가?

프랑스어로 유리의 바다라는 뜻인 메르드글라스 빙하는 알프스에 위치해 있는 유럽 에서 두 번째로 큰 빙하이며 가장 아름다운 빙하 중 하나로 꼽힌다. 프랑스 동부에 위치 한 이 빙하의 길이는 5.6㎞로 세 개의 작은 빙하가 합쳐져 만들어졌다. 이 빙하의 북동 쪽 끝에는 샤모니라는 마을이 있다.

훔볼트 빙하는 무엇인가?

훔볼트 빙하는 그린란드는 물론 북반구에서 가장 큰 빙하이다.

유럽 대륙에서 가장 큰 빙하는?

유럽 대륙에서 가장 큰 빙하는 120㎢ 나 되는 넓은 지역을 덮고 있는 대형 빙상인 스위스 남부에 있는 알레치 빙하이다. 이 빙하는 동쪽에 있는 빙하호인 메리엘렌 호, 서쪽에 있는 알레치호른 산, 남쪽에 있는 론 강으로 둘러싸여 있다.

아이슬란드가 지질학적으로 흥미로운 이유는?

두 지각판 사이에 놓여 있는 아이슬란드의 지형은 얼음과 화산에 의해 만들어졌고, 많은 지형이 아직도 만들어지고 있기 때문에 지질학적으로 흥미롭다(판구조론에 대한 더 자세한 내용은 '지구의 층을 통하여' 참조). 아이슬란드 전체 면적의 12%는 빙하로 덮여 있으며, 이 섬나라의 서쪽과 북쪽 지방은 주로 얼음이 만들어낸 깊은 피오르 해안이다.

아이슬란드는 지질학적으로 젊은 지역이다. 수천 년 동안 화산분출에 의한 용암이 높이 610m의 현무암 고원을 만들었다. 이러한 화산활동이 화산, 열수공, 온천과 같은 지형을 만들었고 아직도 만들고 있다. 얼음과 화산으로 덮인 이 섬의 4분의 1에만 사람이 살 수 있기 때문에 대부분의 도시는 해안을 따라 발달되었다.

바트나이오쿠를 빙하란?

아이슬란드의 중부 지역에 위치한 바트나이오쿠를 빙하는 아이슬란드에서 가장 큰 빙하로 종종 빙모라고 불린다. 아이슬란드를 덮고 있는 1만 1,922㎢의 전체 빙하 중 8,400㎢는 바트나이오쿠를 빙하로, 이는 유럽 대륙에 있는 모든 빙하를 합친 넓이와 비슷하다. 일부 지점에서 이 빙상의 깊이는 1,000m에 달한다.

1996년 바트나이오쿠를 빙하에서 무슨 일이 있었나?

1996년 9월 30일, 너비가 약 4㎞인 화산 용암이 바트나이오쿠를 빙하의 바닥을 녹이기 시작했다. 그해 10월 14일 화산분출이 끝났지만 얼음이 녹은 물을 가두어 부근에 있는 그림스보튼 호수의 수위를 100m나 높여 놓았다. 11월 초에 물의 압력이 매우 커져 호수의 서쪽 부분이 터졌고, 이로 인해 엄청난 물이 스케이다라산두르 지역으로 쏟아져 들어가 주변 마을의 교량, 도로, 둑을 파괴한 후 대서양으로 흘러들어갔다. 물은 며칠 동안 쏟아진 후에야 잦아들었다.

산맥

히말라야는 어떤 곳인가?

카라코람 산맥을 포함하는 히말라야 산맥은 2,400㎞나 뻗어 있다. 수천만 년에 걸쳐 형성된 이 산지는 인도 아대륙의 북쪽 가장자리를 가로질러 인도를 중국의 일부인 티베트와 투르크스탄으로부터 갈라놓고 있다. 히말라야는 지난 천만 년 동안에 형성되었고, 이 기간 동안에 인도 아대륙은 북쪽으로 이동하여 유라시아와 충돌하면서 오늘날까지 조산작용이 계속되고 있다.

히말라야에서 발견되는 지질학적 지형은 무엇인가?

히말라야에는 뛰어난 지질학적 지형이 많이 있다. 다음은 히말라야의 몇몇 중요한 지형이다.

에베레스트 산 학교에서 배운 것과 같이 지구상에서 가장 큰 산은 히말라야에 있는 에베레스트 산이다. 이 산의 이름은 인도의 감독관 조지 에베레스트[Sir George Everest] 대령의 이름을 따서 명명했다. 1999년 GPS 장치를 이용한 측정으로, 이 산의 높이가 8,850m라는 것이 증명되었다. 에베레스트 산을 처음 등반한 사람은 뉴질랜드의 에드먼드 힐러리와 네팔인 세르파 텐징 노르가이였다.

K2와 칸첸중가 에베레스트 산이 사람들의 모든 관심을 받고 있지만 히말라야에는 그 밖에도 높은 산들이 많다. K2는 높이가 8,611m이고, 칸첸중가는 8,586m이다.

시아첸 빙하 시아첸 빙하는 극지방을 제외하면 세계에서 가장 긴 빙하로 길이가 76㎞나 된다.

라카포시 산 라카포시 산의 높이는 7,788m이고, 세계에서 가장 가파른 산이다. 이 산은 수평 거리가 10㎞인 훈자 계곡으로부터의 높이가 6㎞이다. 따라서 전체적인 경사도는 31°이다.

히말라야는 아직도 높아지고 있는가?

그렇다. 인도 판과 유라시아 판의 이동으로 히말라야는 세계에서 가장 빠르게 높아지고 있는 산맥이다. 매년 1㎝씩 높아지고 있으므로 100만 년마다 10㎞가 높아지는 셈이다 (히말라야와 판구조론에 대한 더 자세한 내용은 '조산작용'과 '지구 층을 통하여' 참조).

캐나다 로키 산맥은 무엇인가?

캐나다 로키 산맥은 미국 로키 산맥의 '연장'이다. 즉 캐나다 로키 산맥과 미국 로키 산맥은 모두 하나의 로키 산맥의 부분들이다. 캐나다 로키 산맥은 프론트 레인지, 가장 높은 산들이 있는 이스턴 메인 레인지, 웨스턴 메인 레인지, 웨스턴 레인지, 로키 산맥의 서쪽 경계로 컬럼비아 강이 있는 로키 산 협곡의 다섯 지역으로 나누어져 있다. 캐나다 로키 산맥에서 가장 높은 산은 높이가 3,954m인 로브슨 산이다.

캐나다 로키 산맥에서 유명한 화석 지역은 어디인가?

세계에서 가장 유명한 화석 지역 중 하나가 캐나다 로키 산맥에서 발견되었다. 브리티시 컬럼비아에 있는 필드 산과 왑타 산 사이에 있는 포사일 리지의 버제스 셰일 암석층으로, 1909년에 첫 번째 증거가 발견된 이후 발굴을 통해 이곳이 세계에서 가장 중요한 화석 지역이라는 것이 확인되었다.

버제스 셰일 암석은 길이가 61m이고 두께가 2.4m로 큰 암석이 아니지만 놀랍게도 5억 1500만 년 전인 캄브리아기에 살던 무척추동물의 화석이 완전한 상태로 보존되어 있었다. 현재 후손들이 있는 생물과 후손이 알려지지 않은 생물이 포함된 이 화석들의 놀랍도록 완전하게 보존된 상태와 수로 인해 이 암석층은 중요한 고생물학적 발견이 되었다.

일본의 상징인 화산은?

후지 산은 일본을 상징하는 화산으로 현무암으로 이루어진 성층화산이다. 후지 산은 거의 완전한 대칭을 이루고 있는 산으로 항상 얼음에 덮여 있다. 일본어로 후지 산이라고 부르는 이 산은 도쿄에서 남서쪽으로 97㎞ 떨어진 혼슈섬에 있다. 3,798m로, 일본에서 가장 높은 후지 산은 일본 문화에서 매우 중요한 위치를 차지하고 있다.

지질학자들은 후지 산이 오래된 두 개의 화산 위에 형성되었다는 것을 밝혀냈다. 5만 년 전에서 9000년 전까지 활동적이던 고후지 화산은 현재 후지 산에서 나온 용암으로 덮여 있다. 그리고 젊은 후지라고도 불리는 지질학적으로 젊은 화산은 후지 산의 북쪽 가장자리에 노출되어 있다. 후지 산은 1707년에 마지막으로 분출하여 남동쪽 사면에 화산 크레이터를 만들었다.

유럽의 알프스는 어떤 곳인가?

알프스는 길이가 1,207㎞, 너비는 160㎞인 유럽 남부에 있는 커다란 산맥이다. 지질학자들이 처음으로 신악에 대한 과학적 연구를 시작한 곳이 알프스이기 때문에 과학적 산악 용어 중에는 알프스 지명에서 유래한 것들이 많다.

동서로 뻗어 있는 산맥이 프랑스 남부, 스위스 전체, 독일 남서부, 이탈리아 북부, 오스트리아, 슬로베니아까지 걸쳐 있으며 라인 강, 론 강, 다뉴브 강을 비롯해 유럽 강들의 발원지이다. 루체른이나 마조레처럼 마지막 빙하기에 만들어진 호수들도 알프스 산맥에 있다. 알프스에서 가장 높은 산인 몽블랑은 프랑스에 있으며 높이는 4,810m이다. 스위스에 있는 높이 3,970m의 아이거 산과 4,158m의 융프라우 산이 알프스의 또 다른 유명한 산들이다.

알프스는 어떻게 형성되었나?

유럽의 알프스 산맥은 히말라야와 같은 방법으로 형성되었다. 그러나 알프스의 경우에는 북쪽으로 이동한 아프리카 판이 유라시아 판과 충돌해 산맥을 만들었다. 약 1

억 8000만 년 전에 아프리카 판이 북쪽으로 이동하기 시작했고 4000만 년 전에 지각이 접혀 솟아올라 알프스 산맥이 형성되었다.

산맥을 구성하는 대부분의 암석이 화강암, 운모편암, 편마암과 같은 화성암이거나 변성암인 것은 격렬한 충돌의 증거이고, 산기슭에서 발견되는 사암이나 셰일 같은 퇴적암은 알프스 침식과정의 증거이다.

테티스 해는 무엇인가?

테티스 해는 멕시코에서 대서양을 가로지른 다음 지중해를 거쳐 중앙아시아에 이르는 얕은 중생대 바다였다. 이 광대한 바다는 고대 대륙인 곤드와나 대륙과 로라시아 대륙을 갈라놓고 있었다.

마터호른 산은 왜 유명한가?

알프스에서 가장 높은 산은 아니지만 스위스의 마터호른은 가장 극적이고 뚜렷한 특징을 가지고 있다. 이탈리아와 스위스 국경에 위치한 마터호른 산의 높이는 4,480m이고, 단단한 결정질 암석으로 이루어졌다. 마터호른은 빙하기의 잔유물로 피라미드 형태의 봉우리는 지난 200만 년 동안의 빙하에 의해 형성되었다. 이 산의 독특한 모양은 한 점으로 모이는 여러 개의 권곡에 의해 만들어졌다. 이것은 에베레스트 산이 만들어지는 과정과 비슷하다.

1865년 7월 14일 영국의 등산가 에드워드 윔퍼^{Edward Whymper}가 처음으로 마터호른 등정에 성공했으며, 3일 후에 지오바니 카렐^{Giovanni Carrel}의 지도하에 이탈리아 팀이 이탈리아 지역의 마터호른 등정에 성공했다. 남쪽 면은 1931년이 되어서야 처음으로 등정이 이루어졌다.

알프스 산맥의 연장인 아프리카 산맥은 ?

오 아틀라스라고도 하는 아틀라스 산맥이 알프스 산맥의 연장이다. 아프리카 북서부에 있는 이 산맥은 튀니지, 알제리, 모로코를 가로지르며 전체 길이는 2,400㎞이다. 가장 높은 산지는 모로코 남부에 있는 그랜드 아틀라스이고 가장 높은 산은 투브칼로 4,165m이다.

아틀라스 산맥과 이웃 산맥들에서 발견되는 변형된 암석은 테티스 해를 막아버린 아프리카 판과 유라시아 판이 충돌했다는 증거이다. 이 산맥들은 신생대에 시작된 판들의 충돌로 지각판이 접히면서 형성되었다.

화산

베수비오 화산은 어디에 있는가?

베수비오 화산은 남부 이탈리아의 나폴리 부근에 있는 나폴리 만에 있다. 높이가 1,277m로, 가끔 연기와 수증기를 내뿜을 뿐 대개는 매우 점잖다. 그러나 항상 이렇게 조용한 것만은 아니다.

79년 베수비오 산에는 무슨 일이 있었는가?

79년 8월 24일 오후 1시경에 베수비오 산 아래에 있는 로마의 도시 헤르클라네움에는 큰 소리가 들렸다. 그 소리는 사화산으로 생각했던 산이 화산폭발을 하면서 낸 소리였다. 이로 인해 용융된 암석과 화산재가 도시에 비처럼 쏟아졌다. 대부분의 시민들은 집에서 화산 폭발이 끝나기를 기다려도 된다고 생각했다. 그러나 한밤중이 되자 많은 사람들이 단 하나의 탈출구인 바다로 달아나기 시작했다. 화산 폭발로 발생한 엄청난 양의 화산재와 용암이 산의 경사면을 따라 흘러내려 도시를 덮쳤던 것이다. 엄청난 양의 마그마가 달아나는 사람들을 삼키고, 집 안팎에 있던 사람들을 묻어버린 비극적인 순간이었다.

그러나 비극은 그것으로 끝나지 않았다. 이웃 도시 폼페이의 주민들은 최악의 사태는 지나갔고 그들은 살아남았다고 믿었지만 다음날 베수비오는 다시 분출을 시작했다. 그리고는 빠르게 이동하는 화산재와 가스를 내뿜어 하루 만에 폼페이를 화산재 아래 6m 깊이로 파묻어버렸다. 이번에는 바다나 집안으로 도망칠 시간도 없었다. 사람들은 그 자리에서 두꺼운 화산재로 덮였다. 이 화산 폭발로 2,000명이 사망한 것으로 추정되는데 지금도 계속 희생자들이 발견되고 있다.

이것이 첫 번째로 기록된 베수비오 화산 폭발이었다. 이 화산 폭발로 예전의 크레이터가 붕괴되고 그 자리에 새로운 크레이터가 형성되었으며, 새로운 칼네라 인에는 작은 원추형 화산이 자랐다. 그 당시 베수비오 산을 사화산이라고 생각했지만 사실은 활화산이었던 것이다! 거의 2000년이 지난 후 발굴되기 시작한 이 도시는 로마의 예술, 건축. 생활용품들을 모아둔 타임캡슐과 같았다. 발굴로 유명해진 것들은 그 자리에서 화산재에 의해 질식하여 쓰러진 채로 동결된 사람들이 남긴 것들이다.

베수비오 산의 최근 분출은 1944년에 있었다. 그 이후 과학자들은 이 산을 24시간 감시하고 있다. 그들은 수증기와 연기가 나오는 것뿐만 아니라 화산 주변 도시의 지반 침하도 기록하고 있다. 이것은 베수비오 산 가까이에 오면 누구도 안심할 수 없다는 뜻이다.

이탈리아에서 가장 높고 가장 부피가 큰 화산은 무엇인가?

시칠리아에서 두 번째로 큰 도시인 카타니아 부근에 있는 에트나 화산이 이탈리아에서 가장 부피가 큰 활화산이다. 에트나 화산은 유럽에서도 가장 큰 화산으로, 높이가 3,322m나 되어 베수비오 산보다 거의 두 배나 높다. 이 화산은 수천 년 전부터 시작된 세계에서 가장 긴 화산분출의 역사 기록을 가지고 있다.

현무암으로 이루어진 성층화산인 에트나 화산은 60만 년 전에 폭발적인 분출과 적은 양의 용암이 흘러나오면서 형성되기 시작했다.

시칠리아에 있는 에트나 화산의 중심 크레이터에서 연기가 올라오고 있다. 에트나 화산은 유럽에서 가장 높은 활화산이다. ⓒ CC-BY-2.0 : gnuckx

에트나 화산 아래에 있는 용암은 유동성이 커서 가스를 쉽게 배출하는 반면에 베수비오 화산에서는 점성이 높은 용암이 가스를 안에 가두었다가 폭발적으로 분출한다. 에트나는 여러 개의 2차 원추형 화산과 배출구를 가지고 있고, 분화구 안에 분화구가 형성된 복잡한 성장 역사를 가지고 있다. 예를 들면 너비가 5㎞이고 길이가 10㎞인 말발굽 모양의 분화구가 동쪽에 있고 두 개의 다른 정상 분화구가 있다. 남동쪽 분화구는 1979년에 있었던 대규모 분출로 형성되었다.

데칸 트랩은 무엇인가?

워싱턴 주와 오리건 주를 합쳐 놓은 것과 같은 65만㎢의 면적을 자랑하고 있는 데칸 트랩Deccan trap은 인도 중서부를 덮고 있는 커다란 용암 대지로, 종종 인도 반도의 중앙 고원이라고도 한다. 백악기가 끝나고 3기가 시작되던 시기인 약 6500만 년 전에 두께가 2,000m가 넘는 용암이 분출되어 현무암 고원을 형성했다. 지질학자들은 이 용암 분출의 원인에 대해 의견의 일치를 보지 못하고 있다. 일부는 지각 바로 아래에 있는 맨틀 상층부에서 시작되었다고 주장하고 있고, 일부는 마그네슘을 많이 포함하고 있다는 이유를 들어 맨틀 하부와 액체 핵의 경계면에서부터 올라왔다고 주장하고 있다. 또 일부 과학자들은 많은 양의 용암 분출이 지구 역사에 있었던 대규모 멸종과 관련이 있다고 주장하고 있다. 예를 들면 시베리아에서 2억 4800만 년 전에 있었던 활발한 화산활동 시기는 지구 역사에 있었던 가장 큰 멸종인 페름기 대멸종 시기와 일치한다. 데칸 트랩의 분출이 있던 6500만 년 전에는 공룡이 멸종한 또 다른 대멸종 사건이 있었다.

데칸 트랩과 칙술루브 충돌 사이에는 관계가 있을까?

과학자들은 데칸 트랩을 형성시킨 화산활동과 칙슬루브 소행성 충돌 사이에 관계가 있는지를 밝혀내기 위해 노력하고 있다. 두 사건은 동시에 일어났을까, 아니면 충돌로 인해 데칸 트랩의 마그마 분출이 더 악화되었을까?

대부분의 과학자들은 멕시코 만과 부분적으로 유카탄 반도에 걸쳐 있는 폭 180㎞의 칙슬루브 크레이터는 천체가 지구에 충돌해서 만들어졌다고 믿고 있다. 또 칙슬루브 크레이터를 만든 천체의 충돌은 공룡 멸종에 부분적인 원인을 제공한 것으로 보고 있다. 칙슬루브 크레이터와 데칸 트랩은 거의 같은 시기에 형성되었으며 지구 기후에 큰 변화를 가져왔다. 지질학적 시간 단위에서 보면 이런 갑작스런 세계 기후의 변화는 변화에 적응할 수 없는 생물들의 멸종을 불러왔을 것이다.

그러나 천체의 충돌이 마그마의 흐름에 도움이 되었을까? 과학자들은 이와 관련된 이론에 대해 계속 토론하고 있다. 현재 많은 과학자들이 충돌로 인한 열과 충격파가 마그마의 용융과 흐름을 강화하여 더 많은 물질이 표면으로 올라올 수 있도록 했을 것이라고 믿고 있다.

나와틀어로 '담배 피우는 산'이라는 뜻을 가진 포포카테페틀 화산이 2003년 7월에 화산재와 화산암을 뿜어 올리고 있다. 이 대형 활화산은 3000만 명이 살고 있는 멕시코시티에 위협이 될 만큼 가까이 있다.

자이언츠 코즈웨이는 무엇인가?

북아일랜드에 위치한 자이언츠 코즈웨이^{Giant's Causeway}는 규모는 작지만 인도의 데칸 트랩의 경우와 마찬가지로 화산이 엄청난 양의 용암을 분출하여 형성된 거대한 현무암 기둥으로 이루어졌다. 약 2000만 년 전에 그린란드의 남동 해안이 브리티시 섬의 북서 해안과 분리될 때 활발한 화산활동으로 현무암 홍수가 발생해 액체 상태의 용암이 넓은 지역으로 퍼졌다. 이 용암이 식어 결정화되면서 육각형 모양의 규칙적인 균열이 생겼다. 세계 대부분의 지역에서는 용암의 균열이 꼭대기에서 바닥까지 연장되어 있지는 않다. 그러나 자이언츠 코즈웨이에서는 비교적 좁은 간격으로 배열된 거대한 현무암 기둥이 형성되어 지질학자들이 기둥형 현무암이라고 부르는 지형을 만들었다.

위태로울 정도로 도시에 가까운 멕시코 화산은 어디인가?

포포카테페틀은 멕시코시티 부근에 있는 급경사면의 화산이다. 과거에 화산재와 수증기를 내뿜은 적이 있는 이 거대한 화산은 도시에서 동쪽으로 55㎞ 정도 떨어져 있기는 하지만 폭발적인 분출은 주민들에게 영향을 미칠 수 있다. 따라서 큰 화산분출이 발생한다면 도시에 살고 있는 3000만 명의 시민들과 국제공항을 이용하는 항공기들에게 영향이 미칠 것이다.

포포카테페틀에서 있었던 마지막 분출은 1920년에서 1922년 사이에 있었다. 아직도 매우 활동적인 상태에 있어 1998년 1월 2일부터 2주 동안 두 번 분출하여 화산재를 3㎞ 높이까지 뿜어 올렸다. 이 분출은 1분 30초 만에 끝났지만 멕시코시티 교외까지 화산재가 날아올 정도로 강력했고 분출 시 발생한 충격으로 인근에 있는 건물의 창문과 문이 흔들렸다. 그때 이후로도 과학자들은 여러 차례의 화산재, 수증기, 가스 분출을 목격했고, 분출구의 변화와 작은 규모의 지진을 감지했다. 이는 포포카테페틀이 휴면 중이 아니라는 증거들이다.

1991년 피나투보 화산에서는 무슨 일이 있었나?

필리핀에 위치한 피나투보 화산은 루손 화산호에서 가장 높은 산이다. 1991년 6월 15일 이 산의 높이는 1,745m였지만 대규모 화산분출 후 크레이터 가장자리의 가장 높은 지점의 높이는 1,485m가 되었다. 이 화산 폭발은 폭 2.5㎞의 칼데라를 만들었고, 피나투보 부근의 골짜기들을 5.5㎦의 화산쇄설물로 채웠다. 20세기에 있었던 화산분출 중 피나투보 화산분출이 1912년 알래스카의 카트마이 화산분출 다음으로 큰 규모로, 1980년에 있었던 세인트헬렌스 화산분출보다 10배나 규모가 큰 것이었다.

분출 이전에 화산의 경사면에는 3만 명의 주민이, 화산 주변에는 50만 명이 살고 있었는데, 그들은 화산분출에 대비해 준비가 되어 있었다. 거대한 화산재 구름이 35㎞ 높이까지 솟아오르고 뜨거운 바람이 불어오자 적절한 시기에 경고를 발령해 그들은 재난을 피할 수 있었다. 필리핀 당국은 경사면과 골짜기에서 6만 명을 대피시켰고,

미군도 이 산 아래 있던 클라크 공군 기지로부터 1만 8,000명의 인원과 가족을 대피시켰다. 화산을 감시하고 분출을 예측할 수 있는 능력과 함께 신속한 대처는 수천 명의 목숨을 구했고 10조 달러에 달할 것으로 추산되는 재산 손실을 예방할 수 있었다.

물론 화산과 직접적으로 관련된 것뿐만 아니라 그로 인해 2차 피해도 있었다. 피나투보 주변에는 두께 5㎝ 이상의 화산재가 4,000㎢ 이나 되는 넓은 면적을 뒤덮어 농작물과 구조물들을 파묻었다. 그런데 때맞춰 불어 닥친 태풍으로 바람과 비와 물과 화산재가 섞이면서 또 다른 문제를 야기했다. 이로 인한 구조의 어려움과 지붕의 붕괴로 300명 이상의 사람들이 목숨을 잃었다. 비로 인해 무거워지고, 바람에 흔들린 뒤 섞인 화산재의 퇴적물이 화산분출에 의한 것보다 더 많은 사망자와 구조의 피해를 초래한 것이다.

지각 이동의 증거

네스 호는 지질학적으로 왜 중요한가?

네스 호$^{\text{Loch Nes}}$라고 하면 네스 호 괴물을 떠올리겠지만 스코틀랜드에 있는 이 지역은 지질학적으로도 중요하다. 이곳은 길이 100㎞의 그레이트 글렌 단층 지역이다. 이 주향이동 단층은 머리 만$^{\text{Moray firth}}$에 있는 인버네스에서부터 린네 호에 있는 포트윌리엄까지 뻗어 있으면서 스코틀랜드 고원을 둘로 나누어 놓고 있다. 남동쪽에 있는 그램피언 고원과 북서쪽에 있는 노던 고원은 모두 과거의 지각 이동을 나타내는 변성암으로 이루어져 있다. 이곳은 영국에서 가장 깊은 담수호인 네스 호가 있는 곳이기도 하다.

단층의 기원과 그 후의 역사는 아직 추론 과정에 있지만 지질학자들은 데본기에 활동적이었다는 것을 알고 있다. 그리고 쥐라기에도 이 지역의 화산활동과 관련해 이동이 있었을 것으로 보인다.

일본에는 왜 그렇게 많은 지진이 일어나는가?

일본 주변에 후지 산을 비롯한 많은 화산이 있는 것은 일본이 '환태평양조산대'에 위치해 있기 때문이다. 거대한 태평양 판이 서쪽으로 이동하면서 앞부분이 유라시아 판 아래로 섭입된다. 이 섭입이 만들어낸 열과 압력으로 인해 이 지역을 따라 화산과 지진이 발생한다. 일본은 태평양 판, 필리핀 판, 유라시아 판이 만나는 곳에 위치해 있어서 화산활동과 지진 활동이 더 활발하다.

터키는 왜 압축되어 구겨졌는가?

터키는 치약처럼 쥐어짜졌다. 터키의 북쪽에는 거대한 유라시아 판이 있고 남쪽에는 아프리카 판이 있으며 동쪽에는 아라비아 판이 있다. 이 거대한 세 개의 지각판이 서로 충돌하면서 가운데 있는 터키를 구기고 있다.

그 결과 이 작은 지역이 서쪽에 있는 에게 해 방향으로 이동하고 있다. 에게 해 역시 해저가 섭입되면서 작아지고 있다. 이러한 이동은 주로 두 개의 주향이동 단층인 북아나톨리안 단층과 동아나톨리안 단층으로 인해 발생하며 진도 8 이상의 지진을 발생시킨다. 북아나톨리안 단층은 이상한 행동을 보인다. 여러 해 동안 과학자들은 지진으로 인한 균열이 이 단층의 응력을 해소시키고 있다는 것을 발견했다. 그런데 이것은 다른 지역에 응력을 집중시켜 다음 지진을 준비하고 있다. 이런 형태의 지진은 단층을 따라 아래쪽으로 이동하고 있는데, 미래에 일어날 지진 예측을 위해 이에 대한 연구가 계속되고 있다.

고베 지진은 어떤 지진이었나?

고베 지진은 일본 역사 상 가장 파괴적인 지진이었다. 1995년 1월 17일 리히터 규모로 진도 7.2의 지진이 일본 고베 시를 강타했다. 진앙은 고베 시에서 남동쪽으로 20㎞ 떨어진 아와지 섬의 북동쪽 끝과 본토 사이에 있었다. 고베 시의 가장 중요한 항구인 효고 남부에서 5,000명 이상이 목숨을 잃었고, 150만 명의 시민 중 5분의 1

이 집을 잃었다. 재산 손실액은 1000억 달러에 가까운 것으로 추정되었다(2014년 현재 2011년 3월 11일 발생한 동일본 대지진은 진도 9.0이었다).

그러나 이것은 이 도시에 닥친 첫 번째 지진에 불과했다. 며칠 후 여진이 발생했다. 고베의 지리적 위치와 좁은 교통로로 인해 재난구조는 느리게 진행되었다. 고베는 남동쪽에 있는 오사카 만과 북서쪽에 있는 로코 산맥 사이에 끼어 있는 좁은 지역으로 일본 서부와 북동부를 연결해 준다. 그러나 고속도로와 철도가 파괴되어 모든 중요한 교통 체계가 끊어졌다. 도쿄와 일본 서부 지역을 연결하는 고속철도인 신칸센도 다른 두 개의 철도와 마찬가지로 고베 교량의 붕괴로 폐쇄되었다. 지진으로 균열이 생기고, 이동되고 가라앉은 도로 포장이 도시의 거의 모든 지역의 교통체증을 가중시켰다.

큰 물과 큰 강

지중해는 어떤 바다인가?

지중해는 유럽 대륙과 아프리카 대륙 사이에 있는 큰 바다이다. 지중해는 지브롤터 해협을 통해 대서양과 연결되어 있으며, 다르다넬스, 마르마라 해, 보스포루스를 통해서는 흑해와 수에즈 운하를 통해 홍해와 연결되어 있다.

지중해는 지각판 경계 지대에 위치한 것으로 보인다. 아프리카 판과 유라시아 판 사이에 있는 지중해-알프스 지역은 잘 정의되어 있지 않다. 특히 이곳에는 큰 지각판 사이에 끼어 있는 작은 마이크로 판들이 여러 개 있기 때문에 지질학적 구조가 매우 복잡하다. 따라서 지중해나 주변에서 일어나는 지진의 형태 역시 매우 복잡하다.

흑해라는 이름은 어떻게 붙여졌나?

흑해^{Black Sea}는 유럽 남동부와 아시아 사이에 있는 내륙 바다이다. 가장 깊은 곳은 2,245m이고 전체 넓이는 41만 3,360㎢ 이다. 여러 나라가 이 바다를 국경으로 하고 있다. 흑해의 북쪽에는 우크라이나, 북동쪽에는 러시아, 동쪽에는 조지아, 남쪽에는 터키가 있다. 그리고 불가리아와 루마니아는 흑해의 서쪽에 있다. 대부분 검게 보이는 이 바다의 색깔 때문에 검은 바다라는 의미로 흑해라고 부르게 되었는데 흑해의 색깔이 검은 것은 물의 성분 때문이다. 흑해의 맨 위층은 소금을 조금밖에 포함하고 있지 않으며 대부분의 물고기들은 이 층에서 살아가고 있다. 이 바다를 검은색으로 보이게 하는 아래층에는 황화수소와 많은 양의 소금이 포함되어 있으며, 해류나 생명체는 거의 발견되지 않는다.

아랄 해에 무슨 문제가 있는가?

러시아의 거대한 호수 아랄 해^{Aral Sea}는 넓이가 4만 145㎢ 이다. 아랄 해는 수십 년 동안 관개를 위해 너무 많은 물을 사용하여 세계에서 네 번째로 큰 호수에서 여덟 번째로 큰 호수로 강등되었고, 호수의 면적도 매년 변하고 있다. 따라서 앞의 표에 제시된 값은 추정치일 뿐이다.

빙하기 때부터 존재했던 아랄 해는 그 당시에는 염도가 낮았다. 이 호수는 수 세기 동안 이용되어왔지만 심각한 문제가 발생하기 시작한 것은 구소련이 이 지역에서 대규모 관개시설이 필요한 목화를 재배하기로 결정한 1950년대부터였다. 자연적인 증발과 이 호수에 물을 공급하는 두 강의 흐름을 끊어버린 관개시설 때문에 아랄 해는 면적이 40%나 줄어들었고 물의 양도 25%나 줄었다.

이로 인해 아랄 해의 수질도 악화되었다. 높아진 염도 때문에 물고기가 살 수 없게 되면서 호수 주변의 어업은 막을 내렸고, 호수가 줄어들자 소금기가 많은 해변이 드러나면서 바람이 불어 소금과 먼지를 날렸다. 이로 인해 예민한 사람들은 호흡기 질환에 시달려야 했다. 또 이 지역의 날씨도 변했다. 뿐만 아니라 소련이 미생물 무기를 폐기했던 섬은 더 이상 섬이 아니었다.

아랄 해가 다시 원래의 상태로 돌아갈 수 있을지는 시간이 말해줄 것이다. 그러나 UN에서 행한 최근의 조사는 희망적이지 않다. 조사 결과 아무런 조치도 취하지 않는다면 이 바다가 2020년이면 사라질 것이라고 추정했다.

카스피 해는 무엇인가?

카스피 해^{Caspian Sea}는 세계에서 가장 큰 호수로, 넓이는 37만 2,002㎢, 가장 깊은 곳의 깊이는 995m이며 수면은 해수면 아래 28m에 있다. 이 호수의 북동쪽에는 카자흐스탄이며, 남쪽에는 이란, 남동쪽에는 투르크메니스탄, 남서쪽에는 아제르바이잔이 있으며, 북서쪽에는 러시아가 있다.

세계에서 가장 오래 되고 가장 깊은 호수는 어떤 호수인가?

세계에서 가장 오래되고 가장 깊은 호수는 러시아에 있는 바이칼 호이다. 평균 깊이는 1,620m로, 2500만 년 전에 만들어졌다. 이 호수는 또한 가장 많은 민물을 담고 있는 호수이다(바이칼 호에 대한 더 자세한 내용은 '지질학과 물' 참조).

무엇이 홍해를 만들었나?

홍해^{Read Sea}는 북쪽의 수에즈 만에서부터 아카바에서 남쪽에 있는 인도양으로 연결되는 좁은 해협인 슬픔의 문이라는 뜻의 바브엘만데브 해협까지 길게 뻗어 있다. 홍해의 면적은 약 44만 300㎢이고, 길이는 2,330㎞이며 너비는 360㎞이다.

지질학적 관점에서 상대적으로 젊은 홍해는 약 2500만 년 전에 생성되었다. 홍해는 아프리카 대륙과 아라비아 대륙이 서로 멀어지면서 만들어진 '아기 바다'로, 융기 과정을 통해 홍해 밑의 새로운 지각이 형성된 후 넓어졌다. 이것은 홍해가 매우 깊다는 것을 의미한다. 홍해 일부 지점에서는 깊이가 2,000m가 넘는다. 지각판의 활동으로 홍해의 가장 깊은 곳에 화산분출구가 만들어졌다. 바닷물이 이 분화구에 침투하여

염도가 높아 치료 효과가 있는 이스라엘의 사해에서는 사람들이 쉽게 물에 떠 있을 수 있다.

광물과 금속 성분을 많이 포함한 뜨거운 염수를 만든다.

사해는 왜 특별할까?

호수라고 할 수 있는 사해^{Dead Sea}는 요르단과 이스라엘 국경에 있다. 사해는 특이한 지질학적, 지리학적 특징으로 널리 알려져 있다. 예를 들면 사해의 해변은 해수면 아래 400m에 있어 지구상의 육지 중에서 가장 낮은 지점이다.

요르단 강과 다른 여러 작은 강들로부터 매일 700만t의 민물이 공급되고 있지만 지구상에서 가장 염도가 높은 호수로, 바다보다 9배나 높다. 작렬하는 태양 빛에 의한 증발이 이렇게 염도가 높은 주원인이다. 사해에는 물이 흘러나가는 출구가 없다. 해변에는 많은 양의 광물 그중에서도 포타슘, 브롬, 마그네슘, 염화소듐이 많이 포함되어 있어 상업적으로 추출되어 이용되고 있다.

사해는 지질학적으로 대지구대의 요르단 골짜기에 위치해 있는 지각판 활동의 잔유물이다. 두 개의 분지가 합쳐진 사해는 전체 길이가 72㎞에 이르고 너비는 14㎞이다.

허드슨 만은 무엇인가?

허드슨 만은 캐나다에 있는 거대한 내해이다. 허드슨 만의 면적은 123만㎢이고 길이는 1,370㎞이며 폭은 1,050㎞이다. 허드슨 만은 허드슨 해협을 통해 대서양과 연결되고, 폭스 수로를 통해 북극해와 연결된다. 이 분지의 형성에 대해서는 여러 가지 이론이 있다. 그러나 과학자들은 허드슨 만이 마지막 빙하기 동안에 깊어졌었다는 것을 알고 있다. 두께가 1.6㎞나 되는 빙상이 후퇴하면서 만의 바닥과 주변 지역이 천천히 올라와 분지가 더 얕아지게 되었다.

베르동 협곡은 어떻게 형성되었나?

프랑스의 베르동 강이 아비뇽에서 론 강을 만나기 전에 서쪽으로 방향을 틀어 길이가 19㎞ 정도 되고, 최대 깊이가 700m인 베르동 협곡^{Verdon George}으로 들어간다. 이 강은 이 협곡의 석회암층을 깎아내 프랑스에서 가장 길고 깊은 협곡을 만들었다. 특히 알프스에서 일어난 것과 같은 융기가 이 협곡에 일어난 이후 이 강은 암석층을 더 깊게 깎아냈다. 이것은 그랜드 캐니언을 비롯한 세계의 협곡에서 일어나고 있는 것과 비슷하다.

황하 강은 왜 노란색인가?

중국어로 노란 강이라는 뜻을 가진 황하 강은 중국에서 두 번째, 아시에서는 네 번째로 긴 강으로 길이는 5,463㎞이다. 이 강이 황하로 불리게 된 것은 강의 상류에서 흘러온 고대 사막 퇴적물로 보이는 노란 색깔의 점토가 많이 들어 있기 때문이다. 물에 떠 있는 이 물질들로 인해 황하 강의 강물은 0.76 m^3의 부피에 26 kg이나 되는 부유물을 포함하고 있는 가장 짙은 흙탕물이다. 이것은 세계에서 가장 긴 나일 강의 강물이 0.9 kg, 콜로라도 강의 강물이 약 7.7 kg의 부유물을 함유하고 있는 것과 비교가 된다. 황하 강의 강물이 이렇게 많은 점토를 함유하게 된 이유 중 하나는 물의 흐름이 빠르기 때문이다. 따라서 황하 강은 매년 수백만 톤의 점토를 바다로 나른다.

세계에서 가장 높은 폭포는?

세계에서 가장 높은 폭포는 남아메리카 베네수엘라 남동 지역에 있는 앙헬 폭포이다. 이 폭포는 적도에서 북쪽으로 6°만큼 떨어진 곳에 있어서 북반구 폭포라고 할 수 있다. 사암 고원을 굽이굽이 흐르다가 북쪽 가장자리의 절벽으로 떨어지는 이 폭포는 카로니 강의 지류인 추룬 강에 있다. 807m를 떨어진 다음 절벽에 부딪혔다가 다시 172m를 떨어져 폭포 전체의 높이는 979m이다.

고원과 사막

'세계의 지붕'이라는 별명을 가진 곳은 어디인가?

'세계의 지붕'이라는 별명은 인도 아대륙 북쪽의 가로가 3,500㎞, 세로가 1,500㎞인 티베트 고원을 가리키는 별명이다. 티베트 고원의 평균 높이는 5,000m로 지구상에서 가장 크고 높은 고원이다. 그리고 아마 지구 지질학적 역사 전체를 통해서도 가장 크고 높은 고원일 것이다. 티베트 고원 남쪽에 있는 히말라야-카라코람 산지에는 8,000m가 넘는 산이 에베레스트 산을 포함해서 14개나 있다.

티베트 고원은 인도 아대륙이라고도 불리는 인도 지각판이 유라시아 판에 충돌하면서 1350만 년 전에 1차로 융기했다. 두 대륙이 충돌했을 당시 두 대륙의 암석이 모두 너무 가벼워 하나가 다른 대륙 아래로 섭입되지 못하고 높이 쌓이게 된 것이다. 이 때문에 티베트 고원은 지각의 두께가 70㎞에 이르며, 고원의 북쪽 지역에 있는 파미르 산맥 아래 지각의 두께는 100㎞나 된다.

티베트 고원은 더 높아질까?

지질학자들은 티베트 고원이 더 높아지지 않을 것으로 예측하고 있다. 고원의 두께와 올라갈 수 있는 높이가 균형을 이루고 있기 때문이다. 지각이 특정한 최고 높이에 도달하면 옆으로 퍼져 윗부분이 평평한 고원을 만든다. 티베트 고원의 경우에는 최고 높이인 5㎞에 도달한 다음에는 중력에 의해 옆으로 퍼지기 시작했다. 현재 티베트 고원의 평균 높이가 최고 높이이다.

세계에서 가장 큰 사막은 어떤 사막인가?

세계에서 가장 큰 사막은 아프리카 북부의 대부분을 차지하고 있는 사하라 사막으로 넓이는 906만 5,000㎢ 이다. 사하라 사막의 동부 지역은 나일 계곡의 서쪽에서부터 이집트 서부와 리비아 동부에 이르는 리비아 사막, 나일 계곡과 이집트의 홍해 사이에 있는 아라비아 사막, 그리고 수단 북동부에 있는 누비아 사막의 세 지역으로 나눌 수 있다.

사하라는 연간 강수량이 25㎝ 미만이며, 이마저도 수분이 내부로 스며들기 전에 바람에 말라버린다. 사하라에서 가장 잘 알려진 지형은 모래 언덕이지만 실제로 모래 언덕은 사막의 15%에 지나지 않는다. 그러나 모래 언덕이 차지하는 면적은 1백만 1,010㎢ 이나 된다. 일부 모래 언덕은 바람에 날려 1년 동안에 10m나 이동하는 모래 언덕이 있는가 하면 어떤 언덕은 수천 년 동안 이동하지 않는 것처럼 보이기도 한다.

다른 지형들

지브롤터 암석은 무엇인가?

지브롤터 암석 Rock of Gibraltar 은 넓이 6.5㎢ 의 영국령인 지브롤터에 있다. 지브롤터의 대부분은 지중해로 뻗어 있는 반도에 위치해 있으며 이 반도의 대부분은 암석으로 되어 있다. 지브롤터는 유럽과 아프리카를 나누고 있으며 대서양과 지중해를 연결하는 유일한 통로로 좁은 해협인 지브롤터 해협에 있다.

지브롤터의 암석은 쥐라기 시대에 형성된 석회암으로 이루어져 있다. 이 암석은 주변의 다른 지형보다 오래된 지질학적으로 다른 지형이다. 석회암으로 된 지브롤터 암석에는 140개가 넘는 동굴이 있다. 일부 지질학자들은 알프스 산맥 같은 산맥들을 만들어낸 아프리카 판과 유라시아 판의 충돌이 커다란 암석을 멀리 밀어내 이 암석이 만들어졌다고 생각한다.

중국의 구이린 구릉지는 어떤 곳인가?

중국의 구이린 구릉지 Guilin Hills 는 계곡 바닥에서 갑자기 솟아오른 석회암 기둥들로, 중국 예술 작품에 자주 등장한다. 이 구릉지는 상해에서 약 1,300㎞ 떨어져 있는 리 강의 강변에 있다. 이 지역에 있는 고대 바다에서 석회암이 퇴적된 후 수백만 년 후에 융기하여 육지가 되었고 산성비가 암석을 용해시켰다. 균열이 석회암을 약화시켰고, 두 번째 융기가 일어났을 때 약한 암석이 붕괴되어 타워 카르스트 지형을 만들었다. 다른 카르스트 지형과 마찬가지로 많은 동굴을 가지고 있는 이 구릉지의 평균 높이는 약 100m이다.

북극에도 화석 숲이 있는가?

있다. 북극권 안에 있는 캐나다 북극해 제도에서 화석 숲이 발견되었다. 오늘날에는 평균 온도가 0℃에 가까워 이끼와 지의류밖에 자라지 않지만 한때 이곳에는 온대 숲이 있었다. 많은 곳에서 오래된 숲의 나무들이 방해석으로 광물화되었고, 다른 지역에서는 미라화되었다. 가장 좋은 화석 중 하나가 액슬 하이버그 섬에서 발견되었다. 4500만 년 전에 살던 나무 기둥과 뿌리들이 다른 나무들처럼 쓰러져 있지 않고 서 있는 자세로 발견된 것이다. 북극에서 1,094㎞ 떨어져 있는 이것을 탐사한 지질학자들은 시료를 채취하기 위해 망치를 사용할 필요가 없었다. 나무가 아직도 연해서 톱을 사용하는 것으로 충분했기 때문이다. 놀라운 것은 뿌리 주변을 파보니 고대 숲 바닥에 흩어져 있던 나뭇잎이 드러났으며, 오래전에 이곳에 살던 동물과 곤충의 화석이 완전한 형태로 발견되었다.

남반구의 중요한 지형들

산맥

안데스 산맥은 어디 있으며 어떻게 형성되었나?

남아메리카의 서부 해안을 따라 뻗어 있는 안데스 산맥은 칠레, 아르헨티나, 페루, 컬럼비아, 볼리비아, 에콰도르, 베네수엘라에 걸쳐 있다. 이 산맥은 서인도 제도의 섬들로 연결된다. 파나마에서는 안데스 산맥의 북쪽 끝이 중앙아메리카의 산맥들과 연결된다.

안데스 산맥은 두 지각판이 충돌하여 섭입되면서 형성되었다. 주 섭입대는 중앙아메리카와 남아메리카 서해안을 따라 위치해 있다. 이곳에서는 나스카 판이 남아메리카 판과 카리브 판의 아래로 섭입되고 있으며, 북쪽에서는 작은 정도지만 코코스 판이 카리브 판 아래로 섭입되고 있다. 대부분의 섭입대와 마찬가지로 이 지역도 깊은 해구와 많은 화산이 있다. 이 산맥은 지질학적으로 볼 때 비교적 젊은 지형으로, 중생대 백악기와 신생대 3기에 융기되었다. 오늘날에도 높아지고 있는 이 지역에는 지진과 화산활동이 활발하다. 안데스 산맥은 히말라야를 제외하면 가장 높은 산맥으로

6700m가 넘는 많은 봉우리들이 눈에 덮여 오리노코 강, 아마존 강, 리오데라플라타 강을 비롯한 많은 남아메리카 강들의 발원지가 되고 있다.

어떤 산지를 남알프스라고 부르나?

남알프스는 뉴질랜드 남 섬의 서쪽 지방에 있다. 이 산지는 빙하로 덮여 있는 높은 산들로 이루어져 있으며, 지각판의 활동으로 만들어졌다. 뉴질랜드는 한때 오스트레일리아뿐만 아니라 남극과도 붙어 있었다. 하지만 약 5억 년 전에 지각판이 이동하면서 남섬에 많은 산들과 단층을 만들었다. 길이가 500㎞가 넘는 알프스 단층은 인도-오스트레일리아 판과 태평양 판의 경계이다. 지각에 난 이 균열이 동쪽에 있는 남알프스와 서쪽에 있는 타스만 해와 경계를 이루는 해안 평원 사이를 지나가고 있다.

화산

남극에도 화산이 있는가?

남극에도 여러 개의 화산이 있지만 다른 지역만큼 걱정거리는 아니다. 물개와 펭귄, 바다 새들을 제외하면 남극 주민은 거의 없기 때문이다.

한 화산은 가장 큰 미국 기지가 있는 맥머도 부근에 있다. 높이가 3,794m인 에레보스 화산은 역사적으로 활동한 적이 있는 화산 중에서 가장 남쪽에 있는 화산이다. 에레보스 화산은 거의 삼각형인 로스 섬을 형성한 세 개의 화산 중에서 가장 큰 화산으로, 원뿔구는 이 화산이 판 내부에 만들어진 화산임을 뜻한다. 에레보스 화산은 남극의 21㎞ 두께의 지각 가운데 움푹 들어간 곳인 빅토리아 분지 안에 있는 테러 리프트의 남쪽 끝에 위치해 있다.

이 화산은 과거에 부분적으로 파괴된 오래된 팽 화산과 에레보스 화산이 원뿔구 안에 원뿔구 구조를 이루고 있다. 깊이가 100m인 안쪽 분화구에서는 열하로부터 종종

탄자니아의 멀리 떨어진 곳에서 바라본 킬리만자로 산.

용암과 수증기를 내뿜는다. 1841년 빙하로 덮여 있는 이 화산의 분출을 처음 목격한 사람은 제임스 로스^{Captain James Ross}였다. 1972년 이래 과학자들은 스트롬볼리식 분출을 동반하는 용암의 활동을 계속적으로 감시하고 있다. 화구연에서 화산탄을 분출하는 것이 스트롬볼리식 분출이다.

아프리카의 어떤 지구대가 이 대륙에서 가장 높은 화산과 가장 낮은 화산을 만들었는가?

동아프리카 지구대^{rift}가 이 대륙의 가장 높은 화산인 킬리만자로와 가장 낮은 화산인 해저에 있는 에티오피아 다나킬 평원을 만들었다. 동아프리카 지구대는 적도에서 살짝 위쪽인 북반구에 있다. 작가 어니스트 헤밍웨이^{Ernest Hemingway} 덕분에 유명해진 킬리만자로 산은 케냐와의 국경 오른쪽에 있는 탄자니아에 있으며 높이는 5,895m이다. 킬리만자로는 가장 높은 화산으로 만년설로 덮여 있는 중심부의 키보 화산, 가장 오랜된 화산으로 가장 서쪽에 있는 시라 화산, 가장 동쪽에 있으면서 높이가 5,350m인 마웬지 화산 등 세 화산이 섞여 하나의 복잡한 화산 구조를 형성하고 있다.

갈라파고스 제도는 어떻게 형성되었나?

에콰도르의 일부인 갈라파고스 화산섬들은 남아메리카 서부 해안으로부터 약 1,000㎞ 떨어진 적도 위에 위치해 있다. 하와이나 레위니옹 섬들과 마찬가지로 갈라파고스의 섬들도 맨틀의 상승류에 힘입어 지각을 뚫고 올라와 분출된 거대한 마그마의 열점에 형성되었다(열점에 대한 더 자세한 내용은 '화산분출' 참조).

에스파뇰라는 갈라파고스 제도에서 가장 오래된 섬으로 나스카 판 위에 위치해 있다. 갈라파고스 상승류는 하와이 섬들과 같이 섬들을 일렬로 만들지는 않고 느슨하게 흩어져 있도록 했다. 갈라파고스 상승류는 카네기 해령이라고 부르는 화산들을 형성하기도 했다. 일부 지질학자들은 갈라파고스의 맨틀 상승류가 9000만 년은 되었을 것이라고 보고 있다.

유명한 크라카타우 화산은 분출했나?

인도네시아에 있는 크라카타우 화산^{Krakatau volcano}은 과거에 여러 번 분출했으며 가장 유명한 분출은 1883년 8월 27일에 있었다. 이 화산은 자바와 수마트라 사이의 해협에 있는 섬에 위치해 있다. 이 화산은 인도-오스트레일리아 판이 유라시아 판 아래에 있는 맨틀에서 재생되는 단층을 따라 형성되었다. 섭입된 물질이 용융되어 만들어진 마그마가 표면으로 올라와 원호의 형태로 배열된 섬들을 형성했다. 이런 지질학적 환경이 오래전에 형성된 다난 화산과 페르부와탄 화산을 파괴하고 라카타 화산의 자취만을 겨우 남긴 대규모 크라카타우 화산분출을 가능하게 했다.

이 화산분출은 4,800㎞ 떨어진 곳에서도 들렸다는 기록이 남아 있지만 실제 피해는 부근 지역이 입었다. 화산분출의 충격으로 만들어진 쓰나미에 의해 4만 명 이상이 죽고, 자바와 수마트라 해안에 있던 160개 마을이 파괴되었다. 화산 폭발의 충격파, 분화구의 붕괴, 바다로 들어가는 엄청난 양의 물질이 만들어낸 것으로 보이는 이 쓰나미의 높이가 일부 지역에서는 40m가 넘었다. 호수에 퍼져나가는 물결파와 같이 거리가 멀어짐에 따라 약해지기는 했지만 이 쓰나미는 멀리 남아프리카와 인도, 오스트레일리아 남부와 일본까지 도달했다. 그리고 화산 폭발 후 거의 일 년 동안 화산재와 부석이 섬에 떨어졌다.

이 지역에서는 1927년 이래 자주 화산이 분출하여 이전의 다난 화산과 페르부와탄 화산 사이에 여러 개의 '새로운' 원뿔구를 만들었다. 높이가 213m인 이 화산은 아직도 활동 중이어서 지질학자들이 우려하고 있다. 많은 사람들이 살고 있는 자바와 수마트라의 해변은 크라카타우에서 매우 가까운 거리에 있어, 또 다른 대규모 분출이 있다면 더 많은 사람이 목숨을 잃고, 더 큰 피해를 입을 가능성이 있다.

레위니옹 섬의 화산은 왜 특별한가?

마다가스카르에서 동쪽으로 700㎞ 떨어진 인도양 상의 프랑스령 레위니옹 섬에 있는 피통 드 라 프루네이즈는 활동적인 현무암성 순상화산이다. 이 화산은 세계에서 가장 활화산 중 하나로, 17세기 이래 150차례나 분출했으며 이 중 대부분은 현무암성 용암이 흘러나왔다. 지질학자들은 갈라파고스나 하와이 섬들과 마찬가지로 레위니옹 섬의 화산활동도 열점과 관계있는 것으로 보고 있다.

응고롱고로 분화구는 어디에 있는가?

응고롱고로 분화구는 탄자니아 북부 대지구대 끝의 급경사면인 만야라 호수 북쪽 끝에 위치해 있다. 지름이 16～19㎞나 되는 거대한 분화구로 깊이는 400～610m이다. 이 분화구의 가장자리 언덕 안에는 많은 야생생물의 보금자리가 있다.

땅 위에 남아 있는 거대한 분출공은 세계에서 가장 큰 부서지지 않은 칼데라이다. 세계에서 두 번째로 큰 사화산인 응고롱고로 분화구는 2000만 년 전에 시작된 대규모 화산분출이 만들어 놓은 것으로, 지질학적으로 활동적인 지역에 있다. 용암이 쌓이고 주변 지역의 화산이 자라면서 응고롱고로의 크기도 커진 것으로 보인다. 응고롱고로는 크기에서 동쪽에 있는 킬리만자로와 경쟁하고 있다. 화산을 채운 용암이 굳어져서 화산의 윗부분이 고체로 덮였지만 아래 있던 용융된 암석이 아래로 내려가자 윗부분이 붕괴되어 오늘날 우리가 보는 칼데라가 만들어졌다.

빙하와 얼음

남극 대륙은 얼마나 크며 어디에 있는가?

남극 대륙은 7대 대륙의 하나로 오스트레일리아 다음으로 작은 대륙이기도 하다. 남극 대륙의 대부분은 남극권 안에 위치해 있는데, 전체 면적은 1400만㎢ 이고 눈으로 덮여 있지 않은 지역의 넓이는 28만㎢ 이다. 남극 대륙은 미국의 1.5배보다 조금 작고 미국과 멕시코를 합친 것보다 조금 더 크다. 남극 대륙의 해안선은 1만 7,968㎞ 이며 남극 대륙에는 국경선이 없다.

남극 대륙은 모든 나라에 속하지만 실제로는 1959년 12월 1일에 조인된 남극조약에 서명한 12개국이 권리를 주장하는 여러 지역이 있다. 현재 남극에는 약 18개 국가에서 연구소나 임시 기지를 설치해 놓고 있다. 이 조약은 1961년 6월 23일 발효되

미국 남극 프로그램 참가자들이 로스 빙붕에서 안전 교육을 받으며 에레베스 산을 바라보고 있다.

었다.

남극 대륙의 또 다른 물리적 특징은 무엇인가?

남극 대륙은 가장 춥고 가장 바람이 심하며 가장 높고 가장 건조한 대륙이다. 또한 세계 민물의 70%와 지구 얼음의 91%를 보유하고 있다. 여름에는 같은 시간 동안에 적도 지방에서 받는 태양 복사보다 더 많은 태양 복사를 남극에서 받지만 하루 24시간 받는 햇빛도 이 지역을 가열하지는 못한다. 눈이 복사선의 대부분을 우주로 반사하기 때문이다. 따라서 한 여름에도 남극이 영상으로 올라가는 일은 아주 드물다.

남극 지형은 무엇과 닮았는가?

남극 지형은 외계 세상을 닮았다. 남극과 론^{Ronne}과 로스^{Ross} 빙붕의 평평하고 흰 풍경은 영원히 변할 것 같지 않아 보인다. 드라이 계곡을 둘러싸고 있는 흰 눈으로 덮인 산과 건조하고 황량한 암석들로 인해 과학자들은 이 지역이 화성을 닮았다고 생각한다. '남극 횡단 산맥'은 대륙을 가로질러 대륙을 갈라놓고 있다. 재로 덮인 맥머도 지역을 보면 남극 대륙이 최근에 화산활동이 활발했다는 것을 알 수 있다. 남극은 98%가 두꺼운 빙상으로 덮여 있고 20%가 황량한 암석이다. 고도는 지역에 따라 크게 차이가 나 가장 높은 빈슨 매시프의 높이는 5,140m이다. 그러나 빈슨 매시프의 정확한 높이는 자료에 따라 약간 차이가 난다. 남극 대륙의 평균 높이는 2.4㎞이고 이것은 지구 전체의 평균 육지 높이보다 1.5㎞ 높다.

남 파타고니아 빙원은 무엇인가?

세계에서 세 번째로 큰 빙원은 칠레에 있는 남 파타고니아 빙원$^{Southern\ Patagonia\ Icefield}$이다. 이 빙원의 넓이는 1만 3,000㎢이며, 일부의 깊이는 1,000m나 된다. 길이가 360㎞이고 너비가 40㎞인 이 빙원은 칠레 서부의 많은 피오르에 물을 공급할 뿐만 아니라 내륙에 있는 호수에도 물을 공급하고 있다. 위치로 인해 이 빙원의 연강수량은 700㎝ 이상이다.

세계에서 가장 큰 곡빙하는?

세계에서 가장 큰 곡빙하는 남극 동부 지역에 있는 램버트 빙하이다. 이 빙하는 램버트 지구 내에 있으며 너비는 80㎞ 이고 길이는 500㎞ 이다. 이 거대한 빙하는 동남극 빙상의 5분의 1을 배수하고 있으며 에이머리 빙붕을 통해 프릿츠 만에 매년 35㎢ 의 얼음을 공급하고 있다.

남극에 있는 또 다른 거대한 곡빙하는 무엇인가?

남극 대륙 중부에 위치한 비어드모어 빙하는 세계에서 가장 큰 곡빙하 중 하나로 길이가 200㎞ 이고 너비는 40㎞ 이다. 이 빙하는 퀸모드와 퀸알렉산드라 산맥 사이에 있으며 남극 고원에서 로스 빙붕 쪽으로 2,200㎞ 내려간 곳에 있다. 비어드모어 빙하는 1907년에 시작된 영국 남극 탐험대가 활동하는 동안 어니스트 섀클턴이 1908년에 처음 발견했다. 그는 이 빙하를 '대빙하' 또는 그냥 '빙하'라고 불렀다. 로버트 스캇[Scott](1868~1912)은 남극을 향하는 탐사여행에서 '남극 횡단 산맥'을 넘어 가기 위해 이 빙하를 가로질러갔다. 그는 이 탐사여행에서 목숨을 잃었다.

큰물과 큰 강

세계에서 두 번째로 큰 담수호는 무엇인가?

세계에서 두 번째로 큰 담수호는 아프리카 중부에 있는 우간다, 탄자니아, 케냐의 국경에 위치한 넓이가 6만 9,490 km² 인 빅토리아 호이다. 이 호수는 적도 고원에 있는 약 75m 깊이의 분지에 있으며, 대지구대의 두 분지 사이에 위치해 있다. 서부 대지구대의 동쪽 경사면이 융기하여 이 지역 강들의 물을 모아 호수가 이루어진 것으로 보인다.

지질학자들은 최근에 빅토리아 호에 대해 무엇을 알아냈나?

지질학자들은 최근 빅토리아 호와 이 호수의 위성 호수들을 조사하고 짧은 시간 동안에 진화한 것으로 보이는 500종의 시클리드를 발견했다. 시클리드는 밝은 색깔의 물고기이다. 과학자들은 이 호수가 1만 2400년 전인 플라이스토세에는 말라 있었던 것으로 보고 있다. 그러나 키부 호수와 연결되었던 고대 강을 통해 물고기가 빅토리아 호수로 들어온 것으로 보인다. 이것이 사실이라면 다양한 시클리드는 건조기가 끝난 이후 몇몇 조상으로부터 진화한 것이 틀림없다. 그렇다면 시클리드의 진화는 알려진 척추동물 중에서 가장 빠르게 진화한 셈이다. 어떤 과학자들은 이 자료를 전혀 다르게 해석하여 진화가 지난 10만 년 동안에 일어났다고 설명하고 있다. 그렇다 해도 시클리드는 가장 빠르게 진화한 척추동물의 기록을 보유하게 된다.

아마존 분지는 어디에 있는가?

아마존 분지는 안데스 산맥에서 브라질의 대서양 연안까지 이어져 있으며, 아마존 강과 지류들은 주변에 있는 남아메리카의 아홉 나라를 통과해 흐르고 있다. 아마존 강은 세계에서 두 번째로 긴 강으로 총 길이는 6,276 km 이며, 집수 구역의 넓이는 613만 3,091 km² 이다. 지류와 함께 아마존 강은 세계 모든 강물의 25%를 흘려보내고

아프리카에서 네 번째로 큰 잠베지 강에 있는 빅토리아 폭포의 물안개에 무지개가 만들어졌다.

있으며 세계에서 가장 큰 열대우림의 젖줄이 되고 있다.

잠베지 강에는 왜 폭포가 많을까?

아프리카에 있는 잠베지 강에 폭포가 많은 데에는 그럴 만한 지질학적 이유가 있다. 이 강은 이 지역의 사암과 현무암 고원을 깎아내며 지그재그로 단층을 이루고 있는 암석 사이를 흐른다. 대부분의 경우 다른 종류의 암석이 만나거나 단층이 만들어진 곳에는 폭포가 있다.

이 강에 있는 가장 유명한 폭포 중 하나는 잠비아와 짐바브웨 국경에 있는 높이 106m, 너비 1.6㎞인 빅토리아 폭포이다. 홍수기에는 폭포를 흘러내리는 엄청난 양의 물이 만드는 물안개가 300m 높이까지 피어오른다.

해안에서 떨어져서

대보초는 어떻게 형성되었나?

살아 있거나 죽은 생명체가 결합되어 만들어진 대보초는 오스트레일리아 동부 해안에 2,011km나 펼쳐져 있다. 연산호와 경산호로 분류할 수 있는 수백 종류의 산호 중에서 경산호만이 산호초를 만든다.

산호초는 중요한 지질학적 해양 지형이다. 산호초는 합쳐서 커다란 군체를 형성하는 작은 폴립으로 이루어진 살아 있는 산호에 의해 만들어진다. 폴립은 촉수를 가지고 있는 작은 젤리 방울 같이 생겼으며 바닷물을 통과시키면서 물에 들어 있는 물질에서 영양분을 취한다. 산호는 폴립이 바닷물로부터 추출한 탄산칼슘으로 이루어진 단단한 아라고나이트 껍질 안에 산다. 폴립이 죽으면 이 껍질은 다른 폴립이 새로운 껍질을 만드는 토대로 사용한다.

버려지거나 사용 중인 껍질들의 집합을 우리는 산호초라고 한다. 이 생명체들은 거대한 산호초, 산호섬, 대보초에서 볼 수 있는 것처럼 육지 위에 발달한 산호초, 그리고 전 세계에서 발견되는 수백 개의 산호초를 만든다. 3,000여 개의 산호초로 이루어진 대보초는 다양한 종류의 돌고래와 고래, 1,500종 이상의 물고기, 4,000종 이상의 연체동물, 그리고 200종의 새들을 비롯하여 다양한 해양 생물들의 낙원이다.

대보초가 겪는 어려움이란?

　대보초는 사람 때문만 아니라 자연적인 원인에 의해서도 어려움을 겪을 것이다. 사람들은 대보초를 걷거나, 배의 닻을 내리면서 산호를 부러트리고 있고, 배의 연료나 기름을 바다에 흘려 산호를 손상시키고 있다. 매년 500여 척의 상업 선박들이 이 지역으로 관광객을 실어 나르고 있는 것으로 추정된다. 산호에게 가장 이상적인 조건은 얕고 따뜻한 물, 풍부한 햇빛, 적당한 물의 흐름, 적당한 양의 영양물질이다. 선박 계류장, 제방, 방파제의 축조 등 사람에 의한 변화가 이런 조건을 변화시키고 있다. 이것은 산호초의 환경을 변화시켜 산호와 해양 생물의 떼 죽음의 원인이 되고 있다.

　그러나 자연적인 원인도 산호초에 영향을 줄 수 있다. 예를 들면 1960년대 이후 악마 불가사리가 산호를 먹어치우고 있다. 이 불가사리는 1년에서 15년마다 크게 번식한다. 산호초에 나쁜 영향을 주는 또 다른 원인에는 남아메리카 서부 해안의 바닷물 온도를 높이거나 내려 세계 기후에 영향을 주는 엘니뇨와 라니뇨도 포함된다. 일부 과학자들은 대보초와 다른 산호초에서 대규모로 산호가 죽은 것은 바닷물의 온도가 상승하기 때문이라고 보고 있다. 그러나 이에 대한 증거는 아직 확실하지 않다. 바닷물의 온도를 상승시키는 원인에 대해서도 의견의 일치가 이루어진 것이 아니다. 대보초 지역 바닷물의 온도 상승이 엘니뇨나 라니뇨와 관계있을 수도 있고 또는 다른 비정상적인 바닷물이나 지구 온난화에 의한 것일 수도 있다.

지구상에서 가장 큰 산호초인 오스트레일리아의 산호초에 살고 있는 다양한 해양 생물을 보기 위해 매년 수십만 명의 관광객들이 방문하고 있을 정도로 산호초는 아름다운 자연 상태를 보여주고 있다.

남극에서 얼음이 없는 곳과 빙붕 지역은 어디인가?

남극에서 얼음이 없는 지역에는 남 빅토리아 랜드, 윌크스 랜드, 남극 반도 지역, 그리고 남극에서 가장 큰 미국 기지가 위치해 있는 맥머도 만의 로스 아일랜드 일부분이 포함된다.

빙붕은 해안선의 반 정도를 따라 분포하며 바닷물에 떠 있는 빙붕은 남극 대륙 면적의 약 11%를 차지하고 있다. 빙붕은 빙하나 얼음의 흐름이 만으로 흘러들면서 아랫부분이 녹아 만들어진다. 또 대양저에서 북쪽으로 흐르는 차가운 해저 해류의 기원으로 적도 지방의 따뜻한 물에 산소를 공급한다.

남극에서 가장 큰 빙붕은 삼각형 형태의 얼음덩이로, 넓이가 54만 2,344㎢ 나 되는 로스 빙붕이다. 비어드모어 빙하를 비롯한 '남극 횡단 산맥'에서 시작된 많은 빙하에 의해 얼음을 공급받고 있는 이 빙붕은 바다 쪽 가장자리의 두께가 약 180m 정도 되며, 육지 쪽 가장자리 두께는 1,300m 정도이다. 프랑스의 넓이와 비슷한 크기로, 실제로는 바다에 떠 있으면서 조석작용에 의해 내려갔다 올라왔다 한다. 매년 커다란 빙산이 떨어져 나오는데 이 중에는 미국 로드아일랜드 주보다 큰 것도 있다.

마다가스카르는 어떻게 형성되었나?

인도양에 있는 아프리카 동부 해안에서 가장 큰 마다가스카르 섬은 한때 아프리카 대륙의 일부였다. 세계에서 네 번째로 큰 이 섬은, 길이가 1,609㎞ 에 이르며 넓이는 캘리포니아의 반 정도가 된다. 지질학자들도 자세히는 모르지만 1억 6500만 년 전에 이 섬이 아프리카 대륙에서 떨어져 나가 많은 야생동물과 다양한 식물이 존재하는 섬이 된 것으로 보고 있다.

세계에서 가장 멀리 떨어져 있는 외딴 섬은 어디인가?

세계에서 가장 외딴 섬은 남빙양에 있는 부베 섬이다. 대서양중앙해령의 남쪽 끝에 위치해 있고, 남아프리카의 케이프타운에서 2,558㎞ 떨어져 있는 이 화산섬의 길이는 6.4㎞이고, 너비는 4.8㎞이며, 대부분이 빙하로 덮여 있다. 이 섬은 1739년에 처음 발견되었으나 잊혀졌다가 1822년에 다시 발견되었고, 1825년에는 영국의 원정대에 의해 또 다시 발견되었다. 선원들은 부근에서 톰슨 섬이라고 이름붙인 다른 섬을 발견했지만 다시 목격되지 않았다. 톰슨 섬은 1895년부터 1896년 사이에 있었던 거대한 화산분출에 의해 사라진 것으로 보인다. 부베 섬은 1929년에 노르웨이 영토가 되었고, 1971년에 자연보호지역으로 지정되었다. 지금까지 아무도 이 섬에서 겨울을 보낸 적이 없다.

다른 지형들

에어스 락은 무엇인가?

울루루라고도 불리는 에어스 락은 세계에서 가장 큰 단일 암석으로 오스트레일리아 북쪽 지방의 남서부에 위치해 있다. 이 거대한 오렌지색과 갈색이 섞인 암석과 부근에 있는 올가 산은 평평한 오스트레일리아 사막의 한가운데에 우뚝 솟아 있다. 거의 타원형인 이 단일 암석은 높이가 345m ,길이는 3.6㎞, 폭은 2㎞가 조금 넘는다.

부근에 있는 올가 산은 높이가 457m로 올가라고 하는 30개의 둥근 언덕 지역의 일부이다. 두 지형은 모두 선캄브리아기의 암석으로 이루어졌지만 그 기원에 대해서는 알려져 있지 않다. 많은 지질학자들은 이 암석들이 고대 산지의 잔유물로 해양에서 퇴적된 퇴적층에 압력이 가해져 만들어진 사암이 노출된 것이라고 믿고 있다. 특정한 시점에 판의 이동이 암석층을 밀어 올리면서 일부 층을 85° 정도 기울게 하였기 때문에 에어스 락의 층들이 거의 수직하게 되었다. 올가 산의 암석층들은 아직도 수

오스트레일리아 중부에 있는 에어스 락은 폭포가 벽을 따라 흘러내리면 평소와는 다른 색깔을 나타낸다. 보통 때는 붉은 색깔인 이 암석은 홍수와 비에 젖으면 거의 자주색으로 보인다.

평으로 남아 있다. 그 후 비와 사막의 바람으로 인한 침식작용이 수백만 년 동안 계속되었다.

티에라 델 푸에고가 지질학적으로 흥미로운 이유는?

남아메리카의 남단에 있는 티에라 델 푸에고 군도는 남극을 향해 뻗어 있으며 남아메리카 대륙과 965㎞ 떨어져 있다. 2500만 년 전에 남극 대륙이 이동하기 전까지는 남극 대륙에 붙어 있었다.

이 지역은 길이가 600㎞인 마파야네스 파그나노 단층에 의해 형성되었다. 이곳은 대륙 판 경계의 표면과 표면 아래의 지질학적 특징을 조사할 수 있는 몇 안 되는 장소이다. 그러나 고립된 장소이고 접근이 어려워 조사가 쉽지는 않을 것이다.

남극은 모두 얼음으로 덮여 있는가?

아니다. 남극의 맥머도 드라이 밸리는 남극에서 얼음이 덮여 있지 않은 몇 안 되는 장소 중 하나이다. 남극 오아시스라고도 불리는 이 지역은 암석이 표면으로 노출된 부분이 많다. 그래서 지질학자들은 이곳에서 암석 시료와 고대 생명체의 화석을 수집한다. 남극의 지질학적 역사를 알 수 있는 것도 이 때문이다.

호수도 드라이 밸리의 특징 중 하나이다. 여름 몇 주 동안 온도가 올라가 얼음이 녹으면 하천이 흘러 계곡 바닥에 있는 호수에 물이 공급된다. 열이 달아나지 못하도록 막아주는 얼음 밑에서 호수 물은 일 년 내내 얼지 않기 때문에 세균과 식물성 플랑크톤이 살아갈 수 있다.

최근 십여 년 동안 남극의 여름이 다른 때보다 추웠다. 이것은 온난화가 진행되는 지구의 다른 부분과 대조적이다. 이로 인해 호수 물이 더 많이 얼었는데 이는 이곳에 살고 있는 생명체들에게 좋지 않은 일이다. 이것이 지구 기후 변화와 관련이 것인지, 아니면 이 얼음 대륙의 작은 기상 이변 정도에 그치는 것인지는 아무도 모른다.

각력암	모래나 점토에 날카롭게 각이 진 조각들이 박혀 이루어진 화성암
공극	입자나 퇴적물 사이의 빈 공간
구조적 지역	특정한 지질학적 특성과 구조를 가진 넓은 지역
기반암	토양이나 다른 굳어지지 않은 표면 물질 아래 있는 고체 암석층
너울	강풍이나 태풍에 의해 만들어지는 파장이 길고 높은 파도.
노두	기반암이나 굳어지지 않은 퇴적층이 표면으로 드러나 있는 것
대류	한 장소에서 다른 장소로 열을 전달하는 한 방법. 맨틀에서의 대류는 주전자 안에 들어 있는 끓는 물의 대류와 같다. 대류에 의해 따뜻한 물질은 표면으로 보내고 온도가 낮은 물질은 내부로 보낸다.
대수층	암석, 모래, 자갈로 이루어진 물을 포함하고 있는 층. 대부분의 식수용 우물은 대수층까지 뚫는다.
덮은 층	석탄과 같이 유용한 물질을 덮고 있는 물질. 기반암 위에 있는 물질.
동위원소	원자핵에 들어 있는 양성자 수는 같지만 중성자의 수가 다른 원자
반감기	과정의 반이 이루어지는 데 걸리는 시간. 예를 들면 우라늄-235(U^{235})의 반감기는 7억1000만 년으로 우라늄-235(U^{235})의 반이 납으로 변하는데 걸리는 시간이다.
방사제	해안을 따라 모래의 이동을 통제하기 위해 만들어 놓은 구조물. 방사제는 보통 해안에 수직하게 설치한다.

범람원	강이나 하천 주변에 있는 홍수 때 물에 잠기는 낮은 지역. 홍수 때 물의 퇴적작용으로 만들어진 평평한 평원
비중	단위 부피의 무게. 비중은 어떤 물체의 밀도와 다른 물체의 밀도 사이의 비이다.
마그마	지각 아래 용융된 물질로 대개 맨틀이나 마그마 체임버로부터 올라온다. 용암은 지구 표면에서 굳어진 마그마이다.
무산소성	산소 함량이 적은 환경
생물혼탁작용	물속에 있는 퇴적물이 물고기나 게와 같이 굴을 파는 생물에 의해 어지럽혀지는 작용
석출	용액에서 분리된 물질. 예를 들면 소금은 바닷물의 석출물이다.
석회암	조개껍질이나 산호와 같은 생명체의 잔해로 이루어진 암석. 주로 탄산칼슘으로 이루어진 암석. 백운석은 석회암의 한 형태이다.
섭입	한 지각판의 가장자리가 다른 지각판의 가장자리 밑으로 들어가는 과정. 대부분의 섭입대에는 거대한 산과 화산들이 만들어진다.
식수	마실 수 있는 물의 공급을 가리킨다.
스트롬볼리식	분출 수명이 짧은 폭발성 화산분출로 점성이 큰 용암을 수십 m나 공중으로 뿜어 올린다.
암석권	지구 바깥쪽의 고체로 이루어진 부분으로 지각과 같은 암석으로 이루어져 있다. 암석권은 구조적으로 단단한 지구의 바깥쪽 껍질로 지각과 고체 상태의 상부 맨틀을 포함한다.
암재구	분석구라고도 하는 암재구는 가장 일반적인 화산이다.
애추사면	절벽 아래 암석 부스러기들이 쌓여서 만들어지는 급한 경사
연안대	해안을 따라 있는 지대. 연안대는 해변 또는 해안지역이라고도 한다.
위도	적도에서 남쪽이나 북쪽으로의 각거리. 적도의 위도는 $0°$도이고 극의 위도는 $90°$이다.
유문암	화산이나 호상열도 화산에서 흘러나온 용암이 굳어 형성된 산성도가 높은 화산암. 화강암의 분출암 형태이다.
융기	조산작용이나 화산의 마그마와 같이 지질학적 힘에 의해 암석층이 위로 밀려 올라가는 것.
자분정	샘처럼 내부 압력의 의해 저절로 물이 표면으로 흘러나오는 우물

자연제방	홍수 때 강이 운반해온 암석, 암석 조각 또는 실트가 하천 양안을 따라 퇴적된 지형
저탁암	해류에 의해 형성된 퇴적암. 저탁암은 물과 침전물의 혼합물이다. 물보다 밀도가 높아 중력에 의해 아래로 흘러내린다.
주상절리	현무암성 마그마가 식어 수축되어 만들어진 평행한 다각형 기둥
증발산	증발과 식물의 발산 작용에 의해 토양이 잃는 물
지천	큰 강이나 호수로 흘러드는 하천
지층	다른 종류의 암석이 쌓여서 이루어진 층
찰흔	암석이 이동할 때 마찰에 의해 암석 표면에 만들어진 긁힌 자국. 많은 찰흔을 가지고 있는 표면을 단층 마찰면이라고 한다.
충적선상지	강 또는 하천이 끝나는 곳에 퇴적되어 만들어진 삼각형 모양의 토지
충적토	흐르는 물이 운반해온 실트, 모래, 자갈 등의 퇴적물
침강	표면이 갑자기 붕괴하여 움푹 파진 지형을 만드는 것
층리	특성과 두께가 다른 퇴적암층
퇴적물	물, 바람 또는 빙하에 의해 퇴적된 굳지 않은 진흙이나 모래. 이런 물질은 대개 퇴적암이라고도 한다.
하천	포괄적인 용어로 강, 냇물처럼 흐르는 물 전부를 가리킨다. 지질학에서는 강보다 작은 것을 뜻한다.
현무암	화산활동으로 만들어진 일반적으로 검거나 회색 또는 녹색의 화성암. 강자성 광물을 많이 포함하고 있다.
혐기성	대사작용에 산소를 사용하지 않은 생물
화산이류	포화된 화산재와 부스러기가 진흙과 함께 흘러내리는 것. 화산분출로 주변 산에 있던 얼음이 녹거나 폭우로 인해 화산 물질이 물에 젖게 된다.
화석 연료	한때 살았던 생물의 잔해가 수백만 년 동안의 자연적인 과정을 거쳐 만들어진 에너지원. 화석연료에는 석유, 타르 샌드, 석유 셰일, 석탄, 천연가스가 포함된다.
pH	산도를 나타내는 수치로 1에서부터 14까지 있다. pH 7은 중성을 나타내고, 7보다 작은 것은 산성, 7보다 큰 것은 알칼리성이다.

지질학 분야의 다양한 자료를 전시하는 박물관의 주소 및 연락처

Delaware

Mineralogical Museum
University of Delaware 114 Old College Newark, DE 19716
Phone: 302-831-8242

New Jersey

Rutgers University Geology Museum
Geology Hall, Old Queens Section
College Avenue Campus New Brunswick, NJ 08901
Phone: 732-932-7243

New Mexico

Mineralogical Museum
New Mexico Bureau of Geology and Mineral Resources
New Mexico Tech 801 Leroy Place Socorro, NM 87801
Phone: 505-835-5140

Oregon

Rice Northwest Museum of Rocks and Minerals
26385 NW Groveland Dr. Hillsboro, OR 97124
Phone: 503-647-2418

Pennsylvania

Earth & Mineral Sciences Museum and Art Gallery
Penn State University 112 Steidle Bldg. Pollock Road University Park, PA 16802
Phone: 814-865-6427

South Carolina

Bob Campbell Geology Museum Clemson University
103 Garden Trail Clemson, SC 29634-0130
Phone: 864-656-4600

South Dakota

Museum of Geology
South Dakota School of Mines & Technology
O'Harra Bldg. 501 East St. Joseph Rapid City, SD 57701
Phone: 605-394-2467

Virginia

Virginia Tech Geological Sciences Museum
Department of Geological Sciences
Virginia Polytechnic Institute and State University 4044 Derring Hall
Blacksburg, VA 24061-0420

Mineral Museum

James Madison University
Department of Geology and Environmental Sciences MSC 7703 Harrisonburg, VA 22807
Phone: 540-568-6421

지질학에 대한 다양한 정보를 얻을 수 있는 웹사이트 주소

- Bob's Rock Shop.
  For rock hunters everywhere, this site is touted as the Internet's first e-zine for rockhounds; it is found at
  http://www.rockhounds.com.

- Dinosaur Illustrated Magazine.
  This is another free, online dinosaur magazine; it is located at
  http://illustrissimus.virtualave.net/dimcont.html.

- Dinosaur Interplanetary Gazette.
  This is touted as the ultimate online dinosaur magazine.and it is!-at
  http://www.dinosaur.org/frontpage.html.

- Discovery.com.
  Discovery.com is found on the Internet at
  http://www.discovery. com; it often has articles and updates on geology news around the world.

- New York State Museum's online Mineral Exhibit includes 353 specimens with high quality images: http://www.nysm.nysed.gov/minerals/database.html.

- The Smithsonian's National Museum of Natural History is a multimedia online presentation of "The Dynamic Earth": http://www.mnh.si.edu/earth/.

- The University of California, Berkeley, Museum of Paleontology's Geology Wing has extensive online geology exhibits that take you on a journey through the history of the Earth, emphasizing stratigraphy and the fossil record: http:// www.ucmp.berkeley.edu/exhibit/geology.html.

- Southern California Geology and the Significance of the San Andreas Fault Zone; Department of Geological Sciences at California State University, Long Beach: http://seis.natsci.csulb.edu/VIRTUAL_FIELD/vfmain.htm.

- Rocks, fossils, and landscapes of the American Southwest, Indiana University of Pennsylvania: http://www.iup.edu/fieldtrip.

- Indian Peaks, Colorado Front Range; Department of Geography and Geology, University of Wisconsin, Stevens Point: http://www.uwsp.edu/geo/projects/ virtdept/ipvft/start.html.

- Mount Rodgers, Virginia; the Geology Field School, Radford University: http://www.runet.edu/~fldsch/RUFieldschool/fieldtrips/MountRogers/MtRogers Index.html.

- Atlas of Igneous, Metamorphic Rocks, Minerals, and Textures (photographs of many rock and mineral thin sections from the University of North Carolina): http://www.geolab.unc.edu/Petunia/IgMetAtlas/mainmenu.html.

- The United States Geological Survey's State Minerals Statistics and Information (information about minerals divided by state): http://minerals.usgs.gov/ minerals/pubs/state.

- The United States Geological Survey's site about collecting rocks (everything you need to know about finding rocks and starting a collection): http://pubs. usgs.gov/gip/collect1/collectgip.html.

- The Mineral Information Institute's page of common minerals and their uses: http://www.mii.org/commonminerals.php.

- American Federation of Mineral Societies (a good resource to discover the mineral societies near your region): http://www.amfed.org.

- Rocks and minerals slide show from the University of North Dakota's "Volcano World" (a good site to help identify various rocks and minerals): http:// volcano.und.nodak.edu/vwdocs/vwlessons/lessons/Slideshow/Slideindex.html.

- A mineral collection site with many links to information, aptly called: http:// www.mineralcollecting.org.

- CretaceousFossils.com (contains information about all kinds of Cretaceous fossils found in the United States and around the world): http://www.cretaceousfossils.com.

- Finding Fossils from the San Diego Natural History Museum (contains general fossil information.not just for kids): http://www.sdnhm.org/kids/fossils.

- United States Geological Survey's Fossils, Rocks, and Time (a good introduction to geologic history and fossil formation): http://pubs.usgs.gov/gip/fossils/ contents.html.

- How Earthquakes Work (a good, general introduction to earthquakes and their associated phenomena): http:// www.howstuffworks.com/earthquake.htm.

- Nevada Seismological Laboratory (general earthquake information with an emphasis on earthquakes in Nevada and California): http://www.seismo. unr.edu.

- United States Geological Survey Earthquake Hazards Program (with information on earthquake science, worldwide earthquake activity, and hazard reduction): http://earthquake.usgs.gov.

- Cascades Volcano Observatory (contains all sorts of information about volcanoes, has lots of great links, and emphasizes the Cascade Range): http:// vulcan.wr.usgs.gov.

- How Volcanoes Work (an educational Web site that describes the science behind volcanoes and their processes): http://www.geology.sdsu.edu/how_volcanoes_ work.

- Volcanoes.com (a huge amount of information about volcanoes around the world): http://www.volcanoes.com.

- Looking at the Sea: Physical Features of the Ocean (very informative site about the geological features on the ocean floor from Boston's Museum of Science): http://www.mos.org/oceans/planet/features.html.

- Marine Geology: Research beneath the Sea (a good introduction to the history, methods, and phenomena associated with underwater geology): http://walrus. wr.usgs.gov/pubinfo/margeol.html.

- NOAA Ocean Explorer: Explorations (a fascinating look into how scientists explore the ocean depths, including visits to volcanoes, seamounts, and trenches; contains voyage logs, images, and descriptions): http:// oceanexplorer. noaa. gov/explorations/explorations.html.

- American Petroleum Institute: http://api-ec.api.org/frontpage.cfm.

- History of the Oil Industry (emphasis on California): http://www.sjgs.com/ history. html.

- Institute of Petroleum (United Kingdom): http://www.schoolscience.co.uk/ petroleum/index.html.

- Natural Gas Supply Association: http://www.naturalgas.org/index.asp.

- Oil and Gas Museum, Parkersburg, West Virginia: http://www.little-mountain. com/oilandgasmuseum.

- Petroleum Museum, Midland, Texas: http://www.petroleummuseum.org.

- Samuel Pees' site about the history of oil: http://www.oilhistory.com.

- Society of Petroleum Engineers: http://www.spe.org/suitcase/default.html.

- This Is Mining (a good resource written by the United States Bureau of Mines before it was closed down around 1998): http://imcg.wr.usgs.gov/usbmak/ thisis. html.

- United States Department of Energy's Office of Fossil Energy: http://www. fe.doe.gov.

- United States Department of Energy's Energy Information Administration (energy statistics): http://www.eia. doe.gov.

G
eology